U0892764

天工开物

漫话土力学

Some Thoughts Concerning Soil Mechanics

李广信 著

人民交通出版社股份有限公司
China Communications Press Co.,Ltd.

内 容 提 要

本书延续作者亦庄亦谐的写作风格，说古道今，俯仰皆拾，以漫话形式阐述土力学的基本概念、原理与方法，于谈笑间娓娓道来，帮助读者明辨、解惑、释疑。

本书可供从事土力学教学的教师，相关专业本科生、研究生，从事岩土工程专业的相关工程技术人员参考。

图书在版编目(CIP)数据

漫话土力学 / 李广信著. —北京 : 人民交通出版社股份有限公司，2019.6

ISBN 978-7-114-13879-9

Ⅰ. ①漫… Ⅱ. ①李… Ⅲ. ①土力学 Ⅳ. ①TU43

中国版本图书馆 CIP 数据核字(2017)第 124412 号

书　　名:漫话土力学
著 作 者:李广信
责任编辑:王　霞
责任校对:赵媛媛
责任印制:刘高彤
出版发行:人民交通出版社股份有限公司
地　　址:(100011)北京市朝阳区安定门外外馆斜街 3 号
网　　址:http://www.ccpcl.com.cn
销售电话:(010) 59757973
总 经 销:人民交通出版社股份有限公司发行部
经　　销:各地新华书店
印　　刷:北京印匠彩色印刷有限公司
开　　本:720×960　1/16
印　　张:23
字　　数:496 千
版　　次:2019 年 6 月　第 1 版
印　　次:2024 年 5 月　第 4 次印刷
书　　号:ISBN 978-7-114-13879-9
定　　价:86.00 元

前 言 FOREWORD

这是一些各自独立的文章，多是以土力学中的某一原理或概念为题，漫话开来。然后按传统的土力学教材的次序分章组合，名曰《漫话土力学》，以与《岩坛漫话》相呼应。因为是漫话，突发奇想，信马由缰，有话则长，无话则短，故而没有土力学教材那样的连续性、系统性和规范化。自《岩土工程界》期刊夭折以后，再无可漫话岩土工程的平台，承蒙中国岩土网设置了一个岩土评论的栏目，开辟一畦自由与开放的园地。与浩如烟海的学报、核心期刊、EI 和 SCI 源的期刊相比，这里更像是房后的百草园：一些闲花野草、春鸟秋虫们自生自长，充满了生机与情趣。文章既不需审稿，也不必缴纳高额的版面费，像我这样的已无需用 EI 和 SCI 论文混饭吃的闲人，有这么一个说话的地方就很知足了。于是一年多来发了不少关于土力学的议论，题目一律题为“论 ×××”。说到“论”就很令人肃然起敬，似乎《资本论》《相对论》这样的由巨匠泰斗们制作的恢宏巨著才可谓之“论”。后来查了字典，似乎“论”也非巨人们专用，闲人们也可论，如讨论、议论、杂论、刍论以致谬论，于是就放心地论了下来。

这些文章往往以土力学的名词概念入题，兴之所至，古今中外，海阔天空，洋洋洒洒，恣意纵横。有时下笔千言，离题万里，纵使不知土力学为何物者，也可读下去，据说还看懂了，可见它对于普及土力学功莫大焉。有的文章虽不甚轻松，略显艰深枯涩，但也还是言之有物，不至于面目可憎。至于为什么要培育出这么一些“奇花异草”，弄出一些与经典土力学不甚相同的想法、说法与写法，这也算是一种探索吧。本人从小就颇具探索精神，现在已经活到了这把年纪，更不想人云亦云，跟在前人后面背书。因此，常常从不同的角度思考土力学中的理论与概念，进行一些探索，以期在土力学这潭百年死水里惹起些许涟漪。

学术文章通常以论“术”为主，聚全力于本学科的一角一隅，杂以一大串公式和洋文，看起来学术水平很高，但也有些是蒙人的。而以更广阔的高度和视野，作整体的、宏观的、综合的认识和论述，融会贯通，比喻联想，旁征博引，褒贬评述，天文地理、国家社会、人文历史、世间万物，以事物的共性进行联想式的思维与论述，即所谓论“道”。人同此情，物同此理，世间万物本具有共同的规律，是为“道”。在土力学中，这样想法和写法与土的材料特性及土力学的学科特点有关。与经典的力学相比，土力学具有更深刻的社会性、人文性和哲学内涵。《易传》中有“地势坤，君子以厚德载物”，《尚书》中有“土爰稼穑”。恩格斯在《自然辩证法》中关于世界的本源写道：“亚里士多德已经说过‘这些较早的哲学家都设想原初本质是某种物质：空气和水；后来赫拉克利特设想是火，但是没有一个人设想是土，因为它的组成太复杂’”。可见土与人类间的密切关系以及它的社会属性与哲学属性。

土力学虽然跻身于力学，但由于材料的特殊性和工程问题的复杂性，不可能仅靠经典的力学理论来解决土力学的工程问题，土力学学科也不会是某位数力理论高深的学者所能创立的。太沙基（Terzaghi）本人就是一位工程师。他从工程实践出发，提炼出一系列实用性很强的理论与方法，往往伴随以很多假设与近似。他在力学的框架下考虑和解决土力学问题时总是尽量趋于实用化，而并不十分追求理论的严密性。即使在其《理论土力学》（*Theory Soil Mechanics*）中，亦鲜见深奥的理论及严密的数理推导。在其《实用土力学》（*Soil Mechanics in Engineering Practice*）一书中，对于著名的有效应力原理，他写道：“虽然对于这一公式（$\sigma=\sigma'-u$）还没有建立起理论的基础，但其极好的经验验证，可以无需再对颗粒间的相互作用作定量的探知。”（Fortunately,although no theoretical basis for Eq. 15.2 has been found, its empirical basis is so well established that a quantitative knowledge of the interparticle reactions is not needed）。从此可以看出土力学实用主义的倾向，也表明了土力学的学科特点。实践是检验真理的唯一标准，大量的试验结果和工程实践已经证明了有效应力原理的正确性。该原理不是从复杂的微分方程推导而来，也不是从颗粒间相互作用的定量关系计算得来的。对颗粒定量的相互作用关系分析，也是在近些年通过 DDA（非连续变形计算）和 DEM（离散元法）等才完成的，这种证明对于有效应力原理只是锦上添花而已。面对土这种性质复杂、影响因素多样的天然材料，实用主义成为土力学的学科特点及解决工程问题有效的工作方法。土力学充满了感性，它源于现实，贴近生活，关联于社会，相通于历史。如将土力学移进书斋，搬进象牙塔，养在深闺，那就不会有活的土力学了。有人嘲笑土力学的经验性，诟病土力学的不精准，批判土力学的不严密，实际上是没有了解其学科特点。

这本书的主要部分即是“土力学漫话”，另外还有近年来的几篇对于某些岩土规范的讨论文章，也有近年来对一些注册岩土工程师考试考题的分析，还有一些相关的杂文。其共同点就在于强调与分析土力学中的概念。有些年轻教师和长期从事岩土工程的技术人员，可能是被庸师和劣质教材所误导，将土力学学“夹生”了，理论概念混乱。荀子曰“天行有常，不为尧存，不为桀亡。应之以治则吉，应之以乱则凶。”这是一个唯物主义的命题：大自然是有其规律的，工程失败了，是由于你“应之以乱”，概念错误，违背了自然规律而必定要受到惩罚。土力学极少有深奥的理论与繁复的数学公式，精确对于土力学来讲似乎是奢侈品。在土力学中，数值的准确是不可求的，概念的准确却是不可缺的。所谓概念，是对事物本质的认识、理解、感悟与理性的经验。概念不是想当然的主观的臆想，也不是狭义的经验。概念是反映事物本质的，是对具有普适性的客观现实与规律的认识。

另外，土力学既然称为力学，就应遵循力学的游戏规则。在土力学中，一些名词术语、正负号以及理论公式确有欠严密的地方，存在实用主义的随意性，甚至有的违反基本的物理定律。一些教材、论文与专著中也往往存在一些低级的错误，常为经典力学的专家所批评，这是应当注意与纠正的。

本书的大部分文章都曾在中国岩土网上发过，对于网友们的批评指正，相应地作了一些改正，也拓宽和加深了文章的内容，在这里对他们表示深深的谢意。另一方面，闲花野草一旦被移栽到园圃花畦，难免会被修理剪裁，就会少了一些闲情野趣。本来著书耻为稻粱谋，未免会有些缺憾。尽管在这里分章组成了一书，其实这些文章是相互独立的，即选择一个题目，兴之所至，恣意发挥，所以笔误、口误及资料与概念不确之处在所难免，乞不吝指正。其中的讨论评议，唇枪舌剑，有意偏颇，无意伤人之处，敬请海涵。

李广信

2018 年 12 月

目　录 CONTENTS

漫话土力学

规范讨论

岩土注册考试命题与考题

岩土杂谈

漫话土力学

第 1 章

土的物理性质及工程分类

1.1 论土

土是由岩石风化后的碎散颗粒形成骨架形式的集合体。它是古人类最早接触的天然的材料、资源与武器，人类与万物生发于土，归藏于土。人们在无垠的大地上耕耘营造，繁衍生息，并逐步向具有广袤深厚土层的名川大河中下游集聚繁衍，建造了宏伟的楼堂殿宇，大坝长堤，千里运河，万里长城，创造了一个个璀璨夺目的古代与现代文明。

值得注意的是，各个古文明都有一个共同的传说，那就是说人是由土做成的。《圣经》里说，人是用尘土做成的；在古希腊传说里，是普罗米修斯用黏土按照自己的身体造出了人类，并且盗火种给人类；古代中国人认为是女娲用黄泥揉团做出人，“抟黄土作人”可能是人类史上制陶技术在神话中的投影。希伯来民族认为，耶和华按照自己的形象，用泥土捏了一个男人，并向泥人的鼻子里吹了口仙气，那个泥人瞬间变成了活人；而玛雅人认为，造物主特帕和古库马茨用泥土造了一个人；在阿拉伯的神话里上帝派阿兹列来创造人，他取了一些泥土来到阿拉比亚，然后造成了一个人形，过了 40 天，当泥人变干以后，上帝给了他们生命，并赋予他们理性的灵魂；北美洲亚利桑那州的皮马人认为，大地之主创造了世界上的一切又造了一个漂亮的泥像，并称这个泥像为人；在非洲白尼罗河生活的希卢克人的神话说中，创世者乔奥克决定创造人类，他拿起一块泥土，对自己说：“我将造人”；婆罗洲的达雅克人传说萨拉潘代造了个泥人，泥人极有灵性，一造好就开口说话；在澳大利亚，传说创世者庞德—杰尔用他的一把大刀割下三大块树皮，在一块上面放了些泥土，用他的刀把泥调好，然后他把一部分泥放到另一块树皮上面，造成一个人形。

恩格斯在《自然辩证法》一书中指出："当时人们不得不假定，一切机体，甚至最复杂的机体，都是从无生命的物质通过原初发生而产生的。"我国古老的《尚书》，将世界分为阴阳五行，"一曰水，二曰火，三曰木，四曰金，五曰土；水曰润下，火曰炎上，木曰曲直，金曰从革，土爰稼穑"。这样，土成为原初本质物质之一。

土是人们最熟悉的东西，在路边工地抓起一把砂石料，可见碎散的砂、石颗粒，所谓"一盘散沙"就是指这种东西。挖起一小块湿润的黏土，发现它可切可塑；待其变干变硬之后，也可以用手捻成粉末，在显微镜下可以见到片状的颗粒。从而可知，所有土都是由碎散的颗粒组成的，颗粒间有明显的孔隙。

在寸草不生的沙漠，砂土是干燥的；在芳草萋萋的绿地，土是湿润的；在苇蒲猎猎的沼泽，土是饱和的泥炭。因而土可以是无水、含水或饱水的，孔隙中未充水的部分是气体。由此可见，土可以有固体颗粒、土中水和气体这三相。

土是自然中岩石风化后的产物，提起土，每个人的头脑中可能会出现完全不同的形象：戈壁滩"一川碎石大如斗，随风满地石乱走"的是土；沙漠中"平沙莽莽黄入天"的是土；沃野里"喜看稻菽千重浪"之下的是土；江南的春燕"衔泥巢君屋"的淤泥也是土。作为大自然的杰作，土真是千姿百态，气象万千。很难界定一种"标准土"或者抽象的土，这远非以前经典力学中抽象的质点、刚体或者连续弹性介质那么简单。土的种类之繁多，性质之复杂，对环境影响之敏感，是这门力学难以掌握的主要原因。

土是碎散的、三相的与天然的。由于其碎散，颗粒间没有连接或只有很弱的连接，所以土的强度主要是颗粒间摩擦产生的抗剪强度；碎散的颗粒会在压力下相互移动靠近，占很大比例的孔隙会缩小，孔隙中的水与气会排出，因而土的变形，特别是其体应变可以是很大的；土中水在势差作用下流动，土中水的运动是地球水循环的重要一环，也与很多自然灾害、工程事故密切相关。所以，土的工程问题基本可归因于土的强度、变形和土中水的渗流。

上海闵行区某高楼于 2009 年建成后只来得及向周围匆匆张望了一下，就"前扑倒地而亡"，如图 1 所示。图 2 是 2000 年发生在西藏易贡的大滑坡，滑坡体高差 3330m，总方量近 3 亿 m^3，它截断易贡河，形成坝高 290m、库容 15 亿 m^3 的堰塞湖。造成这些惊心动魄的事故与灾害缘于土的强度问题。

图 1　上海“扑倒”的高楼

图 2　西藏易贡的大滑坡

图 3 是高雄地铁施工造成的房屋沉陷，图 4 为东北地区由于冻胀变形造成的房屋开裂。由于过量开采地下水而造成的大面积地面沉降就更为“壮观”，如上海地区的沉降面积达 1000km^2，中心最大沉降量 2.6m；江苏苏州、无锡、常熟一带沉降面积达 5700km^2，最大沉降量 2.8m；华北平原沉降超过 2.0m 的地区有 930km^2。大面积地面沉降加上海平面上升，在沿海地区可能引起长远的、毁灭性的后果。可见土的变形问题也是极为严重的问题。

图 3　高雄由于地铁施工造成的楼房沉陷

图 4　东北地区由于冻胀造成的房屋开裂

1998 年长江洪水期间，发生了数千处险情和几次大溃堤（图 5）；1993 年青海省的沟后水库溃决，造成 300 余人死亡，原因也是大坝漏水，坝料被冲刷，浸润线过高，坝体丧失稳定（图 6）。这都是由于土中水的渗流和渗透破坏引起的灾难。

在与自然抗争中，土也是人类最古老的武器，大禹治水“兴人徒以傅土”，也就是依靠土方工程。在与土打交道的长期实践中，人们积累了有关土的丰富的知识和经验。但是土力学作为一门学科却并不是那么古老，大家公认它创始于 1925 年太沙基（K.Terzaghi）发表的关于土力学的第一本专著。此前的几千年，人类关于土的知识和经验基本还处于感性阶段，土的有效应力原理和单向渗流固结理论是土力学标志性的理论，这标志土力学作为一门独立学科的诞生。

图 5　洪水造成的土方溃决

图 6　青海省沟后水库大坝的溃决

土是自然的产物。“道法自然”，我们应该在自然中熟悉土、掌握土和应用土。在儿童时期玩沙，玩泥，挖坑堆土，是认识土的重要环节；土工试验也是土力学学习的基础。基于土的性质复杂性、作为天然材料的不确定性和对环境的高度敏感性，在土力学中，我们只能根据不同的问题和要求对土做不同的理想化和假设，不能期望像其他力学一样，可以通过严密的理论和精确的计算准确地解决土工问题。

随着试验、测试和计算工具、计算技术的发展，在总结近年来规模空前的岩土工程实践的基础上，土力学已经有了很大的进展。将土力学基本概念和原理应用于工程实践，在此基础上发展和创新，是土力学学科前进的必由之路。

1.2 关于土的对话

(1)土与自然

李老师：在学习土力学课程之前，请谈一谈你们是怎么开始接触和认识土的。

甲：以前没怎么注意土，也没有想到还有土力学这门学问。小时候父母领我到北戴河旅游，在沙滩上玩沙，挖沙坑，堆沙山。记得从水下挖了一把细沙，放在左手上，用右手轻轻反复拍打，沙土很快就像稀粥一样流动了，当时很是惊奇。当时在干沙和在水下沙土中挖坑，都只能挖出锅底坑，而在潮湿的沙中可以挖出竖井式的深坑。

乙：我家在农村，与土是亲密接触的，住的是土屋，走的是土路，种的是土地，穿的是土布，说的话好像也很土。但父母要我一心读书，春耕、夏锄与秋收的农活干得并不多。

丙：我家住在城市，大路是沥青铺面，小路是水泥方砖，好在近年来到处都在挖沟挖坑，总能见到土，但觉得土下雨时成泥石流，刮风天是沙尘暴，避之唯恐不远，对土的印象不佳。

丁：我小时候很喜欢玩土，挖沟堆山，浇水和泥，捏泥人和动物。可是大人都讲土是脏的，所以回家肯定是要挨训的。

李老师：其实土是人类最早的朋友，世界上几个最古老的文明都有一个共同的传说：人是神或者上帝用泥土创造出来的。我们小时候没有什么玩具，玩土玩泥是主要的游戏。其实玩土是儿童与大自然亲密接触的机会，玩土能建立起对土的感觉，有利于理解土的基本特性，也能更深入了解自然，只玩手机和计算机的孩子们离大自然就会越来越远了。

(2)千姿百态，千奇百怪的土

李老师：《易传》里讲："地势坤，君子以厚德载物"。坤象地，即为土。大地以宽厚的胸怀生发万物，最终万物也归藏于大地。元曲里有"伤心秦汉经行处，宫阙万间都做了土"的句子，其实世间万物包括人类和整个历史最后都会化作土，所谓"英雄乃紫台黄土，美人乃白草青霜"。

甲：唐朝的岑参写了很多边塞诗，我印象很深刻的是"君不见走马川行雪海边，平沙莽莽黄入天。轮台九月风夜吼，一川碎石大如斗，随风满地石乱走。"

李老师：这是西北戈壁古战场的景象。这里的"平沙莽莽"的"沙"是土，"大如斗"的巨型块石也是土，称为巨粒土。它们的干硬与粗砺，表现了北方边塞的苍凉与荒漠。与战士醉卧沙场的豪迈与粗犷是协调的。

乙：唐代李绅的悯农诗"锄禾日当午，汗滴禾下土"讲的也是土。

李老师：他在这里所说的土是农田耕作层中的土壤，即阴阳五行里讲的"土爰稼穑"。它含有丰富的腐殖质，也有合适的水分，是人类与陆地生命的基础。但对于岩土工程来讲，无论是作为地基，还是作为填土，它们都属于必须被清除的表土层。

丙：古人曰"普天之下，莫非王土，率土之滨，莫非王臣"。

李老师：这是《诗经》里的句子。这里说的"土"是指土地，在农耕社会土地是权利与财富的象征。在周武王伐纣夺取了政权之后，有两个"贤人"伯夷和叔齐兄弟对现实不满，妄议朝廷，躲到山里"耻食周粟"，以采薇和野果为食。但有人还责难说“普天之下，莫非王土，薇和野果也是属于‘王’的”，于是他们就绝食而饿死于首阳山下。

丁：记得有一首元曲：

“把一块泥，捻一个你，塑一个我，
将咱两个，一齐打破，用水调和，
再捻一个你，再塑一个我。
我泥中有你，你泥中有我。”

李老师：这是元代女诗人管道升写给她的丈夫大书画家、宋朝的皇族赵孟頫的诗。表达的爱情直白坦率，热烈泼辣。这里说的土是黏土，它具有黏聚力和可塑性。干了以后硬而脆，很容易打破。我国是瓷器的发源地，所以诗中的泥很可能就是高岭土，产于景德镇的高岭土最有名。从这首诗中，我们可以看到中国古代女娲造人传说的影子。

甲：白居易有“谁家春燕啄新泥”之句。

李老师：此诗的头一句是“孤山寺北贾亭西”，是咏西湖的。所说的“新泥”就是江南的湖积淤泥。全诗表现了江南春天的妩媚，但作为地基，淤泥却是不理想的——承载力低而压缩性高。

大家讲了这么多土，可见作为一种天然的物质，土的形态和性质千差万别；但它们都是碎散的，由颗粒组成的，并且通常含有水、气和固体颗粒三相。

1.3 论土力学中的名词术语

近年来，在土力学中似乎有一股改名之潮，容重改为重度，比重改为相对密度，含水量改为含水率等。在可靠度设计风靡之时，岩土工程中，分项系数也时有出现。有的用以代替安全系数，有的甚至与安全系数混合使用，荷载乘以分项系数，承载力再除以安全系数。或者承载力（强度）采用除以分项系数的设计值，然后再与荷载建立安全系数关系。其中的先驱者如 1994 版的《桩基规范》，完全用了分项系数法，把安全系数 2.0，拆分为 1.25 的荷载分项系数与 1.65 的抗力分项系数，二者的乘积还是 2.0，其性质与来源却与可靠度一毛钱的关系也没有，只是显得时髦一些而已，结果到了 2008 版又老老实实地改回了安全系数 2.0。

我国不同年龄段人群的名字，也透露出时代与岁月的信息。例如建国、援朝、超英、跃进、卫东、要武、改革、建军等。

21 世纪之初，中国的高等院校趁合校扩招之机，也纷纷改名。于是乎独立的学院绝种了，学院变成了大学的儿子或孙子。院长们摇身一变成为校长，梅贻琦校长的名言"大学者非大楼之谓也，乃大师之谓也"变成了"大学乃大名之谓也"。尤其使人头痛的是各种"科技""理工"大学，我是永远分不清和记不住的。结果常常像揭伤疤一样，问人家"你们原来是哪个学校"。

短短半年多时间，泸州医学院改名为四川医科大学，被广泛抗议与质疑后，又加大一码变成了西南医科大学，这或许创下了中国高校校名更换的最快纪录了。有网友晒出了西南医科大学新校名招牌的照片，其中一张显示在四川医科大学的校门左边已经挂上了西南医科大学的牌子，但是右边的四川医科大学校名也还在（图 1）。而四川医科大学的周边公交站牌上也均已写上了西南医科大学的新校名。最夸张的是在京津冀交接的武清，竟筹建一个民营的"国际大学"。

图 1　泸州医学院—四川医科大学—西南医科大学

所以，第一条：不要赶时髦！

我国的现代科学技术多是引进与学习西方的，所以这方面的名词术语也多是引进的。最早的西方科技文化大约在明清之际传入，是由传教士带来的。有些名词术语就是那时我国与西方有接触的知识分子发明的，例如明末的大臣、科学家徐光启就使用了"几何"这个名词，清末的严复将进化论译为"天演论"。后来一些知识分子留学日本，由于日本与汉文化的关系较接近，有不少名词术语是从日文转译过来的，例如自由、民主、劳动、干部、社会主义、资本主义等，与土力学有关的如膨胀、振动、振幅等。20 世纪 50 年代前后，学习苏联，一些名词术语也随之而来。记得我们上学时，崔托维奇的书叫《土壤力学》，所以当时的壤土、沙壤土等可能是那时引进的结果。改革开放以后基本是学习西方，当前的学科体制及名词术语大抵如此。

一个学科中的名词术语尽量不要轻易改动，因为它可能已为一代人所熟知、用惯，例如很多老工程师，还是习惯于壤土（loam）、沙壤土等。而目前时兴的所谓标准值、特征值等，常使老工程师们不知所云。常常是颁布了一本规范，大家花了四五年才对其创造的新术语开始习惯，结果10年后规范修订了，又换了一批术语。像我们这些老年人真是有些跟不上潮流了。

土力学中有些特有名词术语是不科学的。例如土的密度 ρ 定义为“单位体积土的质量”，重度定义为“单位体积土的重量”，而质量是“物质的量”，“重力的大小叫重量”。初中的物理老师就教导我们，质量是物质的固有属性，不能创造也不能消灭，因而它是用天平（不是用弹簧秤）来度量的，不管在地球、月球还是在太空，物质的质量是不变的，亦即“物质守恒”。地球上重力加速度 g 与海拔高程有关，在地球的同一海拔处，物质的重力也不会变化。可是在土力学中就有“浮密度 ρ'（buoyant density）”和“浮重度 γ'（submerged or buoyant unit weight）”这些名词术语，难道物质（土）在水下其质量和重量会减少吗？有的教材定义浮重度 γ' 为“单位体积土体在水下的重量”，水下一般会比水上高程低，那么重力加速度应变大，浮重度（天然重度在水下的重量）就应比天然重度高才对，结果是浮密度与浮重度反而比天然重度小了近一半，部分物质会在水下而消亡吗？这是唯物主义吗？一个学科的名词术语、理论概念都不应违背高一级学科的基本原理，例如经典的力学学科就不能违背能量守恒、物质不灭等定律。

在图2中，从土耳其的国旗想到阿尔及利亚的国旗，还有其他一些阿拉伯国家的国旗。土耳其的国旗没有犯天文错误，表示一幅金星凌月的奇异情景，虽然难得，但在自然界应是可能发生的；而阿尔及利亚的国旗就犯了天文错误，月球是距我们最近的天体，不会有其他星球在地球与月球之间，出现在月牙里有时我想那也许是一颗流星吧。新加坡国土狭小，人比较密聚，于是就在月亮的阴影里挤进来5颗星星。这种违反科学的错误是应当避免的。

再说浮重度的问题，浮重度这一术语为土力学学科所特有，在其他的力学学科中尚未发现。也从未见其他学科定义混凝土、钢材和木材的浮容重，木材如果也有浮重度，它就成为“负重度”了。其实土的浮重度就是水下单位体积饱和土体的重量扣除水对它的浮力 γ_w；或者是单位体积的土骨架重量（干重度）减去水对组成骨架的颗粒的浮力，等于 $\gamma_w(1-n)$。它在土力学中很有用，也很方便，取消它会增加一些麻烦，所以目前国内外尚都姑妄用之。

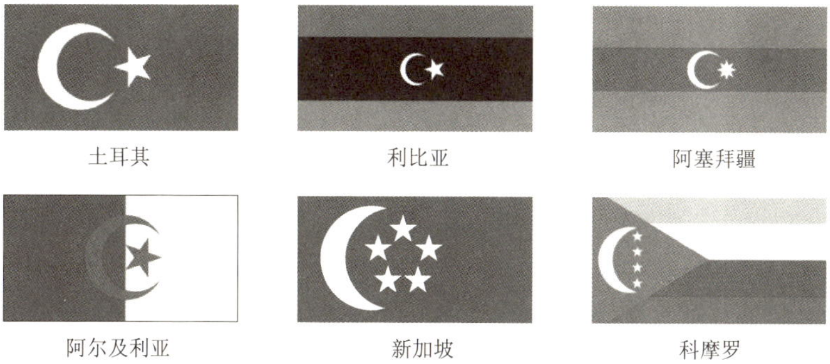

图 2　一些国家的国旗（局部）中的天文错误

含水量 w 是从英文 water content 直译过来的。这个“量”有含量的意思，其定义是“土中水的质量与固体颗粒质量之比”，以前一直这样使用，改称为含水率的必要性不大。类似的，孔隙率 n 是“土中孔隙的总体积与土体的总体积之比”，所以称含水率会有“土中水的质量与土体的总质量之比”这样的误解。

所以，第二条：尊重科学，尊重历史！

好的名词术语的译名也应是信、达、雅的，例如徐光启发明的“几何”一词，就是如此。曹操有诗云“对酒当歌，人生几何？”这里的“几何”就是多少的意思。“今有一圆，径为三尺，面积几何？”这是一道计算圆面积的问题，这就是几何中的“几何”，很是贴切文雅。

在土力学中 $C_u=d_{60}/d_{10}$，我们称为不均匀系数，它是不小于 1.0 的，英文中 C_u 叫作 coefficient of uniformity，直译应是“均匀系数”，但我们译为中文时，称为不均匀系数就很聪明，就更合适——它越大，土就越不均匀，C_u=1.0 最小，也就最为均匀。这对于内行与外行都很易懂。同样的还有压实度（系数）$\lambda=\rho/\rho_{max}$，可见它越大土也就越密实；相对密度$D_r=\dfrac{e_{max}-e}{e_{max}-e_{min}}$=0～1.0 之间，也是它越大砂土越密实；液性指数$I_L=\dfrac{w-w_P}{w_L-w_P}$，它越大，则越接近于液体，它大于 1.0 时，即土大于液限含水量，就会流动了，变成液态了。k 叫作渗透系数，不叫阻力系数，因为 k 越大渗透性越好，其倒数为“阻”，与欧姆定律中的电阻概念相同。这种命名浅显直观，望文生义，易记住其定义，易于运算使用，是贴切、合理、巧妙与适用的。土的饱和度有时表示为百分数（%），有时又用小数表示，我们喝酒都要看酒是多少度，即表示酒中乙醇的体积百分比，所以凡是“度”，用百分数表示较好，善饮者尤其欢迎，亦即饱和度表示为 $S_r=V_w/V_v\times100\%$。

也有的名词术语就不那么好懂。例如流土，在英文中，似无 soil flow 这个词。望文生义，从字面上看似乎是“流动的土”，那么泥石流就有点像流土了。所以某地尾矿坝失事，死了 300 多人，事后当地舆论可能是秉承领导的旨意，称这一灾难为泥石流，妄图把人祸说成是天灾。其实对于砂土的流土，英文称为 boiling，中文译作“砂沸”，是极形象而又贴切的，见图 3a）。基坑工程中把承压水以上的黏土的隆起称为“突涌”，也很形象易懂。

a）流土

b）泥石流

图 3　流土与泥石流

相对于土力学中的密度 $\rho=m/V$，亦即定义为单位体积土体的质量，而将原来的容重改称为“重度”，则为 $\gamma=mg/V$ 表示为单位体积土体的重量，这种密度与重度的对应是很有逻辑关系的，其他学科也有这一叫法。但有人称前者叫质量密度，后者称重量密度，这种说法就画蛇添足了，密度一般是指单位体积内物质的量，“重力”如何成为了“密度”？记得以前曾经叫作“单位重”（unit weight），它的中、英文的意义最为贴切。

所以，第三条：贴切形象，方便理解与使用！

土力学尽管是一门“很土的力学”，但既然称之为力学，就要遵从经典力学普遍的原则。例如为了描述密实土的剪胀性，有人就使用广义胡克定律，让泊松比 $\nu>0.5$，确实计算出了在三轴试验中加载时的土的体积膨胀，结果使土的体积模量 $K<0$，那么在各向等压的荷载作用下，土就不断膨胀而产生能量，一不留神就发明了永动机。在弹性力学中，泊松比不能大于 0.5 是基于热力学定律而确定的基本原则，不能对力学原理采用实用主义的态度。

在土力学中 G_s 长久以来叫作比重，是一个无量纲的参数，可理解为土颗粒矿物的密度（重度）与 4℃下纯净水的密度（重度）之比，这也并无不妥。多事者偏要改为相对密度。可是相对密度却早已名花有主了，于是他们把合法的相对密

度 D_r 另改为相对密实度。同时将 D_r 英文名字由“relative density”改为“relative compactness”，可惜目前在国际科技界我们尚没有决定各学科名词术语的软实力，如果你要向 SCI 期刊投稿，将 D_r 写成 relative compactness，恐怕最后要改正的还是你。当我们在与国际同行交流时，当老外学习中文土力学或者学术交流时，“relative density is 2.7”，这个篡位的“相对密度” G_s 一定会把他们送进五里雾中、十里霾中。在土工合成材料中有人把单位面积的土工合成材料的质量叫“克重”，并说以前就一直这么叫，其后所附的英文是“mass per unit area”。直接译为“单位面积质量”该是多么直观、清楚，何必叫一个土土的“克重”呢？克重真是不知所云：“克”是质量，哪有什么“重”呀？

所以，第四条：便于国际交流，便于不同领域间的交流。

1.4 从土力学的定义谈起

在《岩土工程学报》2016 年 8 期的“焦点论坛”上有我的一篇“论土骨架与渗透力”，此前在岩土网上发过，网友们认为不错，于是鼓起勇气投了出去。本来是按照闲谈的风格写的，与严肃的“学术论文”面目迥异，其中也有不少不准、不全与不对之处，被人指出，心服口服，但对其中“土力学就是研究土骨架的力学性质及其影响因素的学科”一说，异议颇多。

其实在我国，同一事物的名词术语、定义解释有多种，比比皆是。譬如土压实的 $\rho_d/\rho_{d,\ max}$ 在不同行业、不同规范中可叫压实度、压实系数、压实标准与挤密度；拉丁字母符号表示也有三四种之多，至于表达形式则有用百分数的，也有用小数的。关于土力学的学科定义，在百科、《辞海》、标准及各种教材中也应有十数、数十种吧。这正如皇帝的后宫不止有一位皇后一样，至于哪一个会使“从此君王不早朝”，那只能是环肥燕瘦，仁者见山，智者见水了。关于土力学，多一种说法，既不会“回眸一笑百媚生”使“六宫粉黛无颜色”，也绝无如武则天争得正宫娘娘以后还要为自己戴上王冠的野心。记得我以前也给了土力学一个定义：“土力学是一门很土的力学”，尽管从未登学报这样的大雅之堂，但也未见有人来声讨反对，也许本来只是笑谈，人们也就“笑纳”了。

至于说到对上述的土力学的定义，批评意见多是认为土是由固、水、气三相组成，应作为整体定义。其实我这么讲也是想重新定义“土”，因为土并非地球所特有，宇宙中也应到处都有土，它们并非一定三相，黏土可能是地球所特有，因为其风化需要空气与水。十多年前，航天的几个研究所找我试验研究“神五”“神六”的回收，后又研究登月舱在月球的降落，后来我的一个学生就一直在研究“月壤”，也见到和评审一些关于月壤的文章，发现他们总是跳不出地球的桎梏。

在地球表面，由于受阳光、空气和水的侵蚀，坚硬的岩石风化，变成了土。而月球的月壤：①由于岩石表面热胀冷缩的幅度比内部大，阳面与阴暗处温差与昼夜温差巨大，这种巨大的温差会引起岩石的破裂；②受到太阳的紫外光、X 射线和 γ 射线的辐射，太阳风以及来自宇宙空间被加速到接近光速的原子核——宇宙线的轰击；③行星际空间的尘粒不断地撞击月球，陨星碎块轮番轰击月球表面。因而月壤更应当是一相的，并且没有黏土矿物，其上重力加速度只有地球的 1/6，其性质与我们出生的这个星球上的土会相差很大。火星基本上是一个沙漠行星，表面沙丘、砾石遍布，没有稳定的液态水体。二氧化碳为主的大气既稀薄又寒冷，沙尘悬浮其中，每年常有尘暴发生。因而火星土是两相的，与地球的戈壁类似，可能是“平沙莽莽黄入天”，或者“一川碎石大如斗，随风满地石乱走”。而让人十分向往的，寄予无限希望的，可能是“喜看稻粟千重浪”的土星，却没有一点土，是一个气体的星球，表面均为气体、液态氢氦，据说土星的几个卫星上倒是可能有土。

也许有人会反驳，现在我们还在地球上，应当关心地球土，应当关心地球上土的工程性质。这当然没有错，但现在与今后人们的认识与视野毕竟是开阔了，已经不是“不知天上宫阙，今夕是何年”的古人。回避土的三相组成，以更具普遍性的，更接近土力学的本质的土骨架定义土力学，不失为一种选择，况且也没有否定其他众多的定义，企图重建土力学的野心，又何必“众女嫉余之蛾眉兮”？再者，随着航天与能源的探索，土颗粒可以包括冰雪、固态 CO_2、甲烷、氨气，甚至氮气、可燃冰的颗粒与碎屑。另一方面，在茫茫宇宙的尘埃中，在彗尾中，存在大量的尘粒（有的可能有半个月亮大），它们由于不能相互接触而形成骨架，所以不能称为土，因而，似乎土离不开一个重力场。

1.5 论土骨架

鲁迅说过：“我们从古以来，就有埋头苦干的人，有拼命硬干的人，有为民请命的人，有舍身求法的人……虽是等于为帝王将相作家谱的所谓‘正史’，也往往掩不住他们的光耀，这就是中国的脊梁。”我想，这也就是中国的骨架，5000 多年来，顽强支撑着这个古老民族的骨架。

土力学中有一个很有用的概念，即土骨架，但多数教材与教师没有讲清这一概念——为什么建立土骨架这一概念？它有什么特性？它与土的颗粒有什么关系？在土力学和土的工程实践中起什么作用？看来很有必要开展讨论。

土颗粒是构成土骨架的构件，土骨架是由土颗粒相互接触形成的构架体，它可承担和传递（有效）应力，土骨架的孔隙中充满了孔隙流体（液态或气态），但孔隙流体并不属于土骨架。土骨架据有整个土体的体（面）积。其中承担与传递（有效）应力是关键，土力学中的“力”就主要是由土骨架承担的。在图 1 中的颗粒 F（freedom）游离于这个传力系统之外，似不属于土骨架系列，但考虑外力的体系是变化的，在其他的力系下它可能会受力，因而一般将所有相互接触的颗粒都计入土骨架之内。对于黏性土，情况复杂一些，其中的结晶水与强结合水是否计入土骨架尚待进一步研讨。

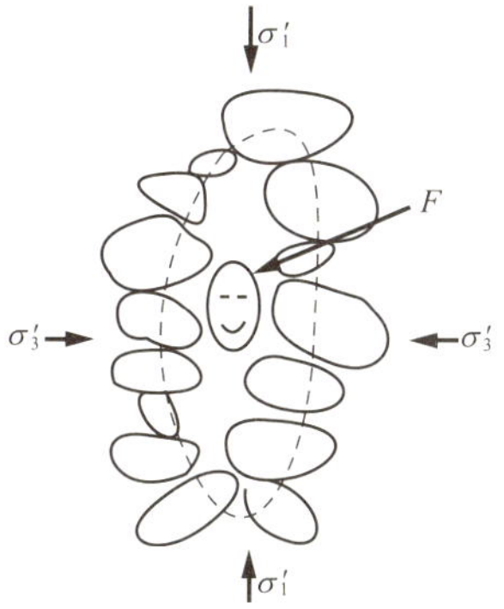

图 1　承担有效应力的土骨架

图 2 表示的是不同边界的土的体积，其中图 2a）所示边界才是土骨架的边界。刚性边界所包围的体积通常大于土骨架的体积（图 2b）；在外压下，柔性边界（橡皮膜）包围的体积小于土骨架的体积（图 2c），在粗粒土的三轴试验中需进行膜嵌入（membrane penetration）对体积影响的率定就是这个原因，如图 3 所示。

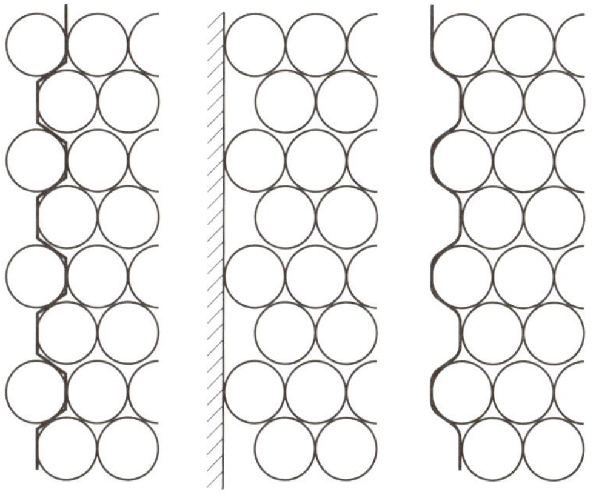

a）土骨架的边界　b）刚性边界　c）外压下的柔性边界

图 2　土体的几种边界及相应的体积

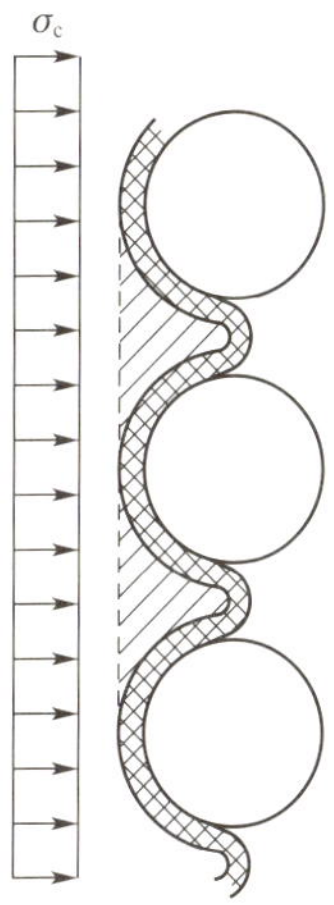

图 3　粗粒土三轴试验中的膜嵌入

图 4a）表示的是干土中的土骨架的应力，可见

$$\sigma=\frac{\sum_{i=1}^{n}P_i}{A} \tag{1}$$

式中，P_i 为第 i 对颗粒接触点接触力的竖向分力；A 为所考虑的总面积；n 为面积 A 范围内颗粒的接触点数量。

图 4b）表示的是饱和土体中的应力

$$\sigma=u+\frac{\sum_{i=1}^{n}P_i}{A}=u+\sigma' \tag{2}$$

其中 u 为孔隙水压力，式（2）就是太沙基有效应力原理的表达式。

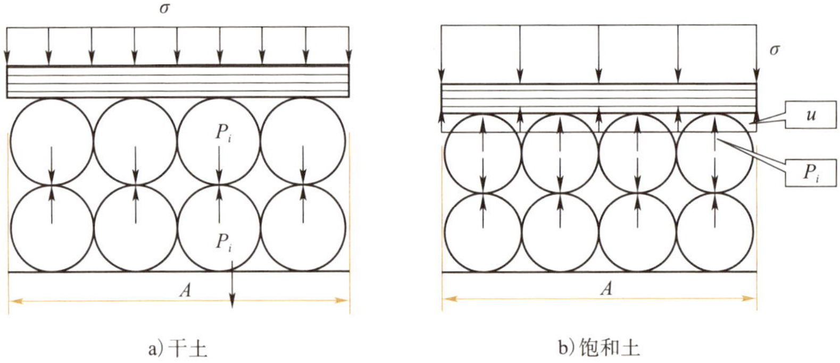

图 4　土骨架的应力示意图

从上述可见，对于干土，土骨架的应力 $\sigma=\sum_{i=1}^{n}P_i/A$，它也就是土体的总应力；对于饱和土，作用于土骨架上的应力，就是土体的有效应力 $\sigma'=\sum_{i=1}^{n}P_i/A$。可以看出，土骨架的应力与连续介质材料的应力不同。其中每一点的应力并不是 $\sigma=\mathrm{d}P/\mathrm{d}A$，应力是在一定的面积 A 上所有接触点集中力与此面垂直的分力之和被面积 A 除，因此有人讲有效应力是一个虚拟的应力。

土骨架像一个丝瓜瓤一样是一个宏观的整体，或者恐怖一点说，就像一个人的骨架，比如白骨精披一张皮，就是一个人——一个美女，一个老太婆，或者一个老大爷。

所以对于干土，土骨架的密度就是土的干密度，而土颗粒的密度等于颗粒矿物的比重 G_s 乘以 4 ℃的纯水的密度，例如当土颗粒的密度约等于 $G_s\rho_w$=2.7g/cm^3，孔隙率 n=0.4，土骨架的密度就等于 ρ_d=（1−n）$G_s\rho_w$=1.62g/m^3，如图 5 所示。

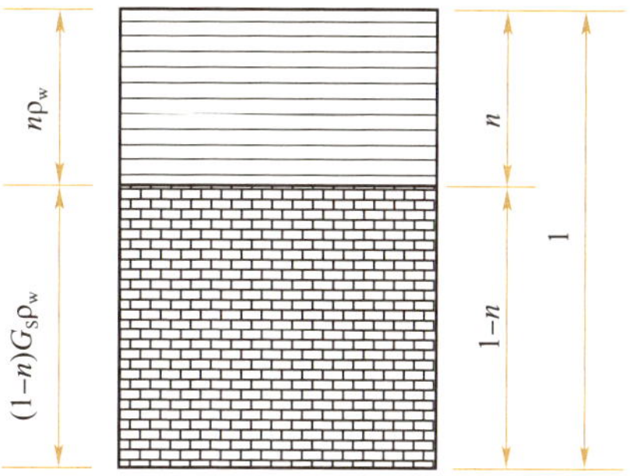

图 5　饱和土三相换算草图

把一个单位体积（V=1）的土骨架放入水中，以饱和土体为隔离体，其浮重度 $\gamma'=\gamma_{sat}-\gamma_w$，见图 6 第一行；以土骨架为隔离体，则等于土骨架的重量扣除水对土骨架中的颗粒的浮力，即 $\gamma_d-(1-n)\gamma_w=(1-n)\gamma_w(G_s-1)=\gamma'$。可见土骨架的浮重度就是土体的浮重度。

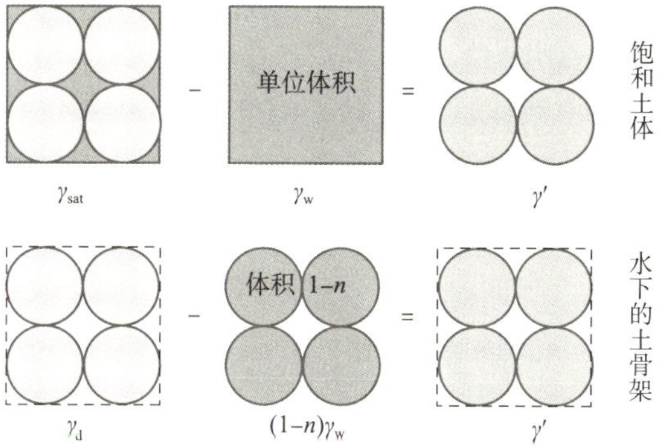

图 6　水下单位体积土骨架的重度

应当注意的是，在以土骨架为隔离体时，不能计入其中包含的孔隙水、气。我们知道渗透力 j 是渗透水流作用于单位体积土骨架上的力。在竖直向上渗流时，取单位体积的土骨架为隔离体，其竖向的极限平衡条件是

$$\gamma'=j=i\gamma_w \tag{3}$$

从此可以推导出流土的临界水力坡降 i_{cr} 为

$$i_{cr}=\frac{\gamma'}{\gamma_w} \tag{4}$$

在土力学中，土的变形、强度、渗流特性都决定于土骨架的变形、强度和结构特性，而土颗粒本身的变形几乎可以忽略，土颗粒的强度为组成颗粒的矿物的强度，远高于土的强度，颗粒自身也是不透水的。因而有效应力原理认为：影响土体

变形与强度的是作用于土骨架上的有效应力。

土的强度实质上是土骨架的强度，强度构成一是颗粒间的相互接触，二是颗粒间的相互连接，前者形成摩擦力，后者产生黏聚力。摩擦力是靠颗粒间的接触与围压的约束，紧紧地把颗粒团结在一起而形成的，在三轴试验中，可表示为$\sigma_1-\sigma_3=\dfrac{2\sin\varphi}{1-\sin\varphi}\sigma_3$。土骨架的摩擦强度类似于军队的战斗力，乌合之众的土匪就没有什么战斗力，原因是他们没有纪律，缺乏约束。军队的战斗力源于它的纪律，春秋战国时代，吴王阖闾打算进攻楚国，听说《孙子兵法》的作者孙武治兵有方，于是把他请来想让他挂帅，并要求他首先把宫里的 300 名宫女操练起来给自己看看。孙武将其分为两队，指令吴王的两个美姬为两队队长，由他带来的军吏作监军。号令一下，宫女们却嬉笑玩闹，不成队形。孙武令监军将两个美姬队长推出斩首，阖闾再三求情也没用。当两颗人头端上后，这支没有任何训练的宫女队伍，立刻变得紧张严肃，令行禁止，进退有序。所以军队中的纪律就是土的围压，土的抗剪强度就是军队的战斗力。

土骨架的强度的另一种形式就是黏聚强度。它可能来源于：咬合、基质吸力，静电引力、范德华力、颗粒间的胶结、接触点的化合键（包括离子键、共价键和金属键）等，这些因素有些是与其他相（水、气以及水溶液中的离子等）的相互作用。军队的战斗力也源于它的凝聚力，这种凝聚力存在于官兵的思想中。中国共产党领导的军队支部建立在连上，强有力的思想工作体系，使以农民为主的解放军具有很强的凝聚力和战斗力。

毛泽东的军事思想就强调：集中优势兵力，各个歼灭敌人；伤其十指，不如断其一指；宜将胜勇追穷寇，不可沽名学霸王；力争全歼。这里的“全歼”并不是统统打死，而是伤、亡、降、逃，打散其骨架，粉碎其建制，消灭其番号。

南北朝时的秦晋淝水之战，前秦皇帝苻坚统帅大军号称百万，到达长江北岸，踌躇满志，自信满满地说“滚滚江水，投鞭可断”。而东晋由谢安挂帅，谢玄、谢石领兵，只以 8 万兵马到南岸迎敌。他们要求苻坚兵马稍稍后退，以便东晋兵马过江，排兵布阵，决一死战。结果，骄傲的苻坚令大兵后退，可是晋军过江根本不排兵布阵，而是立即发起攻击，处于后退中的秦军兵士不明真相，猝不及防，又赶上大将符融由于在混乱中战马失蹄而被杀，内奸朱序大喊“秦兵败矣！”于是队伍大乱，骨架溃散，成为一群散兵。所谓“兵败如山倒”，由土骨架溃散为一堆土颗粒，毫无战斗力，“八公山下，风声鹤唳，草木皆兵”，讲的就是这场战役，其实百万兵马中不少是秦军自己互相踩踏而亡。可见土骨架与土颗粒的巨大差别。

土骨架与土颗粒在受力上所起的作用是不同的。我指导研究生做过模拟碎石桩复合地基的试验，见图 7。这是把直径为 38mm 的碎石柱置于空心的外径为 101mm 的黏土试样中心，组成复合试样，研究碎石桩复合地基承载力提高的原理。

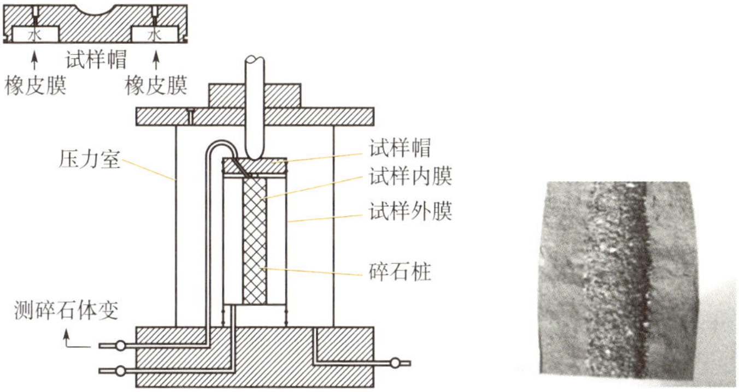

a）设备仪器简图　　b）破坏后的复合试样

图 7　碎石桩复合地基模拟试验

这个试验的顶帽下部有一环形的橡皮膜，膜后是一个充水的压力室，试验中控制碎石柱与整个试样有相同的应变，同时分别量测碎石柱与黏土上的竖向应力。

图 8 表示的是试验测得的 5 条不同的应力应变关系曲线：①是复合试样中碎石桩的应力应变曲线；②是与复合试样同围压，碎石同密度的纯碎石三轴试样的试验曲线；③是与复合试样同围压，与桩间黏土同密度的纯黏性土三轴试样的试验曲线；④是复合试样中黏土的应力应变曲线；⑤是平均重度与复合试样平均重度相同，将相同质量的碎石颗粒＋纯黏土制成混合试样的三轴试验同围压的曲线，见图 9a）。

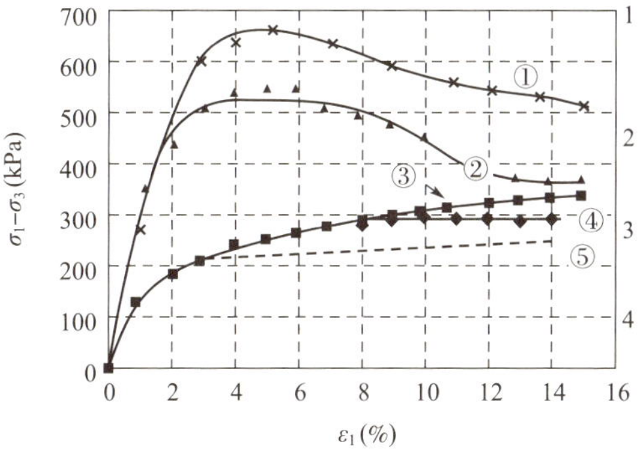

图 8　不同的应力应变关系曲线

这里有一个奇怪的现象，那就是含有碎石的混合试样的曲线⑤既低于复合试样中黏土的曲线④，也低于纯黏土试样的曲线③。对于这一现象我们探讨了很久，后来发现这是有道理的。

在图9b）中，复合试样中的碎石柱干密度为ρ_d=1.67g/m^3，黏土的干密度为ρ_d=1.52g/m^3，复合试样的平均干密度为ρ_d=1.544g/m^3；在图9c）中，纯黏土的干密度为ρ_d=1.52g/m^3；而在图9a）中，混合试样的平均干密度也是ρ_d=1.544g/m^3，但由于碎石呈颗粒状"悬浮"在黏土中，颗粒的密度数值上等于颗粒的比重，即单个颗粒的ρ_d=2.67g/m^3，这样算下来黏土的干密度只有ρ_d=1.42g/m^3，由于碎石颗粒悬浮在黏土的基质中，试样的强度完全由黏土决定，并且黏土的干密度远小于桩间土的ρ_d=1.52g/m^3，所以图9a）的强度最低就不可避免了。其各部分密度的计算见图10。

a）混合试样⑤　　b）复合试样②与④　　c）纯黏土试样③

图9　三种试样的比较

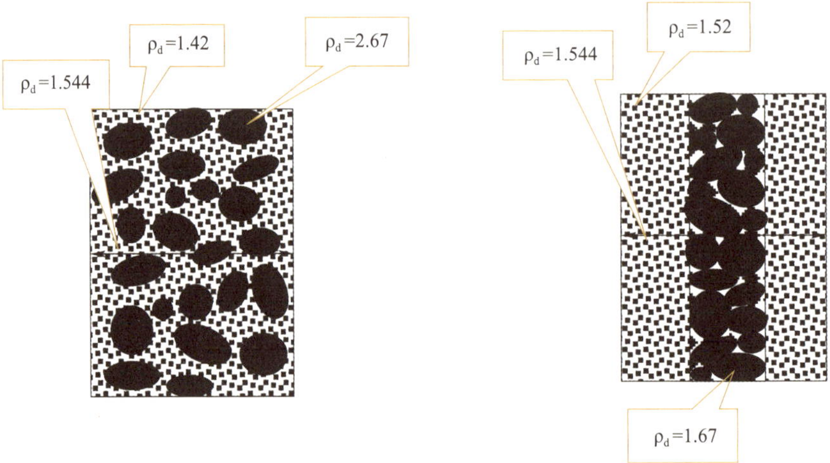

a）混合试样　　b）复合试样

图10　混合试样与复合试样中的干密度（单位：g/m^3）

这就发现一个有意义的现象，即复合试样中碎石形成骨架，由于其剪胀性，并且受到桩间土的约束，使碎石桩的实际围压高于三轴压力室中的围压，使复合试样抗剪强度远高于同密度的纯黏土，结果使复合试样的强度提高，高于同围压下的碎石试样与桩间土试样强度之组合；而在混合试样中，碎石颗粒呈单粒被黏土所包围，没有形成骨架，对整体强度没有贡献，并且拖累得黏土干密度减小，致使强度最低。亦即在地基处理时，合理的方案可以达到 1+1>2，而错误的做法会使 1+1<1。

如果我所用图 9a）这种形式加固地基土，那就是拆了骨架用颗粒。相当于拆了队伍用单兵，或拆了机器用零件，是自毁长城的愚蠢行为。

那么在不连续级配的土中，大颗粒占多少比例才会形成土骨架呢？以图 11 为例，假设土的大颗粒为均匀的圆球（D=100mm），大颗粒的球体如果是六面体排列（平面上位正方形排列），则其处于最疏松状态，其孔隙比最大，e_{max}=0.91。这是这种球形颗粒能够形成土骨架的最小密度。

V=1.0

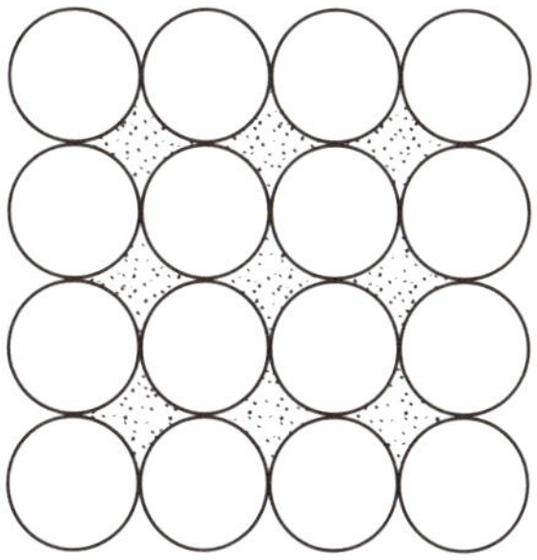

e_{max}=0.91

图 11　球状大颗粒土的六面体排列

如果设大颗粒的比重为 G_s=2.7，其孔隙中填满干密度 γ_d =1.6g/cm^3 的细粒土（d=1mm），则粗颗粒的质量比为 0.65。亦即如果粗颗粒含量小于 0.65，它们就会处于悬浮状态，无法形成土的骨架，主要力学性质由细粒土决定。

在土中，颗粒应以骨架形态存在，这才叫作土，其孔隙中通常可充满液、气相流体。但由颗粒及流体组成的东西却不一定是土。如果在外部因素作用下土骨架溃散为单个颗粒，例如流土、管涌、液化、流沙、流滑，就成了泥石流或沙尘暴，那就是流体力学中的多相流和泥沙动力学研究的领域，与土力学无关了。

沈括在《梦溪笔谈》中讲到“流沙”：“人多不晓湴河之义”；“予尝过无定河，度活沙，人马履之，百步之外皆动，澒澒然如人行幕上。其下足处虽甚紧，若遇其一陷，则人马硚车，应时皆没。至有数百人平陷无孑遗者。或谓：此即流沙也”；“湴字亦书作埿，按古文，埿，深泥也”。

沈括是古代知识分子中罕见的比较关心自然知识的，更可贵的是他在这里涉及一个重要的土力学问题，那就是土骨架作用与破坏问题以及土骨架溃散可能有的一些形式。可是他将“湴河”“活沙”“流沙”等现象混淆了。常见的土骨架溃散有以下一些形式。

液化　可能由地震引起，在振动或周期荷载下，饱和土中的超静孔压提高到等于土体的总应力，有效应力为零，颗粒处于悬浮状态，也就失去了强度与承载能力，见图 12a）。

流土　在向上的渗透力作用下，$j=\gamma'$。砂土的颗粒处于整体悬浮状态，亦称为沙沸（boiling）见 1.3 讲中的图 3a）。

流滑　是饱和松散的细砂在微小的扰动下“静态液化”的现象。在三峡工程可行性研究阶段，由于三峡下游已建成的葛洲坝回水到三峡库区，在三峡坝址江底淤积了一层极细极松的粉细砂，其干密度只有 1.3g/cm^3 左右。我们在室内对其进行三轴试验，小心翼翼地施加一定的负压制成试样，可是用手指轻轻一碰试样的橡皮膜，试样马上化为一滩泥水，真所谓是“一触即溃”。这种现象称为流滑，英文中称为 quick，倒是很形象贴切的。图 12b）表示的是人工降雨引起的砂土坡的流滑现象。

流沙（活沙）　这种现象可在饱和或干砂中发生。在水头差作用下饱和松砂可像液体一样流淌；而在沙漠中，干的松砂受到扰动也会大面积失稳流动，见图 12c）。

沙尘暴　沙漠中的大风扬起砂土漫天漫野，图 12d）表示的是撒哈拉大沙漠的沙尘暴，可覆盖几千平方公里，扶摇万里吹到南美的亚马逊盆地，培育了这个世界最大的热带雨林。

a）　b）

c）　d）

图 12　一些土骨架溃散的现象

高灵敏度土的扰动破坏　图 13a）表示的是一种高灵敏度土，其 38mm 直径的原状土三轴试样可承受 11kg 的砝码，可是在烧杯中搅拌扰动后就变成了泥浆。在北欧就有大面积的高灵敏性土，这些海相淤积的软黏土在大约 20000 年前冰河期被压在 3000 m 冰层以下，以后冰层退去，淤积土露出地面，上部形成硬壳层。随后它们被雨水淋洗，盐分减少，阳离子浓度降低，絮凝结构破坏，一旦受到扰动，例如河流冲刷，在很短时间内大面积流动破坏。我曾在国外见过一个录像，1978 年有人在这一区域内施工扰动，在十几分钟内，大片场地迅速泥化，树木房屋随之流走，真是触目惊心，如图 13b）所示。

a）　　　　b）

图 13　高灵敏度土

20 世纪 60 年代，我在黑龙江省的松花江支流漂河的河滩负责修闸挖基坑，当地老百姓讲，这里会“鼓稀泥”，不能挖坑，我回忆学土力学时，老师就没讲过什么“鼓稀泥”，结果很容易就挖了 3m 深的基坑。可第二天到现场一看，粗细不等的泥流沿着坑壁缓缓流下，里面已经是半坑泥浆了，这就是可怕的高灵敏度土。

可是前面沈括所说的“流沙”“活沙”现象似乎并不是砂土的流滑或液化，倒像是一种欠固结土——沼泽土。那就是表面有一层草皮或者塔头，人行其上忽忽悠悠，“澒澒然如人行幕上”，一旦失足或者踏破表面硬壳层，下面是无底的淤泥。这是一些彼此还没有完全接触的极细的半悬浮颗粒，尚未形成骨架。在上述的漂河踏查时，我们就走过这些“漂浮”的“塔头”，也常常失足，所幸当时下面淤泥中的冰层还没有化透，没有坠入泥塘。所谓的“湴河”与“垽，深泥也”恐怕就是如此，当年红军长征过草地遇到的也是这种沼泽。凡是骨架的溃散，都伴以高超静孔隙水压力，实际上是有效应力的丧失。

图 14　建筑物骨架的塌落

骨架是物体存在的基础，生物、人、建筑、国家与社会都靠骨架赖以存在。“9•11事件”中美国的世贸大厦，当骨架塌落时轰然而消失（图 14）。

一个国家的骨架就是它的权威与秩序，它掌管一方土地，自有其法律、制度和政策而形成其骨架，人民和社会也还是平和与安定的。美国奉行的霸权主义总是要把自己的制度与意志强加于人，输出所谓的民主，鼓动“颜色革命”。先是伊拉克，后是利比亚、阿富汗、叙利亚，结果造成那里民不聊生，哀鸿遍野，满目疮痍。后来那些流亡的难民冲击着欧盟。看到难民潮（图 15a），就让人想到了泥石流（图 15b）：那种无序的、盲目的、失控的，具有巨大破坏力的可怕的浊流涌动着，冲击着人类的秩序。本来是一方土地，一方山河，一旦失去了骨架就变为残破与苦难。

看到图 15c）中伏尸海滩的难民婴儿，不禁想起文天祥在国破家亡，被俘后押运途中的诗句：

山河破碎风飘絮，
身世浮沉雨打萍；
惶恐滩头说惶恐，
伶仃洋里叹伶仃。

a）难民潮

b）泥石流

c）叙利亚小难民伏尸海滩

图 15　欧洲的难民潮与泥石流

一个社会的骨架就是其伦理，“伦”即为人际关系，“理”即为行为准则。如果一个社会的骨架溃散，那么就会是礼崩乐坏，社会失序，人伦丧尽，伤天害理。

历史的教训表明，一个社会的骨架的溃散是对人类文明的极大破坏。

骨架是土力学中的一个十分重要的本质性的概念，可以说土力学就是研究土骨架性质及其影响因素的学科。

1.6 论粗粒土颗粒的排列

我们讲土颗粒的粒径，也就是其直径，但只有圆和球才能讲其直径，土的颗粒的形状千奇百怪，所以在级配累积曲线中，实际上是“等效圆球的直径”。对于粗粒土，其颗粒分析采用筛分法，“等效圆球的直径”实际上是相当于颗粒所有断面的最小外接圆的直径。如果是一个圆盘状的颗粒，其横截面如图 1 所示，其“等效圆球的直径”就是 d，它是可以通过直径 d 这样的筛孔的。

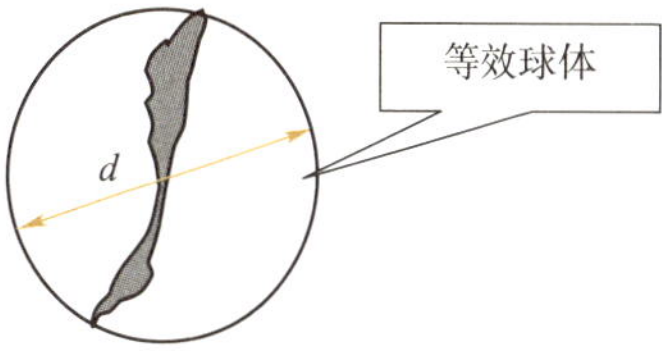

图 1　颗粒的粒径

由于土颗粒不会都是圆球体或者正多面体，有针状、片状、棒状、多面体状、椭球状等。试验表明，即使是完全由石英组成的砂土颗粒，其长短轴之比平均也大于 1.39。可想而知，这样的颗粒在地球重力场中必将多数倾向于“横卧”状，因为这种状态下其位能最小，也就最稳定；所有的陆生动物也是以卧倒为最舒适的姿态，如图 2a）所示。北方人有句俗语曰“好吃不如饺子，坐着不如倒着”。即使不以 180° 地平躺，那种半卧式的“葛优躺”也是很惬意的。土颗粒的排列极其复杂，有很强的随机性，以振动法制样 $\theta \approx 0°$ 颗粒的频率就更高，这种分布使其表现为较强的各向异性。例如在各向等压作用下，各向同性的三轴试样应变关系应为：$\varepsilon_z = \varepsilon_x = \varepsilon_y = \varepsilon_v/3$，而实际量测结果通常是 $\varepsilon_z =$（0.17～0.22）ε_v，这表明竖向的压缩性要小。

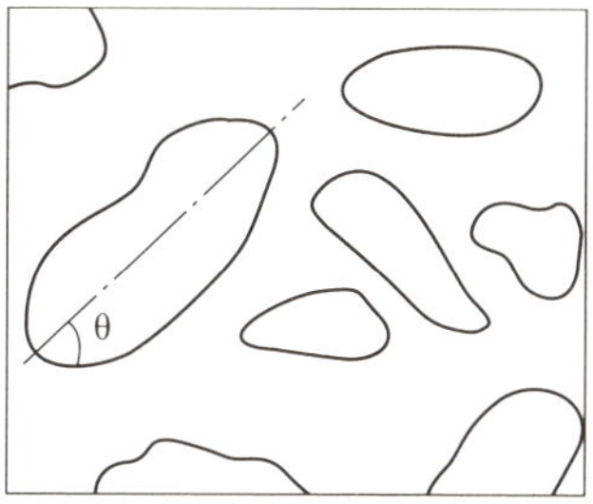

a）在竖直截面上颗粒的方向特性

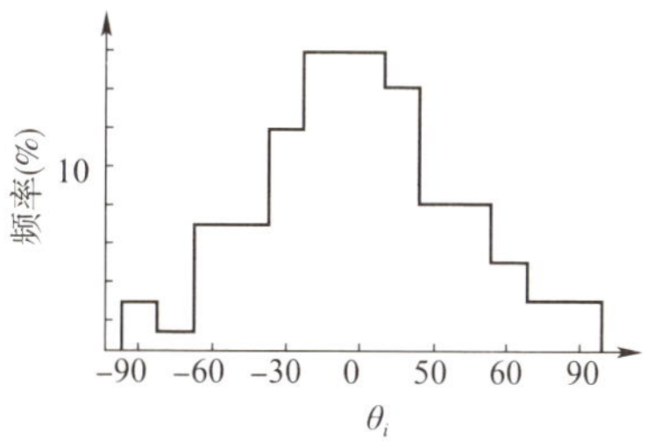

b）在竖直截面上 θ_i 角的分布频率

图 2　粗粒土颗粒在空间的定向作用

图 3 是一种均匀砂土在不同制样方法下的同围压三轴试验结果。砂土粒径为 0.85～1.19mm，平均轴长比为 1.45，试样的孔隙比都是 e=0.64。用在刚性制样模筒外敲击法制样会使颗粒更倾向于“躺倒”，这正如在八级地震下，人们都会是七躺八歪一样，表现出更强的各向异性；在竖向为大主应力的情况下强度较高，具有更强的剪胀性。

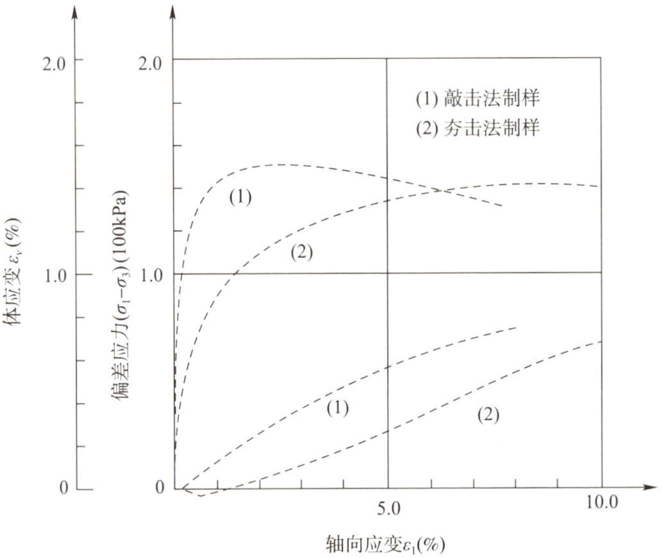

图 3　夯实法与敲击法制样的试验结果

可见，在这种非圆球颗粒的情况下，粗粒土颗粒的排列会极大地影响土的力学性质。当土颗粒都是球体时，粗粒土是否就表现为完全的各向同性呢？图 4 表示的是圆球颗粒的几种代表性的可能排列情况。图 4a）是竖向的剖面，圆球颗粒是立方体排列（平面上为正方形），这时其孔隙比 e=0.91，其物理力学性质是各向同性的，但其颗粒的位能很高，很不稳定，很小的扰动颗粒就会落到图 4b）的位置。图 4b）也是竖向剖面，在竖向是三角形排列，在水平面上它们是正方形排列。其孔隙率为 e=0.65，很明显，其竖向的压缩性小，水平向压缩性大。图 4c）是俯视图，颗粒为金字塔式排列，即每个颗粒落在下面 4 个正方形排列的颗粒形成的凹槽中，孔隙比 e=0.34。图 4d）也是俯视图，为正四面体式排列，每个颗粒落在下面 3 个正三角形排列的颗粒形成的凹槽中，孔隙比也是 e=0.34，这是均匀圆球所能达到的最小孔隙比（即最大相对密度）。后两种排列表现出较强的各向异性，也是最稳定的排列（孔隙比最小）。

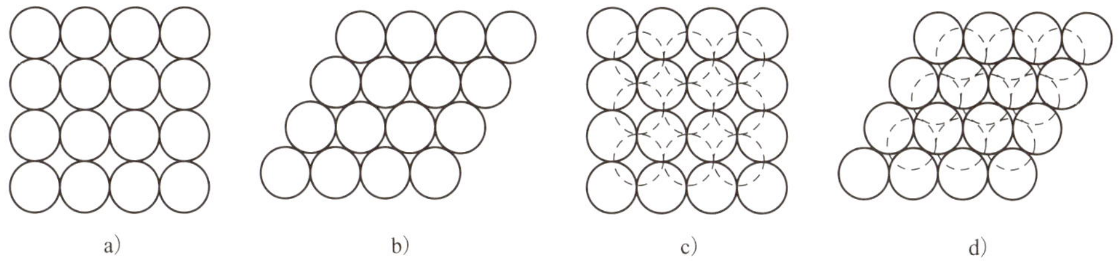

图 4　圆球颗粒的 4 种排列

图 5a）是图 3b）的圆形颗粒排列情况，如果颗粒材料间的滑动摩擦角为 15°，$P_3=100$kN，在图 5a）中，$P_1=373.2$kN 时即可推动 $\alpha=60°$ 的颗粒向下移动，得到图 5b）的状态，此时 $P_1=173.2$kN，亦即发生了应变软化现象，并伴随着体积的增加（剪胀）。当 P_1 卸载时，在图 5b）的状态下，P_1 减小到 57.7kN 时，P_3 将推动颗粒恢复到图 5a）的状态，表明剪胀变形是可以恢复的变形。图 6 表示的是这种关系在三轴试验中的应力应变关系曲线。

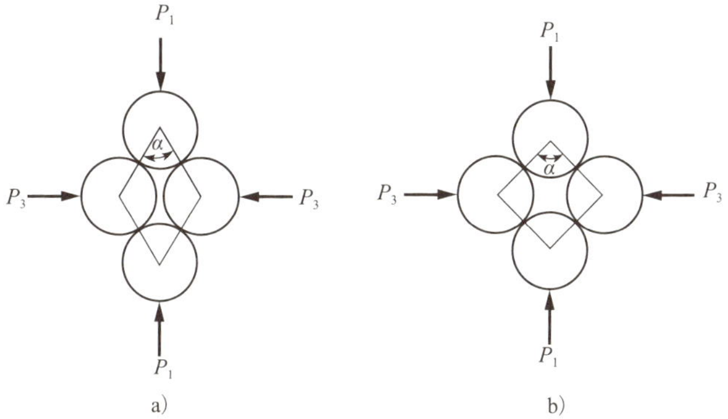

图 5　从土颗粒的排列看土的剪胀与剪缩

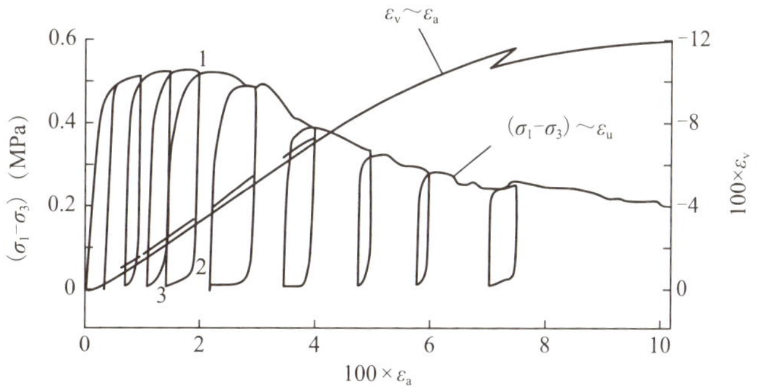

图 6　应力应变关系曲线

图 7 表现的是砂土的架空式结构，这种结构使砂土的孔隙比甚至大于它的最大孔隙比，这种结构是在一些特殊情况下形成的，例如颗粒间有轻微的黏结。图 7b）中是在竖向为大主应力下，可能产生的拱状结构，这种结构是不稳定的，所谓危如累卵。这种情况下砂土在加载情况下可以是稳定的，通过压力拱传递荷载，可是一旦竖向卸载，其结构可能崩塌，体积急剧收缩。

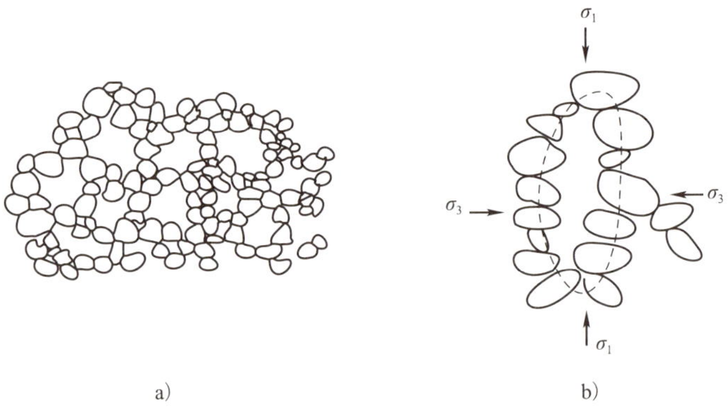

图 7　粗粒土颗粒的松散架空式结构

这正如有些队伍在强大的敌情压力下会团结一致，抵抗压力；一旦压力解除，队伍反而崩溃了。例如李自成攻入北京，推翻明朝，结果 42 天就逃离了北京，最后被清军消灭。

1.7 论土的级配

作为一种土，中砂是粒径大于 0.25mm 的颗粒质量超过全部土质量的 50%，同时大于 0.5mm 的颗粒质量不超过全部土质量的 50% 的土；而中砂粒是指粒径大于 0.25mm，小于或等于 0.5mm 的颗粒。为什么如此定义呢？

这就涉及土的命名与粒组的命名问题。自然界中的土其组成极其混杂，可能同时含有极大颗粒和极小的颗粒，例如上述的中砂，其中从 0.005 ～ 100mm 的颗粒都可能有，而在工程中，往往涉及百万、千万方天然土料，不可能筛分后应用。对于地基土就更不能挖出→筛分→拌和→回填→压实了。这样我们就必须给每一种土命名，只能按其主要颗粒的大小进行分类定名。但在分析土的颗粒级配时，我们需进行筛分，在筛分的基础上将颗粒分组，亦即粒组。中砂粒组颗粒只能是处于 0.50mm 筛以下，0.25mm 筛以上的那部分颗粒，见图 1a)，正如将人按年龄分组一样。所以“中砂”是土类，“中砂粒”是粒组。

对于颗粒大于 0.075mm 的颗粒我们可用筛子进行筛分，筛网的孔径一般为：60mm、40mm、20mm、10mm、5mm、2mm、1mm、0.5mm、0.25mm、0.1mm 和 0.075mm。粒组的划分就像用年龄段对人的划分一样，如图 1 所示。

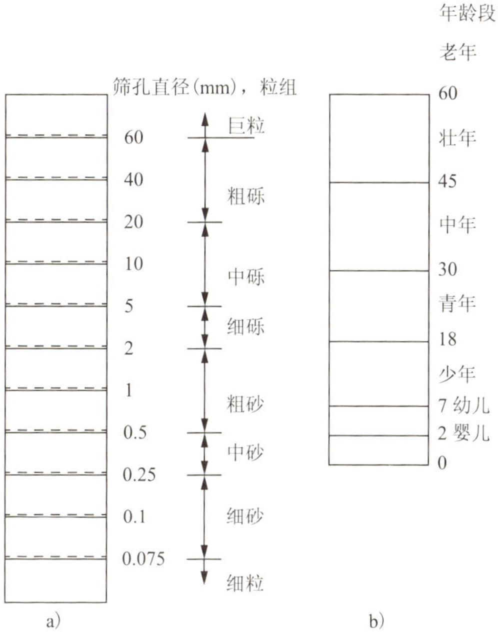

图 1　土的粒组与人的年龄段

划分粒组的作用在于对土进行分析，然后在此基础上对土进行定名。图 1 是土的粒组与人的年龄段对比。土的中砂粒组相当于 18 ～ 30 岁的青年。当然，也有的将 15、16 岁的叫作小青年。现在的国家级“杰出青年”似乎是不大于 45 岁。

按照国际上通常的规定，65 周岁以上的人确定为老年；在中国，60 周岁以上的人为老年人；世界卫生组织对老年人的定义为 60 周岁以上的人群；而西方一些发达国家则认为 65 岁是分界点。中国古代曾将 50 岁作为老年的界限。 钱钟书在《宋诗选注》选进了数十位宋代顶尖的诗人。那时这些高级知识分子的平均寿命也只有 59.8 岁。苏轼在写出“老夫聊发少年狂”时，这位“老夫”也只有 40 岁；辛弃疾写“老去怕寻少年伴”时，也是 41 岁。当前很多这个年龄的教授、副教授们还在申报与争取“杰出青年”。

所谓年龄段的划分，西方国家把 45～64 岁称为初老期，65～89 岁称为老年期，90 岁以上称为老寿期。发展中国家规定男子 55 岁，女子 50 岁为老年期限。根据我国的实际情况，规定 45～59 岁为初老期，60～79 岁为老年期，80 岁以上为长寿期。

对于粗粒土，主要是按照土的颗粒大小对土进行分类，对于细粒土就不能只看颗粒的尺寸了。比如在粒组分类中将 $d \leqslant 0.005$mm 的颗粒叫黏粒，如果将原生矿物，比如石英研磨成小于 0.005mm 的石粉，就都变成了黏粒，那么它们组成的土是否就成了黏土了？答案是否定的，因为还要看塑性指数 I_p。黏土矿物除了颗粒很细小外其颗粒形状都是片状的，矿物的电化学性质也不同于原生矿物，其介电常数低，比表面积极大，例如有的蒙脱土黏土比表面积可达 800m^2/g；而直径 d=0.005mm 的球状石英颗粒的比表面积 s=0.44m^2/g。黏土最重要的性质是其与水和水中的离子间的相互作用，即形成结合水和双电层，这就表现出土的塑性。这正如身高不足 1m 的侏儒，不能算是幼儿一样，小于 0.005mm 的石英粉末也构不成黏土。根据吉尼斯纪录，实际上最矮的男人只有 50 多厘米，却已经 70 多岁了。我看少年足球和篮球比赛，有的队员就不像是少年，最好是测一下骨龄。

土被筛分以后可以用颗粒级配分布曲线表示，也可用粒径级配累积曲线表示。通常粒径级配累积曲线上的一点代表小于该粒径的颗粒质量占总质量的百分数。为什么不用大于该粒径的颗粒含量百分数表示呢？其实大于与小于的百分数都是可以的，也有国家的教材与文献的表示就相反。小于该粒径的颗粒质量占总质量的百分数是用某筛孔的过筛量累积统计出来的；而大于该粒径的颗粒质量占总质量的百分数是用某筛孔以上各筛的筛余量累积统计的。如图 2 所示，前者为降曲线，后者为升曲线。两条曲线是关于 50%的水平线对称的。

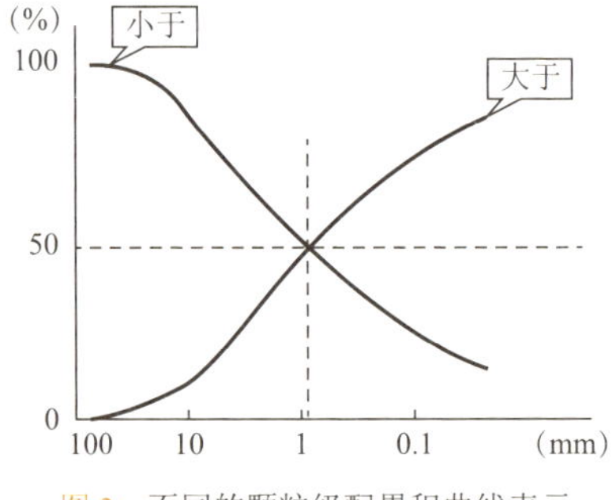

图 2　不同的颗粒级配累积曲线表示

图 3 表示了烘干了的一份质量为 200g 的土样，经筛分法和水分法分析以后的结果，以及其颗粒分布曲线。图 4 为它相应的颗粒级配累积曲线。

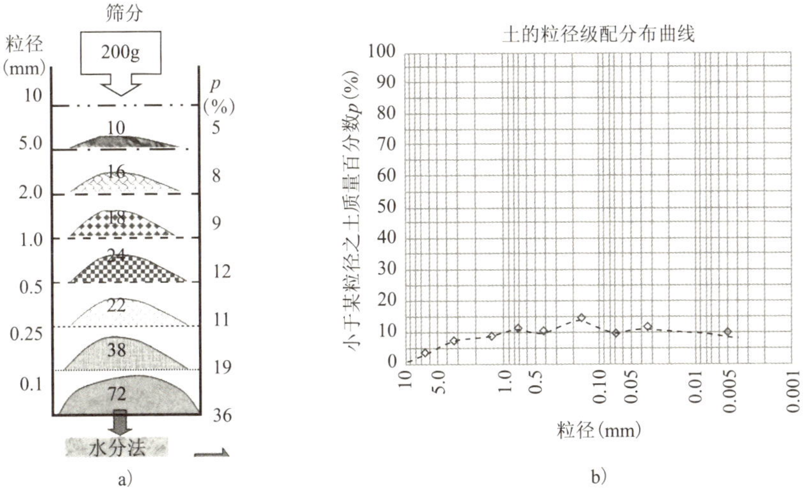

图 3　土样筛分结果和颗粒级配分布曲线

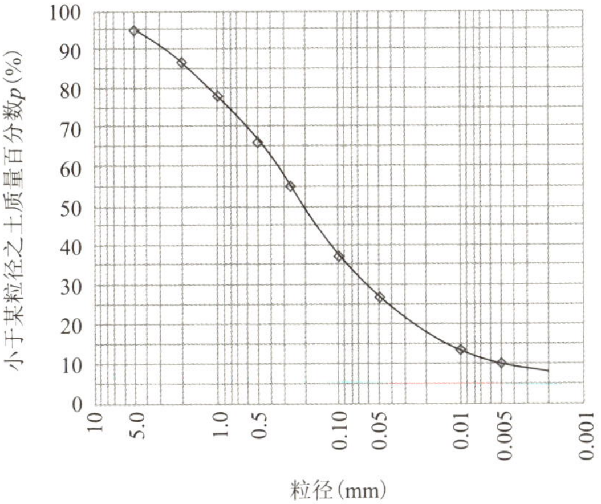

图 4　土样的颗粒级配累积曲线

在这种级配曲线中有一些所谓特征粒径，如 d_{10}、d_{30}、d_{50}、d_{60} 等。尽管它们的规定有一定的人为因素，但其本身是有一定的物理意义的。例如 d_{50} 是所谓平均粒径，小于该粒径与大于该粒径的土颗粒质量都占总质量的 50%，如图 2 所示。

但是平均粒径 d_{50} 是一个易于误解的术语，那就是认为它是所有颗粒的加权平均值

$$d_{50} = \bar{d} = \sum d_i p_i \tag{1}$$

式中，d_i 为土中的第 i 组颗粒；p_i 为这组颗粒在土中所占的质量百分比。这

显然是错误的。例如由 1mm 和 100mm 两种粒径的颗粒组成的土，A 组 100mm 的粗粒质量占 51%，则 d_{50}=100mm（卵石）；B 组粗粒质量占 49%，则 d_{50}=1mm（粗砂）。但它们的颗粒的加权平均值 $\bar{d}$ 都近似为 50mm。

d_{10} 叫作有效粒径，它对于土的渗透系数有特殊意义，对土的渗透性有决定性的影响，见图 5。例如渗透系数可以用式（2）的经验公式估算。d_{10} 除了影响土的渗透系数以外，还与土的渗透变形如接触冲刷等有关。

$$k = cd_{10}^2 \tag{2}$$

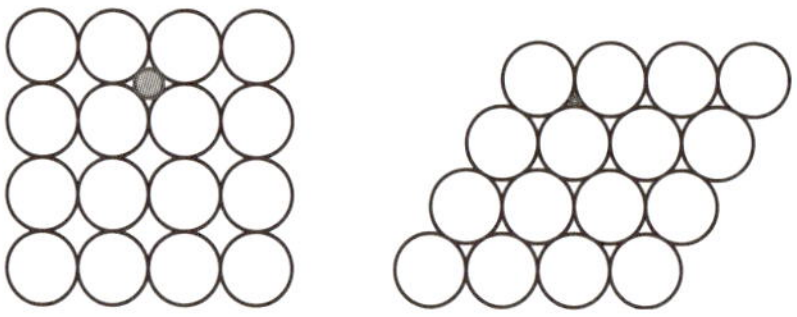

图 5　土中的细颗粒对渗透性的影响

d_{60} 称为控制粒径，它是判别土的级配均匀性和连续性的重要参数，也是控制土的性质的特征粒径。

此外表示粒径级配常用的有下面两个指标。式（3）中的 C_u 叫不均匀系数，式（4）中的 C_c 叫曲率系数，前者表示土级配的均匀程度，后者可表示土的级配的连续性情况。

$$C_u = \frac{d_{60}}{d_{10}} \tag{3}$$

$$C_c = \frac{d_{30}^2}{d_{60} \times d_{10}} \tag{4}$$

如果不均匀系数 $C_u<5$，那么其级配曲线就陡一些，称该土的级配均匀；否则其级配曲线就缓一些，则称级配不均匀。如果土的不均匀系数 $C_u \geqslant 5$，曲率系数 C_c 在 1 ～ 3 之间，则称为良好的土，否则其为级配不良的土。

那么在工程应用中，级配良好的土更好一些还是级配不良或者级配均匀的土更好一些呢？这里讲的级配良好是指土中大中小颗粒的数量适中，这种土的孔隙较少，容易压实，强度高，变形小；透水性也较小，不易发生管涌，所以更适合于作为工程填土。例如作为软弱地基的换填土，路基、土坝、堤防等填方工程的土料等。

但是这种土的透水性不好，作为排水与反滤材料就不合适。例如在管井工程中，首先要在井位钻孔，然后放置透水井管，随后要在井管与井壁间填入“豆石”，亦即均匀的砾石，以便于透水和保土。同样在土石坝的反滤排水结构中，需要级配均匀的粗粒料。图 6 中的均质土坝下游的排水反滤中的砂、卵石、块石层各层就必须都是级配均匀的，以利于排水和保土，既可降低浸润线，也防止上一层的土颗粒从下一层的孔隙中被水流带走。

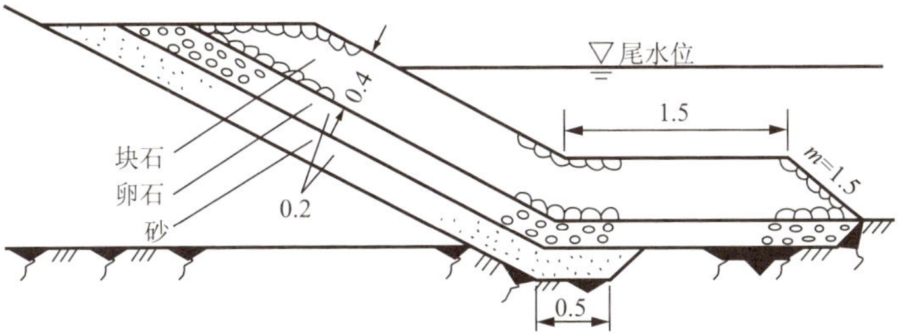

图 6　均质土坝下游的排水反滤结构（尺寸单位：m）

这正如在军队中，战士都应是青年，亦即级配均匀，这样训练、行军、打仗才能步调一致，机动性好，战斗力强。《三国演义》中写道刘备在得知曹操大兵将至，火烧新野，向百姓宣称"无问老幼男女，愿从者，皆跟我往樊城暂避"。败走新野，到了樊城，又被曹操追赶，携两县之民"扶老携幼，将男带女"，"拥民众数万，日行十余里"。最后，一路"引十数万百姓，三千军马"逃亡行军，在这种级配下，虽有赵云、张飞那样的猛将，也难免大败，老婆亡命，孩子差点丢掉。对于《三国演义》，鲁迅评曰："至于写人，亦颇有失，以致欲显刘备之长厚而似伪，状诸葛之多智而近妖。"看三国看到这里总觉得刘备是在作秀，实是以十数万百姓为人质，以免遭受曹操几十万兵马全歼的灭顶之灾。

军队中的军官则应当级配良好，不同军阶有不同的年龄段，以充分发挥他们的威望、学识、阅历和经验。在一些代表的选举中，特别强调考虑"无、知、少、女"就是为了使级配良好，增大代表性。

在学校里，同样也是学生的级配基本均匀，而老师应当是级配良好的，可是这也受到多方面的影响。分析图 7 所示的我国高校教师队伍级配曲线是十分有趣的，图中所示的虚线是正常的级配曲线，它的各年龄段的概率分布曲线大体上应是金字塔形的。

图 7 是 1976 年和 2016 年时大学教师的级配示意图，这种曲线在各高校、科研和技术部门是有代表性的。在图 7a）中，恢复高考前后，教师基本上是 1966 年前本科毕业后留校任教师，也有一些"研究生"。1940 年前本科毕业的基本上是留学欧美的老教授，而 1949 年前毕业的留校者主要是"地下党员"，

1949～1957年留校的是品学兼优者；1957年由于政治运动，一批教师被淘汰，1958～1960年就集中留下了一批“左派”学生；1960～1963年，留校较少，1964、1965年两期的留校者增多；1966年后，学生基本被扫地出门，极少有留下的；在一些学校，70届一些学生认为他们不能算“知识分子”，自称“新工人”，留下一批人；其后是“工农兵学员”中留下的革命力量。

图7b）是2016年教师队伍级配曲线，由于现在都是博士、博士后才能留校，所以曲线左移。由于1980～1990年期间的退休潮，1966年前毕业的老师基本没有了；1982年前没有本科毕业生；1983～1990年本科毕业的教师占了总数的一半以上，他们中的一些并不是这期间留校的，而是1998～2000年期间从国外回来的。这些人属于恢复高考时的前期大学生，由于多年人才的积压，他们水平较高，学习努力，又有在国外深造的经历，成为各行业、高校、院所的骨干。又由于他们人数集中，只进不出，使人员循环停止，严重地阻碍、挤压与覆盖了2000年后本科毕业的学生留校机会，使级配严重不连续。可以预期在2025～2030年又会出现一个教师年龄集中的情况，余波会反射到2060年左右。同样的，一个国家、社会的人口级配也会受战争、自然灾害、政策等因素的影响，造成级配的不均匀、不连续。

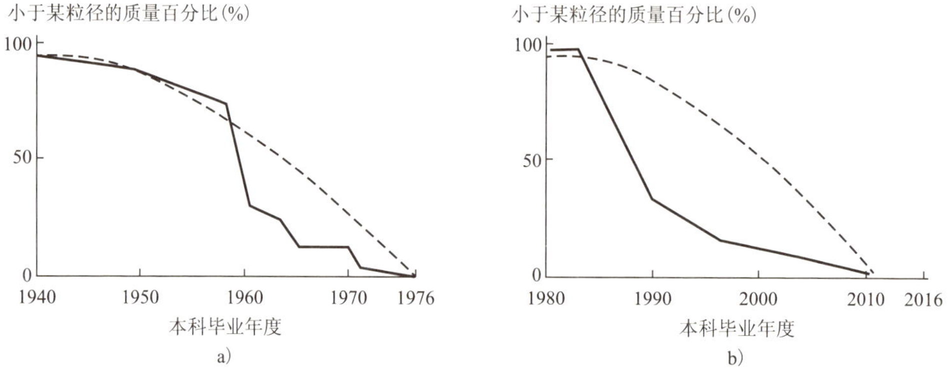

图7　1976年与2016年教师队伍级配曲线示意图

其实级配不连续、级配不良的土有时也是需要的。例如我国的西南地区，水电资源丰富，交通不便，适于修建土质防渗体的高堆石坝，但那里山石裸露，黏性土很少，难以取得足够的防渗土料。于是常常在黏性土中添加碎石与砾石，形成人工掺和砾石土，其中碎石与砾石比例可达40%或者更高。由于粗粒土不会形成骨架而架空，所以其对渗透系数的影响不大，但可以减少防渗体的沉降与变形，也节约了那里十分宝贵的耕地。

近年来，一些经济发达国家的人口状况堪忧，出生率过低，随着平均寿命的增加，人口老龄化成为巨大的隐患。我国也过早地出现人口问题。图 8 是我国与印度的人口级配情况。可见在 1970 年，我国大陆的人口级配优于印度，65 岁以上的人口比例都是 3.7%，但我国的青少年比例更高，这就为后来的改革开放时期的人口红利打下基础。而到了 2015 年，我国的 65 岁以上人口已经达到 9.5%，远高于印度的 5.6%；我国的儿童和少年的比例过低，40 ～ 50 岁的人口比例最高；再过 10 ～ 20 年我国的老龄化将会是十分严重的。

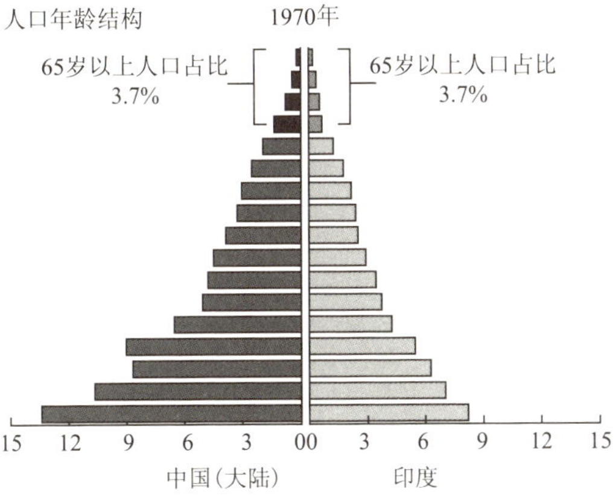

a)

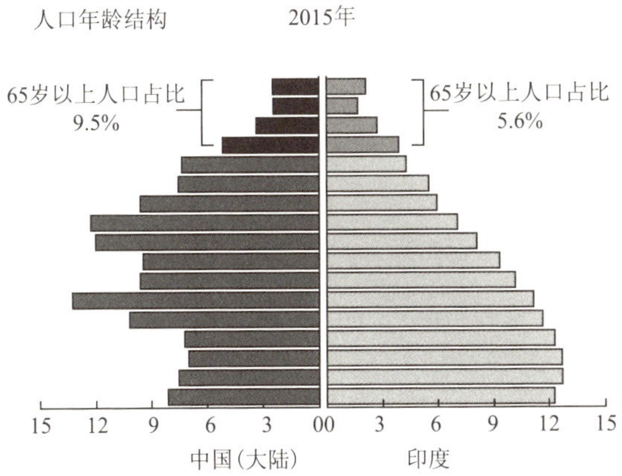

b)

图 8　中国大陆与印度在 1970 年和 2015 年人口级配图对比

数据来源:《世界人口展望》(2015 年版)(World Population Prosbects)

颗粒及其级配对于土和土骨架的性质有极为重要的影响，在实际工程中应按照工程需要确定和选择土的级配。同样的道理，国家民众、军队官兵、学校师生、机关干部、群众组织，凡是有人群的地方都有级配问题；战乱、政策、政治运动、文化与经济极大地影响人口的级配和未来。随着世界人口的老龄化，发达国家低出生率，而经济落后国家和地区出生率高，如美国将可能经历拉丁化；随着城镇化的进程，农村和经济落后地区的人口空心化都将会影响人类的发展与未来。

1.8 论土的工程分类

在各种土力学教材和有关规范中，都有“土的工程分类”一节，为什么叫“土的工程分类”而不叫“土的分类”呢？土力学当然主要关心土的工程性质，所以也就要按土的工程性质分类。其他领域，比如农业，他们肯定会按土壤的肥力、保水性与耕作性能等分类。在工程领域，各行业对土性关心的重点不同，例如水利水电行业就特别重视土的渗透性，建筑行业特别关心土的承载力与变形特性。

以水利行业为例，水利部《土工试验规程》（SL 237—1999）分类法，就特别分出巨粒土：试样中巨粒组（粒径 d>60mm）的质量占总质量的 100%～75% 的土称为巨粒土。巨粒含量小于 75%、大于 50% 的土为混合巨粒土，巨粒含量为 50%～15% 的土为巨粒混合土。这是由于水利水电工程中，常常使用颗粒很大的“土”，例如填筑堆石坝、防洪、截流等。图 1 为三峡大江截流，最后在龙口处要抛入几十吨的混凝土四面体才不会被冲走。

a）　　　　b）

图 1　三峡截流所用的巨粒土

在《碾压式土石坝设计规范》（DL/T 5395—2007）中，要求均质坝料的渗透系数不大于 1×10^{-4}cm/s，心墙和斜墙土料渗透系数不大于 1×10^{-5}cm/s。可见，渗透性是水利水电工程的命脉，这是与其他行业迥异的。例如几乎所有工程都是希望土的强度与刚度更高，以增大稳定性，减少沉降与变形，但是在刚性垂直防渗体（如地下连续墙）与土坝坝体的结合处，则常采用柔性的高塑性黏土，以期减少接触处的应力集中。

与此类似，铁路与公路路基工程，更注重土料的压实性能、稳定性和变形特性等。建筑地基基础工程更注重承载力与沉降。由于我国的行业划分较狭窄，尚不能形成“大岩土”，个人囿于行业的局限，造成“隔行如隔山”。图 2 是广东某地的一个闸室，建在软黏土地基上，工程师设计时由于很重视地基承载力，于是采用了桩基础。结果承载力是够了，可是两侧填土筑堤以后，施加堆载，地基沉降，而刚硬的桩基础变形与沉降很小，使闸室底与地基脱离而架空，洪水期江水从闸底穿过，进一步掏空闸底，堤防溃决，造成巨大的工程事故。

a)　　　　b)

图 2　桩基闸门被冲毁

在体育竞赛中，首先要分男子项目与女子项目，可是也有些项目，如棋类、射击、桥牌等男女间的差别就不大。而有些项目，如举重、摔跤、拳击等与体重密切相关。青少年运动会要按年龄分类与分组。

由于各行业对土性关心的重点不同，但土的分类最基本的是强度、变形与渗透性质，能不能采用统一的分类标准，各行业可以根据各自的要求而选择呢？美国土的工程分类就有统一的标准，即 The Unified Soil Classification System。我国尽管也做了这方面的努力，颁布的《土的工程分类标准》（GB/T 50145—2007）就是一个类似于美国 The Unified Soil Classification System 的标准，可惜没有被普遍接受，各行业依旧我行我素，分类标准目前还无法统一。其原因之一是新中国成立以后师从苏联，在科技管理领域实行所谓“条条专政”，例如原水利部有其所属的科学研究院、设计院、工程局、水利高等院校和几个大江大河的委员会，相应的也就有自己的一整套规范标准。其他如原建设部、原冶金部、原交通部、原铁道部、原煤炭部等也都如此，自成体系，老死不相往来。这对我国土木工程行业间的交流，以及国际间的交流都是不利的。

两千多年以前，秦始皇就能够统一度量衡，实行“车同轨，书同文”，我们现在连土的分类都不能统一，连古人都不如了吗？这种分类的不统一，又进一步造成行业间的隔阂。

第 2 章

土的渗透性和渗流问题

2.1 论静孔压与超静孔压

土力学中的孔隙水压力是一个很重要的概念，也可以说是土力学中的标志性概念，但它似乎并没有被清晰地界定与分类。

孔隙水压力应分为两种还是三种，在不同的教材与专著中有着不同的说法。有的定义为静孔压与超静孔压两种，有的则分为静、超静和渗流孔隙水压力三种。静孔隙水压力常常被定义为“在静止的地下水位以下土中的水压力”；超静孔隙水压力被定义为“饱和土体中一点的孔隙水中超过静水压力的那一部分”［见《岩土工程基本术语标准》（GB/T 50279—1998）❶］；渗流孔隙水压力则为“在渗流场中的水压力”。又有人认为除了“静止的地下水位以下的孔压”以外都是超静孔压，所以将所有的渗流孔压也归入超静孔压。

这些定义过于表观、随意，往往不适于复杂的情况和工程应用。以渗流孔压为例，既有稳定渗流情况，又有渗流固结情况，不可一概而论。

实际上，不管何种孔隙水压力，其本质都是相同的，都是通过土骨架中连通的孔隙水传递的压力，它们都是一种孔隙水的势能（压力势）的体现，都适用于有效应力原理。那为什么要区分静与超静孔隙水压力呢，这似乎源自太沙基的饱和土体的渗流固结理论。在这个理论中，由于外部因素在土体中产生了一种孔隙水压力，使土体有体积变化的趋势。在有排水条件时，它会消散，同时伴随以土的体积

❶　该规范现已更新为 GB/T 50279—2014 版。

变化，因而这种孔压被称为“超静孔隙水压力”。

这样，就应定义静孔隙水压力为：“它是不随时间改变的，不会引起土骨架的有效应力变化和土骨架的应变的孔隙水压力”；超静孔隙水压力是“由于外部作用或者边界条件变化在土体中引起的孔隙水压力，它伴随着土骨架的有效应力变化和产生应变”。 这样就把二者的主要区别界定了。因为超静孔压这一概念起源于渗流固结理论，它必将伴随着土的固结与变形。

那么再看渗流中的孔隙水压力。稳定渗流场中土体中的孔隙水压力应属于静孔隙水压力。“坐地日行八万里”，在不断自转和公转的地球上，我们仍然认定很多东西是静止的，在稳定渗流场中的孔隙水压力 $\partial u/\partial t=0$，不随时间变化，这也是一种相对的静止，这时土骨架的有效应力也是不变的。稳定渗流场中孔压不变，有效应力也不变，土体没有应变和体积变化的动因，也就没有超静孔压。在稳定渗流中，单位体积饱和土体在 dt 时段内，流进的水体积恒等于流出的水体积，所以土的体积不变。其基本微分方程式如式（1）所示，应将其列为静孔压。

$$\nabla^2 h=\frac{\partial^2 h}{\partial x^2}+\frac{\partial^2 h}{\partial y^2}+\frac{\partial^2 h}{\partial z^2}=0 \tag{1}$$

可见在式（1）的微分方程中，测管水头 h 等于位置水头加上压力水头，由于位置水头是固定的，所以 $\partial u/\partial t=0$，表明这时的孔隙水压力属于静孔压。有人讲，稳定渗流中存在渗流水对土骨架的渗透力，所以它应属于超静孔压。但是这种渗透力是不随时间而变的，与不变的浮力一样，其土骨架的有效应力不随时间变化，也未引起土体的应变。

图 1a）是开口刚性筒中一半装有饱和土，淹没在静水中，当上部静水位升降，土骨架中的有效应力不变，也没有应变。图 1b）是封闭的刚性筒中装有饱和土，与其连通的测水管中的水位升降，这也不会影响土骨架有效应力的变化，也不会使其发生应变。图 1c）是刚性筒中装有饱和土，封闭的活塞上加压力 q，连通的测压管中水位将上升 $\Delta h=q/\gamma_w$，只要其处于完全封闭状态，$\Delta h\gamma_w=q$ 就是一种静孔压。与其类似，图 1d）的饱和三轴试样上施加围压 σ_3，与试样连通的排水管阀门关闭，试样中产生的孔隙水压力 $\Delta u=\sigma_3$ 也就是一种静孔压。以上的例子都满足“它是不随时间改变的，不会引起土骨架的有效应力变化和土骨架的应变的孔隙水压力”这一条件。

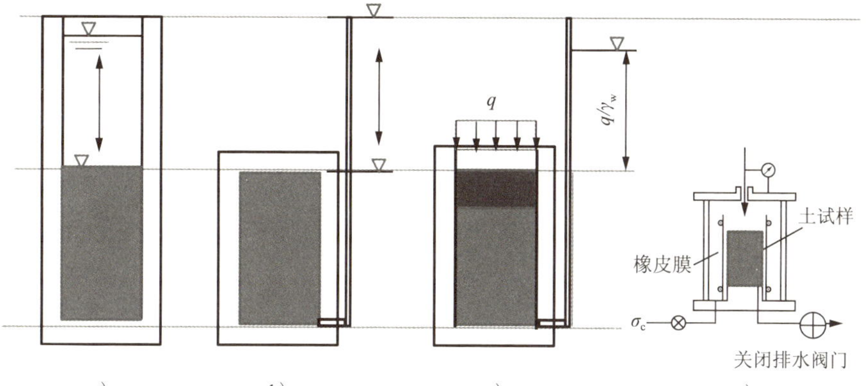

图 1　几种静孔隙水压力的情况

在渗流固结方程中，超静孔隙水压力 u 应满足以下两个公式

$$\frac{\partial u}{\partial t} \neq 0 \tag{2}$$

$$\frac{k}{\gamma_w}\nabla^2 u = -\frac{\partial \varepsilon_v}{\partial t} \tag{3}$$

式（2）表明超静孔压是随时间变化的；式（3）表明在超静孔压下的渗流，单位体积土体流出的水体与流进的水体积之差，等于土体的体积压缩，反之则为土体的回弹。

大范围地下水位下降可引起大面积地面沉降，反之回灌会使地面上升，所以地下水升降也会产生超静孔隙水压力。

以图 2 中的地下水位大面积骤降为例，说明由此产生的是超静孔隙水压力。深度为 z 的 M 点处下降前的静孔隙水压力为 $\gamma_w z$，有效应力为 $\gamma' z$；水位下降后，固结变形稳定时的孔隙水压力从 $\gamma_w z$ 变为 0。设土的重度近似为饱和重度 γ_{sat}，则有效应力为 $\gamma_{sat} z$，有效应力增量为 $\gamma_w z$；在水位下降后的瞬时，M 点处的静孔隙水压力为 0，超静孔隙水压力等于 $u=\gamma_w z$，总应力 $\gamma_{sat} z$，有效应力为 $\gamma' z$。在固结过程中，超静孔隙水压力 $u=\gamma_w z$ 逐渐转化为附加有效应力 $\gamma_w z$，土体被压缩，地面发生沉降；可见在固结沉降过程中，超静孔压 $u=\gamma_w z$ 逐渐转变为有效应力，最后所有孔压都变为 0。地下水下降中的孔压与应力转换见表 1。

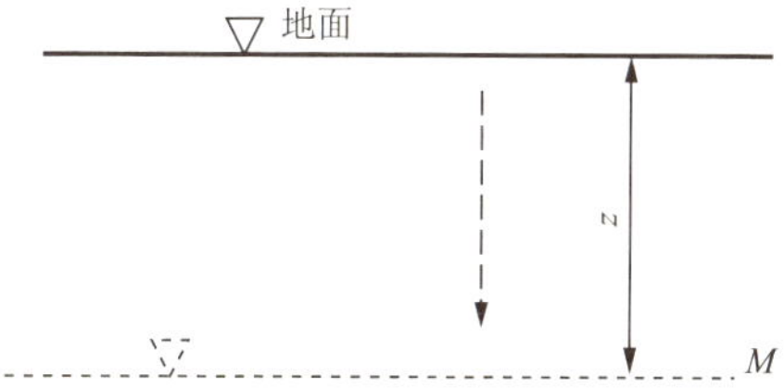

图 2　地下水位的下降

地下水下降地基中的孔压与应力　　表 1

时刻	总应力 σ_{sz}	有效应力 σ'_{sz}	总孔压 u	静孔压 u_j	超静孔压 u_c
降水前	$\gamma_{sat}z$	$\gamma'z$	$\gamma_w z$	$\gamma_w z$	0
沉降稳定后	$\gamma_{sat}z$	$\gamma_{sat}z$	0	0	0
降水瞬时	$\gamma_{sat}z$	$\gamma'z$	$\gamma_w z$	0	$\gamma_w z$

下面是一些超静孔压的例子，其特点都是孔压随着时间而变化，引起土骨架的有效应力变化和应变。

在图 3a）是装满饱和砂的开口刚性筒内水位变化；图 3b）是有水力联系的承压水内压力变化；图 3c）为开口钢筒上透水活塞上加压；图 3d）是排水阀门打开，饱和三轴试样上加围压 σ_3。

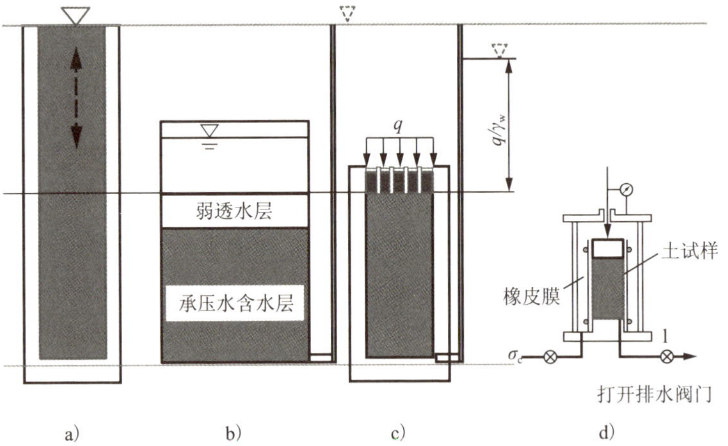

图 3　几种超静孔隙水压力的情况

如上所述，静与超静孔压本质上是没有区别的，有时似乎也难以区分，二者也会相互转化。例如地下水位下降，稳定渗流边界条件的变化变为不稳定渗流，都会使静孔压变为超静孔压。所以定义超静孔压为“引起土的有效应力变化和土体的应变”，被橡皮膜包裹的土试样，在施加围压 σ_3 后，但无法排水，也无法收缩，结果围压 σ_3 变成了静孔压 u，打开阀门就变为超静孔压。

在三轴不排水条件下施加偏差应力 $\sigma_1-\sigma_3$ 后，试样如果趋向于收缩，在被橡皮膜包裹的饱和试样中就会生成正的超静孔隙水压力；有膨胀（剪胀）的趋势时，会产生负的超静孔隙水压力。你可以假设你的口腔就是三轴试验中的试样膜，如果你要用吸管喝饮料，你的口腔一定有一个膨胀的趋势，以使口内的压力小于大气压（即负压），大气压就把饮料压进你的嘴里；如果你想把嘴里的水挤出去，则你要努力收缩口腔，形成正孔压；如果你想把水喷出去，则在收缩口腔的同时还要急速向外喷气。

超静孔隙水压力常常伴随着事故与灾害。由于加载、振动或者应力循环，超静孔压不断积累，降低了土的有效应力，使有效应力摩尔圆不断向左移动，最终与包线相切，土就破坏了。超静孔压会使有效应力路径左移，造成了加载时试样的破坏，这时其偏应力 q 远小于排水时土的有效应力强度（图 4）。

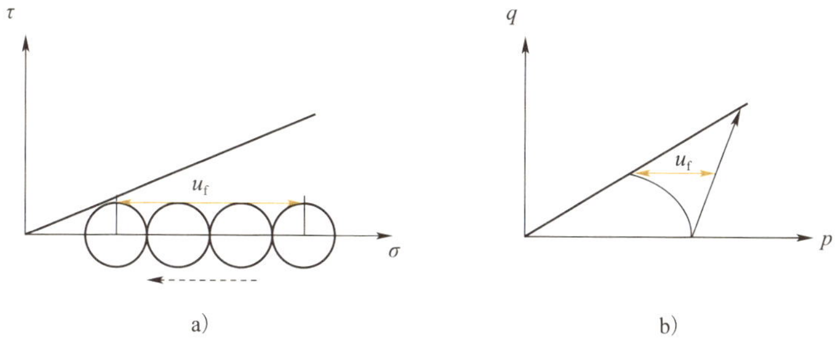

图 4　超静孔压与土体的破坏

太沙基提出有效应力原理也主要是基于超静孔隙水压力。据说是有一次太沙基雨天赶路，不留神滑了一跤。他想到牛顿被苹果砸了一下而发现了万有引力理论，而自己跌这一跤也要有所收获。他坐在那里思考为什么在雨后的饱和黏土上快走就会滑倒，而在干的黏土和饱和砂土上不会滑倒？他发现自己的鞋底很光，滑倒时地面的滑痕上有一层水膜，看来是由于地面不能提供足够的摩擦力。他于是认识到作用在饱和土体上的竖向总应力，由作用在土骨架上的有效应力和作用在孔隙水上的孔隙水压力两部分组成，前者会产生摩擦力，“反者道之动”，这提供人前进所需要的反力；后者可承担正压力，但不能提供摩擦力。人踏在饱和黏土上的瞬时，总应力转化为孔隙水上的压力，可称为超静孔隙水压力，而黏土渗透系数又小，快行一步时间内孔压不会消散而转化为有效应力，因而人快步行走就会滑倒。回去以后他就构思出著名的“有效应力原理”。

据说主持过撰修《永乐大典》的明朝第一才子谢缙，年轻时在雨后也摔了一跤，引起周围一群农夫哄堂大笑，于是他坐在那里吟诗一首曰：“春雨贵如油，如油满街流，跌倒谢学士，喜作一群牛。”与太沙基相比，可以看到我国古代文人的弱点。他们把心思用在吟诗读史上，而不去思考自然的规律。结果跌了一跤，没有收获，还得罪了一群人。其实只要他认真观察与思考，就会发现为什么自己跌倒而一群农民都没有跌倒呢？那是因为农民穿的是草鞋，草鞋很粗糙，有很大的孔隙与通道，超静孔压很快就消散了，摩擦力必然更大。这样，以谢缙的聪明，也许比太沙基早 500 年就提出了有效应力原理。

在古代文人中，在自然科学方面，宋朝的沈括是很用心思考的，比如他理解月亮的形状："月本无光，犹银丸，日耀之乃光耳。光之初生，日在其傍，故光侧而所见才如钩。"在一千多年前，能够认为月光是阳光的反射，月如钩是圆球的侧面投影，不知这是不是最早的天体模型。

俗话说"三句话不离本行"，如果我们善于用土力学的概念去看待个人、家庭、社会、国家与国际关系，则超静孔隙水压力有着更深刻和普遍的意义。

如果读过中国古代四大名著，就会发现其中主线都是超静孔隙水压力的管控问题，孔压的增减造成了人们的成败得失与命运的起伏。其实，所有的文学作品，其跌宕起伏，高潮迭起，也都是作者在玩和调整超静孔压。

三国时期，杰出的知识分子是各路豪强争夺的对象，而他们也都择良木而栖，寻找有实力、有胆略和有发展前途的潜力股为主子。但知识分子毕竟为儒家思想所浸润熏陶，也要顾及"忠孝节义"等儒家的行为准则，社会和列强间也是如此，也要高举仁义与正统之旗。这样就会看到那时的一些分裂的人格和矛盾的行为现象。譬如孙权给曹操去信劝曹"早正大位"，当时曹操早已大权在握，"挟天子以令诸侯"，称帝已是唾手可得，心里何尝不想尽快篡位？但曹操见信后大笑"是儿欲使吾居炉火上耶"，就是看透了孙权要使他成为众矢之的计谋，所以他到死也未敢称帝。

后来条件成熟，曹丕篡夺了西汉而自称帝，但全国还没有统一。一次魏国的司徒王朗随军出战蜀国。在两军之战前他自信满满地扬言"老夫自出，只用一席话，管教诸葛亮拱手而降"。可是王朗竟把"识时务者为俊杰"这样的私房话拿到明面上来劝降诸葛亮，"以礼来降，不失封侯之位"。只讲功利，忘了儒家的礼义，结果被诸葛亮抓住了小辫子。诸葛首先指出王郎在西汉时"举孝廉入仕"，是汉朝的"大老元臣"；却依附曹魏"同谋篡位，天地不容，天下之人，愿食汝肉"；随后打出了刘备是汉室中山靖王之后的王牌，自己则跻身于正义与正统，匡扶炎汉，征讨逆贼，使自己处于道德的制高点上。最后在两军阵前当着千军万马，痛骂"皓首匹夫，苍髯老贼"。结果这位长期位列三公，已经 76 岁的老臣羞愧愤懑，"气满胸膛，大叫一声，撞死于马下"。这就是由于超静孔压升高导致血压升高，中风而死了。

史书上讲诸葛亮"气死周瑜，骂死王郎"。周瑜在甘露寺施用美人计，为诸葛亮的锦囊妙计挫败，又在芦花荡为诸葛安排的张飞阻击，张飞让兵士们高喊："周郎巧计安天下，赔了夫人又损兵”，把周瑜气得吐血发昏，连叫数声“既生瑜，何生亮”而亡，可见是将其孔压升高到了极点，这种“三气”类似于循环加载，使可怜的周郎达到了图4a）中的莫尔圆与强度包线相切的程度。

可是所谓“强中自有强中手”，在祁山诸葛亮一战打败司马懿，可司马闭关不出，诸葛亮派人送去了“巾帼妇人之衣”，信中写道“窟守兔巢，谨避刀箭，与妇人又何异哉”，如果是鲁莽暴烈之徒必将会勃然大怒，孔压升高，出来一决雌雄，中了诸葛的计谋。但老奸巨猾的司马懿佯笑曰“孔明视我为妇人耶”，收下了女人衣裳，重赏来使，并通过询问孔明的饮食判断他操劳过度，时日不多了。诸葛亮提升司马懿“孔压”的计谋失败，自己很是郁闷，难以排遣，结果自己病死在五丈原。

其实一部《三国演义》就是一部管控超静孔压的史书。关羽败走麦城，张飞被部下暗杀，刘备被火烧连营，都是没有控制住骄气、怒气和义气，孔压上升，干了傻事，破坏了诸葛“隆中对”所制定的联吴抗曹的总路线，成为蜀国灭亡的根源。而三国人物中控制孔压最好的却不是诸葛亮而是司马懿，魏帝曹睿死后，曹爽大权在握，司马懿闭门不出，对曹爽派来探听消息的人装聋、装傻、装病，哽咽着讲“吾今衰老病笃，死在旦夕矣”，并恳求曹爽照顾他的两个儿子，表面上看，其孔压消散得可谓彻底，使曹爽十分放心。可司马懿突然发动高平陵政变，夺取了曹魏的政权，三国归晋，一部《三国演义》也就结束了，司马懿笑到了最后。看来一个合格的军事家、政治家也应是一个优秀的土力学专家。

《西游记》中的情节起伏曲折也是以孔压的波动为主线。四个主人公中，唐僧一味仁慈愚善，有时达到敌友不分的程度；孙悟空则是火眼金睛，嫉恶如仇；猪八戒自私贪婪，挑拨离间，动辄要分行李，回高老庄找他的娘子。这就不断地摩擦与激化，唐僧也就常常念紧箍儿咒（这也是一种升高别人“孔压”的一种把戏）。《西游记》最高潮是孙悟空三打白骨精之时，白骨精三次变化，都被孙悟空识破，举棍就打，把“虚拟”的美女、老妇和老翁都打“死”了。唐僧怒火满腔，猪八戒火上浇油，把紧箍儿咒念了足足20遍，超静孔压升高，最后把猴子赶回了花果山，取经的队伍接近解体。其中最可表扬的是沙僧，不但每天任劳任怨“挑着担”，而且成为消散孔压的阀门，经常挂在嘴边的是:“师傅，大师兄说得对呀！”

《水浒传》中，火烧草料场，林冲被高俅逼上梁山。当时梁山的寨主是白衣秀士王伦，手下骨干有能力很一般的杜迁、宋万，因为林冲原为80万禁军教头，身份与武功远高于这几个头领，心胸狭窄的王伦怕他篡位，不愿接受。想送50两纹银把他打发走，可是林冲已经走投无路，又有柴进的引荐，王伦百般刁难，让林冲到山下杀个人作为“投名状”，生出许多曲折。后来虽然留下林冲坐了第四把交椅，但林冲是气愤不满的。后来晁盖、吴用一伙劫了生辰纲以后，要到梁山落脚。可是“白衣秀士”王伦对他们妒贤嫉能，不肯收留。这时“智多星”吴用就充分发挥了他的手段，调动超静孔压，演出了著名的“火并王伦”的闹剧。首先他看出来林冲的“不平之气”，当晚林冲来访，吴用对林冲讲“理合王伦让（林）这第一位头领作”，并假意劝林冲忍耐，不可为他们的去留闹矛盾，他们可以离开。第二天，王伦让喽啰端上五锭大银，讲“敝山小寨”无法收留真龙。于是林冲勃然大怒，“掣出一把明晃晃的刀来”，吴用作个手势，晁盖、公孙胜、刘唐以及阮氏兄弟假意劝架，拦住王伦的心腹，连说“不要火并”。结果林冲杀了王伦。由于成功地操纵超静孔压，晁盖做了梁山寨主，掀开了轰轰烈烈的水浒英雄的传奇。

杨志丢了生辰纲，盘缠用尽，只好叫卖祖传的宝刀。结果被无赖“没毛大虫”牛二缠上，要杨雄落实宝刀的三件好处：削铁如泥、吹毛得过、杀人不见血。头两件都演示了。又非要验证宝刀的“杀人不沾血”，杀鸡也不行，这个无赖伸出脖子要杨志杀了他，否则宝刀就应归他。由于丢了生辰纲本来就很郁闷的杨志挥刀就杀了这个无赖。这也是自作自受，惹起好汉兴起，瞬时超静孔压剧增。其实在人际关系中，这种“激情杀人”都是超静孔压突然上升的结果。

《红楼梦》中的女儿们千姿百态，其性情、经历与结局也都不同。贾宝玉认为女儿们都是水做的，也就不可避免有超静孔压。其实她们可分为黏性土与非黏性土。其中史湘云才华横溢，开朗豁达，她“醉眠芍药裀”是公认的红楼梦中最美的场景，最后的结局也不错。据考据，曹雪芹《红楼梦》的脂砚斋点评中的脂砚斋就是史湘云。她更像是一种纯净的砂土，质地清洁，排水良好，从不会积累超静孔压而郁闷与苦恼。因而很自然就可看出林黛玉更像是高塑性饱和黏土——总是充满着浓浓的化解不开的忧郁与苦闷。在葬花诗中那些优美的，使人怜惜的词句“一年三百六十日，冰刀霜剑严相逼”，“天尽头，何处有香丘？”“一朝春尽红颜老，花落人亡两不知”，正是这种无法排解的愁闷的表述。《红楼梦》里讲林黛玉前生为绛珠仙草，欠了贾宝玉的灌溉之情，要用自己一生的眼泪来偿还贾宝玉。尽管她不断流泪，也不见孔压的消散，所谓“愁绪满怀无释处”。最后终因过高的超静孔压而早亡。

《红楼梦》里还有一个有趣的人物，那就是刘姥姥，这位底层的老人朴实忠厚，同时又聪明与练达。她先后三次进大观园，从贾母到佣人，对各类人物应付得游刃有余，顽健而得体。她就像山沟里的卵石，永远不会积累超静孔压；绝不会

“悠悠闲愁，才下眉头，却上心头”。当荣、宁两府被抄家，“飞鸟各投林”“落了片白茫茫大地真干净”之时，还是这位老人把被卖身的巧姐救了下来。可见在《铁路路基设计规范》（TB 10001—2016）中，把这类排水良好，强度又高的卵石土列为 A 类填料，是有道理的。

春秋时，齐国的晏婴也是制造超静孔压的能手。“二桃杀三士”：用两个桃子，巧妙地布局，利用鲁莽之徒的脾气和义气，提升超静孔压，就杀死了三个骄横的武士。

在抗战胜利后的一个阶段，人民曾将国民党和蒋介石视为“正统”。1945 年 9 月 3 日，蒋介石为纪念抗战胜利而巡视重庆街市，在当日蒋的日记中，他这样写道：“沿途民众其发乎内心之一种情绪，对余所表示敬慕爱戴之精神，狂欢热烈，实非笔墨所能形容。”1945 年抗日战争胜利，那时应该是国民党和蒋介石威望最高的时期，中国进入联合国“五强”，四国首脑的波斯坦公告，蒋介石的声望达到顶点，如果用一句中国成语来说就是——“如日中天”。民众盼望打败日寇以后，能够安居乐业，建设富强的国家。

可是抗战胜利后，国民党的接收大员从重庆纷纷到南京、上海等“敌占区”，搞“五子登科”，大抢房子、车子、条子（金条）、票子（钞票）、女子。当时有一首民谣：“想中央，盼中央，中央来了更遭殃。”在这种系统性腐败、普遍贪污的情况下，国民党迅速丧失了民心。首先是农民，蒋介石本来也曾提出来要实行“耕者有其田”，要在收复区学习共产党的做法，可是地主们就群起反对。然后是民族资产阶级，抗战胜利之后恶性膨胀的外国资本和官僚资本，使中国民族企业被挤压无法生存，被豪门把持着的官僚资本、既得利益集团垄断了经济和资源，将民营企业逼到无路可走。普通的市民与百姓受到欺压与盘剥，中华民国“万税”，恶性通货膨胀。1948 年上海的物价指数已涨到战前的三百万倍，法定货币已如废纸。知识分子和青年学生对蒋介石的态度，也经历了一个从拥护到不满再到反抗的变化过程。随着经济状况恶化及国民党官僚腐败的越演越烈，在各高校中，左倾思想逐渐传播，舆论普遍憎恶国民党贪污腐败。

国民党蒋介石的声望从 1945 年的“如日中天”，到 1949 年狼狈地逃窜到台湾，只经过了 4 年。其根本原因就是社会、民众中的“超静孔隙水压力”迅速积累，民怨沸腾，使图 4a）中的莫尔圆最后与强度包线接触，于是“党国”无可挽救地溃败了。

你看，管控超静孔隙水压力多么重要。

2.2 论水力坡降

目前在土力学界，关于水力坡降 i 的理解、定义与应用存在较混乱的现象。

按照工程师的习惯，可从图 1 中来理解达西定律。Δl 为土中水从上游流到下游的渗径；定义 Δh 为上、下游间两点的水头差，或水从上游一点 A 流到下游一点 B 的水头损失值。这样

$$\Delta h = h_1 - h_2 \tag{1}$$

定义水力坡降为

$$i = \frac{\Delta h}{\Delta l} \tag{2}$$

则达西定律表示为

$$v = ki \tag{3}$$

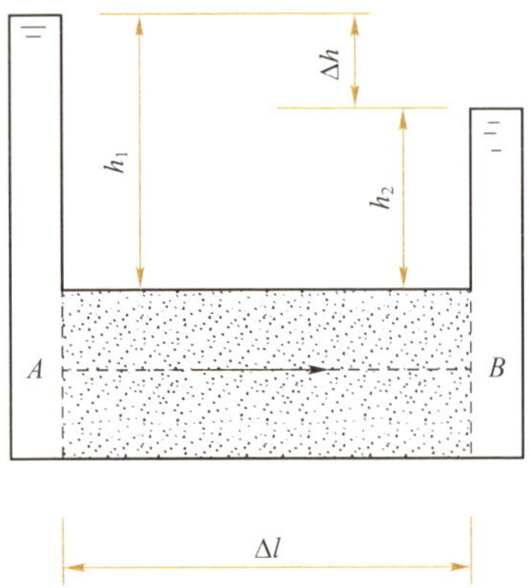

图 1　土中水的渗流

这样的定义与解释很容易为工程师们所理解和应用，以初等数学的概念回避了正负号的问题。在不少教材中也是这样定义和表述的，但有的教材和教师没有讲清楚，或者没有特别强调。

从经典数学、力学角度看，这种说法不够严密。在数学中，Δh 或者 dh 表示的是增量，是一个时段或者过程的后者减前者，即 $\Delta h=h_2-h_1$。尽管它是负值也不能称为“减量”。因而图 1 中它应是负值，图中表示的应当是 $-\Delta h$。

有人定义 i 为水力梯度，即 i=gra$h$。一个用势函数 h（x, y, z）描述的渗流场，一点的水力梯度的方向与过该点的等势面的法线方向重合，并指向其势增加的一方，亦即为势函数变化率最大的方向。即

$$i = \mathrm{gra}h = \frac{\partial h}{\partial x}i + \frac{\partial h}{\partial y}j + \frac{\partial h}{\partial z}k \tag{4}$$

对于沿 l 方向的一维渗流，可表示为

$$i = \frac{\Delta h}{\Delta l}(<0) \tag{5}$$

$$v = -ki \tag{6}$$

因水往低处流，流速 v 总是指向低势能方向，所以与水力梯度 i 方向相反，即两个向量规定的正方向是相反的，$v=-ki$ 这种表示方法，在数学上是严密的，在渗流数值计算中也是正确与合理的。

可是在土力学中，人们把 i 叫作水力坡降，是为了避开梯度与流速方向相反的问题。因为它是“坡降”，是指向势能最大减少率的方向，即它是与梯度方向相反的向量，或称“负梯度”。则

$$\Delta h = h_2 - h_1 \tag{7}$$

$$i = -\frac{\Delta h}{\Delta l} \tag{8}$$

达西定律表示为

$$v = ki \tag{9}$$

由于对水力坡降作了明确的定义，达西定律的表示形式也没有变化，比较容易为工程师及学生接受；在数学上也没有概念的错误，渗流数值计算中也没有障碍。但是通常人们并没有特别指明水力坡降的负梯度定义。

尽管土力学是一门很土的力学，但既然称之为力学，就应遵循数学力学的游戏规则。在土力学的教材和文、书中，在名词术语、正负号和符号标注中，确实存在着不少缺陷与漏洞，常为人家腹诽与诟病。

2.3 论达西定律

有的学生认为，土力学中的一些理论、定律、原理等都来自于试验成果与工程实践中的经验，属于感性而非理性的东西，不精确、不严密、不高级。他们认为达西定律就是如此，工程师达西不过就是做了几个渗透试验，发现压力差与渗流量的关系，于是提出公式（1）进行线性拟合，称之为“定律”太抬举它了。

$$v = ki \tag{1}$$

达西定律确实是从试验资料归纳而来，但它并不是简单地使用归纳法的线性拟合，所谓理论或者定律，它应是经过演绎、抽象、提炼与纯化，揭露出事物的本质与机理。

在物理学中，电流的欧姆定律为

$$I = U / R \tag{2}$$

其中 I 为电流；U 为电压；R 为电阻。比较式（1）与式（2），可以发现水流与电流服从相同的规律，在式（1）中，渗透系数 $k=1/R$，亦即 k 为阻的倒数。可见它们都服从于一个统一的规律，即流正比于势（压）差，反比于阻。

从水流、电流又想到人流。一场演出之后，如果你置身于散场的人流中，就可以感到身后人群的压力势，由于自身前后的压力差大，你很快就会被挤了出去；如果出口的门全部洞开，其阻较小，人群很快就疏散了；如门只开一扇，其阻就大，为了维持同样的流量，这里的压力差加大，一旦有人跌倒，于是就会发生踩踏事故。

凡是有这种势的场，一般都可以用拉普拉斯的微分方程表示

$$\frac{\partial^2 \Phi}{\partial x^2}+\frac{\partial^2 \Phi}{\partial y^2}+\frac{\partial^2 \Phi}{\partial z^2}=0 \tag{3}$$

式中 Φ 为势函数。而对于有势流的问题，势函数存在一共轭的函数——流函数。对二维的稳定势流，可以用图解法——绘制流网来解决有势流问题。因而在有限元计算渗流方法未实现之前，常常是用电场物理模拟渗流场。

你在高楼上鸟瞰路上的车流，如果两辆大客车相撞，4 车道被占两条，于是道路上阻力骤增，刚经过事故点的车，后面车距 0.2m，前面车距 2.0m，这里的势差最大，车速将加快。如果你画一幅这里车流的流网，它与边界条件相同的水流的流网惊人地相似，如图 1 所示。

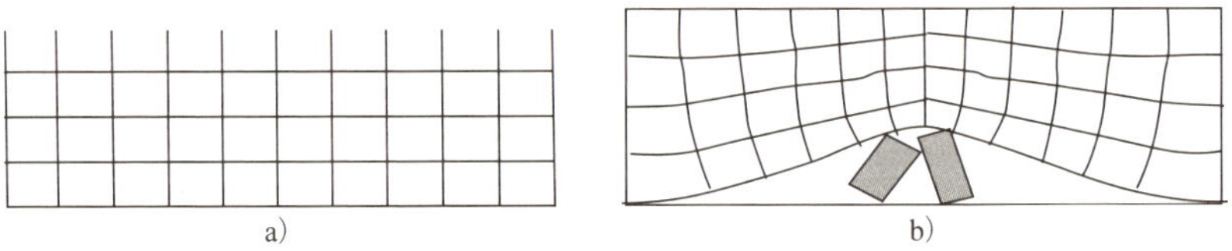

图 1　水的渗流场与陆上的车流场

图 1a）表示的是通畅的道路与均匀通顺的渗流流网，图 1b）表示发生事故的道路与有障碍物的渗流场的流网。由于相邻等势线的势差都是相等的，所以可见图 1b）中段处的等势线最密，压力坡降最大。可是车流不同于人流，车与车之间实际上并未接触，那么压力势是如何传递的呢？其实这种势差不是物理上的传递，而在于驾驶员心理的势：后面的车那么多，距你那么近，大家那么急，而你前面是一片坦途，这种势差在你的心理上的反映就是驱使你加速向前开。

人老了，血管壁硬化，弹性差了；再加上血脂升高，血流黏滞性增加，阻力加大，血流速减缓，可是像大脑这样的器官十分娇气，供血不足就会使你发昏。在人体机能的调节下，就要增压，这就是老年高血压。但是血压增高又会使脆弱的血

管壁破裂，造成中风或脑溢血，所以在降压的同时，还得吃药软化血管，降低血的稠度，即降阻。

一个和谐的社会，应当是低阻、低压与通畅的。专制与独裁，挤压民主，贫富差距加大，贪污腐败盛行，行政效率低下，民怨民愤积累。这个社会必然与拥堵的道路与堵塞血管一样，是高阻、高压与低速的。

对于这个命题，法家是一味地高压，即严刑峻法；而道家则是潺潺溪流，小桥流水，大河奔腾，无为而治，道法自然；儒家似乎是提倡加以调节：滞流则疏通、加压以使其加速，激流则增阻以防其泛滥，所以我国几千年来独尊儒家。

宇宙的共同规律是：流正比于势，反比于阻。水流、车流、人流、血流与社会的运行事同此理。从宇宙的生成、运行：星云间、星系间、星团间天体的流动，到物质存在的形式：粒子流、反物质、反粒子、暗物质等无一不是在流动，它们也应遵循同样的规律：流正比于势，反比于阻。

2.4 论渗透力

渗透力是土力学中一个重要而独特的物理量，在一些《土力学》教材中，通常解释为“我们将渗透水流施加于土骨架中的颗粒上的拖曳力称为渗透力”，如图 1 所示。我们知道水是黏滞性的，它的流动对于固体颗粒表面有黏滞力，这也是一种摩擦力，对于层流，其大小服从牛顿定律。因而渗透水流对颗粒肯定作用有拖曳力。

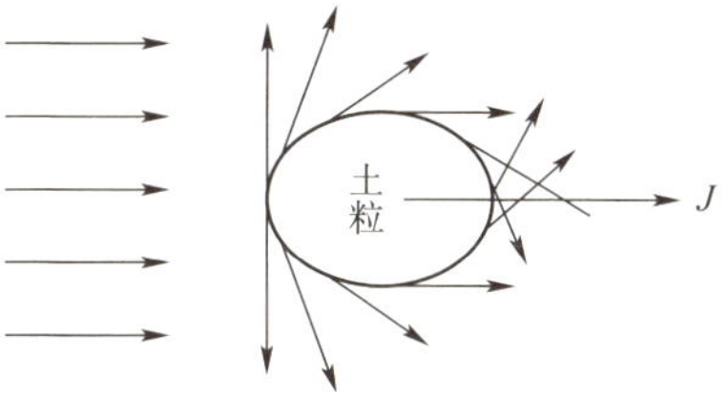

图 1　《土力学》教材中的渗透力示意图

如果我们站立在一个拥挤的人流中，会体验这种“拖曳力”，尤其是你穿的是条绒、粗呢、麻布等粗糙衣料时，会更明显地感到人流在侧面的拖曳力。可是我们同时也会感到身后与人流相同方向会有一股压力，即人流的推搡、碰撞、挤压，有时这种压力比摩擦力更难以抵御，许多踩踏事故就是这样发生的。

那么水流中的土骨架是否只受拖曳力呢？见图 2 所示，假设一排六面体状的颗粒组成的土骨架位于水流中，矩形颗粒的高度和长度都等于 1.0，宽度为 $b=1.0-n$，缝隙宽度 $a=n$（只表示数值），n 为土的孔隙率。受到上下游两侧水压力差 $\Delta h\gamma_w$ 的作用时，沿流向在颗粒本身宽度 b 上的压力差为 $J_1=b\Delta h\gamma_w$；在颗粒的间隙宽度

$a=n$ 上，颗粒上下游沿流向压力差为 $J_2 = a\Delta h\gamma_w$，这个力转化为拖曳力作用于两侧的颗粒侧壁上。所以每个颗粒在其骨架的体积上受到的总压力差就是单位体积土骨架［1×1×（$a+b$）］上的渗透力：$J = J_1 + J_2 = (a+b)\Delta h\gamma_w = i\gamma_w = j$。所以渗透力的正确定义应当是："在各向同性土体中，渗透水流在渗流方向上对单位体积土骨架施加的推动力与拖曳力。"

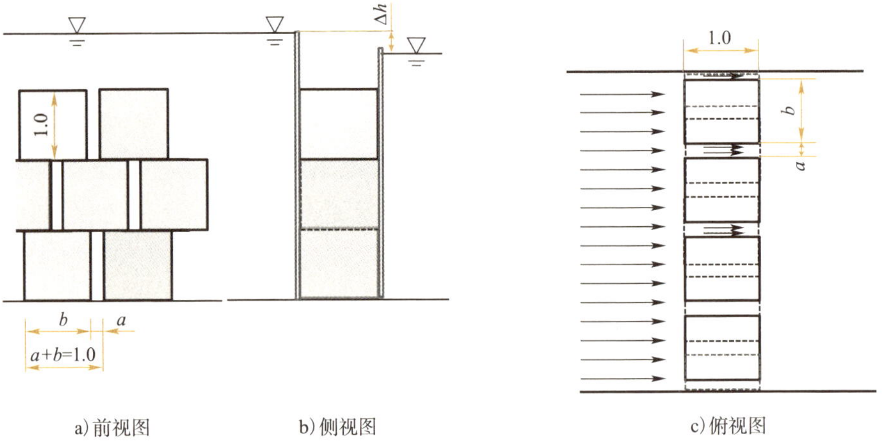

图 2　推动力与拖曳力

我们要搬起一个大方纸盒，当然可以两手夹住其两侧，靠摩擦力把它搬起，但更省力的是两手兜底，加上两侧手掌部分摩擦力；要推一个耗尽了油的汽车，人们在两侧用手掌与车的侧面的摩擦力来推此车，大半是推不动，只有再加上一些人在后面施加压力推，才能奏效。这些都属于渗透力的范畴。

但是这种"拖曳力"却是渗透力定义中不可缺少的部分。设想在图 1 中，方形颗粒无缝隙紧密接触，没有水的流动也就没有拖曳力，没有渗流也就没有了渗透力，就只有静水压力。如果颗粒悬浮在水流中与水流一起流动（如河中的泥沙），变成了两相流，二者流速相等，没有拖曳力。颗粒没有形成土骨架，也就没有渗透力。

图 3 表示的是在水平渗流情况下，土体中某一颗粒 i 与流动的孔隙水间力的相互作用：在颗粒表面上各点作用有水的法向压力，由于水的黏滞性，渗流在颗粒表面上作用有切向拖曳力。如果沿着颗粒表面将所有法向压力的竖向分量曲面积分，则得到 $F_i = \gamma_w V_{si}$，V_{si} 是该颗粒的体积，F_i 即等于此颗粒排出水的重量，等于该颗粒的浮力，可见它也是一个体积力。

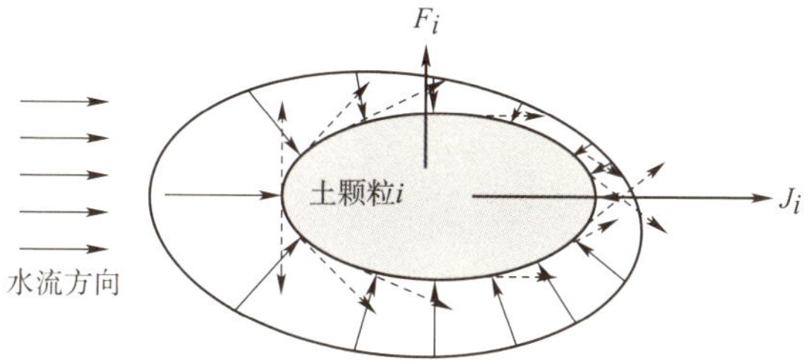

图 3　有水平渗流情况下的颗粒受力示意图

如果沿着颗粒表面将法向压力的水平分量和切向力的水平分量曲面积分，则得到水对于颗粒的水平推动力与拖曳力 J_i，可见它与浮力一样也是一个体积力。

这里有个需要说明的问题，那就是图 3 中的总拖曳力的合力是否一定是水平方向的？这里的颗粒画成相对于水平轴对称的形状，所以拖曳力的竖直分量就都抵消了。如果颗粒像飞机机翼一样的片状，那么它在流体水平流动时，就会产生升力，但如果土体中极多的不规则颗粒是随机形成与随机排列的，那么其土体拖曳力总的竖直分量就相互都抵消了，这样的土的渗透性就是各向同性的。可想而知，如果土体不是各向同性的，那么其渗透力的方向也就不一定与渗流的方向一致。你不是听过“大风起兮云飞扬”“好风凭借力，送我上青云”吗？不是见过水平的风也会把风筝吹上天吗？目前我们都假设土体是各向同性的。

图 4 表示的是图 3 中的颗粒 i 在土体（或土骨架）中位置与体积，颗粒本身的体积为 V_{si}，水平向长度为 Δl_i；它在土体（或者土骨架）中所占据的体积为 $V_{si}/(1-n)$，n 为土的孔隙率，所以该颗粒两侧在土体中所占的平均截面面积为 $A_i=V_{si}/[\Delta l_i(1-n)]$。以体积为 $V_{si}/(1-n)$（包含有 V_{si} 的空腔）的土体中的孔隙水为隔离体，考虑它在渗流方向（水平方向）上的力的平衡，两侧压力差应等于颗粒 i 对水的渗透力的反作用力 J_i，即

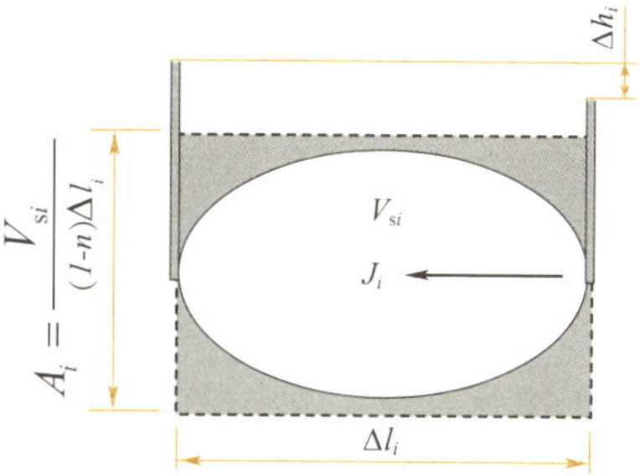

图 4　渗透力的原理

$$A_i\gamma_w\Delta h_i=\gamma_w\Delta h_i\frac{V_{si}}{\Delta l_i(1-n)}=\gamma_w\frac{V_{si}}{1-n}i=J_i \tag{1}$$

设在单位体积土体中，含有 m 个土颗粒，将 m 个颗粒受到的水的水平向的作用力叠加，则

$$j=\sum_{i=1}^{m}J_i=\sum_{i=1}^{m}\gamma_w\frac{V_{si}}{1-n}i=\left(\frac{1}{1-n}\sum_{i=1}^{m}V_{si}\right)\gamma_w i$$

由于 $\sum V_{si}=V_s$，亦即单位体积土体中的固体颗粒的总体积。在单位体积土的土体中，$\sum V_{si}/(1-n)=1.0$，则

$$j=\gamma_w i \tag{2}$$

这就是渗透水流作用于单位体积土骨架上的渗透力。渗透力 j 是一种体积力，它作用于单位体积土骨架上，其大小和水力坡降成正比，对于各向同性渗流，其作用方向与渗流场的水力坡降方向相一致。

这里定义渗透力是作用于土骨架中颗粒的，而非作用于游离的矿物颗粒上的。如果以流体为载体，土颗粒在其中悬浮而随波逐流，尽管流体与颗粒间也有相互作用力，那就不是土力学研究的问题了。例如静水中微粒的布朗运动，黄河中泥浆似的河水的流动，长江上游的推移质，泥石流中的砂与石等，都超越土力学的学科范畴。学科交叉会结出硕果，但各学科还是有所界定。

在岩土工程中，渗透力往往是不利于稳定的，对土骨架是一个驱动力或破坏力。渗透力的公式是 $j=\gamma_w i$，在社会上，人群的示威、抗议、维权、难民潮等形成的人流也有渗透力。对于一些法制健全、人们的不满与怨气尚不甚激烈的国家与社会，人流的水力坡降较低，其渗透力不会冲毁土骨架，其队伍是平和的。我在美国时，所住的地方附近公园据说是同性恋集会的地方，常常见到同性恋者的游行，花花绿绿、奇形怪状，队伍很平和欢愉，倒很像是一个娱乐，几个维持秩序的警察也很松弛。而某些发展中国家，尤其是有着强烈宗教情绪的地方，一旦发生这种游行集会，情绪激昂、充满仇恨、愤青们到处宣泄他们的能量，似乎有很高的水力坡降。破坏力很大，常常冲破由警察和路障组成的骨架，造成伤亡。

图 5　冲毁桥梁的泥石流的渗透力

渗透力是渗流的孔隙水流作用于土骨架上的力，可是有的时候，溃散的土骨架临阵投降，助纣为虐，以颗粒的形式加入了流体，则式（2）中的流体重度 γ_w 变成了 γ_{sat}，使破坏能力提高了一倍。这就是泥石流，这股造反的洪流以桥梁、楼房、路堤为骨架，所到之处一路横扫，造成巨大的灾害，见图 5。

2.5 论水压力与浮力

2013 年的岩土注册考试有一道题，如图 1 所示。倒梯形危岩，其后裂缝倾角为 60°，由于降雨使裂缝中充满了静水，要求验算该危岩的稳定。

此题有 90% 的考生用图 1 所示的方法，计算每米长度危岩体上的水压力

$$P_w = \frac{1}{2}\gamma_w h^2 / \cos 30° = 144.34\text{kN/m} \quad (1)$$

为了验算岩体的稳定，需要将 P_w 分解为水平及竖直两个分量

$$P_{wv} = P_w \sin 30° = 72.17\text{kN/m} \quad P_{wh} = P_w \cos 30° = 125\text{kN/m} \quad (2)$$

这种计算走了一点弯路，即计算了两次。其实可以用图 2 的算法分别计算其水平水压力 P_{wh} 和竖直向上的扬压力（浮力）P_{wv}

$$P_{wv} = \frac{1}{2}\gamma_w h^2 \tan 30° = 72.17\text{kN/m} \quad P_{wh} = \frac{1}{2}\gamma_w h^2 = 125\text{kN/m} \quad (3)$$

其中竖向压力 P_{wv} 即为土中三角形体积的浮力。

水的问题往往是岩土工程中最重要、最复杂的问题，相对的讲，水利水电专业的岩土工程人员对此类问题理解得较为通透，解决方法也简便，图 2 的方法就是水力学中所谓的“压力体”的概念。如图 3 中几种闸门的情况，它们的水平向水压力都是 P_{wh}=125kN，而竖向水压力（浮力）P_{wv} 都可以从闸底与底板的交点作竖直线与水面相交，与闸门的外轮廓组成压力体，用其上的（正负）浮力来计算，如各图中的阴影部分。这就避免了对作用于复杂的物体表面上的水压力的大小、方向及作用点的计算，也无需对其进行水平和竖直方向的分解。

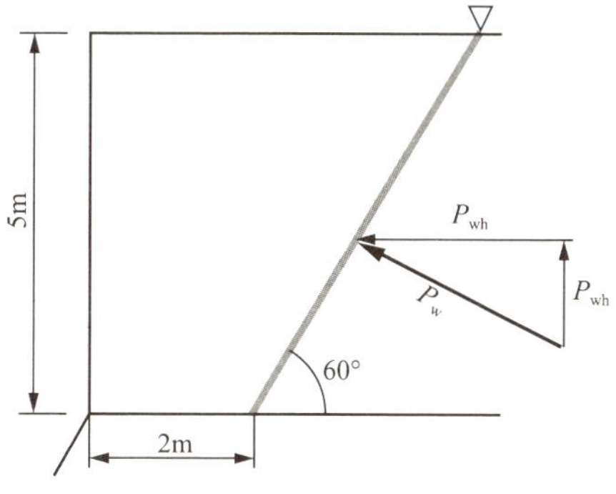

图 1 围岩后静水

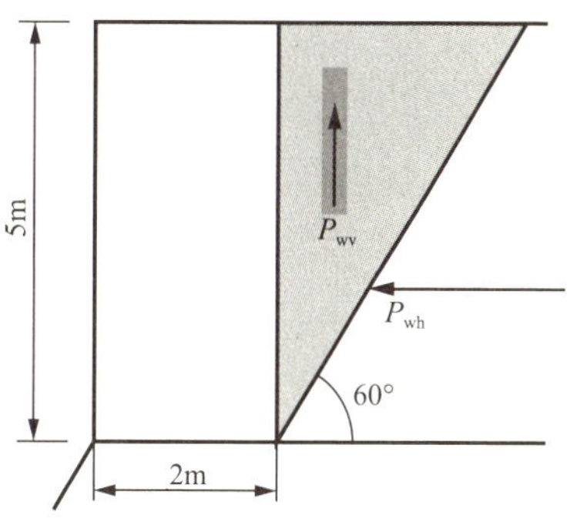

图 2 裂缝中水压力的另一种计算

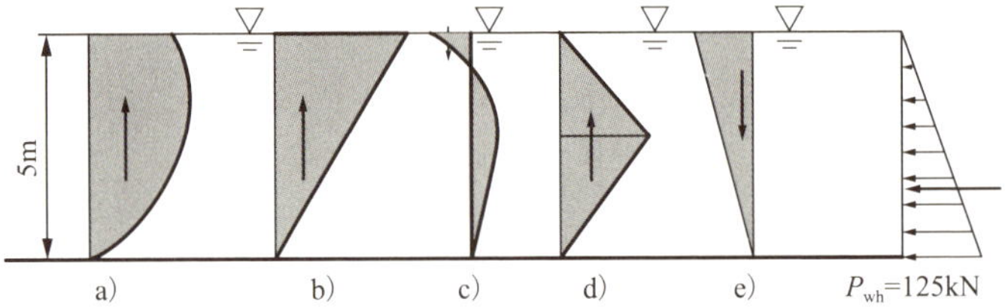

图 3　作用于各种闸门上的水压力与浮力

在注册考试中，还出现过如图 4 这种考题。图示为一断面为 10m×10m 的条形危岩，后部有一宽 1m 的张拉缝；下部有一宽 0.02m 的节理缝，张拉缝充满水，从节理缝流出。为了验算该危岩的稳定，需要计算其上的水压力。大部分人的解法为是取单位长度（1m），计算右下角处的水压力 u=100kPa，然后计算其上的水平和垂直水压力 P_{wh} 和 P_{wv}。

$$P_{wh} = P_{wv} = \frac{1}{2}\gamma_w 10^2 = 500\text{kN} \tag{4}$$

在上述的计算中，水是从张拉缝流向节理缝，其流量相等，为什么在张拉缝里未计水头损失，而是按照静水压力计算，在节理缝里 10m 水头全部损失？这可参见图 5，其中粗管比细管断面大得多，粗管中流速慢，水力坡降很小，水头损失可以忽略，所以其中的水压力按照静水压力计算。而在粗细管交点，水压力 u 必须相等，细管出口与大气连通，出口水压力为 0。水头差全部在细管中损失了，细管中水压力按照倒三角形分布。同理，图 4 中张拉缝远宽于节理缝，其中水压力可近似按静水压计算。

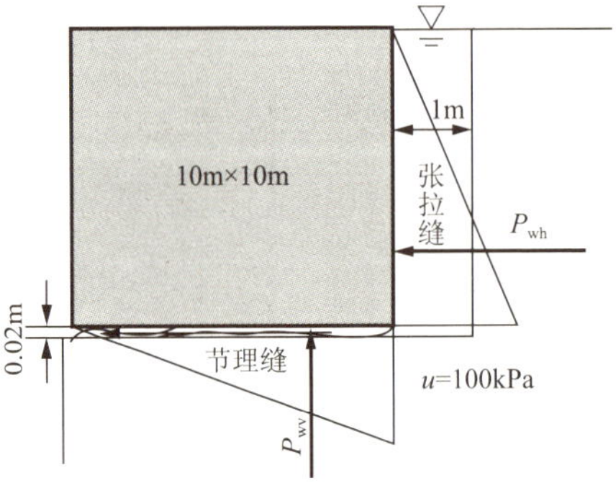

图 4　危岩上的水压力

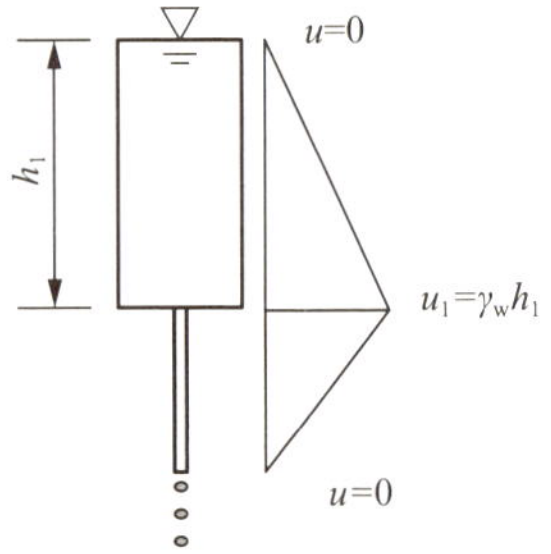

图 5　粗细水管中的水压力

这里有人就提出，水在节理缝里流出是否会对危岩作用着渗透力中的拖曳力？这也是可以计算的。我们设想 10m×10m 的危岩是一个巨型的土颗粒，前后上三面是自由的，按照二维考虑，它在土骨架中的体积为 V=10×10.01=100.1m^3/m，由于“颗粒”巨大，其平均水力坡降 $\bar{i}$ =10.01/10/2=0.5005。则作用于包括该颗粒的骨架上的渗透力为

$$J = jV = \bar{i}\,\gamma_w V = 0.5005 \times 10 \times 100.1 = 501\,\text{kN} \tag{5}$$

这比水平静水压力 P_{wh}=500kN/m 显然大了一些，底面渗流的拖曳力为 T=1kN/m。

如果水头高度取 10.01m，亦即包括了下部 0.01m 的缝隙，也可计算出水流的水平拖曳力 T

$$P_{wh} + T = \frac{1}{2}\gamma_w 10.01^2 = 501\,\text{kN/m} \tag{6}$$

也可以得到拖曳力 $T = 1$ kN/m。

有一次用双筒洗衣机洗羽绒服，这件平时轻轻的棉衣，洗完后竟然几乎无法从水里捞出它。我估算了一下：如果饱和的羽绒服体积为 0.025m^3，其竖直向下的水力坡降 $i=h/h$=1.0（见图 6），光是渗透力 J=1.0×10×0.025=0.5kN，即 50 公斤，太可怕了。

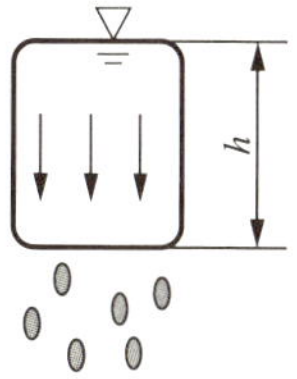

图 6　空气中的饱和的羽绒服

假设在某个冬天，看到一个四五岁的孩子掉到结冰水池的冰窟窿里，你见义勇为，穿着棉大衣就跳了进去，从水中很容易就把十多斤的孩子托出去。随后会发现你自己却是无法出来了。胳膊抬出水面就有几十斤重，往外爬时就像有个人在水里往里拉。这时最重要的是尽快脱掉棉大衣，与其“舍己救人”，不如“舍衣救人”。在《岩土工程 50 讲》中的那个学了土力学的驴子都明白这个道理。

第3章 土体中的应力

3.1 论土力学中的正负号

在土力学中常常会遇到正负号这个很麻烦的问题，例如孔隙比增量与应力应变增量，孔隙水的流入流出与土体的体应变变化，水压力增加方向与流速方向等，相互间的正负号往往是相反的。其中很重要的原因就是土体上的应力与应变的符号规定，因为土没有或者只有很小的抗拉强度，绝大多数情况土体是受压的，并且常常是自重应力为主。如果与经典力学一样规定以拉为正，那么就需要到处加负号而不胜其烦。所以土力学中通常是规定应力与应变以压为正。

这样就会发现一些教材、专著、论文中出现一些正负号方面的错误。有人曾指出，一本教材中在渗流固结理论推导中，符号前后错了 8 次，可是在每次黑白颠倒之后，又紧接着一次白黑颠倒，这样在错了偶次之后，其结果竟然是对的。在土力学教材中，以应力应变的正负号错误为甚。

各学科规定的正负号不同，很容易犯错误，甚至出事故。日本是左侧通行的，一次我在日本乘出租车，驾驶员在后边给我放行李，我就开右侧车门上车，结果发现那是驾驶座。在人多的人行道上，也常常会与对面来人走到同侧而紧急避让。

在直角坐标系中，在经典力学及其他学科，例如理论力学、材料力学和弹性力学中规定正应力以拉为正，这样，在正面上（其外法线方向与坐标方向一致的面）与坐标方向相同的正应力和剪应力为正；在负面上与坐标方向相反的正应力和剪应力为正，所以 τ_{xy} 和 τ_{yx} 是同号的，见图 1。

在土力学中，与其他学科一样，坐标系的次序同样遵循右手法则；规定了以压为正。这样，在其正面上正应力与剪应力是与坐标反向为正，见图 2a)，可见它的所有应力符号都与图 1 相反。另一种表示为竖向坐标 z 向下为正，这可较好地反映了地面以下的深度空间，亦即为半无限空间，见图 2b)。正负号的规定与图 2a) 没有区别，也是正面上正应力、剪应力与坐标反向为正。如果有了这样的规定，则弹性力学中的应力应变解答的正负号都无需变化，可直接引进到土力学中。所以应力的正负号的规定是有一定规则的，违背了这些规则，则弹性力学中的一些解答就不能简单照搬，需要对各应力应变分量重新规定与判断正负号。式（1）～式（6）为土力学中在集中压力 P 下的布辛尼斯克解，相对于图 2 的坐标，其表达式与弹性力学是一致的。

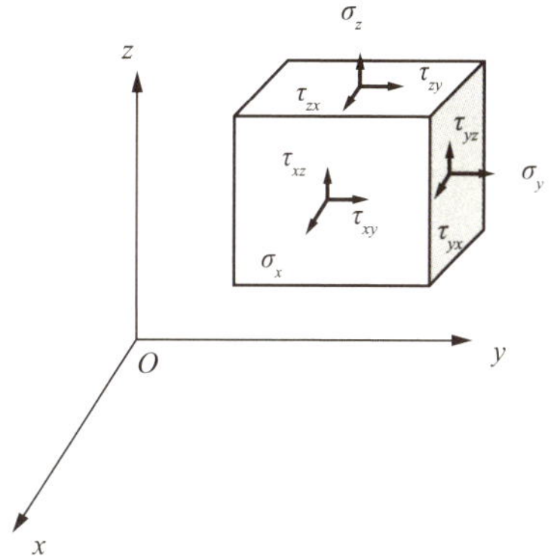

图 1　弹性力学中的坐标与应力的正方向

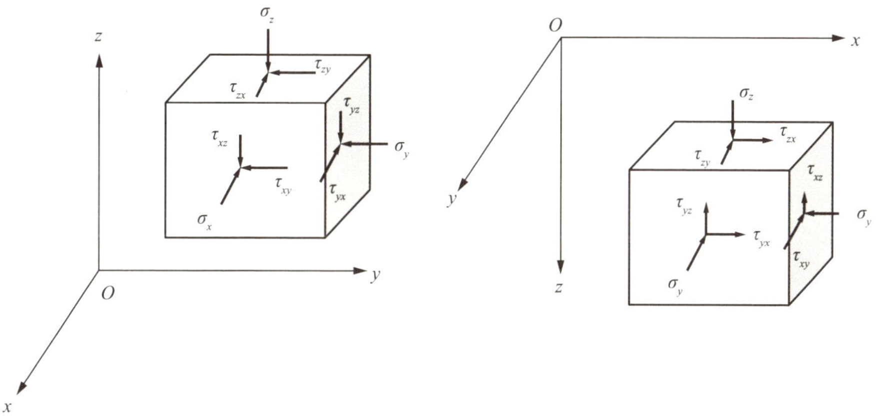

a) z坐标向上　　b) z坐标向下

图 2　土力学中应力的正方向

$$\sigma_z=\frac{3P}{2\pi}\cdot\frac{z^3}{R^5} \tag{1}$$

$$\sigma_y=\frac{3P}{2\pi}\left\{\frac{y^2z}{R^5}+\frac{1-2\mu}{3}\left[\frac{1}{R(R+z)}-\frac{(2R+z)y^2}{(R+z)^2R^3}-\frac{z}{R^3}\right]\right\} \tag{2}$$

$$\sigma_x = \frac{3P}{2\pi}\left\{\frac{x^2 z}{R^5} + \frac{1-2\mu}{3}\left[\frac{1}{R(R+z)} - \frac{(2R+z)x^2}{(R+z)^2 R^3} - \frac{z}{R^3}\right]\right\} \tag{3}$$

$$\tau_{xy} = \frac{3P}{2\pi}\left[\frac{xyz}{R^5} + \frac{1-2\mu}{3}\cdot\frac{(2R+z)xy}{(R+z)^2 R^3}\right] \tag{4}$$

$$\tau_{zy} = \frac{3P}{2\pi}\cdot\frac{yz^2}{R^5} \tag{5}$$

$$\tau_{zx} = \frac{3P}{2\pi}\cdot\frac{xz^2}{R^5} \tag{6}$$

式中的符号意义见图 3。

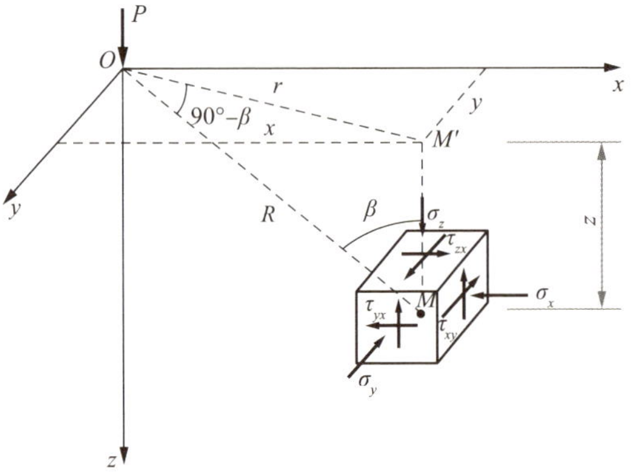

图 3　地面作用集中力 P 的布辛尼斯克解答

但是在一些岩土工程有限元数值计算或商业软件中，一般仍然采用弹性力学的规定，即应力应变仍然以拉为正。这是由于这些软件是通用的商用软件，可能涉及各种材料的共同作用，同时存在着多种材料并涉及多种构件；另外，在计算机计算时，带有负号也并不麻烦。

有一本“优秀教材”，其关于应力的正负号表示为图 4，此图是为了说明由竖向集中力 P 引起的附加应力的布辛尼斯克解。

通常，如果未加另外的文字注释，就表明是以图示的应力方向表示为正，亦即规定了拉应力为正。图 4 是规定竖直向下的坐标 z 为正，但是布辛尼斯克弹性力学的原始解答中集中力 P 是向上的拉力为正，可是此图标志是一个向下的集中压力 P 为正，那么布氏的正应力理论解应当为负，可是此教材却仍然照抄布氏弹性力学的解答。

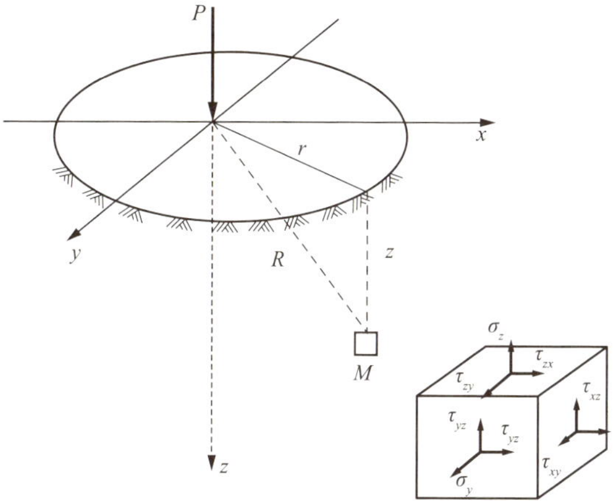

图 4　由竖向集中应力引起的附加应力

此图规定了拉应力为正，这也是可以的。但由于坐标 z 是向下为正，此微单元体的上表面是“负面”，其正应力 σ_z 与坐标方向相反为正也是可以的；那么其剪应力 τ_{zx}、τ_{zy} 也应与坐标方向相反为正，可是图中却标注的剪应力与坐标方向相同为正，右手面（以 x 为法线的面）为“正面”，正应力 σ_x 与坐标方向相同为正，τ_{xz} 又是与坐标方向相反为正。在作了这么多异乎寻常的规定以后，那么布氏解相应的剪应力的正负号将变得极其复杂：正应力应全部为负，某些剪应力也为负。但此教材仍然照抄布氏解，一律为正。此图出现在该教材的开头部分，既然这样规定了此教材中以拉为正，那么此后就应予以遵循，可以后的章节与其他土力学教材一样，未加说明地默认以压为正。后来看该教材的“前言”，原来共有 7 个编者，他们是各自为政的。

有的同学针对土力学中充斥着经验公式与经验系数，将土力学斥为“伪科学”。我对他说，土力学及土工问题是不能要求其像其他力学那样精确的，所以说土力学是一门很“土”的力学。这主要是指土的性质复杂，分布难以确知，不管是多么美好的理论模型，其参数的不确定、不确知使我们难以精确地预知和精准地计算。但它既然是一门“力学”，就要遵循力学的游戏规则，不能随意规定和破坏规则，正负号也是如此。

近年来我编写《土力学》和《基础工程》，先后购买了几十本土力学教材，后来发现还在源源不断地出版，并发现大家不过是互抄而已。在编写的过程中，我还是更相信华水（现河海大学）、武水（现武汉大学）及天津大学等校于 20 世纪 80 年代编写的老教材，那些老先生比较认真，错误相对较少。

一方面，我们这个学科在历史上传下来的教材是十分宝贵的遗产，凝聚了一代代教师的心血；另一方面，目前教师们的科研、经费和论文的压力很大，领导对教学的重视一般停留在嘴上，不能像当年那些教师们对教学那样地投入。所以要强调继承，然后才是发展，除非设立新的课程和方向，否则应当形成继承和发展的机制。

近年来，一些具有悠久历史的岩土工程专业的学校，都由相对年轻的教师"重新"编写了新版的土力学教材。而对本校以前的老教材避而不谈，完全隔断了与它们之间的历史联系。这里就存在很大的问题，首先，这些后辈教师本人就是学习原先的老教材而成长的，不可能割断新老教材之间的联系与承继关系；其次，如果故意努力写得不同于原教材，就可能失去了原教材的精华，甚至改对为错，这是很不可取的。另起炉灶会丢掉我们已经取得的成果，甚至会一代不如一代。

为此，我们主张对本学科的经典教材首先是继承，然后根据学科的发展、课时的变化及工程实践的需求，丰富和改版。在我们研究所，是先与老一代原作者协商，签订一份版权转让的署名协议，将原教材的版权转让给研究所，然后由研究所聘请新一代教师改版。在再版前言中，充分肯定原教材和原作者的成就，在保留原作的精华的基础上，讲清改版的目的与内容。编写中充分征求和听取他们的意见，并有所发展，有所更新，一代代传承下去，成为经典。教材的稿费交原作者50%，老教授们通情达理，十分理解与高兴。这样形成制度，既尊重前人，又激励后辈，使学科健康稳定地发展。

竖向集中力作用于半无限体内部某一深度 c 处施加荷载时，计算地基中附加应力分布及位移应采用弹性半无限体 Mindlin 解。这一课题在研究单桩工作性能、确定大直径扩底墩的承载力、选择桩和板桩墙的某些计算方法，进行钻孔底部深层载荷试验或在钻孔壁的部分表面施加荷载，分析试验结果以及桩基础沉降分析中可以应用。

如图 5 所示，竖向集中力 P 作用于地面以下 c 处的半无限体内部时，有的教材给出，Mindlin 对该空间半无限体内部 M（x，y，z）点的竖向附加应力解为

$$\sigma_z=\frac{P}{8\pi(1-\nu)}\left[-\frac{(1-2\nu)(z-c)}{R_1^3}+\frac{(1-2\nu)(z-c)}{R_2^3}-\frac{3(z-c)^3}{R_1^5}-\frac{3(3-4\nu)z(z+c)^2-3c(z+c)(5z-c)}{R_2^5}-\frac{30cz(z+c)^3}{R_2^7}\right] \tag{7}$$

式中 v 为土的泊松比，其他符号意义见图 5 的标识。

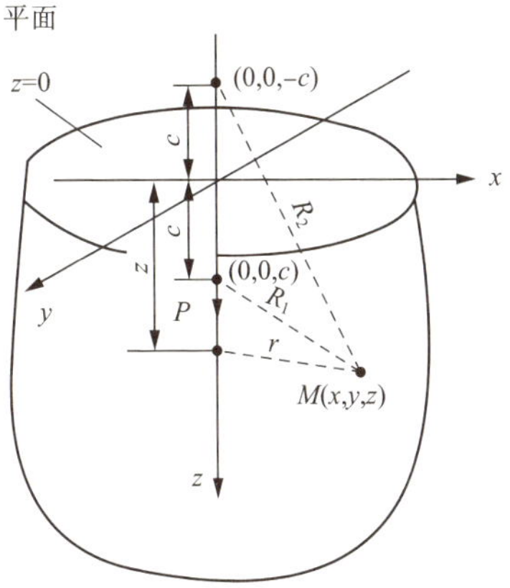

图 5　竖向集中作用力于半无限体内部

这一公式是从弹性力学抄来的，对于以压应力为正的土力学，它的符号无疑是不对的。只要令 c=0，它就应当与布辛尼斯克解式（1）完全相同，可是结果却是 $\sigma_z=-\dfrac{3P}{2\pi}\cdot\dfrac{z^3}{R^5}$。应当将式（7）中中括号内的 5 项变号。

平面状态的莫尔圆应力的符号规定同样也是容易混淆的问题。材料力学中常使用莫尔圆，规定正应力以拉为正，但剪应力通常规定以从该作用面的外法线方向顺时针旋转的方向为正，所以 τ_{xz}=$-\tau_{zx}$，如图 6a）所示。

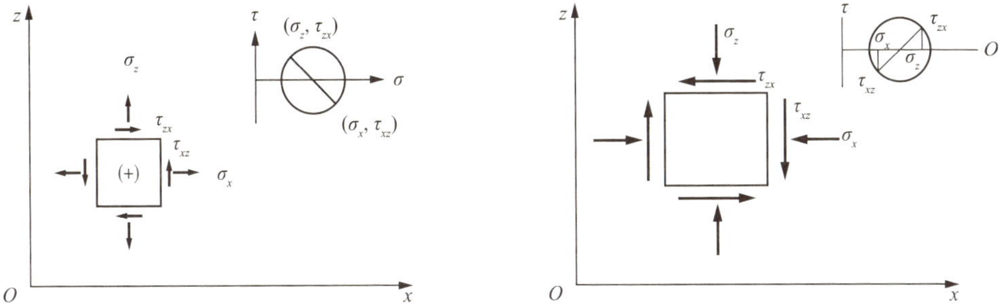

a）材料力学中的莫尔圆　　b）土力学中的莫尔圆

图 6　莫尔圆中的正负号

在土力学中规定正应力以压为正，则剪应力以从外法线逆时针旋转的方向为正，只有这样，原来的莫尔圆及其规则才可以应用。

如上所述，太沙基的一维固结理论推导中的正负号错误是非常普遍的。在数理的公式推导中，规定正负号的有三种形式：

（1）以坐标系为标准，以坐标正方向一致的为正，反之为负，这是较为常用的方法；

（2）以明确定义为准，如上所述，在土力学中应力应变以压为正；

（3）以真实的方向用图示的方法指向为正。

在下面的推导中就根据（3）规定图示的指向为正。

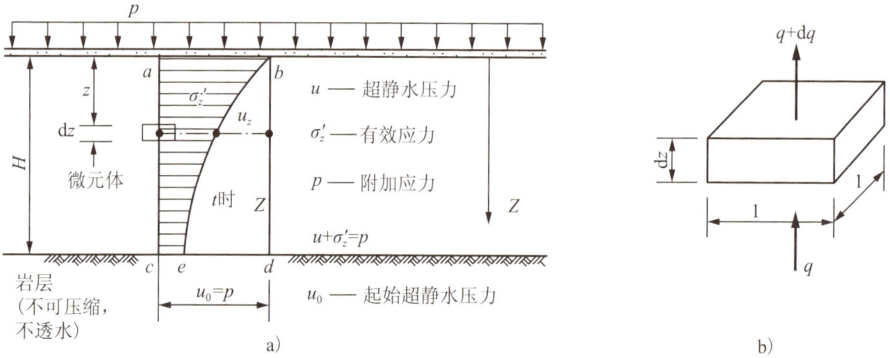

图 7　饱和土体的一维渗流固结

这个推导规定坐标 z 以地面为 0 点，以向下为正；规定流速 v，流量 q 都以真实流向向上为正；体积也以压缩为正。优点是符合实际工况、直观，缺点是要时刻注意判断正负号。

（1）微单元流进、流出水量分析

如图 7a)，取微单元宽和长度均为 1.0，厚度为 dz。

流入的流量为 q；

流出的流量为 $q+\mathrm{d}q=q-\dfrac{\partial q}{\partial z}\mathrm{d}z$ 。

（注：这里流出流量增量 $\mathrm{d}q$ 是正的，但 q 沿着 z 向下是递减的，即$\partial q/\partial z<0$）

在 dt 时段内净流出水量 $\mathrm{d}V_\mathrm{w}$

$$\mathrm{d}V_w=-\frac{\partial q}{\partial z}\mathrm{d}z\mathrm{d}t \tag{1}$$

$$q=v=ki=k\frac{\partial h}{\partial z}=\frac{k}{\gamma_w}\frac{\partial u}{\partial z} \tag{2}$$

（注：由于流速 q 向上为正，而$\partial u/\partial z$向下则是正的。）

根据式（2）

$$-\frac{\partial q}{\partial z}=-\frac{\partial v}{\partial z}=-\frac{k}{\gamma_w}\frac{\partial^2 u}{\partial z^2} \tag{3}$$

（注：这里的 q,v 和水力坡降 i 都是随着 z 增加而减少的）

将式（3）代入式（1）

$$\mathrm{d}V_w=-\frac{k}{\gamma_w}\frac{\partial^2 u}{\partial z^2}\mathrm{d}z\mathrm{d}t \tag{4}$$

（2）微单元骨架的体积压缩 dV 分析

以体积压缩为正，设 dt 时段的体积压缩量为 dV，期间孔隙比的减少量 −de 正比于体积压缩量 dV

$$\mathrm{d}V=\frac{\partial V}{\partial t}\mathrm{d}t=\frac{-\mathrm{d}e}{1+e_1}\mathrm{d}z=-\frac{\frac{\partial e}{\partial t}\mathrm{d}t}{1+e_1}\mathrm{d}z \tag{5}$$

按照压缩系数 a 的定义 $-\mathrm{d}e=a\mathrm{d}\sigma'_z$

$$\frac{\partial e}{\partial t}\mathrm{d}t=-a\frac{\partial \sigma'_z}{\partial t}\mathrm{d}t \tag{6}$$

由于荷载 $p=\sigma'_z+u$，p 为常数 dp=0，所以 $\mathrm{d}\sigma'_z=-\mathrm{d}u$，则式（6）可写为

$$\frac{\partial e}{\partial t}\mathrm{d}t=a\frac{\partial u}{\partial t}\mathrm{d}t \tag{7}$$

将式（7）代入式（5）

$$\mathrm{d}V=-\frac{a}{1+e_1}\frac{\partial u}{\partial t}\mathrm{d}t\mathrm{d}z \tag{8}$$

（3）根据连续性原理，在 dt 时段内微单元净流出水量 $\mathrm{d}V_\mathrm{w}$ 等于其体积压缩量 dV。

根据 $\mathrm{d}V_\mathrm{w}=\mathrm{d}V$，即式（4）等于式（8），则

$$\frac{k}{\gamma_w}\frac{\partial^2 u}{\partial z^2}\mathrm{d}z\mathrm{d}t=\frac{a}{1+e_1}\frac{\partial u}{\partial t}\mathrm{d}t\mathrm{d}z \tag{9}$$

即可表示为

$$\frac{\partial u}{\partial t}=C_v\frac{\partial^2 u}{\partial z^2} \tag{10}$$

谈到土力学上的正负号不禁令人想起《镜花缘》中的女儿国和君子国。秀才唐敖考场失意，意随妻兄林之洋出海做生意。先是来到女儿国，此地女儿穿靴戴帽，男人穿裙带花，女主外而男主内。林之洋被扭至皇宫，女皇欲纳其为贵妃；唐敖一行三人狼狈不堪，匆匆逃离。然后做生意到了君子国，当地民风淳朴，好让不易。见到街上在做买卖，一个兵丁买货说："老兄如此高货，却讨这般低价，教小弟买去，如何能安！务求讲价加增，方好遵教。若再过谦，那是有意不肯赏光交易了。"卖货人答："既承照顾，敢不仰体！但适才妄讨大价，已觉厚颜，不意老兄反说货高价贱，岂不更教小弟惭愧？"这种反向砍价的现象使人感觉角色错位。

如果将土力学与经典力学的正负号搞混，就像去了一趟女儿国后就变得不男不女了一样。

3.2 论自重应力与附加应力

《易传》中有"地势坤，君子以厚德载物"的名句，就是讲大地生发万物，承载万物，"厚德"即表明具有厚重的自重应力，"载物"就是说由它承载世间万物的附加压力。山川河谷、广袤平原，其下部岩土中都承载着自重应力和附加应力。土力学中狭义的自重应力与附加压力主要是指建筑物的地基中的两种应力，通常指半无限空间中的竖向自重应力 σ_z。但土工构造物、地下工程与崎岖山丘同样也存在复杂的自重应力与附加应力的问题。

前几年关于自重应力曾进行过几轮争论，归纳起来主要有三类意见。

意见 1　认为自重应力就是有效应力，水下用浮重度计算，地面以下深度 z 处的自重应力可表示为式（1），并且解释了用有效应力定义自重应力的原因、优点和历史，以及与国内外的大部分教材的一致性。

$$\sigma_{sz} = \sigma_z' = \sum_{i=1}^{n-1} \gamma_i h_i + \sum_{i=n}^{m} \gamma_i' h_i \tag{1}$$

式中，第 n～m 土层在地下水以下。

意见 2　认为自重应力就应定义为总应力，有效应力是相对次生的。地面以下深度 z 处的自重应力可表示为式（2）。

$$\sigma_{sz}=\sum_{i=1}^{n-1}\gamma_i h_i+\sum_{i=n}^{m}\gamma_{\text{sat},i}h_i \tag{2}$$

意见 3　认为与土力学中的所有应力一样，自重应力一开始就存在着自重总应力和自重有效应力，自重总应力用类似于式（2）计算，自重有效应力见式（3）。

$$\sigma'_{sz}=\sigma_{sz}-u_z \tag{3}$$

式中，u_z 为深度 z 处的孔隙水压力。

从下面的几个例子可以看到，由于地下水的赋存形式十分复杂，第三种意见更能适应各种情况。

例 1　如图 1a）所示，这时可以揭露出两层地下水，也可能是从砂土含水层中抽取地下水而形成的。在稳定渗流情况下，上层黏土中地下水实际上属于滞水，由于上下两面均与大气相接，不可能存在孔隙水压力。地面以下 z 深度处的黏性土层中自重压力为

$$\begin{aligned}\sigma_{sz}&=\gamma_{\text{sat}}z\\u_z&=0\\\sigma'_{sz}&=\sigma_{sz}-u_z=\gamma_{\text{sat}}z\end{aligned} \tag{4}$$

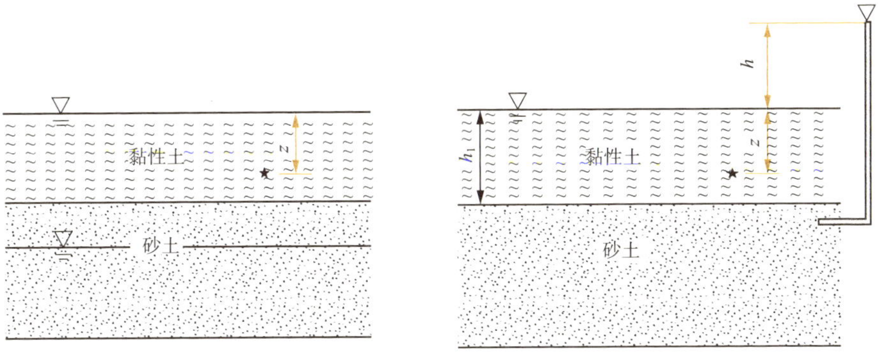

图 1　黏性土下为砂土的两种情况

例 2　如图 1b）所示，在稳定渗流情况下，上层黏土中地下水位与地面齐平，其下砂土层中含有承压水，水面高度在地面以上 h。地面以下 z 深度处的黏土层中自重压力为

$$\sigma_{sz}=\gamma_{sat}z$$
$$u_z=\gamma_w z+\gamma_w h\frac{z}{h_1} \tag{5}$$
$$\sigma'_{sz}=\sigma_{sz}-u_z=\gamma' z-\gamma_w h\frac{z}{h_1}$$

从这两个例题可见，简单地用式（1）不能计算在有渗流情况下的自重有效应力。

例 3　在图 2 中，地面有深度为 h 的地表水，直接用式（1）计算地面以下 z 深度处的有效自重应力是可以的，即 $\sigma'_{sz}=\gamma' z$，而用式（2）中的地面以下 z 深度处的总自重应力应当为 $\gamma_{sat}z$，可是无法用式（3）计算出砂土层中的自重有效应力。

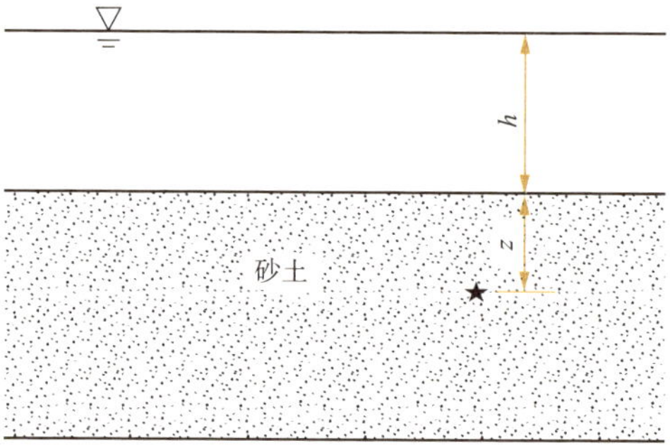

图 2　土层上有积水的情况

而根据意见 3，可计算如下

$$\sigma_{sz}=\gamma_w h+\gamma_{sat}z$$
$$u_z=\gamma_w\left(h+z\right) \tag{6}$$
$$\sigma'_{sz}=\sigma_{sz}-u_z=\gamma' z$$

亦即自重总应力从水面起算。

在土力学中，自重应力与附加压力主要是用于计算地基的沉降，所以最常用的还是自重有效应力，自重总应力通常是计算自重有效应力的一个过渡。

土体的附加应力不能简单地定义为由建筑物荷载引起的，基坑开挖（负的附加应力）、人工降水（正的附加应力）、地基土的干湿和温度变化、地震等外部的作用也会引起地基中的附加应力。

附加应力同样存在着附加总应力与附加有效应力。设有一个矩形均布荷载作用于饱和地基上，用布辛尼斯克解可分别得到附加总应力与附加有效应力。如果以饱和土体为载体，则可以用弹性参数 E_u 和 $v_u=0.5$ 计算出地基内的附加总应力 σ_{ij}；如果以土骨架为载体，则可以用土骨架的弹性参数 E' 和 v' 计算出地基内的附加有效压力 σ'_{ij}；但是 $\sigma'_{ij} \neq \sigma_{ij} - \delta_{ij}u$，这是由于在固结的过程中土中的附加总应力是变化的。所以用 σ_{ij} 可以计算出地基的瞬时沉降，用 σ'_{ij} 可以计算出总沉降（瞬时沉降＋固结沉降），后者即为地基的最终沉降量。

关于自重应力与附加应力曾经与几个同学有过如下的讨论。

甲：老师，听说颐和园的万寿山是由开挖昆明湖的土填筑的，那么当年堆土在现在的地基下产生的应力是属于自重应力还是附加应力呢？

答：万寿山已经形成几百年了，沉降也早已稳定，目前也难以分辨原位土与填筑土了，应当算是自重应力吧，甚至万寿山的山体也成为了天然地貌的一部分，它的自重也构成了山体的自重应力。

乙：奥林匹克森林公园，也是挖池堆山，山下土中的应力也属于自重应力吗？

答：这里的填土产生的孔隙水压力恐怕还没有完全消散，沉降也没有稳定，不应算自重应力，应按附加应力考虑，以便预测其沉降与变形。什么时候能成为自重应力可能是一个约定俗成的问题，说不定要等下一代人。

丙：那么新近沉积的欠固结土的应力也就不能算自重应力了？

答：黄河出海口的东营市，每年黄河可淤积造地 3 万～4 万亩[1]，都属于欠固结土。欠固结土是自然沉积的同类同质的土，没有理由说它的应力不是自重应力。如果其淤积的速度与时间的平方根成正比，亦即 $H=Rt^{1/2}$，则超静孔压的分布与时间无关，当 $R=2\sqrt{C_v}$ 时，图 3 表示的是某时间 t 时，土层中应力、孔压分布图，它的形状是不随时间变化的。可见，$\gamma'H$ 并不是有效自重应力，其中包含有超静孔隙水压力。但用式（3）计算有效自重应力仍然是可行的。

丁：有一个美女，称完体重是 100 斤，可是她认为自重应当是 95 斤，因为那 5 斤是硅胶，这对吗？

答：丰乳用的液体硅胶与人的机体是不同质的异物，似乎不应计入自重。这正如注水猪肉一样，是骗人的。

[1] 1 亩≈ 666.7m^2，下同。

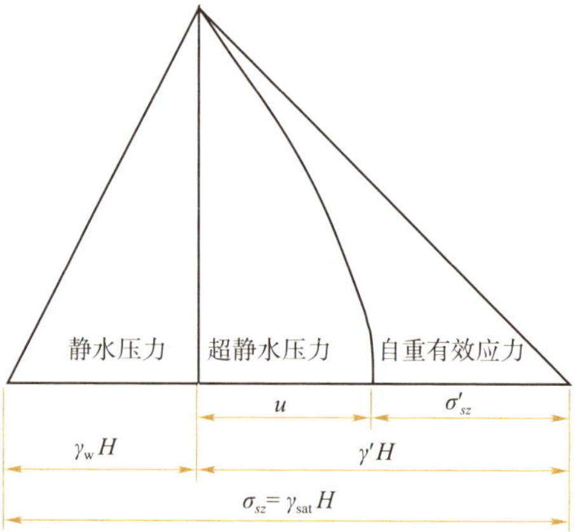

图3　淤积的速度与时间的平方根成正比的超静孔压

广义的国家，意味着文化传承、故乡故土、民族与家庭，其子民、领土、主权自然理应属于国家的自重应力，这有着文化、地理、历史和血缘等复杂的因素。所谓中国即意味着中华民族所生长居住和世代繁衍生息的这一片土地。

“九二共识”中的一个中国，就是炎黄子孙组成的统一的中国。20世纪六七十年代，蒋介石号召“反攻大陆，统一中国”；后来蒋经国主张用“三民主义”统一中国；再后来马英九赞成“九二共识”，提出“一中各表”，我们都未予理睬，关键是他们都坚持一个中国，反对“台独”。两岸有着这个最重要的共同点。

民进党的“台独”分子们，声称“我们是华人，不是中国人”，这就是偷换概念，混淆了民族与国家的区别。至于自称为“台湾人”，更是一种回避现实的鸵鸟的伎俩。

一千多年前，李煜的南唐向大宋弱弱地表示，愿意纳贡称臣，只要求保持南唐小朝廷的独立。太祖赵匡胤强势地回应“卧榻之侧，岂容他人酣睡”，派兵消灭了南唐，武力统一了中国。可见历史上国家统一、领土完整是大势所趋，人心所向，是国家繁荣富强的基础。

一个国家在一定时期应有其法理的代表，亦即以政权作为国家的骨架，现在讲一个中国，当然就是中华人民共和国。

3.3 论有效应力原理的推导

有效应力原理是土力学中最重要的基础理论，J.K.Mitchell 认为太沙基的有效应力原理是土力学的“拱心石（keystone）”，见图 1，亦即“关键块”。图 1 是圆明园遗址所残留下的一个拱桥的骨架。修建这种拱桥，首先应导流、筑围堰，挖地基，建块石基础；然后在桥位夯击黏土后削制成一个半圆的“土牛”；再在基础上从两侧开始对称地砌块石，最后砌置中间那块楔形石，它就是 keystone。有了它，就可以挖除下部的土牛，形成一个漂亮的石拱桥。

有效应力原理也是土力学学科诞生的标志之一。它是太沙基一维渗流固结理论，比奥固结理论，土的固结不排水强度、不排水强度及其指标，Skempton 的孔隙水压力系数，水下土体的自重应力与附加应力的计算，渗透变形，土中水的压力（扬压力与侧压力），基础的浮力计算，地基的预压固结，有水情况下的极限平衡法边坡的稳定分析等课题的理论基础。但是在一些教材和课堂教学中，对于有效应力的推导用不同的方法和图示，从而也引发了一些争论。

最简便的推导见图 2，它以两个球形颗粒的一个接触面（点）为研究对象，在竖向荷载（压力）P 作用下，分析土骨架与孔隙水间的力的分担。

图 2 表示这种推导时所用的示意图，截面 M-M 通过两个颗粒间接触点。该示意图高度简化，假设颗粒间接触面的法线与接触力及荷载的作用方向是一致的。

图 1　所谓拱心石（keystone）

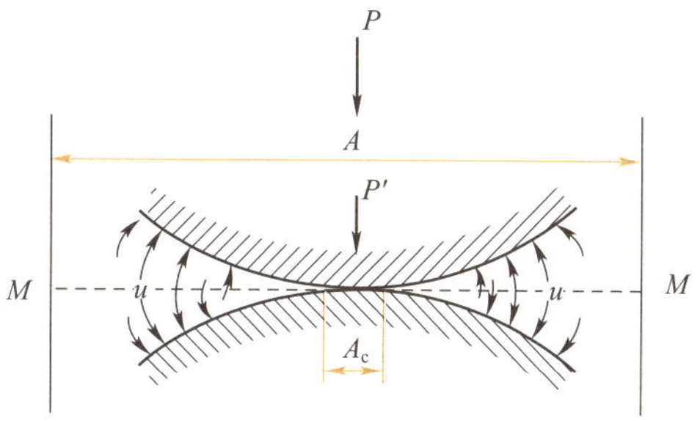

图 2　颗粒间的接触与有效应力原理

从图 2 可见，作用在土骨架总面积 A 上的总竖向荷载是 P，它由组成土骨架中的颗粒间接触面的合力 P' 和颗粒以外的水压力（A-A_c）u 共同承担，亦即

$$P = P' + \left(A - A_c\right)u \tag{1}$$

设颗粒间接触面也是水平的，其面积为 A_c。式（1）两侧分别除以总面积 A

$$\frac{P}{A}=\frac{P'}{A}+\left(\frac{A-A_c}{A}\right)u$$

又可表示为

$$\sigma=\sigma'+\left(1-\frac{A_c}{A}\right)u$$

式中，$\sigma=P/A$，为总应力；$\sigma'=P'/A$，为土骨架的有效应力；面积 A 为土骨架的面积，也是土体的面积。则

$$\sigma=\sigma'+(1-\alpha_c)u \tag{2}$$

式中，$\alpha_c=A_c/A$，为颗粒间接触面积与总面积之比。从微观看，固体间的实际接触面积是极小的，粗粒土颗粒接触应力实际上常常达到颗粒矿物的屈服应力，所以实际接触面积可以表示为

$$A_c=\frac{P'}{\sigma_y} \tag{3}$$

式中，σ_y 是颗粒矿物的屈服强度，它一般是很高的。这样实际接触面积由矿物的屈服强度和法向荷载决定，在一般情况下，这个接触面积是可以忽略的，亦即 $\alpha_c\approx0$，则式（2）可近似表示成

$$\sigma=\sigma'+u \tag{4}$$

这就是20世纪20年代太沙基所提出的饱和土体有效应力原理的数学表达式。

从式（2）可以看出，所谓有效应力 σ' 实际是一个表观的物理量，它是土颗粒间接触点力的总和除以土骨架的总截面面积，所以它比实际真实的接触面应力 σ_y 要小得多。

图2这种有效应力原理的推导与分析，是我见到的最简单的形式。示意图高度简化，假设颗粒间的接触力与荷载的作用方向一致。这种推导在概念上容易理解，反映了土骨架受力的基本特点与模式，但总是觉得与土颗粒及其接触的实际情况相差较大，看起来不像真实的土颗粒，影响了对有效应力原理深入、感性的理解。

所以有的教材将粗粒土及其接触面的不规则性反映出来，力求真实。他们所取的隔离面 *M-M*，是通过所经土颗粒间的接触点而不切割颗粒本身的波浪式的曲面，只考虑与荷载（或者总应力）方向一致的接触力的分量，如图3所示。

在饱和土体中，总面积为 A，总的荷载为 $\sigma\times A$，σ 为作用于土体上的总应力，是竖向作用的。取 *M-M* 弯曲的面通过所有的颗粒间接触点，在各接触点处的接

触力 P_{si} 的作用力方向是随机的，但都可以分解为水平向和竖直向两个分量，竖向分量为 P_{svi}。考虑 *M-M* 面上的竖向力的平衡

$$\sigma \times A = \sum P_{svi} + (A - \sum A_{ci})u \quad (5)$$

方程的两侧分别除以面积 *A*

$$\sigma = \frac{\sum P_{svi}}{A} + (1 - \alpha_c)u \quad (6)$$

式中，$\alpha_c = \Sigma A_{ci}/A$，是可以忽略的小量，也得到有效应力原理的基本公式（4），即 $\sigma = \sigma' + u$。

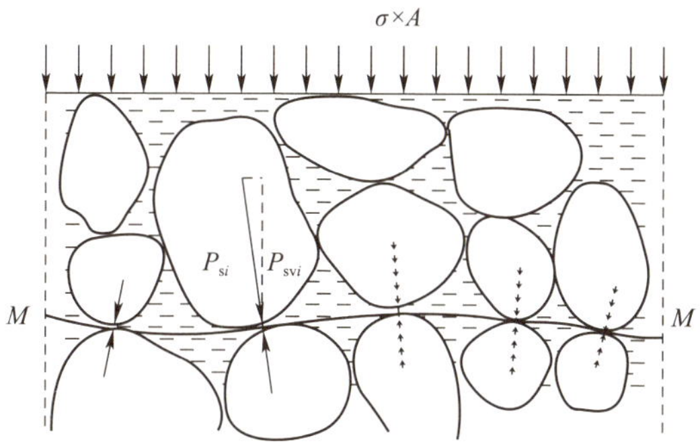

图 3　通过颗粒间接触点的曲面与有效应力原理

像图 3 这种推导与分析，比较接近于土体中颗粒的真实形状和分布，所以为很多教材所采用，也易为学生所接受。但是也有一些质疑，那就是采用了通过颗粒接触点的弯曲面，不符合数学与力学的规矩。其实这里虽然取的是 *M-M* 弯曲的面，但在静力平衡时，是考虑曲面的水平投影面积 *A*。

以上的推导常使学生感到似乎与经典力学的方法不一致，也给一些误解留下了一定的空间。如图 4 所示，如果所取的截面切割颗粒，总面积为 *A*，隔离面 *M-M* 为数学上定义的平面，它可切割遇到的所有颗粒和孔隙。

在图 4b）中，是平面 *M-M* 切割的第 *i* 颗粒，该颗粒四周作用有孔隙水压力 *u*，颗粒之间所有接触力合力的竖向分量为 P_{svi}，则固体颗粒断面上的应力为 $\sigma_{si} = P_{svi}/A_{si} + u$，其中 A_{si} 为第 *i* 个颗粒的截面面积。

图 4a）中 *M-M* 所切割的所有固体颗粒平均总面积为 $\sum A_{si} = A(1-n)$，*n* 为土的孔隙率。断面 *M-M* 切割的平均总孔隙面积为 *An*。切割的所有颗粒断面面积上总的竖向力为

$$P_1 = \sum \sigma_{si} A_{si} = \sum (P_{svi} + uA_{si}) = \sum P_{svi} + Au(1-n) \quad (7)$$

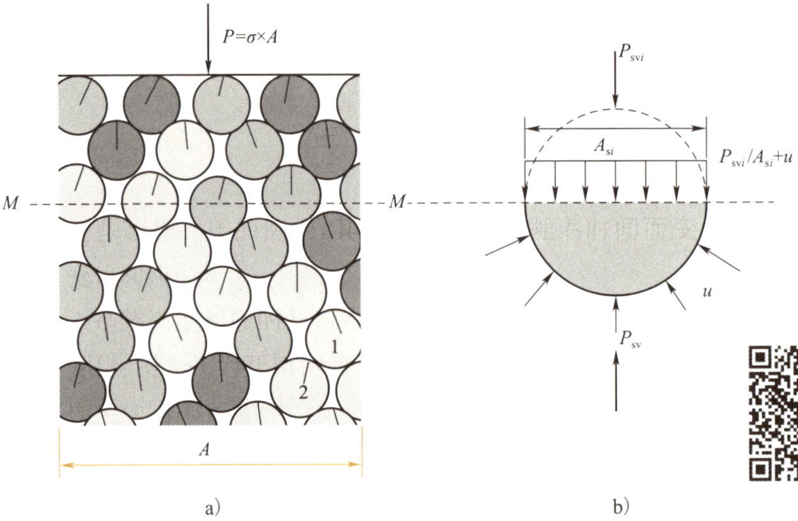

图 4　切割颗粒的平面与有效应力原理推导

在切割的孔隙水的面积上总的竖向力为

$$P_2=Aun \tag{8}$$

考虑 M-M 平面的竖向力平衡，在面积 A 上有

$$P=P_1+P_2=\sum P_{svi}+Au(1-n)+Aun \tag{9}$$

两侧同时除以 A

$$\frac{P}{A}=\frac{\sum P_{svi}}{A}+u \tag{10}$$

由于总应力 $\sigma=P/A$，有效应力 $\sigma'=\sum P_{sv}/A$，仍然可得公式（4）

$$\sigma=\sigma'+u$$

可见无论如何切割，结果总是一样的，关键在于接触面积可以忽略及“有效应力是颗粒间的接触力在总应力 σ 方向的分量之和被总面积除”的定义，亦即 $\sigma'=\sum P_{sv}/A$。在上述推导过程中，假设颗粒断面上的应力为 $\sigma_{si}=P_{svi}/A_{si}+u$，这其实是忽略了颗粒接触点的面积。

特别要注意的是，颗粒内的应力 σ_{si} 并不是有效应力 σ'。在万米以下的深海海沟表面，土的有效应力为 0，而每个颗粒内部的应力 σ_{si} 都等于孔隙水压力 1000kPa。

以上的这些推导都是以粗粒状的土体为对象，而对于黏性土，由于主要是片状颗粒，且被双电层的结合水所包围，其微观结构及机理都是很复杂的，但大量的工程实践已经证明，有效应力原理也是适用于黏性土的，并且被广泛应用于黏土的工程实践中。

3.4 论有效应力原理与“加油”

太沙基的饱和土体的有效应力原理建立于 20 世纪之初，它被认为是土力学的标志性理论。在它的基础上提出了饱和土体的单向固结理论，建立了有效应力强度指标与总应力强度指标的概念，解释了与时间有关的地基固结沉降的现象，发展了预压渗流固结的地基处理方法。可见这一原理对于土力学学科的建立和发展所起到的巨大作用。

可是也有人认为有效应力原理并没有多少新的创意，它实际上就是传统力学中润滑的理论。例如固体表面的吸附膜理论，图 1 表示的是极平整固体表面的微观视图，其糙率只有 10 ～ 100nm（纳米），取一接触点 C 观察，总接触面积为 A_c，其中固体的接触面积仅为 δA_c，其余部分为吸附膜（水或油等液体）面积。这种吸附膜可承受压力，但其抗剪强度几乎为 0，所以在正压力 N 作用下，该点产生的抗剪力 $T=\delta A_c\tau_m$，其中 τ_m 为固体物质的抗剪强度，所以 T 的大小就决定于吸附膜的面积与分担的压力，可见，这与有效应力原理是类似的。但土力学是将传统力学与物理学的基本知识用于土这种碎散物质中所建立的学科，这种引进无疑也是创新。

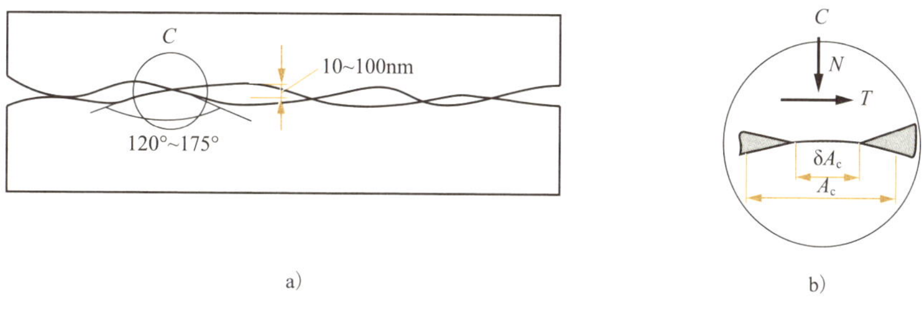

图 1　极平整的固体表面的吸附膜

人们往往把光或平与滑连在一起，统称为“光滑”与“平滑”，似乎物体表面光就一定滑，其实这是一种误解。以平均糙率为 0.025μm（微米）的精细抛光的石英表面为例，若以丙酮等有机溶剂进行化学清洁，其摩擦系数可达 0.9 以上，如图 2 所示。我们走在五星级宾馆前厅富丽堂皇的抛光大理石地面上，只要鞋底清洁干净，是不会感到滑的。抛光的固体表面之所以滑，是由于表面不清洁，附有吸附膜或者类似于滚珠的微小的固体颗粒。这时大部分法向力 σ_n 被吸附膜所承担，有效的固体接触面积太小，无法提供摩擦力。

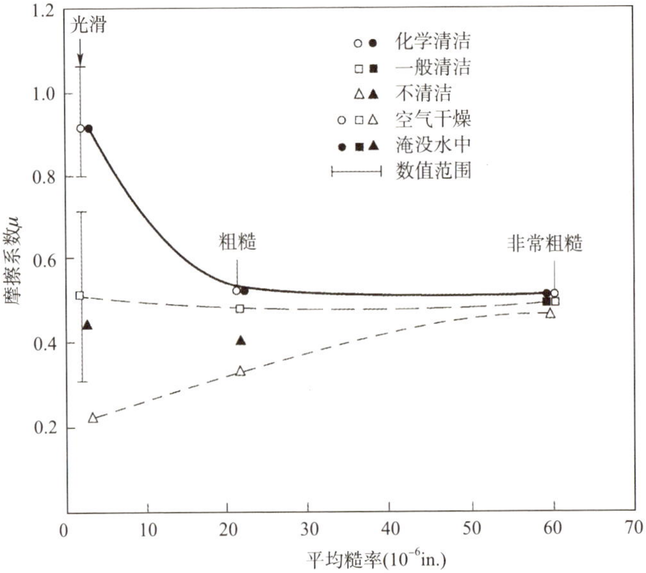

图 2　固体石英平面的摩擦系数

在图 1 有吸附膜情况下，竖向应力可表示为

$$\sigma = \delta\sigma_y + (1-\delta)u \tag{1}$$

σ_y 为固体物质的屈服强度，可见式（1）与 3.3 讲中的有效应力原理式（2）是十分相似的。

在我国的竞赛性活动中，观众最常喊的口号是“加油！”。现在的人通常理解为这是让运动员增加动力，类似于开汽车的猛加油门。可是在我国，汽车进入寻常百姓家的时间并不长，而加油这一口号的历史却长远得多。大概在民间刚开始喊加油时，人们还不知汽车为何物。有一个笑话讲，在 20 世纪 50 年代，有一辆载重汽车到了内蒙古牧区，引来大人小孩围观，一个眼神不好的老太太一直在摸索探究，别人问她摸什么，她说这么大的车怎么没有牲口呢？最后在驾驶室摸到驾驶员，才放心地说：原来牲口在这里。在 20 世纪 40 年代，我们东北家乡的农村运输都是用牛马拉的花轱辘大车（图 3），木制的车轮外包一层铁圈，木制的车轴与铁制的轴套，走起来吱吱扭扭地响，要经常向轴里加黏稠的动植物油或矿物油，越黏稠效果就越好。那时谁家里有一辆挂胶皮轱辘、滚珠轴承的大车，不亚于现在的奔驰宝马一样气派了。据说诸葛亮发明的木牛流马其实就是一种独轮车，那么肯定也要润滑的，所以可能“加油”就是诸葛亮带领士兵与民夫最早在蜀道上喊出来的。

a)

b)

图 3 花轱辘车的车轮与车轴

其实这种润滑就是利用了有效应力原理，荷载的巨大压力很大部分作用于车轴里的润滑油体上，形成了超静孔隙压力，由于这些油很黏稠，在滚动的瞬时油不易排除，孔压也就不易消散，其摩擦力就很小。这也是所有润滑的基本原理，包括滑动摩擦与滚动摩擦。

我们都知道，冰雪是很滑的，所以才有滑冰滑雪这样快乐的运动。其实在东北冬天零下 30～40℃的情况下，当我们在冰雪上蹒跚行进时，并不感到冰雪是滑的。这时坚硬的雪花、冰粒如干砂一样簌簌作响，冰面则如岩石般硬而涩。我们观察一下就会发现，室外的冬季运动会都是在纬度不是很高的地方，在冬末，甚至初春召开。其实冰雪的滑是由于其外有一层未冻水的膜，这层膜在压力下可产生超静水压力，减少或消除了摩擦力。在滑冰或滑雪时，在冰刀、滑雪板与冰雪表面高速运动下，也会进一步增加这种水膜，在高速运动时，它们也不会被排出，这才是可在其表面如飞滑过的原因。在北方，你认真观察就会发现，由于冰雪造成的翻车、追尾等事故多发生在初冬与早春，这是由于当气温升高时，冰面上的薄层水成为罪魁祸首。在冰雪上行走容易滑倒，这与雨天在黏土路上容易滑倒是一个道理，都可用有效应力原理解释。

第 4 章

土的变形与地基沉降

4.1 论土的压缩与变形指标

在 1.4 节我们讲了土骨架的概念，曾以丝瓜瓤比喻土骨架。其实像海绵、丝瓜瓤、钢丝球等形成的骨架，它们的固体是连续的，组成了多孔材料，这是与土骨架不同的。土的骨架在结构上是不连续的，是由相互间接触、无连接或具有轻微黏接的颗粒所构成，极易溃散。表现在变形上，其变形的本质与连续固体介质不同，其体积变化是由于颗粒间的平均距离的变化；其剪切变形是由于颗粒间的相互错动或滚动引起的相对位置变化；土体的变形一般与颗粒本身的变形关系不大；粗粒土颗粒在外力作用下，颗粒间接触应力很大，会发生颗粒的破碎、接触点局部屈服，这些因素对土体的宏观变形和强度的影响较大。因而土的变形性质极其复杂，变形的量也很大，体应变达到 10% 以上也是很常见的。但为了在工程实践中设计与计算，又不得不给出一些必要的、简单实用的指标与参数。

土的变形参数与经典力学中的参数具有根本的不同，有人定义土的变形模量为："土体在单轴受力且无侧限的条件下，应力增量与其引起的应变增量之比。"这无疑是在套用材料力学中的胡克定律，即针对弹性材料的杆件受拉，胡克（R.Hooke，1635—1703）提出了著名的胡克定律：

$$\sigma=E\cdot\varepsilon \tag{1}$$

式中比例常数 E 为弹性模量，亦称杨氏模量。胡克定律是针对连续线弹性介质的规律，可是用于土就很荒谬了。设想对一堆砂土、一滩淤泥，是无法让它在无侧限状态下站住的，否则也就没有"一盘散沙"与"烂泥扶不上墙"的说法了。

即使对于具有一些黏聚力的黏土，其无侧限压缩试验的以 kPa 计的微小模量在工程中又有什么用途呢？

土力学中土的变形及其参数问题是概念最易混乱的部分，对于一些只受到过弹性力学训练的本科生和工程师们是很难理解的，很有必要全面讨论一下。土的应力应变性质主要的影响因素有应力水平（Stress level）、应力路径（Stress path）和应力历史（Stress history），亦称 3S 影响，因而其变形参数必然与这些因素有关。

1. 切线与割线模量

因为土的变形与围压及应力水平有密切关系，所以在加载过程中其变形模量是变化的，表现为变形的非线性。

图 1 表示的是（侧限）一维压缩试验的应力变形曲线，竖向压力为 p，试样的体应变 ε_v 等于竖向应变为 ε_z，对应的模量为$E_s=\dfrac{p}{\varepsilon_z}$，称为（侧限）压缩模量，可见其明显的非线性。$E_s$ 随着压力 p 的增加而增加，亦即表现为“压硬性”。对于这种非线性曲线的模量，有两种表示方法，即切线模量 E_{st} 与割线模量 E_{ss}，分别表示为

$$E_{st}=\frac{dp}{d\varepsilon_z} \tag{2}$$

$$E_{ss}=\frac{\Delta p}{\Delta\varepsilon_z} \tag{3}$$

如果应力从 p_1 增加到 p_2，则用两种模量计算的沉降量分别为

$$s_1=H\int_{p_1}^{p_2}dp/E_{st} \tag{4}$$

$$s_2=H\frac{p_2-p_1}{E_{ss}} \tag{5}$$

从图 1 可见，计算的结果应当是 $s_1=s_2$。所以在地基沉降计算中，人们采用从初始应力（p_1）到加载后的总应力（p_2）间的割线模量 E_{ss} 计算最终沉降量，这就避免了繁琐的非线性积分（差分、有限元）计算。但是，在勘察期间，往往不能确定具体工程的 p_1 与 p_2 的数值，也为了比较不同地基土的软硬程度，以确定持力层，就常采用统一的压力范围：p_1=100kPa，p_2=200kPa。所以通常所说的土的 E_s，往往就是指 100～200kPa 区间的割线压缩模量 $E_{s,\ 100\text{-}200}$。

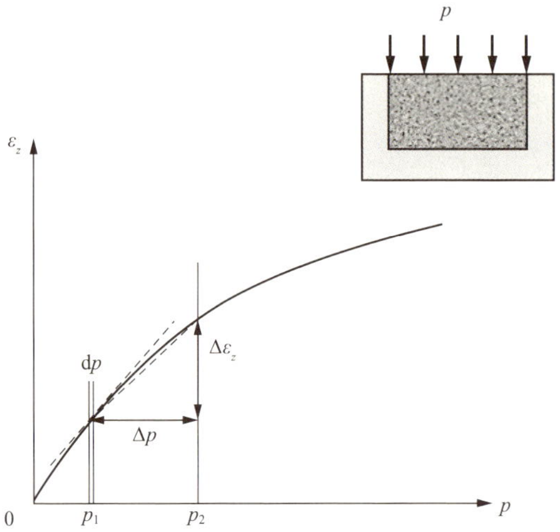

图 1　单向压缩试验中的 ε_z-p 关系曲线

2. 一维压缩试验中土的变形指标

研究土的压缩性时常用一维压缩试验测定土的应力－应变关系。由于试验时不允许土试样侧向变形，故也称为侧限压缩试验，又称 K_0 压缩试验。

用 K_0 压缩试验测得的土的应力－应变关系称压缩曲线，可将它们绘在算术坐标或半对数坐标图上，分别为图 2a）和图 2b）。前者为下凹曲线，常称 e-p 曲线，后者为上凸曲线，称 e-lg$p$ 曲线。e-lg$p$ 曲线常有以下特点：在低压力时曲线平缓，随压力增大而变陡，并逐渐接近为一条斜直线。

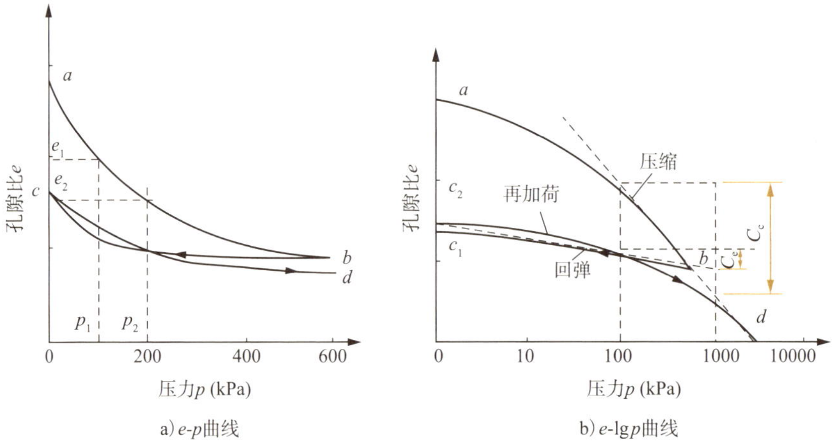

图 2　土的压缩与回弹

根据上述压缩曲线可以求得供单向压缩分层总和法、沉降量计算用的各项指标，这些指标在一般土力学教材中已有介绍，现简要列于表 1。

侧限压缩试验中土的压缩性指标表　　表 1

指　标	公　式	参考图	物理意义
压缩系数 a_v	$a_v=\frac{e_1-e_2}{p_2-p_1}=-\frac{\Delta e}{\Delta p}$	图 2a）	单位竖向有效压力变化时孔隙比的变化
体积压缩系数 m_v	$m_v=\frac{\Delta\varepsilon_v}{\Delta p}=\frac{a_v}{1+e_1}$	图 1	单位竖向有效压力变化时土的体应变的变化（体应变等于竖向应变）
压缩模量 E_s	$E_s=\frac{\Delta p}{\Delta\varepsilon_z}=\frac{1}{m_v}$	图 1	竖向有效压力增量与竖向应变增量之比
压缩指数 C_c	$C_c=\frac{e_1-e_2}{\lg\frac{p_2}{p_1}}=\frac{-\Delta e}{\Delta(\lg p)}$	图 2b）	初始加载时 e-lg$p$ 曲线的直线段的斜率
卸载—再加载指数 C_e	$C_e=\frac{e_1-e_2}{\lg\frac{p_2}{p_1}}=\frac{-\Delta e}{\Delta(\lg p)}$	图 2b）	回弹—再压缩时 e-lg$p$ 平均直线段的斜率

压缩指数 C_c 与压缩系数 a_v 有下列关系

$$C_c=\frac{\Delta p\cdot a_v}{\lg\frac{p_2}{p_1}} \tag{6}$$

$$a_v=\frac{C_c}{\Delta p}\lg\frac{p_2}{p_1} \tag{7}$$

若用微分形式表示，则其切线参数间关系为

$$C_c=\frac{-\mathrm{d}e}{\mathrm{d}(\lg p)}=\frac{p}{0.434}\frac{-\mathrm{d}e}{\mathrm{d}p}=\frac{pa_{vt}}{0.434} \tag{8}$$

$$a_{vt}=0.434\frac{C_c}{p} \tag{9}$$

在式（9）中，C_c 是常数，则 a_v 就是与 p 有关的函数，反映了 e-p 曲线的非线性。

3. 三轴试验中土的变性参数

土的三轴试验与一维压缩试验变形性质的边界条件不同，应力路径不同，二者的模量定义也是不同的。

(1)变形模量 E_0

土的变形模量其实是借用了胡克定律中杨氏模量的形式,但土并非是弹性材料,也不遵循胡克定律,这样 E_0 就不叫杨氏模量,一般也不叫弹性模量,而称为变形模量,以示区别。所以 E_0 与材料力学、弹性力学中的弹性模量有着本质的区别。

在图 3b)中,由于三轴试验曲线也是非线性的,所以就有在不同的条件下不同形式的变形模量。

①切线模量 E_t。

可借用增量广义胡克定律的概念来分析三轴试验曲线中的切线模量,则

$$d\varepsilon_1 = \frac{d\sigma_1}{E_t} + \frac{\nu_t}{E_t}\left(d\sigma_2 + d\sigma_3\right) \tag{10}$$

由于在常规三轴压缩试验中,应力状态为 $\sigma_2=\sigma_3$ 等于围压, $d\sigma_2=d\sigma_3=0$,所以 $E_t = \dfrac{d\sigma_1}{d\varepsilon_1}$,这个 E_t 就是切线模量,可见它不是常数,是应力水平 $S = \dfrac{\sigma_1 - \sigma_3}{(\sigma_1 - \sigma_3)_f}$ 的函数,随着应力水平 S 的增加,切线模量在减小,表现出土的"剪损性"。

②初始模量 E_i。

应力水平 $S=0$ 时的切线模量就是初始模量 E_i,如图 3b)所示,可见它一般是所有切线模量中的最大值。

③平均变形模量 E。

在工程应用时,人们还是不愿意通过切线模量进行繁复的非线性计算,因而更喜欢简化为线性计算,那么采用平均模量就是一个必然的选择。平均模量一般是用坐标原点与曲线上的 $(\sigma_1-\sigma_3)_f/2$ 点的连线来确定,$(\sigma_1-\sigma_3)_f$ 为破坏时的偏差应力,如图 3b)所示。

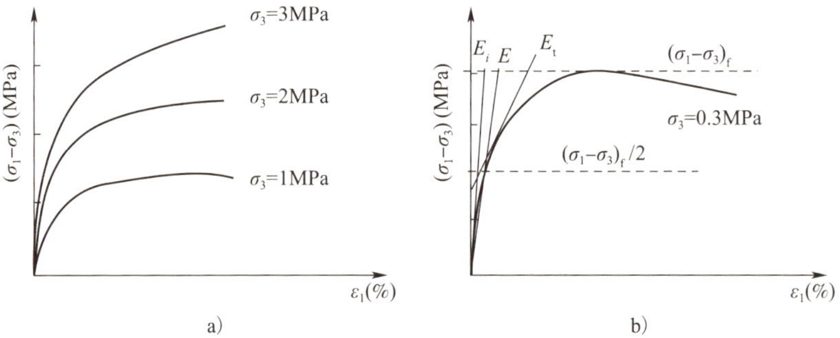

图 3　砂土三轴试验中的应力—应变曲线

另一个值得特别注意的是，上述三种模量都与三轴试验的围压 σ_3 有关，它们都随围压的加大而加大，如图 3a）所示。通常被表示为

$$E_i = Kp_a\left(\frac{\sigma_3}{p_a}\right)^n \tag{11}$$

式中，K 与 n 都是试验常数，p_a 为大气压力，量纲与 σ_3 相同。

（2）弹性模量（卸载—再加载模量）E_{ur}

在三轴试验中，如果进行加载—卸载—再加载的试验，那么就可得到如图 4 所示的曲线。

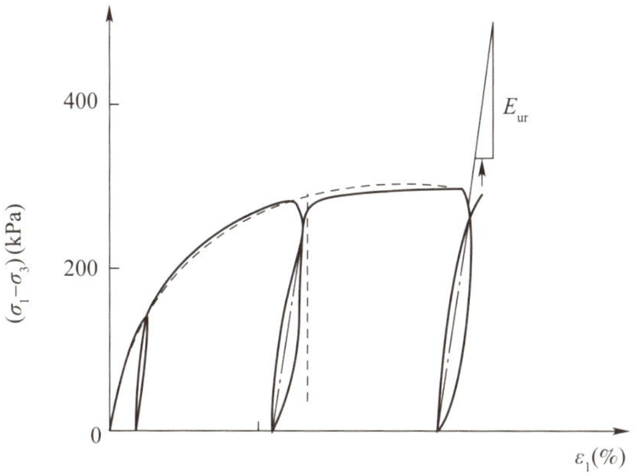

图 4　三轴的卸载—再加载试验曲线

这种卸载—再加载过程曲线，会形成一个滞回圈，把卸载到横坐标上的点与滞回圈的上交点连接，就得到一条直线，这时可以近似认为土的卸载—再加载是线弹性的。这条直线的斜率就是其弹性模量，通常表示为 E_{ur}，由于这个卸载—再加载过程可认为产生的是弹性变形，所以称为弹性模量较为合适，可见它比所有的切线模量（包括初始模量）都要大。

4. 载荷试验中的变形模量 E_0

现场载荷试验是一种有效地反映地基承载力与压缩变形特性的原位测试方法，其设备和方法见图 5。

该试验是在地基表面（或基础底面）用千斤顶逐渐分级加载，在每级荷载 p 下，变形稳定后记录其沉降 s，就得到了荷载—沉降曲线，即 s-p 曲线，如图 6 所示。当荷载达到极限承载力 p_u 以后，即停止加载，结束试验。

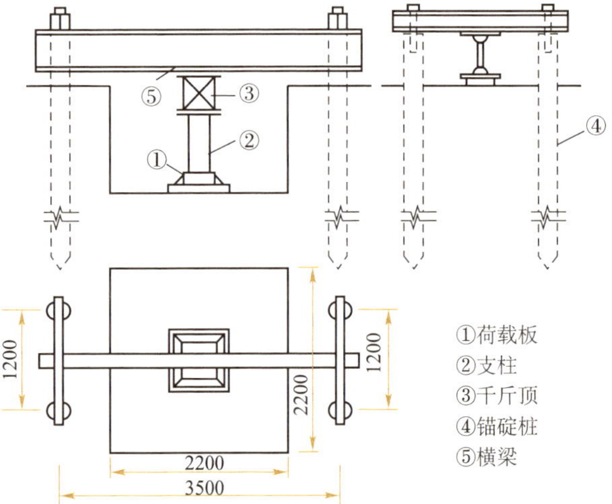

图 5　载荷试验示意图（尺寸单位：mm）

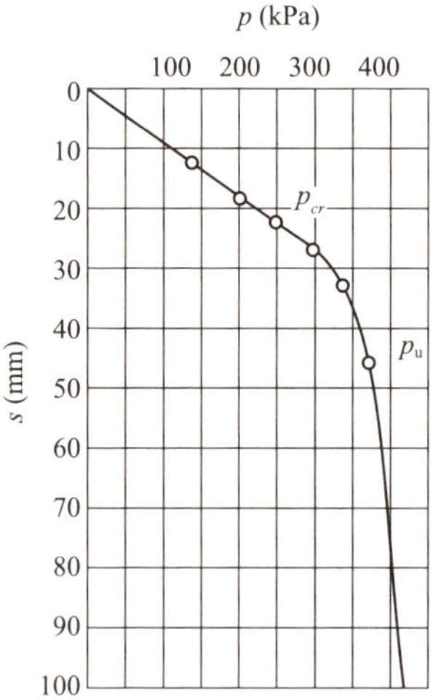

图 6　载荷试验的 s-p 曲线

通常 s-p 曲线的前段有一较明显的（或接近于）直线段，按照弹性理论公式可以通过该直线的斜率计算出地基土的平均变形模量 E_0

$$E_0=\left(1-v^2\right)\frac{pb}{s}I \tag{12}$$

式中：E_0——地基土的平均变形模量；

p——施加在承压板上的均布荷载；

I——荷载（基础）形状影响系数；

s——承压板的沉降量；

b——正方形承压板的边长；

v——地基土的泊松比。

式（12）是基于半无限空间均匀线弹性固体连续介质的前提下推导而来的，地基土既不是均匀（经常是分层分布）的，也不是线弹性连续的介质，因而这种计算得到的变形模量 E_0 只是一个场地的一定深度土层近似的平均变形模量。

从图 7 可见，如果采用宽度为 b_2 的载荷板进行载荷试验，则主要附加应力影响区都在持力层①中，如果实际上是宽度为 b_1 的基础，则影响深度就包括了①、②、③三层土层，同时由于变形模量随着围压而增加，自重压力随深度增加，地基的同一层土的下部的模量肯定比上层高。由于这种尺寸效应，用载荷试验和公式（12）得到的变形模量直接计算实际建筑物基础的沉降往往是不合适的，对下卧土层分别进行深层载荷试验较为合理。

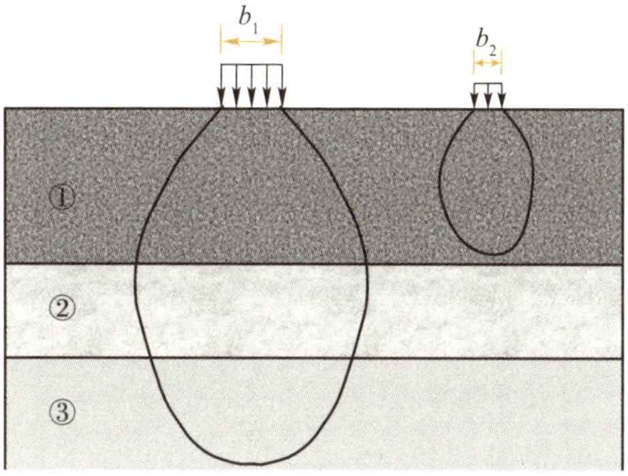

图 7　不同尺寸荷载在地基中的应力主要影响范围

5. 压缩模量 E_s 与变形模量 E_0 间的换算

根据弹性理论的广义胡克定律，人们推导了压缩模量 E_s 与变形模量 E_0 间的关系，在侧限条件下

$$E_s = \frac{\Delta\sigma_z}{\Delta\varepsilon_z} \text{ 或 } \Delta\varepsilon_z = \frac{\Delta\sigma_z}{E_s}$$

按广义胡克定律，在三维条件下

$$\Delta\varepsilon_z = \frac{\Delta\sigma_z}{E} - v\frac{\Delta\sigma_x}{E} - v\frac{\Delta\sigma_y}{E}$$

侧限条件

$$\Delta\sigma_x = \Delta\sigma_y = K_0\Delta\sigma_z$$

其中

$$K_0 = \frac{v}{1-v} \text{ 或 } v = \frac{K_0}{1+K_0}$$

通过以上各式，就可得到侧限压缩模量 E_s 与变形模量 E_0 的关系

$$E_s = \frac{1}{\beta}E_0 \tag{13}$$

或

$$E_0 = \beta E_s \tag{14}$$

其中

$$\beta = 1 - \frac{2v^2}{1-v} \tag{15}$$

由于泊松比 $0 \leqslant v \leqslant 0.5$，所以 $0 \leqslant \beta \leqslant 1.0$，因而 $E_0 \leqslant E_s$，其中的 E_0 多是指

在平板载荷试验中得到的参数，E_s 是指在现场取土样后，在实验室进行单向压缩试验后得到的，多是指 $E_{s,\ 100\text{-}200}$，即 100～200kPa 间的压缩模量。

这是土力学中一个最容易误导学生的推导，因为这是两个风马牛不相及的参数。如上所述，它们都不是常数，E_0 可能涉及不同的土层，两参数属于不同的应力路径，涉及不同的围压 σ_3，所以没有可比性。有人统计了很多试验结果，归纳出表 2 的结果。

变形模量与压缩模量间的经验关系　　表 2

土的种类	E_0/E_s		土的种类	E_0/E_s	
	变化范围	平均值		变化范围	平均值
老黏土	1.45～2.80	2.11	新近沉积黏性土	0.35～1.94	0.93
一般黏性土	0.60～2.80	1.35	新近沉积淤泥质土	1.05～2.97	1.90
	0.54～2.68	0.98	红黏土	1.04～4.87	2.36

可见 E_0/E_s 经常是大于 1.0 的，有时甚至远大于 1.0，其中的影响因素十分复杂。式（14）这样的关系极易误导学生和工程师——以为一种土的压缩模量永远大于其变形模量。

如果用运动会的径赛成绩来理解土的模量，则不同种类的土就像不同的人，博尔特百米成绩为 9.58s，而我的百米成绩就从来没有进过 15s。如果以不同距离的径赛比拟土的应力路径，则单向压缩试验与三轴试验就像百米竞赛速度与 110m 跨栏的速度一样是不可比的。如果以运动员年龄象征土的应力水平，则可以发现运动员在 25 岁左右，其成绩达到一个峰值，图 8 的曲线可以表示这种情况。

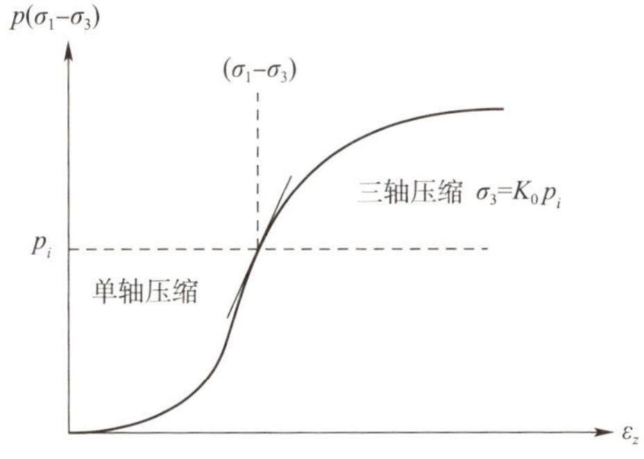

图 8　混合试验中土的模量与应力水平间的关系

在图 8 中，前半部分是对一个土样进行侧限压缩试验，其斜率表示压缩模量 E_s，结果是随着竖向应力的增加，土的压缩模量也提高，就是所谓的“压硬性”，这正如运动员在少年阶段是随着年龄的增长而成绩提高；当达到 $p=p_i$ 时，对应的侧向压力为 $\sigma_3=K_0 p_i$，然后用这个试样进行 $\sigma_3=K_0 p_i$ 的三轴试验，则试验曲线如图中的后半段所示为变形模量递减，正如运动员超过最佳年龄后，成绩下降。可见整条曲线在 $p=p_i$ 时，其模量有个峰值。

土的围压 σ_3 增加在任何时候都会提高土的模量，这可以比作运动员的体能与技术训练。

从计算地基沉降的角度看地基土的变形参数，可得到如下结论：

（1）目前常用的分层总和法，常用单向压缩试验的压缩模量 E_s，应当采用原状土样的 p_1～p_2 间的试验值。

（2）尽管三轴试验可以得到土在不同围压下的变形参数，但对原状土取样的扰动仍是不可忽视的；采用切线模量的数值计算比较繁琐，需要的参数较多，目前难以用于工程中。

（3）采用现场平板载荷试验确定土的变形模量，有不破坏土的结构，更贴近原状土性质的优点，但试验影响的土层及土层深度有限，不易反映实际基础的应力范围与应力水平。

4.2 论附加应力系数与平均附加应力系数

在 2008 年的注册岩土工程师考试中，上午案例题 8 的题目如下。

考题　天然地基上的独立基础，基础平面尺寸 5m×5m，基底附加压力 p_0=180kPa，基底下地基土的性质和平均附加应力系数见表 1 及图 1 所示。问地基压缩层的压缩模量当量值最接近下列哪个选项的数值。

表 1

土 名 称	厚度（m）	压缩模量 E_{si}（MPa）	平均附加应力系数
粉土	2.0	10	0.9385
粉质黏土	2.5	18	0.5737
基岩	>5		

其标准解答是

$$\bar{E}_s=\frac{2.0\times0.09385+2.5\times0.5737}{\dfrac{2.0\times0.09385}{10}+\dfrac{2.5\times0.5737}{18}}=12.4\text{MPa}$$

分析：

这里使用的是一般教材中的公式

$$\bar{E}_s=\frac{\Sigma A_i}{\Sigma \frac{A_i}{E_{si}}} \tag{1}$$

$$A_i=\frac{(z_i-z_{i-1})(\alpha_i+\alpha_{i-1})}{2} \tag{2}$$

式（2）中的荷载面积省去了基底附加压力 p_0，不影响本文的分析。

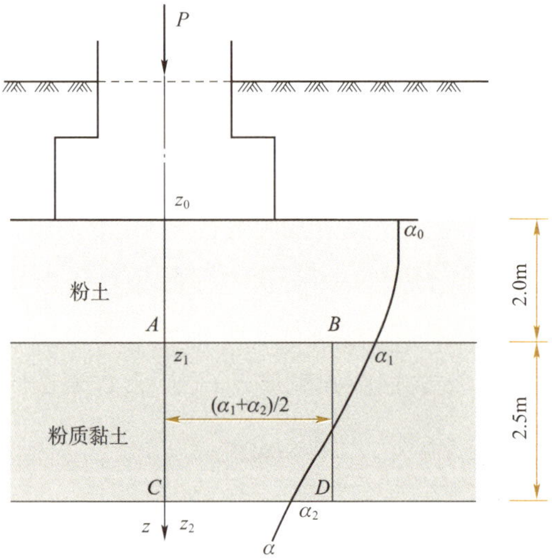

图 1　矩形基础下的附加应力系数与附加应力的平均值

从图 1 可见，$A_2=(z_2-z_1)(\alpha_2+\alpha_1)/2$ 就是矩形 *ABCD* 的面积，它的面积近似等于 $A\alpha_1\alpha_2C$ 曲边梯形的面积 A_2，其中 $(\alpha_2+\alpha_1)/2$ 是曲边梯形近似的中线长度，也可以说是附加应力系数 α_1 与 α_2 的平均值。

但是，在当时的《建筑地基基础设计规范》（GB 50007—2002）定义的“平均附加应力系数 $\bar{\alpha}$ ”却另有所指。

在图 2 中，曲线 α_0、α_1、α_2 是附加应力系数曲线，平均附加应力系数 $\bar{\alpha}_i$ 的定义为

$$\bar{\alpha}_i=\frac{\int_0^{z_i}\alpha(z)\mathrm{d}z}{z_i}$$

总结平均附加应力系数 $\bar{\alpha}_i$ 与附加应力系数的平均值 $(\alpha_i+\alpha_{i-1})/2$ 的区别在于：

（1）$\bar{\alpha}_i$ 是通过附加应力系数沿 z 坐标积分得到的，是精确的值；$(\alpha_i+\alpha_{i-1})/2$ 则

是曲边梯形上下底的平均值，可用于近似计算附加应力系数面积 A_i。

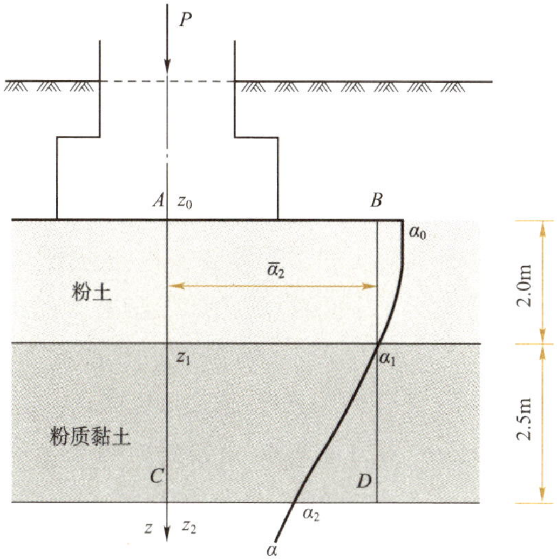

图 2　平均附加应力系数

（2）$\bar{\alpha}_i$ 都是从基底（z=0）起算到 z_i 的，它是以一个以 $\bar{\alpha}_i$ 为宽度的矩形面积等于附加应力系数曲线与 z 坐标间的面积；而（α_i+α_{i-1}）/2 计算的是从 z_i 到 z_{i+1} 间一层土的曲边梯形的平均宽度。在计算附加应力系数面积时，前者为 $\bar{\alpha}_i\ z_i$，为从基底起算的附加应力系数面积；后者为$A_i=(z_i-z_{i-1})(\alpha_i+\alpha_{i-1})/2$，是第 i 层土附加应力系数的面积。

（3）在用平均附加应力系数 $\bar{\alpha}_i$ 计算第 i 层土附加应力系数的面积时

$$A_i=\int_0^{z_i}\alpha \mathrm{d}z-\int_0^{z_{i-1}}\alpha \mathrm{d}z=\bar{\alpha}_i z_i-\bar{\alpha}_{i-1}z_{i-1} \tag{3}$$

如果按照原题给定的数据，按照正确的“平均附加应力系数”概念计算，则应为

$$\sum A_i=\left(2.0\times0.9385-0\times1\right)+\left(4.5\times0.5737-2.0\times0.9385\right)=1.877+0.705=2.58\mathrm{m}$$

$$\sum\frac{A_i}{E_{si}}=\frac{2\times0.9385}{10}+\frac{4.5\times0.5737-2\times0.9385}{18}=0.188+0.039=0.227(10^3\mathrm{mm}^3/\mathrm{N})$$

$$\bar{E}_s=\frac{2.58}{0.227}=11.4\mathrm{MPa}$$

这显然与标准答案不同，考生也就不能取得他们应得的分数。

这里涉及土力学中的名词术语定义的问题，首先，当《建筑地基基础设计规

范》定义“平均附加应力系数 $\bar{\alpha}$ ”这一术语时，应考虑到此前在土力学中已经常用的“平均附加应力系数 $(\alpha_i+\alpha_{i-1})/2$”这一叫法；可以考虑将 $\bar{\alpha}_i$ 称为“等效附加应力系数”。另一方面，作为国家规范，已经规定了平均附加应力系数 $\bar{\alpha}$，则必须严格遵循专用名词。而在国家注册岩土工程师考试这样的场合，不应发生混淆两种名词概念的情况。这正如《西游记》中的真假齐天大圣一样，在天上人间造成了一场混乱。

4.3 论沉降的计算

人们对建筑地基基础最关心的应是承载力与沉降，与承载力比较，更难以预测的是沉降。这是由于土的应力应变关系的复杂性，原状土的变形参数难以准确测定，土的变形影响因素众多。在建筑工程中，我们特别重视工后沉降，亦即建筑物竣工以后发生的沉降。有人认为工后沉降就是固结沉降，这是不准确的，二者有密切关系，但并不完全相同。工后沉降应包括：结构永久荷载引起的随时间增加的沉降（固结、次固结沉降）；建筑物竣工后的装修、设备等其他因素；家具、生活用品、人群、积雪、积尘等可变荷载；可能还有由于温度、湿度等次生荷载引起的沉降。记得 20 世纪 80 年代在辽宁一个县城对一住宅楼小区的楼房进行地基处理，发现那里回迁的居民每户都有三缸一炕，即水缸、咸菜缸、酸菜缸和火炕，可想而知，这些重量会引起设计中想不到的工后沉降。

1. 沉降计算的荷载组合

在计算地基变形时，传至基础底面上的作用效应应按正常使用极限状态下的作用的准永久组合，不计入风荷载和地震作用。荷载准永久组合效应的设计值为

$$S_{\mathrm{d}}=\sum_{j=1}^{m} S_{\mathrm{G},j}+\sum_{j=1}^{m} \psi_{\mathrm{q}i} S_{\mathrm{Q},i} \tag{1}$$

式中：$S_{\mathrm{G},j}$——第 j 个永久荷载的标准值 G_{jk} 计算的荷载效应值；

$S_{\mathrm{Q},i}$——第 i 个可变荷载的标准值 Q_{ik} 计算的荷载效应值；

$\psi_{\mathrm{q}i}$——第 i 个可变荷载 Q_i 的组合值系数。

其中的准永久组合系数见表 1（即《建筑结构荷载规范》（GB 50009—2012）表 5.1.1）。

活荷载的不同组合的系数　　表 1

项次	类　别	标准值（kN/m^2）	组合值系数 ψ_c	频遇值系数 ψ_f	准永久值系数 ψ_q
1	住宅、宿舍、旅馆、办公楼、医院病房、托儿所、幼儿园	2.0	0.7	0.5	0.4
	试验室、阅览室、会议室、医院门诊室	2.0	0.7	0.6	0.5
2	教室、食堂、餐厅、一般资料档案室	2.5	0.7	0.6	0.5
3	礼堂、剧场、影院、有固定座位的看台	3.0	0.7	0.5	0.3
	公共洗衣房	3.0	0.7	0.6	0.5
4	商店、展览厅、车站、港口、机场大厅及其旅客等候室	3.5	0.7	0.6	0.5
	无固定座位的看台	3.5	0.7	0.5	0.3
5	健身房、演出舞台	4.0	0.7	0.6	0.5
	运动场、舞厅	4.0	0.7	0.6	0.3
6	书库、档案库、贮藏室	5.0	0.9	0.9	0.8
	密集柜书库	12.0	0.9	0.9	0.8

从表 1 可见，活荷载的准永久组合系数是很低的。这是由于建筑物的沉降主要是黏性土的固结沉降，其延续的时间较长，其主要作用的是永久荷载。住宅中居民白天人很少，晚上人多；而办公室则相反，按照 200kg/m^2 的人群荷载计算，相当于每平方米站了 3 ～ 4 个人，这对于住宅在其使用期是很难遇到的。乘以 0.4 的组合系数是合理的。礼堂剧场每天满场的时间有限，乘以 0.3 的组合系数是可以理解的；而书库、档案库则要乘以 0.8 的组合系数，可能是由于书和档案没有腿的原因吧。

有一年在一个非洲的国家进行过一场足球赛，由于是主场，设计 5 万人的看台涌进了七八万人，在主队进球的时，热情的非洲观众欢呼跳跃，结果看台的钢架倒塌，伤亡惨重。这里就提出了一个问题：同样是超载，为什么是钢架断裂而不是地基的沉降？这是由于钢结构是按分项系数设计的，超载过大，加之欢呼跳跃的动荷载，只要瞬时超过设计强度，钢架瞬时就会断裂。而地基沉降主要是固结沉降，可能需要几年才能完成。一场足球赛加上加时与点球也不超过 3 小时，时间再长观众也都饿了，跳不动了，它对地基沉降的影响是微乎其微的。

2. 沉降的分类

地基的沉降通常可分为瞬时沉降 s_i、固结沉降 s_c 与次固结沉降 s_s，见图 1。

对于饱和的黏性土地基，在基底局部压力作用下，附加应力存在着附加总压力 σ_{ij} 与附加有效应力 σ'_{ij}。设有一个矩形均布荷载作用于饱和地基上，用布辛尼斯克解可分别得到附加总应力与有效附加应力。如果以饱和土体为载体，则可以用弹性参数 E_u 和 v_u=0.5 计算出地基内瞬时加载的附加总应力 σ_{ij}；如果以土骨架为载体，则可以用土骨架的弹性参数 E' 和 v' 计算出地基内固结结束，沉降稳定时的附加有效应力 σ'_{ij}；但是一般 $\sigma'_{ij} \neq \sigma_{ij} - \delta_{ij}u$，这是由于在固结的过程中土中的附加总应力是变化的。在附加总应力 σ_{ij} 作用下，产生瞬时沉降 s_i 为

$$s_i = \sum_{i=1}^{n} \frac{1}{E_u} \left[\Delta\sigma_z - v_u \left(\Delta\sigma_x + \Delta\sigma_y \right) \right]_i \Delta h_i \tag{2}$$

它主要是在局部荷载作用下地基土在体积不变情况下产生的形变引起的，见图 2。如果是无限大的均布荷载，则附加总应力 $\Delta\sigma_z = \Delta\sigma_y = \Delta\sigma_x$，$s_i$=0。

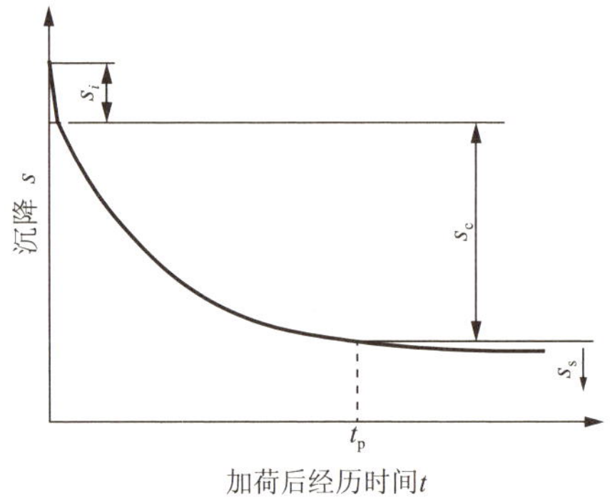

图 1　瞬时沉降 s_i、固结沉降 s_c 与次固结沉降 s_s

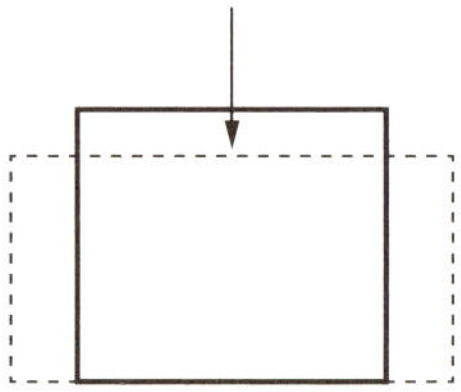

图 2　瞬时沉降

用附加有效应力 σ'_{ij} 可以计算出总沉降 s_T（瞬时沉降 s_i ＋固结沉降 s_c），亦即

$$s_T = \sum_{i=1}^{n} \left(\Delta\varepsilon_z \Delta h \right)_i = \sum_{i=1}^{n} \frac{1}{E'} \left[\Delta\sigma'_z - v' \left(\Delta\sigma'_x + \Delta\sigma'_y \right) \right]_i \Delta h_i \tag{3}$$

式（2）与式（3）计算的沉降差就是固结沉降

$$s_c = s_T - s_i \tag{4}$$

3. 分层总和法的基本条件与假设

分层总和法是当前计算地基沉降的最常用的方法，也是为很多学生所不解与诟病的算法，因为它作了太多不合实际的假设，最后使用了一个可疑的沉降计算经验系数 ψ_s。

分层总和法的基本假定如下：

（1）假定基底压力为线性分布。

（2）采用基础中点下附加应力，并用弹性理论进行计算。

（3）假定地基只发生单向沉降，即土处于侧限应力状态。

（4）荷载瞬时施加，只计算主固结沉降，不计瞬时沉降和次固结沉降。

（5）根据荷载和地基条件，使用沉降计算经验系数 ψ_s，对计算的沉降量进行修正。

$$s=\psi_s\int_0^h m_v\cdot\Delta\sigma_z\cdot dz\approx\psi_s\sum_{i=1}^{n}m_v\cdot\Delta\sigma_z\cdot h_i \tag{5}$$

4. 沉降计算经验系数 ψ_s 与 Skempton-Bjerrum 沉降计算方法

从表 2 可以发现，沉降计算经验系数 ψ_s 的变化幅值非常大，最大值是最小值的 7 倍，此前从未见到一门力学的计算有如此大的误差，因此我们可以分析一下表 2。

沉降计算经验系数 ψ_s 的取值　　表 2

基底附加压力	$\bar{E}_s$（MPa）				
	2.5	4.0	7.0	15.0	20.0
$p_0\geqslant f_{ak}$	1.4	1.3	1.0	0.4	0.2
$p_0\leqslant 0.75f_{ak}$	1.1	1.0	0.7	0.4	0.2

首先可以发现沉降计算经验系数 ψ_s 与基底的附加应力 p_0 引起的地基中的应力水平有关。如果 p_0 超过了地基的承载力特征 f_{ak} 值，经验系数会明显增大，这是与地基土的变形的非线性有关的。在图 3 中，当 $p_0\geqslant f_{ak}$ 时，引起的地基中的应力水平较高，变形模量降低，沉降会加大。

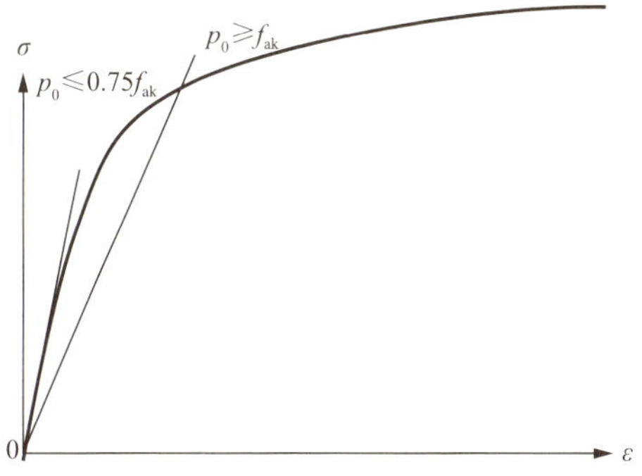

图 3　基底附加压力引起的地基土应力水平对沉降的影响

影响沉降计算经验系数 ψ_s 的另一个重要因素是地基土的等效压缩模量 $\bar{E}_s$，亦即地基土的软硬情况。越硬的土，用分层总和法计算的沉降越偏大，沉降计算经验系数就越小，最小值可达 0.2。

这是源于土的变形的三维效应。由于单向压缩的分层总和法假设土是一维单向受力，单向压缩，这就使得地基中的各点的超静孔压 $u=p=\sigma_z$，这显然是不正确的。根据斯肯普顿（Skempton）的孔压公式应当是

$$\Delta u = B\left[\Delta\sigma_3 + A\left(\Delta\sigma_1 - \Delta\sigma_3\right)\right] \tag{6}$$

对于饱和土，孔压系数 B=1.0；而孔压系数 A 却与土的软硬有密切关系，见表 3。

土的孔压系数 A 值　　表 3

土　类	A（用于计算沉降）
很松的细砂	2 ～ 3
灵敏性黏土	1.5 ～ 2.5
正常固结黏土	0.7 ～ 1.3
轻超固结黏土	0.3 ～ 0.7
重超固结黏土	−0.5 ～ 0.0

斯肯普顿—别伦（Skempton-Bjerrum）在通常的单向压缩的分层总和法的基础上提出了考虑三向变形效应的分层总和法。其基本公式是将公式（5）改为公式（7）

$$s_c = \int_0^h m_v \cdot \Delta u \cdot \mathrm{d}z = \int_0^h m_v \cdot \Delta\sigma_1 \left[A + \left(1 - A\right)\frac{\Delta\sigma_3}{\Delta\sigma_1}\right]\mathrm{d}z \tag{7}$$

由于公式中引进了孔压系数 A 这一有三维效应的参数，式（7）就反映了地基土变形的三维效应，他们通过对比计算，得到了两式间的关系，见式（8）。

$$s_c=\mu_c s \tag{8}$$

式中，s 为用常规单层压缩分层总和法计算的沉降量；s_c 为用斯肯普顿—别伦的考虑三维变形效应的方法计算的沉降量；μ_c 为式（8）的沉降修正系数，见图 4。

从图 4 可见，只有压缩层很薄的情况（h/b=0），用两种方法计算的沉降量才相等（μ_c = 1.0）。对于持力层较厚（h/b=10）情况，地基土在弹性变形范围（$p_0 \leqslant 0.75f_{ak}$）的条形基础，在地基土很硬的情况下（强超固结土），沉降修正系数 μ_c 约为 0.2 左右；在地基土很软的情况下（灵敏性黏土），沉降修正系数 μ_c 约为 1.1 左右。这与表 2 中的沉降计算经验系数 ψ_s 几乎是完全一致的。

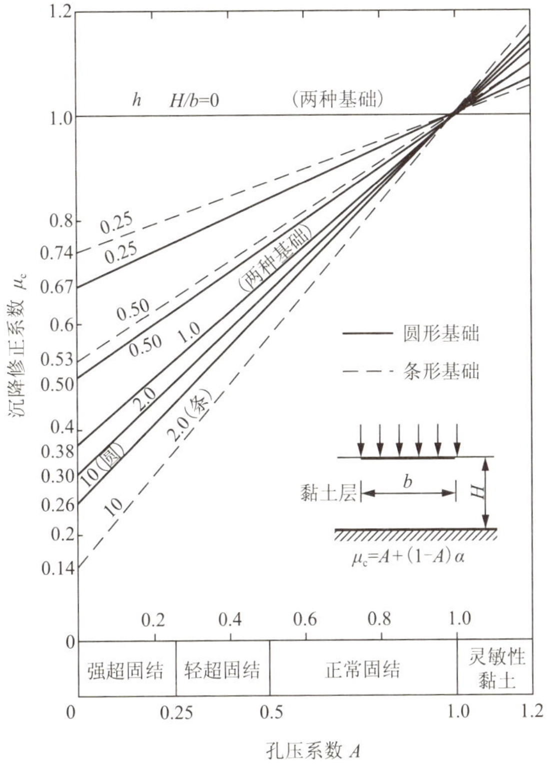

图 4　沉降修正系数 μ_c

可见土力学确实还算是一门科学，不过是一门实用性与经验性很强，机理相当复杂的科学。

4.4　论渗流固结理论

最近参加延安新城工程的审查会，顺便到延安革命老区旧址和博物馆参观，见到一个当年官兵为祝贺朱德总司令 60 寿辰，用缴获的废汽车坐垫给他制作的一个沙发，这是当时延安唯一的沙发，连毛主席都没有。

当时我就思考，坐沙发为什么比坐一般的椅子舒服呢？结论是由于它柔软，可变形，人体的受力面积就大，接触应力减小，且应力均匀，不会发生应力集中，使皮肉舒展、血脉畅通。

根据达尔文的进化论，人是由猴子进化演变而来的。进化的一个最重要表现就是可用两条腿走路，把双手解放了出来。这样人在休息时就经常是坐着，而猴子们则喜好蹲着，在野外条件下，这样可能易于逃命吧。要坐得舒服，就要身体的着地面积加大，因而人的臀部的肉变厚了。据说选美女要凭三围，其中臀围很重要，丰乳肥臀，就是这个道理吧，我想。

臀部的肉厚也产生了副作用，那就是老师（先生）和领导（如县太爷）们也发现这一可利用的资源。在私塾里，学生犯了错误，先生会用板子打手掌——这也是由于人类双手劳动，使手掌的皮肉变厚了，错误严重了就要用板子打屁股了。到了县衙门，如果老爷不高兴，就要被打 40 大板，那也是打屁股。即使《红楼梦》中尊贵如贾宝玉，犯了错误也是要被打屁股的，结果使得不少女士为他伤心。

其实人从来都是追求舒适的，原始人，甚至猴子与类人猿也会抓些干草垫在身下。现代人更有条件设计制作一些使自己更舒服的家具与卧具。1993 年我在美国做访问学者，与四川某大学的一位教授合租一套公寓。我睡床垫，那位先生买了一个水床放在他屋内的地板上，晚上充满了温水，很享受地躺了上去。谁知这件宝贝漏水，早晨一看，“水漫金山”，人也几乎是睡在地板上了。由于它其中没有骨架，渗流了，但不固结，最后流空了，人也落地了。

我还见过一种气枕，向橡皮枕套里充适量的气体，由于气体可压缩，头枕上去很是舒服。但估计在我国古代就不适用，因为那时无论男女都是留发的——“身体发肤受之父母”，留发就有发簪，如果被其刺破而爆炸，岂不“悲剧”了。一次在电视上的拍卖会上看到一个宋代官窑的瓷枕，价值千万，如图 1 所示。看到那个硬邦邦的东西，就使人夜不能寐。后来我想，古人无论男女都是留发的，也许是把头发铺在这种瓷枕上，这样脑袋上就不会产生应力集中了。

图 1　宋代的瓷枕

据说我国在隋唐以前，古人都讲究“席地而坐”，也就是铺上竹席，膝关节着地，臀部放在脚踝处，设想当年孔夫子的三千弟子都席地而坐听他讲课，现在的学生在“子曰”了半天以后能爬起来的恐怕不会很多，古人们经过多年的锻炼，会起坐自如吧。目前很时兴红木家具，据说都是仿明式的，竖直的靠背，坚硬光滑的椅面，坐上肯定不如沙发舒服。

我到北京上大学后的第一个假期就去参观故宫。我从小就非常羡慕皇帝，一直抱有“皇帝轮流作，明天到我家”的期待，但参观故宫以后却很失望。首先是那种“红砖绿瓦黑阴沟”的氛围就了无生气，其次是对金銮殿上硕大的龙椅也颇多腹诽。这个龙椅据说是用紫檀木所制，雕龙画凤，十分气派。但那宽大而坚硬的平面的椅面上仅铺了一个薄薄的黄布垫，让我像电视剧中那样挺胸抬头、正襟危坐当皇帝，听满朝文武大臣们争论一上午国家大事，还真不是一个好差事。不如做个老百姓，可以“我欲醉眠芳草”。据说三岁的溥仪当年被放到这个龙椅上就一直在大哭大闹，估计也和我一样是对这把椅子不满意，弄得朝拜的大臣们诚惶诚恐，摄政王只好哄着说“快完了，快完了”，后来人们就说这是预兆大清帝国快完了，你看椅子多么重要！

沙发一词源于英文的sofa，属于引进的物种。沙发一般是由一系列弹簧固定在底座上，充填一些毛、麻、棉纱柔软之物，外裹以美观、柔软、坚韧的皮革或麻布等面料。人坐上去，柔韧的面料下陷，部分荷载作用于内部的孔隙气体上，产生超静孔压；由于空气可压缩变形，部分荷载可直接作用于弹簧上，即为有效应力。由于压缩空气与弹簧的共同作用，面料将荷载分布到较大面积上，受力面积大，没有明显的应力集中，人就感到很舒适。对于皮革面料，其对空气的渗透系数较小，在超静孔压的驱动下，空气的排出需要一段时间。随着时间的延续，空气逐渐排出，孔压消散，弹簧与柔软的填料承受的有效应力加大，受力面积进一步加大，面料的变形逐渐与尊臀的轮廓协调一致，形成美妙的曲面，应力进一步均匀，你也就越来越舒适了。

太沙基的饱和土体的一维渗流固结理论是土力学学科中少见的、标志性的理论，它对于土力学学科的形成具有重要意义。我想太沙基一定是坐了沙发以后受到了启发，才发现和提出了饱和土体的渗流固结理论。图2就是太沙基的渗流固结理论的示意图，这简直就是一个沙发工作原理图。只不过沙发中的弹簧更多，表面也不是一个刚性的活塞，而是柔软的、可变形的皮面。

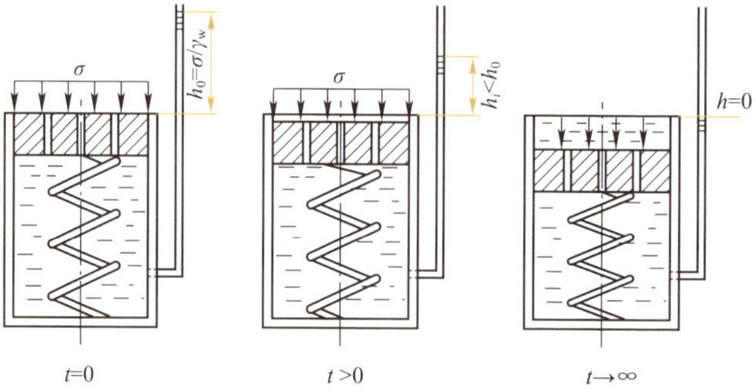

图 2　太沙基的渗流固结理论示意图

在农村，枕头的填料多是荞麦皮（荞麦粒的外衣），或者是谷壳（小米的外衣）。这些空心的颗粒内外都充满了气体，当头部枕上时，也是要发生渗流固结。这些颗粒形成的骨架弹性极好，荷载卸除后，弹性变形会使枕头逐渐恢复原状，透气、舒适，可用很多年。

我曾经仔细比较了这类枕头与充气枕的区别。头部压在以橡皮为膜的气枕上，你会立即感到被压迫气体愤怒的反抗与排斥，你一离开，它就马上就收复了失去的空间，推你于千里之外；你如果翻个身，它弹性的拒绝而会使你的头部滚下去。可是你枕上荞麦皮或谷壳的枕头，它会很温柔地接纳你，在压力下部分气体被排出；你如离开，它会保留对你的思念与留恋，过了很久，它才慢慢地恢复原状，排出的气体又回来。这就是适度的渗流固结的美妙与优雅。

其实所谓的“舒适”就在于和谐。一个好的沙发首先其弹簧的刚度要合适，过硬了就像龙椅，太软了又像漏水的水床。整个系统不能完全封闭，否则一个超级肥人可能会压爆；也不要完全开放，没有渗流固结的过程，就难以调节与均衡压力。面料的软硬、强弱，弹簧上衬垫的设置等，要求能使其变形后形成符合人体优美的曲线。你可以通过比较来体验坐在气球上与坐在沙发上的感觉，体会到调节释放压力与渗流固结过程的可贵。

一个社会与国家也应如沙发一样和谐与均衡，这就需要有适当的调节机构，释放过大的压力，减少基尼系数，使分担更均衡合理。4000 多年前，似乎地球上发生了一次严重的厄尔尼诺现象，因而才有女娲补天（据说是天被撞漏了，暴雨不停）、后羿射日（几个太阳连续曝晒而酷热难挨）和大禹治水（洪水成灾）等传说。据说一开始是让共工与鲧负责治水，采用“壅防百川”的方略，亦即单纯的“防”与“堵”，筑堤侵占河道，壅高洪水，未能适度地退让，给水以足够的出路以缓解压力，结果治水失败被处死。后来大禹一改这种方略，而是采用湮、导、蓄相结合，“开九州，通九道，陂九泽，度九山”，亦即给水流以出路，适度地蓄洪以缓解压力，结果治水成功，并建立了夏王朝。

你看，土力学是一门多么有用和美好的学科。

4.5 论渗流固结中的能量问题

有人问到渗流固结的能量问题，这是一个很有意义的问题，经过琢磨，得出如下的看法，不知是否有道理。

图 1 是太沙基一维渗流固结理论的示意图。在图中，如果其中没有流体渗流，只发生弹簧的压缩，则从应力 σ=0 开始，压缩到位移为 Δh，应变为 $\varepsilon_0=\Delta h/h_0$，应力 $\sigma=q$，可知，只压缩弹簧应力做功为图 2 中下部的三角形面积 $w_1=\frac{1}{2}q\varepsilon_0$。

在压缩图 1 所示的有水唧筒时，瞬时施加应力即为 $\sigma=q$，它转化为超静孔压 u；渗流固结过程中 $\sigma=q=\sigma'+u$ 不变，最终顶帽位移（沉降）为 Δh，对应的应变为 $\varepsilon_0=\Delta h/h_0$。所以单位体积的能量为图 2 中的应力做功为矩形面积，由此可知，水克服渗透力消耗的能量为上一半三角形面积 w_2，见图 2。

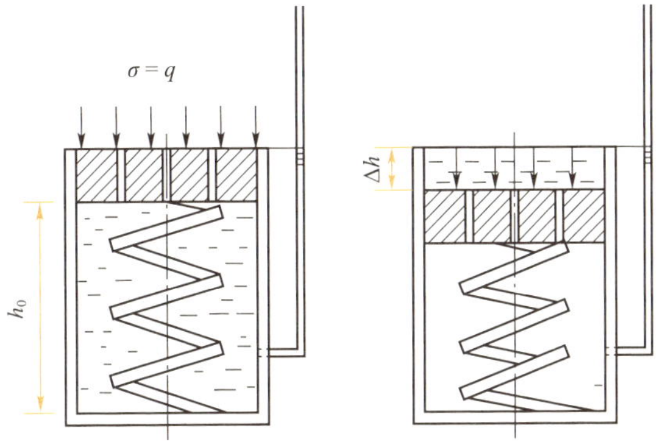

图 1　单向渗流固结理论示意图

在图 2 中，矩形面积表示了单位体积上外力（q）做功为 $w=q\varepsilon_0$，其中压缩弹簧所做的功为 w_1，孔隙水克服渗透力流动所做的功为 w_2。如果土骨架不为线弹性的变形体，则分界线如图 2 中的虚线所示，它也是土体的一维压缩曲线。可见开始时，有效应力很小，渗流需要能量多；固结将近结束时，超静孔压已很小了，主要是弹簧（土骨架）压缩消耗的能量了。

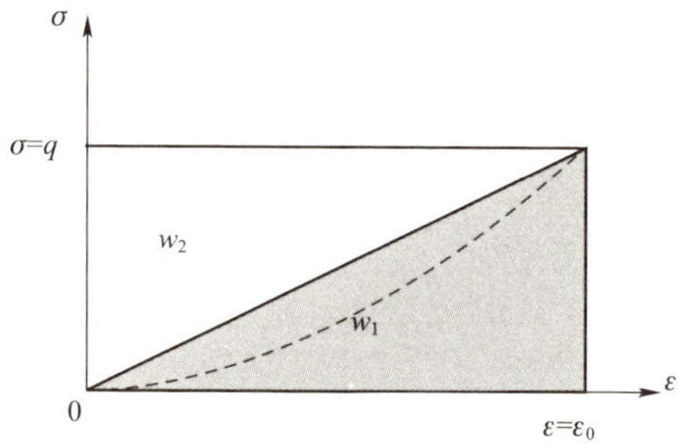

图 2　单向渗流固结的能量示意图

在地基处理的预压渗流固结工程中，如果堆载为 q，最终沉降为 s，单位面积上的荷载做功为 $w=qs$，等于堆载土体的位能的减少，它同样消耗于土中水的渗流与土骨架的压缩。

如果是真空预压，真空度为 0.8，则 q=80kPa，它就是 80% 的大气压力。但是在正常情况下，大气压力不会无缘无故发生真空而做功，否则就可以驱动它制成永动机了。能量来源是人们用电机驱动真空泵在饱和地基土中制造真空，在地球大气层的范围中制造真空是要做功和需要能量的。比如我现在拿起了一瓶饮料，如果要喝它，一种方法是把它举起，水位高于嘴巴，消耗了我们举起时给予它的位能，饮料经口、喉与食道克服一系列阻力，（渗）流入我的腹中。另一种办法是用一根吸管，在我们的口中制造真空，利用大气压力把它压入口与腹中。为了在口中制造负压，首先需要把嘴巴收缩以把空气排净，然后闭气，再努力扩张口腔，这种扩张使腔体的体积增大，是要克服大气压做功的。所以流体渗流是需要能量的，消耗其重力势（位能）或者压力势。据说在太空宇航员要喝水，第一种方法就无效，只能用第二种方法。其实在口腔中制造真空是我们的最基本的本能，刚出生的婴儿就已经掌握了，刚出生的所有的哺乳动物的本能第一是呼吸，第二就是无师自通地会这种制造真空的把戏，所以才叫“哺乳动物”。

熵理论对于整个科学来说是第一法则：整个宇宙可以看作一个孤立系统，是朝着熵增加的方向演变的。这个概念被总结成了“热力学第二定律”：能量转换总是会产生熵，如果是封闭系统，所有能量最终都会变成熵。地球变暖的温室效应其实就是源于这一定律。

如上所述，人类无法不付出成本利用真空让大气做功而获得能量。我曾经见过一本写给儿童的读物，其中讲道：如果把地球海洋中的水温降低一度，取得的能量可供人类使用若干千年，这纯粹是在误人子弟！在炎热的夏天，你 24 小时敞开室内的通电的冰箱门，室温会降低吗？你能从空调降低室内空气的温度中获得了能量吗？恐怕是要支付大量的电费。所以实际情况是：为了降低海水的温度而付出的能量一定会高于从海水中得到的能量，亦即这完全是一个赔本的买卖。

第5章

土的抗剪强度

5.1 论土的摩擦强度

根据摩尔—库仑强度理论，土的抗剪强度可分为摩擦强度 $\sigma\tan\varphi$ 和黏聚强度 c，如同库仑公式所表示的那样。

$$\tau_{\mathrm{f}} = c + \sigma\tan\varphi \tag{1}$$

土作为散体材料，摩擦是其抗剪强度的本源与主体。土粒间的摩擦包括滑动摩擦与咬合摩擦。相互咬合的颗粒间犬牙交错，在相对运动时，颗粒会不可避免地滑移、错动、翻转、破碎以及由此引起的颗粒间的重排列等。

1. 滑动摩擦

其实摩擦这一概念最早是源于物体界面间的一种相互作用力，例如，沿着固体表面滑动即产生真正意义上的摩擦力，这也是人类最早认识的摩擦（图 1）。

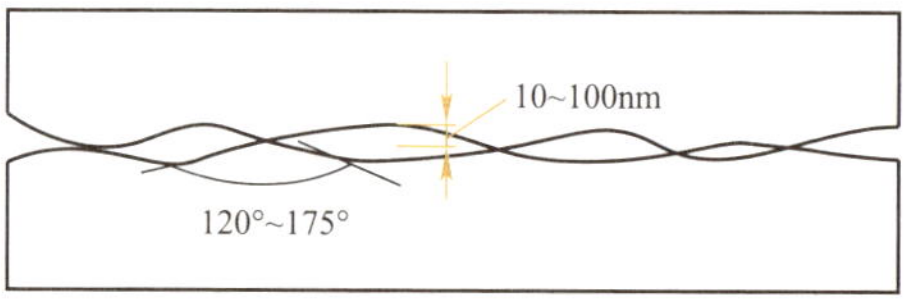

图 1 抛光的固体表面接触的放大图

从图 1 可见，固体平面接触的性质和影响因素是很复杂的。即使是很“光滑的”固体表面也是不完全平整的，其不平度在 10 ～ 100nm（纳米，即 $1\mathrm{nm}=10^{-9}\mathrm{m}$）之间，不平处的坡度为 120°～ 175°。对于看似光滑的石英矿物表面，其凹凸不平可达到 500nm；一些松散矿物颗粒表面不平度可超过这个尺度 10 倍。因而所谓平面间的滑动摩擦也存在不规则表面的咬合和“自锁”作用。数学意义上的“平面”是不存在的，因而固体间的平面接触是一种宏观的抽象。

滑动摩擦是土摩擦强度的主要部分，可以表示为

$$\mu = \frac{T}{N} = \tan\varphi_{\mu} \qquad (2)$$

式中，N 为正压力；T 为开始滑动时的剪切力；μ 为摩擦系数；φ_{μ} 为滑动摩擦角。可见摩擦阻力 T 正比于正压力 N，即两物体间摩擦阻力与正压力成正比，图 2 是一种假设的方形土颗粒试样的三轴试验。图 2a）所示的试样就是一种纯滑动摩擦的情况，这时沿着 $45°+\varphi_{\mu}/2$ 的角度滑动，是固体颗粒间纯滑动摩擦；而图 2b）就不是纯滑动摩擦的情况，也不会是沿着 $45°+\varphi_{\mu}/2$ 的角度滑动，$\varphi>\varphi_{\mu}$。实际上由于现实的土颗粒的不规则性，几乎不可能是纯滑动摩擦的。表 1 表示的是组成土的常见固体矿物间的滑动摩擦角。

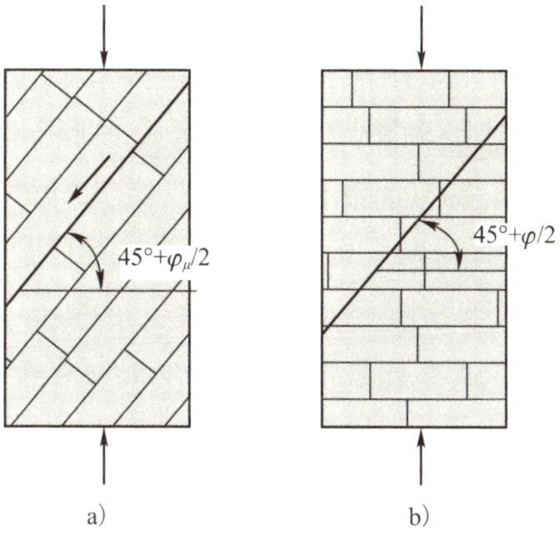

图 2　滑动摩擦与咬合

常见矿物的滑动摩擦角 φ_{μ}　　表 1

非黏土矿物	饱和石英	22° ～ 24.5°
	饱和长石	28° ～ 37.6°
	饱和方解石	34.2°
	饱和绿泥石	12.4°
黏土矿物	高岭石	12°
	伊利石	10.2°
	蒙脱石	4° ～ 10°

2. 咬合摩擦

土颗粒间不可能都是平面接触，土体的摩擦就不会是简单的颗粒间沿表面的滑动摩擦。由于颗粒间的犬牙交错的排列，使在剪切面处的颗粒发生爬升、塌陷、错动、转动、拔出，并伴随着土的体积改变、颗粒的重定向排列及颗粒本身的破碎断裂，见图3。在剪切力作用下，如果组成土颗粒的强度很高，压力和剪力不大，则颗粒会发生转动、错动而使土变松，土体积扩大，产生剪胀，见图3b）；如果颗粒矿物较弱，压力与剪力很高，则可能产生颗粒的剪断、破碎和损伤，见图3c）；约束条件较松，颗粒中的针片状较多，强度也不低，可能发生颗粒的重排列，见图3d）。而实际上这几种情况可能是同时、混合发生的。

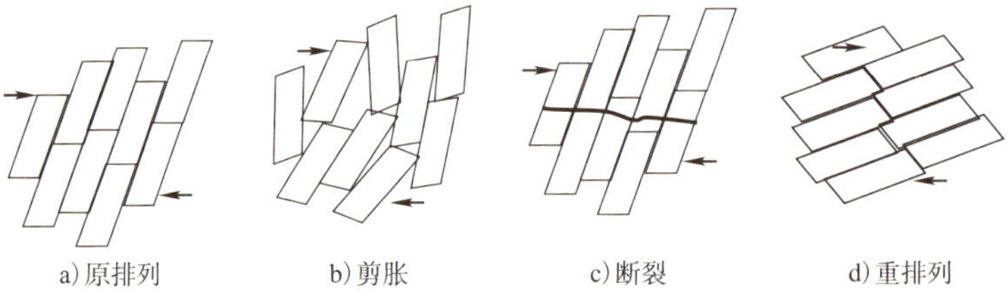

图3　土颗粒的咬合

（1）剪胀与剪缩

由于剪切引起的土体积变化称为剪胀，所以广义的剪胀包括剪胀和剪缩（图4）。在图4b）中，剪切使颗粒重心提升，颗粒的位能增加，剪胀需要额外的外部能量，正如我们推车上坡一样。所以一般表现为抗剪强度的增加（相对于滑动摩擦）；而剪缩则部分释放了颗粒的势能（图4a），表现为抗剪强度的减小。剪胀的结果使颗粒从低势能状态变为高势能状态，要消耗额外能量，因而剪胀后的状态常常是不稳定的，通常颗粒发生剪胀后对应着峰值强度，然后强度急剧下降，表现为应变软化。最后当土的体积不变时，对应于土的相对稳定的残余强度，见图5。

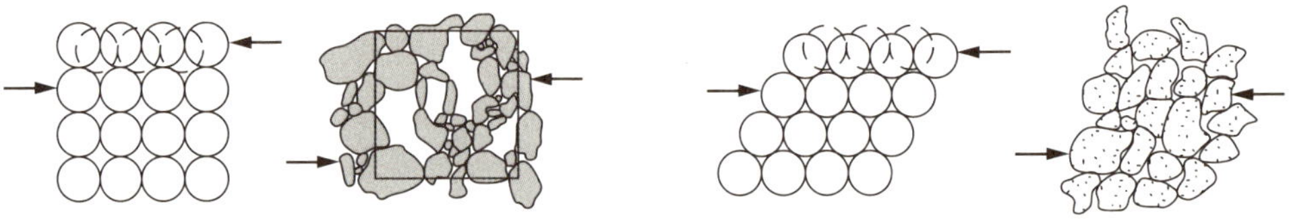

图4　松砂的剪缩与密砂的剪胀

图 6 为在常规三轴压缩中的剪胀模型，此图表示了试样在有无剪胀时的两种状态。图 6a）表示剪切无体变情况，由于围压 σ_3 不变，体应变 ε_v 为 0，这时外荷载在单位体积上所作的功 W_r 为

$$W_r = \Delta\varepsilon_1\left(\sigma_1 - \sigma_3\right)_r \tag{3}$$

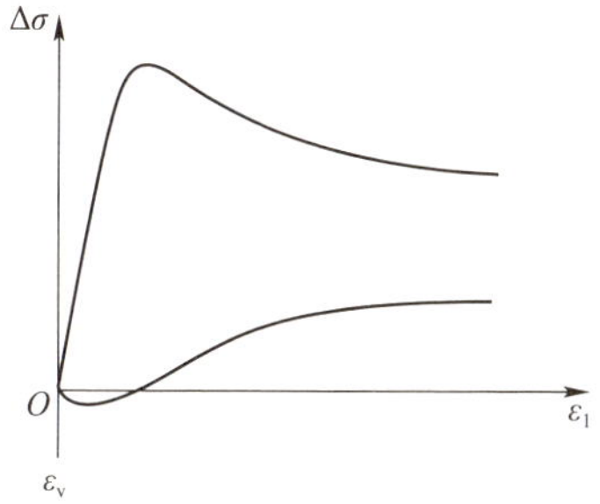

图 5　剪胀土的应力—应变关系曲线

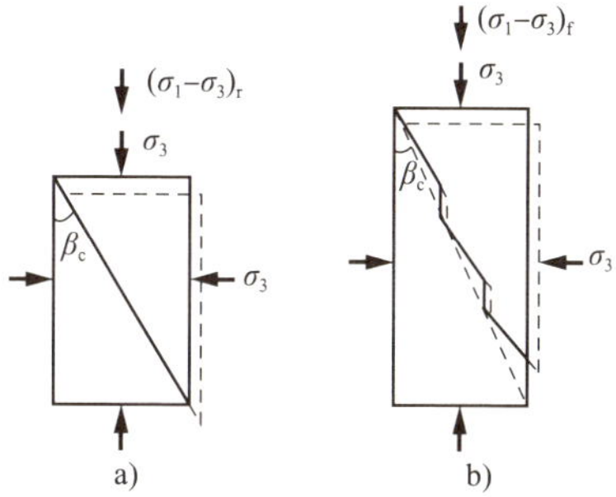

图 6　三轴试验的剪缩模型

而在有剪胀情况的图 6b）中，在同样围压 σ_3 下，单位体积外力作功 W_f 除包括上式中 W_r 外，还需要克服 σ_3 对于体变（体胀）阻力作的功

$$W_f = \Delta\varepsilon_1\left(\sigma_1 - \sigma_3\right)_f = W_r - \Delta\varepsilon_v\sigma_3 = \Delta\varepsilon_1\left(\sigma_1 - \sigma_3\right)_r - \Delta\varepsilon_v\sigma_3 \tag{4}$$

式中 $\Delta\varepsilon_v$ 是负值，即体胀。

式（4）两侧除以 $\Delta\varepsilon_1$，得

$$\left(\sigma_1 - \sigma_3\right)_f = \left(\sigma_1 - \sigma_3\right)_r - \frac{\Delta\varepsilon_v}{\Delta\varepsilon_1}\sigma_3 \tag{5}$$

由于其中两侧 σ_3 相等，式（4）两侧除以 σ_3 得

$$\left(\frac{\sigma_1}{\sigma_3}\right)_f = \left(\frac{\sigma_1}{\sigma_3}\right)_r - \frac{\Delta\varepsilon_v}{\Delta\varepsilon_1} \tag{6}$$

亦即

$$\tan^2\left(45° + \frac{\varphi_f}{2}\right) = \tan^2\left(45° + \frac{\varphi_r}{2}\right) - \frac{\Delta\varepsilon_v}{\Delta\varepsilon_1} \tag{7}$$

由于 $\frac{\Delta\varepsilon_v}{\Delta\varepsilon_1}$ 是负值（剪胀），所以在有剪胀情况下的内摩擦角 φ_f 比无剪胀时内摩擦角 φ_r 大，这是由于需克服 σ_3 对体胀的阻力所作的额外功。

（2）土颗粒破碎与重排列

图 3b）、c）和 d）表示了在有咬合情况下剪切土颗粒的三种可能的相互位置的

变化，在某一正应力与剪切力作用下，这三种情况都是可能发生的，决定性的因素在于在这种具体内外因条件下哪一种情况的抗力最小，或者说哪一种耗费的能量最小。所谓的“不是鱼死就是网破”就是这个道理，或者说“凡是现实的都是合理的”。

粗粒土在高围压下三轴试验中的颗粒破碎是相当严重的。图 7 是一种相对密度为 100%（e_{min}=0.61）的 Sacramento 河砂在 9 种围压下的常规三轴压缩试验曲线。在 σ_3=13.7MPa 的高围压下三轴试验破坏后，ε_v=14%。孔隙比减小到 e=0.37 时，颗粒破碎严重，级配累计曲线右移。其抗剪强度明显的非线性，亦即内摩擦角非常数，可表示为式（8），上述试验结果表明其 $\Delta\varphi$=7.5°。

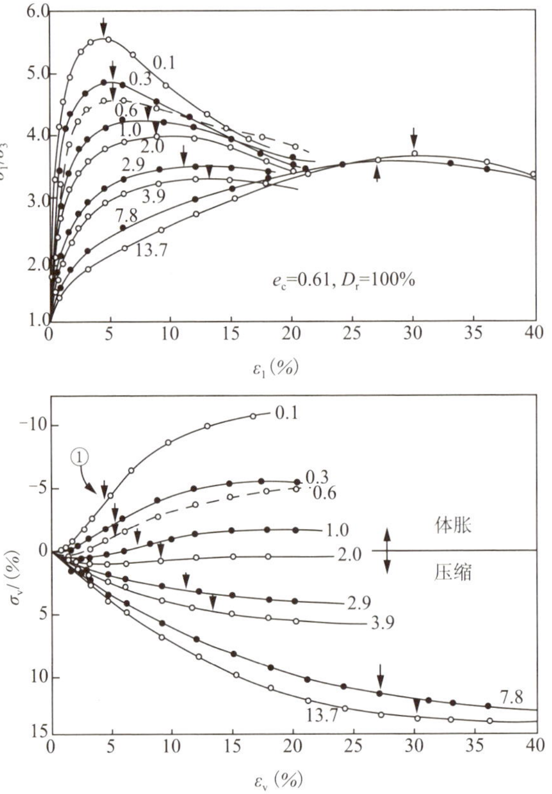

图 7　Sacramento 密砂三轴试验曲线

$$\varphi = \varphi_0 - \Delta\varphi \lg \frac{\sigma_3}{p_a} \tag{8}$$

高堆石坝所用的坝壳堆石材料，其颗粒的破碎引起的强度非线性更加严重，除了式（8）外，也常用式（9）表示。

$$\tau_f = A\sigma_n^b \tag{9}$$

总结我国一些高堆石坝材料经缩尺模拟的试验结果如表 2 和图 8 所示。图 9 是某高坝的砂岩堆石料模拟试验前后的级配曲线，可见试验后细颗粒大幅增加，破碎、断裂严重。

对于堆石料，式（8）中的 φ_0 可达 54° ～ 56°，$\Delta\varphi$ 可达 10° ～ 12°。

一些高坝堆石料的强度参数　　表 2

堆石种类	$A\,(\text{kPa})^{1-b}$	b
砂岩	6.8	0.67
板岩（好）	5.3	0.75
板岩（差）	3.0	0.77
玄武岩	4.4	0.81

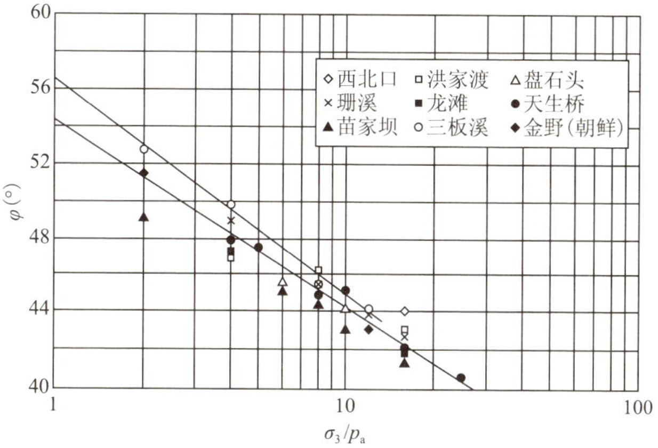

图 8　几个高堆石坝材料模拟试验强度参数

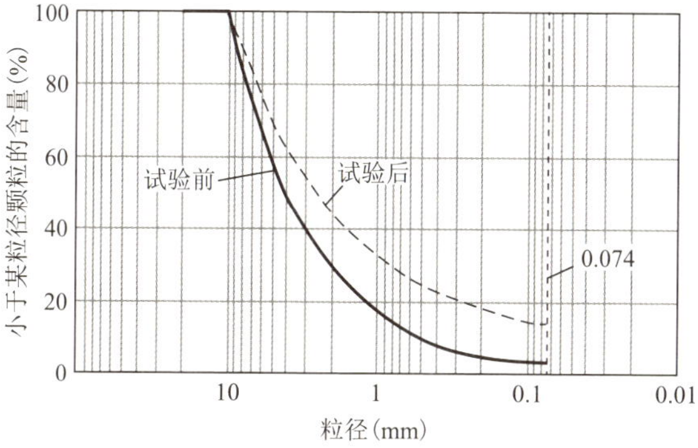

图 9　堆石坝材料模拟试验前后的级配曲线

图10表示的是一种具有一定密度的砂土的强度包线。曲线①为该砂土矿物的纯滑动摩擦角；而实际上砂土总是存在咬合的，在较密实或低围压下，会发生剪胀，提高了其强度包线；在松散或高围压下，会发生剪缩，则会降低其强度包线，见曲线②；如果密实砂土的颗粒都是刚性不可破碎的，就会以剪胀为主，包线会接近于直线④；但实际颗粒会在高压下破碎、断裂，或由于颗粒的定向转动而发生重排列，不能一直剪胀，这样它实际表现的包线就是曲线③。

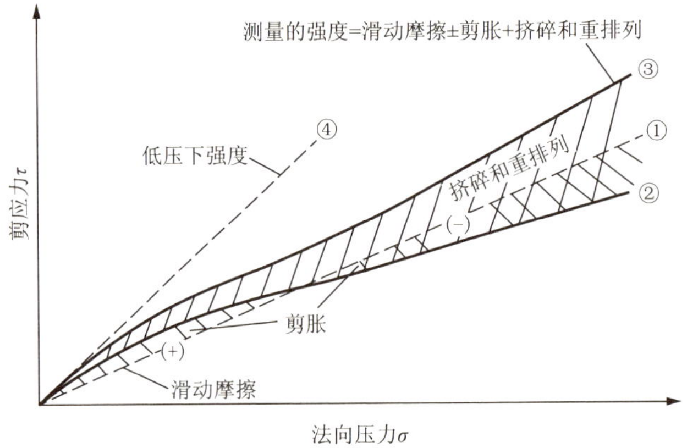

图10　砂土的强度包线及其影响

与曲线①相比，曲线③表明由于咬合，颗粒的破碎与重定向排列也需要额外的外加能量，所以也增加了土的抗剪强度，但它比曲线④需要的能量要小。在高围压下，颗粒破碎量大，很少发生剪胀。颗粒的重排列往往会破坏土的原有结构，造成剪胀量减少。从这个角度来看，颗粒的破碎和重排列又减少了土的剪胀，与不发生颗粒的破碎和重排列的直线④相比，实际上减小了土的剪胀性和抗剪强度。

3. 土的摩擦强度的讨论

土体是土颗粒群的集合，土颗粒群组合成土骨架，这才形成可抵抗外部作用的土体。它有强度、有刚度、可承载、可容纳孔隙水，可成为孔隙水渗流的载体。《易传》讲“地势坤，君子以厚德载物”，“地”者土也，地球表面布满由碎散颗粒组成土质大地，在貌似软弱的土组成的大地上，产生了生灵万物，承载着几乎所有的建筑物与构造物。它保持稳定的基础是其抗剪强度，源于地球引力而形成的约束与压力。

在自然界可以看到各种生物的群体，蚁群、蜂群、鸟群、鱼群、羊群、牛群、象群、狮群、狼群、猴群与人群等，与土是由颗粒组成的散粒体集合一样，它们也都是由很多个体组成的群体，作为一个群体它们能够生存、迁移、繁衍、抵御天敌、觅食与捕猎，与土体一样要形成整体的骨架，在首领、巫师、长老、酋长、领袖的统领下形成群落或部落。

与游离的个体相比，群体具有更强的抵抗力与战斗力。凡是这种由很多个体形成的群体，都要服从库仑公式，摩擦强度是群体生存的基础。摩擦强度类似于军队的战斗力，乌合之众的土匪就没有什么战斗力，原因是他们缺乏纪律和约束。军队的战斗力源于它的纪律。所以军队的纪律就是土的围压，土的抗剪强度就是军队的战斗力。从式（1）可见，$\tau_f = c + \sigma\tan\varphi$，其中的 σ 就是压力或围压。

3000 多年前，周武王伐纣，拜姜尚为帅，姜尚出征前在帅府挂出“斩法纪律牌”，开列条款“十七斩”，令到法行，三军用命，终在“牧野之战”中以 5 万兵力一举打败纣王 17 万大军。战国时期，“生无败绩”的吴起就曾说过，“兵不在众，以治为胜”“若法令不明，赏罚不信……虽有百万，何益于用”。

在中国历史上可称得上是第一勇士的西楚霸王项羽，对部下仁爱有加，但有功不赏，有罪不罚，军纪不严明，被讥为“妇人之仁”耳！虽然“力拔山兮气盖世”，只以超强的个人魅力和战斗力终难成霸业。王勃在《滕王阁序》中所叹惜的“冯唐易老，李广难封”中的李广，也是赫赫有名的战将，“但使龙城飞将在，不教胡马度阴山”中的龙城飞将就是这位英雄。个人骁勇善战，待士兵也非常仁慈体贴。可是《史记》中讲“李广非大将之才也，行无部伍，人人自便，此以逐利乘便可也，遇大敌则覆矣”。看起来也是不重视纪律，行军都不列队，很像一支游击队，统领千军万马是不行的，所以当时的卫青、霍去病 20 岁左右就封侯了，李广 60 多岁，身经百战也没封侯，最后因贻误战机，耻于面对年轻人诘问，自杀而亡。

一支军队的建制、纪律就是围压，紧紧地把颗粒团结在一起，形成骨架，具有强大的摩擦强度，形成战斗力。一支流寇就不如一支有建制的军队有战斗力，原因就在于纪律。但是“盗亦有道”，即强盗亦有其规则，即所谓“黑道”。而溃散的败兵，逃荒的难民则就如泥石流一样全无骨架，常常只有破坏力而无战斗力。

群体中的规则与领导者的权威就像施加在土体上的围压一样，使个体们具有固定的位置、分工、接触关系和组构，个体间的摩阻力形成了群体的强度，也就是常说的“团结就是力量”。

一个社会，一个国家也是如此。法律、制度、警察等国家机器其实就是加在人们外部的围压，有了这个围压，就形成骨架，有了约束，有了摩擦强度，分散的群体才能形成整体，维持一个相对稳定的社会。

5.2 论土的黏聚强度

如第 5.1 节所述，土力学中土抗剪强度的库仑公式表示为

$$\tau_f = c + \sigma_n \tan\varphi \tag{1}$$

对于三轴试验，土的莫尔—库仑强度准则可表示为

$$(\sigma_1 - \sigma_3)_f = \frac{2c\cos\varphi + 2\sigma_3\sin\varphi}{1-\sin\varphi} \tag{2}$$

可见土的抗剪强度由两部分组成：c 和 $\sigma_n\tan\varphi$，前者为黏聚强度，后者为摩擦强度。一般认为，土的摩擦强度源于土骨架中颗粒间的由于法向压力而产生的摩擦力；在总抗剪强度 τ_f 中扣除了摩擦强度 $\sigma_n\tan\varphi$，剩下的就是所谓的黏聚强度 c，这似乎是显而易见，很容易区分的。但如果认真分析土的抗剪强度的机理，事情就不那么简单了。

严格地讲，土的黏聚力应是在直剪试验中正应力 σ_n=0，或者三轴试验中的围压 σ_3=0 时，土所具有的抗剪强度。由于 σ_n=0 的直剪试验与 σ_3=0 的三轴试验很难操作，例如试样及顶帽的自重、橡皮膜的约束、试样与顶帽及底座间的摩擦，设备各部分间的摩阻力、试样中的负孔压和压力室中的静水压力等都会严重影响这类试验的结果。

在工程勘察中，一般是完成几个不同正应力 σ_n 的直剪试验，或者不同围压 σ_3 的三轴试验，然后将假设的线性强度包线外延，得到与竖坐标的截距，即认为它就是黏聚强度 c。由于第 5.1 节所述的土的强度包线的非线性，所以它往往并不是真正意义上的黏聚力。

1. 黏聚力的机理

对土的黏聚强度进行分析，可以总结其机理有以下几个方面。

（1）粗粒土的咬合

在农村，我们常常会看到，农民用块石或片石可以竖直干砌成 2 ～ 3m 高的围墙；我们将碎石击实制成的试样进行 σ_3 的大型三轴试验时，也可以得到 c>0 的

黏聚强度。例如青海沟后水库砂砾石面板坝，在分析计算中采用有效应力强度指标为 c'=20kPa，φ'=39°。图 1 表示该水库 71m 高的卵石大坝溃决后的立面几乎直立，表明其具有黏聚力，并且应高于 c' = 20kPa。这些没有黏聚性的粗粒土为什么会有黏聚强度呢？图 2 的直剪试验表示的是两块固体间有咬合情况下界面处的抗剪强度情况。在图 2b）中，如果 $\sigma_n \leqslant \sigma_{n0}$，其包线的宏观摩擦角为 $\varphi = \varphi_\mu + i$；当 $\sigma_n > \sigma_{n0}$，图 2a）中的"齿"就会折断，石块间的摩擦角就是石块间的滑动摩擦角 $\varphi = \varphi_\mu$，将后段直线延长交于竖轴，就得到黏聚力 c。如果 i=90°，则剪切力必须首先折断互相咬合的直立的齿，即使 σ_n=0，也会有抗剪强度，表观上为一种黏聚力 c。这种咬合其实是一种隐形的摩擦力，往往是在固体自重或者外部压力作用下的摩擦力，表现为表观的黏聚力 c。

图 1　被冲毁的沟后水库大坝

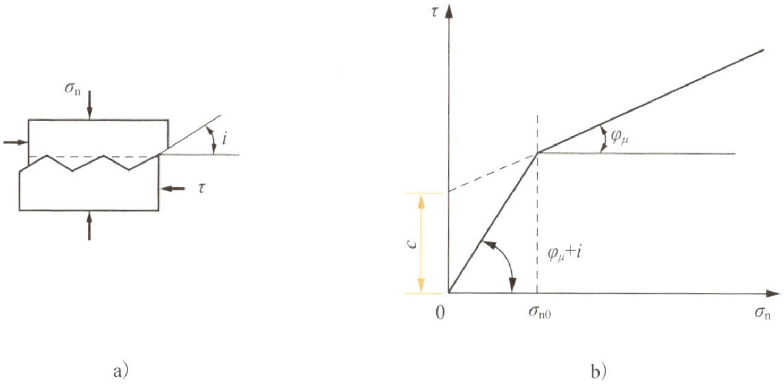

图 2　锯齿状界面的抗剪强度试验

（2）基质吸力

在处于稍湿和潮湿状态的砂土中，可以开挖一定高度的直立的边壁而不倒塌，这表明它存在"黏聚力"。它实质上是基质吸力 $s=u_a-u_w$ 引起的，其中孔隙水压力

u_w是负的，亦即为一种毛细引力。在砂土干燥后或浸水饱和后吸力与相应的黏聚力会迅速消失，即所谓浮光掠影，纸壁砂墙，会很快消失与塌落。所以也被称为“假黏聚力”。对于粉土和黏性土，这种吸力的影响是很大的。由于黏性土具有黏聚力，我们可以雕塑成各种形状的艺术品，烧制成瓷器与陶器；而并无黏聚力的砂土，在河（海）滩上同样可以制作蔚为壮观的沙雕作品，主要也是靠这种吸力。

在图3中，两个砂颗粒间为接触点处的毛细水所连接，由于基质吸力亦即毛细力，它们会被紧紧联结在一起。吸力值$s=u_a-u_w$，它使两个颗粒间产生了这种吸力的反作用力——有效压应力，该压力产生了摩擦力，这一摩擦力在表观上似乎是黏聚力，即

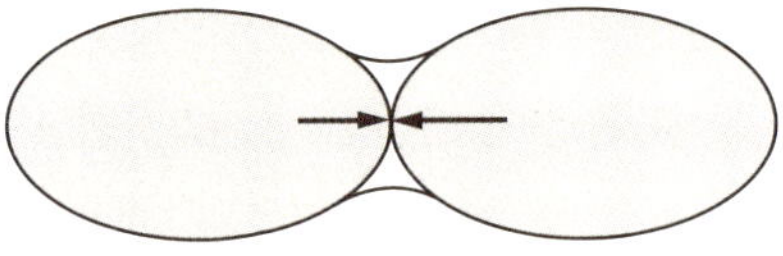

图3　土粒间的毛细力

$$c''=\left(u_a-u_w\right)\tan\varphi'' \tag{3}$$

（3）静电引力

静电引力包括库仑力和离子—静电力。由于黏土矿物颗粒是片状的，在其平面部分带负电荷，而两端边角处带正电荷。边角与面间的接触则会相互吸引，见图4a）。另外，由于黏土颗粒表面带负电，在水溶液中吸附阳离子，两相邻黏土颗粒靠近时，双电层重叠，形成公共结合水膜，通过阳离子正电荷与颗粒表面负电荷极化了水分子，将两颗粒相互吸引，见图4b）。这也是一种由静电引力产生的黏聚力。图5所示的为一个水分子，其总的正负电荷相等，但正负电荷各据一端，在外部电荷作用下，很容易形成图4b）中的极化水分子的定向排列。

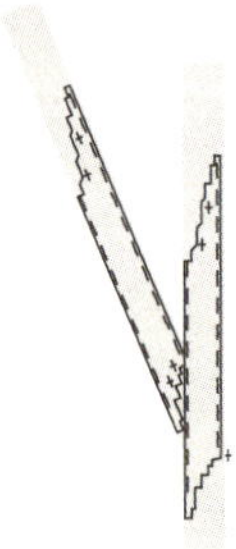

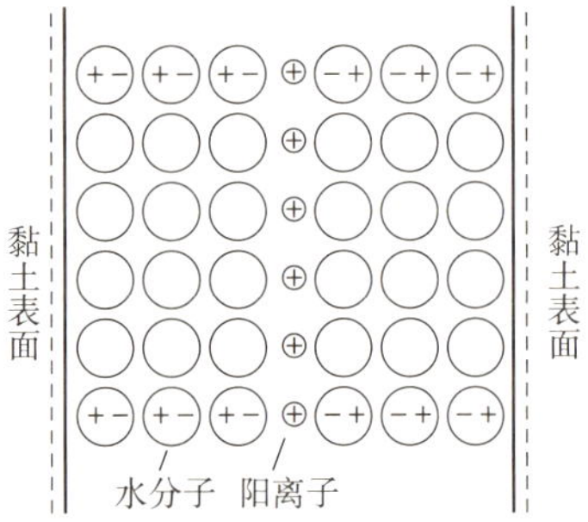

a）黏土颗粒的面、边角间相吸引　　b）黏土颗粒通过阳离子和极化水分子相吸引

图4　黏土颗粒间的静电引力

（4）范德华力（van der Waals forces）

范德华力是分子层次间的引力。物质的极化分子与相邻的另一个极化分子间通过相反的偶极吸引；极化分子与非极化分子接近时，也可能诱发后者，而与其

反号的偶极相吸引。所谓极化，是指尽管分子的总的正负电荷相等，但分布不均匀，正电荷集于一端，负电荷集于另一端，如图 5 所示的水分子。

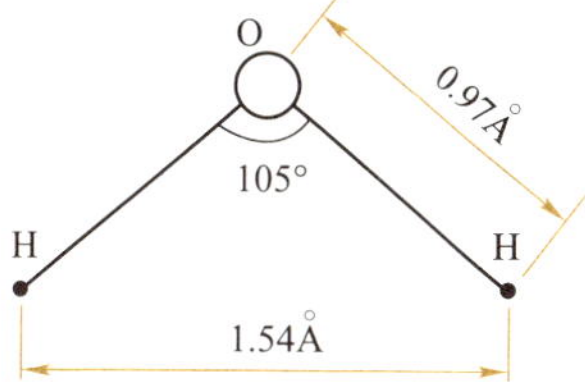

图 5 水分子的结构示意图

只有很小的颗粒（<1μm，1μm=10^{-6}m），在相距很近的时候它才会起作用。距离稍远它衰减很快，可认为与颗粒距离的四次方成反比。

（5）颗粒间的胶结

黏土颗粒间可以被胶结物所黏结，它是一种化学键。它们包括碳、硅、铅、铁的氧化物和有机混合物。这些胶结材料可能来源于土料本身，亦即矿物的溶解和重析出过程；也可能来源于土中水的溶液中。由胶结物形成的黏聚力较高，有时可达到几百千帕。这种胶结不仅对黏土，而且对砂土也会产生一定的黏聚力，即使含量很小，也明显改变了土的应力应变关系及强度包线。它是土的结构性的主要起源之一，也是土变为沉积岩的原因之一。

（6）颗粒间接触点的化合价键

当正常固结黏土在固结后再卸载就成为超固结土，其抗剪强度并没有随有效正应力 σ_n 的减小而按比例减小，而是保留了很大部分的强度，见图 8。在这个过程中由于孔隙比减小，造成在颗粒间接触点靠近，形成初始的化合价键是产生黏聚力的重要原因。这种化合键主要包括离子键、共价键和金属键，其键能很高。

（7）冰冻

土中水的冻结可以产生土的黏聚力，因而冻土（砂土、黏性土）具有抗拉强度、无侧限抗压强度和无压力时的抗剪强度。

在大气压力下，天然水在低于 0℃时就会结晶成为冰。这种固体状态的水的晶体，分子呈规则排列。三个水分子在一个平面上，三个分子又组成另外一个平面（图 6）。氧与氧之间为氢键所连接，在一个平面上水分子的间距为 4.5Å，冰的键能为 19kJ/mol。当温度升高接近融点时，氢键间的破裂增多，冻土的强度降低，蠕变速率提高。可见冻土中的黏聚力与上述的化合价键相似。

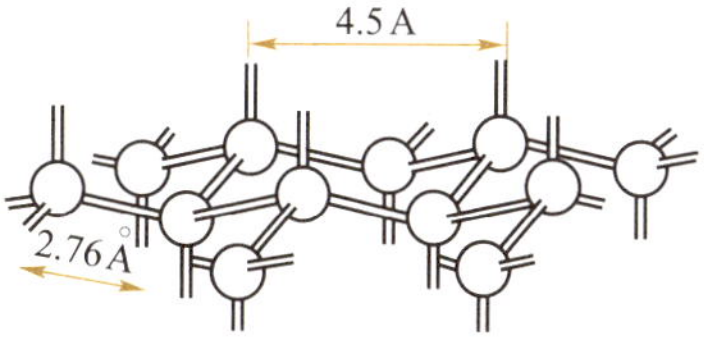

图 6 冰的分子结构

（8）加筋土的黏聚力

通常认为加筋会提高土的黏聚力，而内摩擦角基本不变，见图 7b）。其实这种黏聚力来源于筋材对于土的附加约束力$\Delta\sigma_3$，也是由摩擦力转化的表观黏聚力。

图 7a）表示一个加筋的砂土三轴试样，当轴向受压、侧向膨胀时，筋材通过筋土间的摩擦力对土体施加一个附加约束力$\Delta\sigma_3$，通过图 7b）中的莫尔圆的换算可以得到式（4）的关系。

$$\Delta c=\frac{\Delta\sigma_3}{2\tan\left(45^\circ-\varphi/2\right)} \tag{4}$$

可见这个黏聚力增量是由筋材施加的附加约束应力$\Delta\sigma_3$产生的，是由施加$\Delta\sigma_3$而增加的摩擦力而转化的。耕作土中的植物根系、垃圾土中的纤维物质形成的黏聚力也是这个道理。

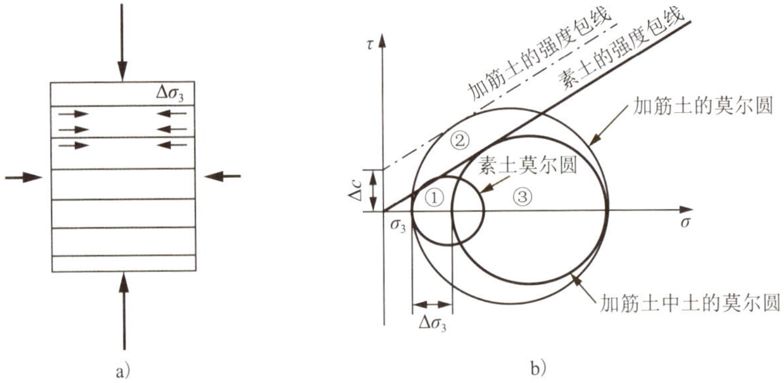

图 7　加筋土的强度增量

2. 土的黏聚力与摩擦力的转化

式（1）清楚地表明了土的抗剪强度的两个部分，即摩擦力与黏聚力。如上所述，实际上土的抗剪强度机理及影响因素十分复杂，很难将二者截然分开，其工程上土强度的表观形式与实际机理往往不一致。

在土力学中，正常固结黏土的有效应力强度包线应过原点，即 $c=0$，不存在黏聚力，而在一定围压下固结，具有一定密度的黏土肯定具有黏聚力。在图 8 中，这种正常固结黏土在固结应力 $\sigma=0$ 时，呈泥浆状态，颗粒没有形成骨架，所以黏聚力 $c=\tau_f=0$kPa；当固结应力分别为 σ_1、σ_2 与 σ_3 时，对应的孔隙比为 e_1、e_2 与 e_3，表明土颗粒间逐渐靠近，颗粒间接触点产生化合价键，卸载到 $\sigma=0$ 时，不会回到原点 O，对应的黏聚力分别为 c_{e1}、c_{e2} 和 c_{e3}。但这部分黏聚力 $c=f(\sigma)$ 是固结应力 σ 的函数而被宏观上归入内摩擦力部分。

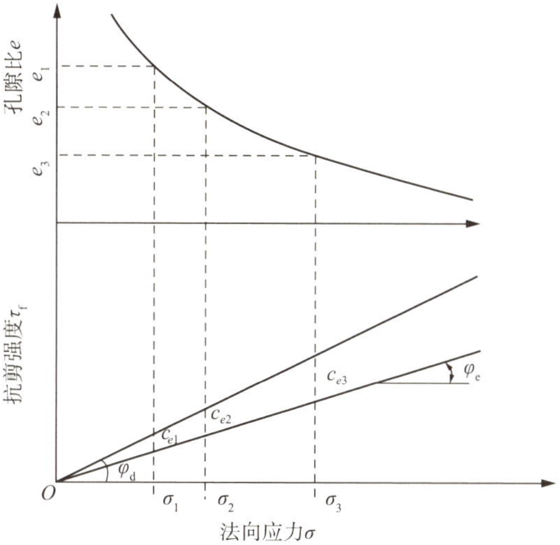

图 8　正常固结黏土的强度包线

这种黏聚力与摩擦力在宏观上都是内摩擦角 φ_d 所反映的现象，这正如土力学中的变形模量 E_0：土受力后的总变形本来既包括弹性变形，也包括塑性变形，在土力学中常常用一个类似于弹性理论中的杨氏模量的参数——变形模量 E_0 表示，并使用各种弹性理论模型计算应力变形问题。其实变形模量 E_0 既包括了土的弹性变形，也包括了其塑性变形。

在图 9 中，饱和黏性土的不排水强度指标为 $c_u>0$，$\varphi_u=0°$。实际上黏土颗粒间肯定存在摩擦强度，只是由于存在的超静孔隙水压力，使若干个不同围压下破坏时的总应力莫尔圆对应唯一的有效应力莫尔圆，强度包线变成水平线，无法单独反映 $\sigma'\tan\varphi'$ 部分强度。

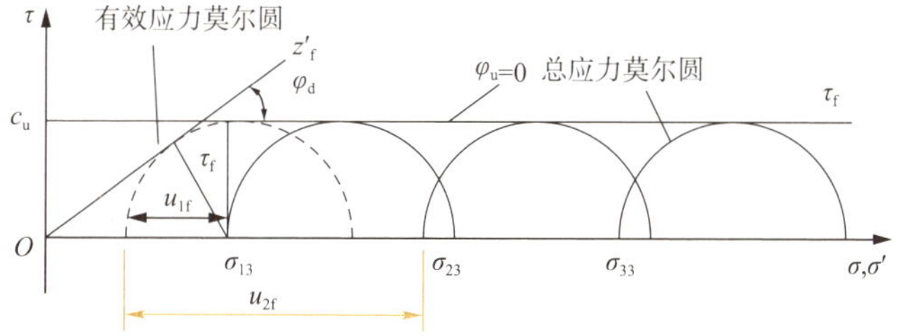

图 9　饱和黏土不固结不排水的三轴试验强度指标

在图 9 中，某一个有效固结压力 σ 只对应于一个土的孔隙比 e，也就对应于一个抗剪强度 τ_f，而在不固结不排水试验中，所有试验中的试样始终只有一个不变的孔隙比 e，因而也就只有一个抗剪强度 $\tau_f = c_u$，其摩擦力与内摩擦角无法区分，所以与其说 c_u 是一个强度指标，不如说它是饱和土在这个孔隙比 e 下的抗剪强度。

3. 土的黏聚力与土中的内压力

在上述所列的土的各项黏聚力中，可以发现它们都是源于颗粒群、颗粒、分子、离子与原子键等不同层次粒子的相互作用。由此而产生的黏聚力多来源于颗粒间各种内部吸引，例如库仑力、基质吸力与加筋形成的颗粒间压力与摩擦力（图 3、图 4 和图 7）。有人认为这些黏聚抗剪强度来源于所谓的内部压力（intrinsic pressure）。这种内部压力产生的抗剪强度本质上还是摩擦强度，亦即 $\sigma_n \tan\varphi$。颗粒间的胶结、接触点的化合价键以及冰冻主要是化学键形成的引力，它们已经深入到连续介质的分子、原子粒子层次，很难区分摩擦与黏聚；而粗粒土的咬合、加筋、静电引力和吸力等可以直观看出它们的摩擦本质。

在拥挤的人群中，父母手拉着孩子可以经受很大的拉力与剪力，似乎是大人与孩子之间存在着黏聚力。可是仔细观察就可以发现，其实是手与手之间紧握的压力，产生了较大的摩擦力，这才是抗拉与抗剪强度的实质。有人认为凡是这种相互吸引产生的粒间压力引起的摩擦力都是“假黏聚力”，只有颗粒的物质间以分子、离子和原子（电子和质子）层次结合在一起的才是真黏聚力。所以夫妻、情人间由于异性相吸，所谓的爱情产生的黏聚力也应是假黏聚力，正如基质吸力（毛细力）一样，会由于毛细水的蒸发，或者浸水饱和而消失，相吸的颗粒会各奔东西，夫妻、情人间会因“感情破裂”或“出轨”而分手。这样看来，只有连体的双胞胎之间才是个体间的真黏聚力，不是机械力产生的摩擦力，但却是很罕见的。

4. 土的黏聚力的讨论

土体是由颗粒的个体形成的群体骨架，在自然界经常可以看到虫群、鱼群、鸟群、兽群与人群，与土是由颗粒组成的散粒体集合一样，它们也都是由很多个体组成的群体，与游离的个体相比，群体具有更强的抵抗力与战斗力。除了由外部压力产生的摩擦力以外，也源于它们内部的凝聚力，而血缘关系与基因（DNA）往往是其凝聚力与黏聚强度的渊源。

土的黏聚力正如军队的凝聚力，国民党的军队在抗日战争期间，在民族仇恨和爱国主义感情驱使下，正义的战争性质形成较强的凝聚力与战斗力，在武器装备训练远不如日军的情况下，坚持了14年抗日。1945年抗日战争胜利以后，人们都希望国家统一，安居乐业，不再内战。那时领导全国抗战的作为执政党的国民党本来在全国有很高的威信，但是由于它极度的贪污腐败，黑暗独裁，“想中央，盼中央，中央来了更遭殃”，使民心尽失。由于官兵不愿打内战，即使在抗日时很有战斗力的武装精良的“王牌军”也全无斗志。而共产党及时地开展了土地改革和阶级教育，使贫苦农民分得了土地，使他们相信，只有打败国民党和地主阶级，才能保住土改中分得的土地和财产，过上好日子。在淮海战役中，百万民夫的支前壮举成为胜利的保证。有些被俘的国军，一旦变成解放军，其战斗力令人刮目相看，就是这个道理。

在动物界，虫群、鸟群与鱼群是低等级的，它们形成的群体主要靠本能的组构与信息的联系，成群地猎食与逃生。而哺乳动物的群体则要复杂得多。它们主要基于共同的基因与血缘，群体内有类似于语言的交流。在大约7万年之前，人类在智人阶段的群体与黑猩猩群体并无很大差别，主要靠共同的DNA组成群体。据科学家观察，这种个体与个体间的交流，形成的群体最大规模约为150个个体，否则它们之间就无法真正熟悉、交流与合作。这与其他高级哺乳动物的群体的情况类似，是其凝聚成群的上限。

据说在由类人猿进化到人的过程中，曾有若干分支，谁取得最后的胜利就在于其凝聚的规模与能力。智人所以战胜并消灭了高大的尼安德特人、矮小的弗洛里斯人、鲁道夫人与匠人等其他人类，成为目前地球的主宰，是由于发展了更强大的凝聚力，突破了150个个体群体的门槛，形成上百万人的部落、城堡与王国。这个凝聚力来源于所谓的“认知革命”，那是超越了其他生物界的认识与抽象的能力，亦即“文化”。

现代人的群体、社会与国家的强大凝聚力表现在如下方面。

（1）民族主义

这似乎与动物群体的基因有关，但它后来超越了动物间血缘的范畴。例如，纳粹的雅利安人种优越论、日本的军国主义、现代恐怖主义中的民族主义都可产生强大的凝聚力，也极易为政客们所利用，产生很大的破坏力。他们也会用煽动民族主义和民粹主义以缓和国内的矛盾，但民族主义是一柄双刃剑，它可以激发爱国主义，也极易成为一种绑架政治的力量。冷战结束以后，世界范围的民族主义势力有抬头的趋势。

（2）宗教

最早的宗教与政治几乎是同一的，即政教合一。部落的巫师可能就是最高统治者。强大的宗教力量可能引起人类的战争和动乱，例如十字军东征、现代恐怖组织，也可以是社会维稳和进步的重要工具，全球性的宗教往往有不可替代的凝聚力，但是一些邪教对于社会和人类也具有很大的破坏力。所以说宗教也是一把双刃剑——进步与后退、和平与动乱、建设与破坏都可能源于它们。

综上，政治思想、法律思想、道德、艺术、宗教、哲学等，各以特殊的方式，从不同的侧面反映现实的生活，它们相互联系，相互制约，构成意识形态的有机整体。一个统一的党派或团体要有共同的信仰、倾向与观点。这些由意识形态构建的理论体系与科学技术体系不同，很难判断其对错、好坏与善恶。它们往往只是一种发动与凝聚人们的工具，像朝鲜在意识形态上信奉马克思主义，国家体制上是社会主义国家，又坚持“红色基因”。它可以凝聚2500万人的意志，据说其军队战斗力也不差。

如果仔细分析人类社会的凝聚力，同样可以发现所谓的种族、宗教、伦理、艺术等实际上是将人们集中与团结在一起的吸引力，产生了类似于土体中的“内压力”，靠个体间的组构与摩擦力产生强度，实际上也属于一种“假黏聚力”。

5.3 论正常固结土、超固结土和欠固结土

黄河是中国的母亲河，黄河流域是中华民族生长的摇篮。但她又横行肆虐，狂放不羁，在公元前602年至1938年间，黄河下游决口1590次，大的改道26次。有时南夺淮河入黄海，有时北侵海河进渤海，纵横游荡于南北千里之野。如今的河北（冀）、河南（豫）、山东（鲁）的许多地区均为黄河故道。当年黄河挟甘陕黄土高原的泥沙滚滚而来，淤积、固结形成现在的华北平原。这个区域以后也没有受到大的冲蚀与构造运动，这就形成了大片的正常固结的土地。

1938年国民政府扒开郑州花园口黄河大堤，以阻止日军西侵郑州。河水南流入淮河，洪水肆虐，灾民遍野。1947年复堵花园口，河水北归，在山东东营进入渤海，直至今日。含砂量极高的黄河在河口大量淤积，每年可淤积造地3万～4万亩，但都是所谓的“稀泥嫩滩，人马不能驻足”。这种新近沉积下的稀泥，颗粒尚处于半悬浮状态，颗粒间尚未完全接触，未能充分形成骨架承担有效应力，处于欠固结状态。这里的“嫩滩”十分形象，这是一种正在成长的稚嫩的土骨架，它甚至还

未能完全承担土在水中的颗粒自重 $\gamma' z$，其中一部分自重靠超静孔隙水压力承担。

2012 年开工的延安新区的建设是岩土工程界的一项超级工程，挖塬填沟，拟造上百平方公里的延安新城，动用总土方近 8 亿 m^3，挖塬与填沟大约都在 20 ～ 30m，可谓壮举。新区的北部一期工程已经基本完工，市党委、政府大楼建于挖方区。这里的黄土高地被挖去 20 多米，等于卸去了近 $40t/m^2$（400kPa）的荷载，如果再建一座 20 层的高楼，基本上等于没有附加荷载，其沉降也就很有限了，这就是超固结土地基。但几乎是同时，在新填筑了 20m 厚的碾压填方上，其超静孔隙水压力可能还没有完全固结，修建建筑物产生的工后沉降必然要大得多。

在河北拟建一座核电站，地质勘探报告表明，在 10 ～ 30m 范围有两层欠固结土。这里土层的地质历史悠久，不可能是新沉积而未固结的土层。经分析，是由于华北地区超量开发地下水，使部分原地下水以下的土层自重应力提高，等于增加了荷载，这部分新施加的荷载在渗透系数很小的淤泥土层和黏土层中产生了超静孔压，现在尚未能完全消散，就形成了欠固结土。

1. 野外原位地基土的应力历史

自然界的原状土可按照其经历的应力历史对其进行分类，见图 1。地基土层中的土在其地质历史中曾经受过的最大有效固结应力即为先期固结应力，即 $p_c = \sigma'_p = \gamma' z_p$。土层目前受到的自重固结应力可表示为 $p_s = \sigma_0 = \gamma' z$，这里的所谓自重固结应力是已经转化为有效应力或者以后会转化为有效固结应力的总应力。σ'_z 则是地基土目前的实际有效固结应力。

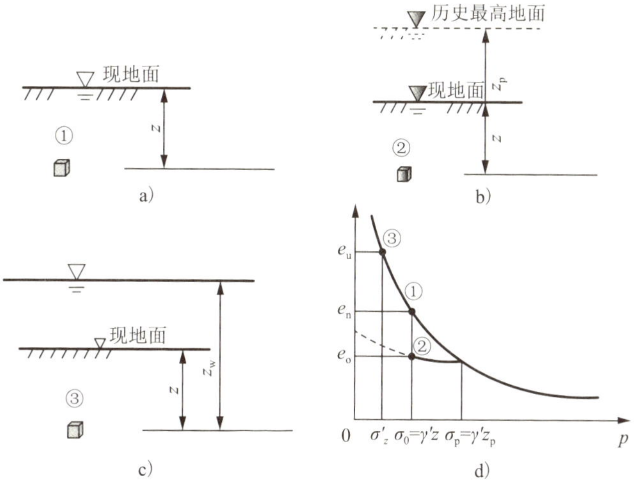

图 1　自然界中的三种应力历史

图 1a）表示土单元①目前的实际有效固结应力 σ_z' 与自重固结应力 $\sigma_0=\gamma'z$ 相同，也就等于地质历史中曾经受过的最大有效固结应力（即先期固结应力 σ'_p），在图 1d）中，表示为初始加载曲线上的①点，这种地基土就是正常固结土。

图 1b）表示的土单元②目前的实际有效固结应力 σ_z' 与其自重固结应力 $\sigma_0=\gamma'z$ 相同，但在漫长的地质历史过程中，由于冰川融化、覆盖土层剥蚀、地下水位上升和人类大面积开挖上部土层等原因，σ_z' 小于地质历史中曾经受过的最大有效固结应力（即先期固结应力 σ'_p），表示图 1d）中回弹曲线上的②点，此为超固结土。

在自然界还有一种情况，比如上述的泥砂含量极高的黄河，其泥砂在河口大量淤积，这种新近沉积的稀泥，颗粒尚处于半悬浮状态，土层目前自重固结应力 $\sigma_0=\gamma'z$ 尚未能充分形成有效固结应力，亦即所谓的“嫩滩”，如图 1c）中的土单元③。其当前的实际有效固结应力 $\sigma_z'=U\gamma'z$（它也等于历史中的最大有效固结应力，即先期固结应力 σ'_p），其中 U 为其固结度（亦即其有效应力 σ_z' 占总应力 σ_0 的比例，$U<1.0$），σ_z' 小于自重固结应力 $\sigma_0=\gamma'z$，这种土表示为图 1d）中曲线上的③点，此为欠固结土。

定义土的先期固结应力 $p_c(\sigma'_p)$ 与自重固结应力 σ_0 之比为超固结比，表示为

$$OCR=\frac{p_c}{\sigma_0} \tag{1}$$

OCR 越大表示土的超固结性越强。显而易见，超固结土的 $OCR>1.0$，正常固结土的 $OCR=1.0$，欠固结土 $OCR<1.0$。表 1 表示了这三种土的三种应力间的关系。

不同应力历史土的状态　表 1

应　力	正常固结土	超固结土	欠固结土
自重固结应力 $p_s(\sigma_0)$	$\gamma'z$	$\gamma'z$	$\gamma'z$
先期固结应力 $p_c\ (\sigma_p)$	$\gamma'z$	$\gamma'z_p>\gamma'z$	$\sigma'_z=U\gamma'z$
目前有效固结应力 σ'_z	$\gamma'z$	$\gamma'z$	$\sigma'_z=U\gamma'z$
孔隙比 e	e_n	e_0	e_u
超固结比 OCR	1.0	>1.0	<1.0

可以总结如下：

（1）正常固结土，当前的有效固结应力 σ'_z 等于其当前的自重固结应力 $\sigma_0=\gamma'z$，它也就是其历史上最大的有效固结应力（先期固结应力）σ_p。

（2）欠固结土，当前的有效固结应力 σ'_z 也就是历史上的最大有效固结应力（先期固结应力）σ_p，但它们均小于其当前的自重固结应力 $\sigma_0=\gamma' z$。

（3）超固结土，当前的有效固结应力 σ'_z 等于其当前的自重固结应力 $\sigma_0=\gamma' z$，但它们都小于其历史上的最大有效固结应力（先期固结应力）σ_p。

2. 实验室的正常固结土

如上所述，正常固结土的当前有效固结应力就是历史上最大的固结应力。这正如一个从未登过山的人在爬一座山，他每向上登一步，都是他登山史上最高的高度。

在实验室里，我们为了研究饱和黏性土，需要制作重塑土样时，是先把现场取来的黏土烘干、粉碎，加水调成泥浆状后放置，再在一定的压力下固结到一定的密度。对于实验室的重塑土而言，不管从现场什么深度取得土，经历了粉碎、调泥浆以后，实际上已经完全抹去了它的应力历史，它就像初生儿一样，没有了历史，随后的任何经历都是它新的历史。其固结曲线和强度包线见图 2。

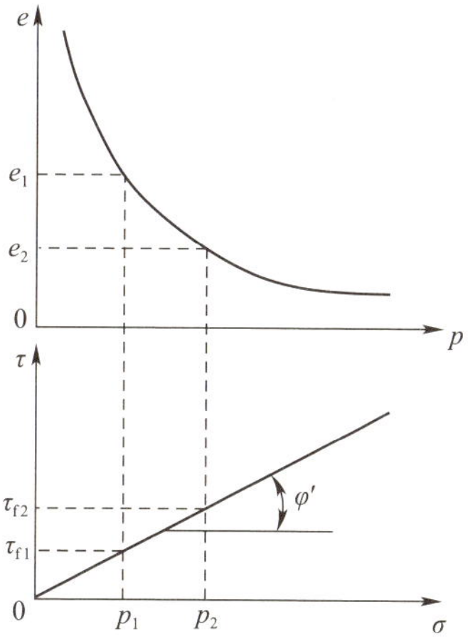

图 2 实验室的正常固结黏土

实验室调成的泥浆，如果固结压力 p 为 0，亦即现在与历史上的最大有效固结压力都为 0，则它仍然是泥浆，则其孔隙比 e 是很大的，相当于流动的含泥量很高的黄河之水，实际上还未形成骨架，不能称之为“土”，其抗剪强度 τ_f 自然为 0。在图 2 中，当施加的固结压力分别为 p_1 和 p_2 时，其试样仍然是正常固结土，对应的孔隙比为 e_1 与 e_2，抗剪强度分别为 τ_{f1} 和 τ_{f2}，根据库仑公式，这样的破坏包线过原点。

3. 正常固结原状土的野外测试与室内试验

如果场地有一深厚均匀的正常固结饱和黏土层，自上而下进行一系列十字板剪切试验，则从图 2 可知，其孔隙比 e 从上到下是逐渐减小的，不固结不排水强度 $\tau_f=c_u$ 是随着深度而逐渐增加的。

图 3 是在天津某深厚均匀正常固结饱和软黏土场地进行的十字板剪切试验结果，它们可以近似用一直线表示，并且这条直线基本上是通过地面原点的。其上部由于地面风吹日晒及人类活动，表面可能形成一定厚度的硬壳层而偏离过原点。

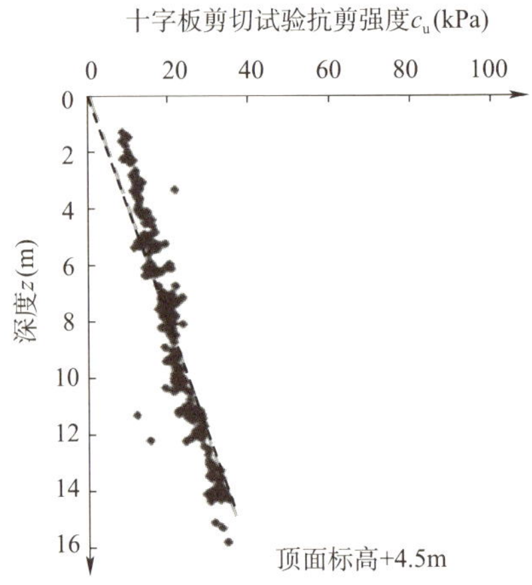

图 3　深厚均匀正常固结软黏土层中的十字板剪切试验

如果在上述场地的土层取原状土样，然后在实验室进行试验（图 4），则会出现一些复杂的情况。比如在 5m 深处，土的自重有效应力约为 p_1=50kPa；取出地面后应力为零，在直剪仪上进行一系列慢剪试验，如果正应力 σ_n<50kPa，因其前期固结压力为 $\sigma_{p0}=p_1$=50kPa，当前的有效固结压力 σ'_z<50kPa，它就成为超固结土，*e-p* 曲线中就在初始固结曲线之下，强度包线在正常固结土包线之上。反之，如果直剪试验的正应力 σ_n>50kPa，原位前期固结压力为 $\sigma_p=\sigma'_z>\sigma_{p0}$=50kPa，则它就成为正常固结土了，固结曲线和强度包线都服从正常固结土的规律。对于在 10m 深处取样，土的有效自重应力为 p_2=100kPa 时，情况类似。

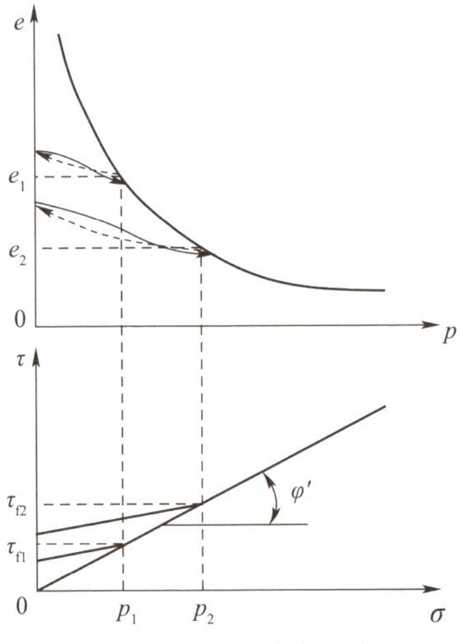

图 4　正常固结土的室内试验

4. 基坑开挖中地基土的应力历史

在岩土工程中，基坑开挖时，其应力路径、应力历史与强度指标是十分复杂的。在当前的勘察报告中，对于一个土层只给出一套确定的强度参数 c 和 φ，则图 5 中具有相同埋深 $z=z'$ 的坑内点 M 和坑外点 M' 土单元就应有相同的抗剪强度，这显然是不对的。在支挡结构前的开挖区，M' 当前的固结应力 $\sigma_0=\gamma z'$ 小于其前期固结应力 $\sigma_p=\gamma(z'+H)$，属于超固结土。

对于基坑工程，在图 5b）中，墙后深度 z 处点 M 的土体的竖向应力 $\sigma_v=\gamma z$ 在开挖过程中，始终是不变的，只是侧向应力 σ_h 在不断减小，从 $K_0\gamma z$ 减小到 $K_a\gamma z$，剪应力增加，应当采用正常固结土的强度指标计算土压力；而墙前坑底以下的地基土，在开挖过程中，竖向应力 σ_v 一直在减小，属于超固结土。$\sigma_{p1}=\gamma'H$ 对应于图 5 和图 6 中的 N 点；$\sigma_{p2}=\gamma'(H+z')$ 对应于图 5 和图 6 中的 M' 点。图 6 中，前期固结应力 σ_{pi} 左边的超固结土用超固结土强度包线计算土压力。例如在图 5b）中的 N、M'；墙后正常固结土 M 点的强度值表示在图 6 中 M 点，它在过原点的正常固结强度线上。

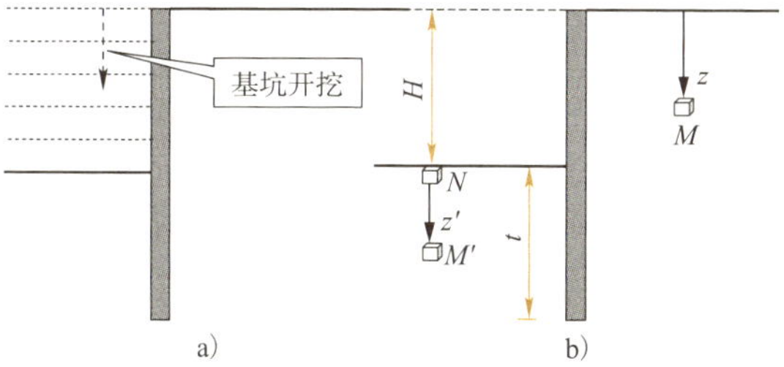

图 5　基坑土开挖时的应力路径

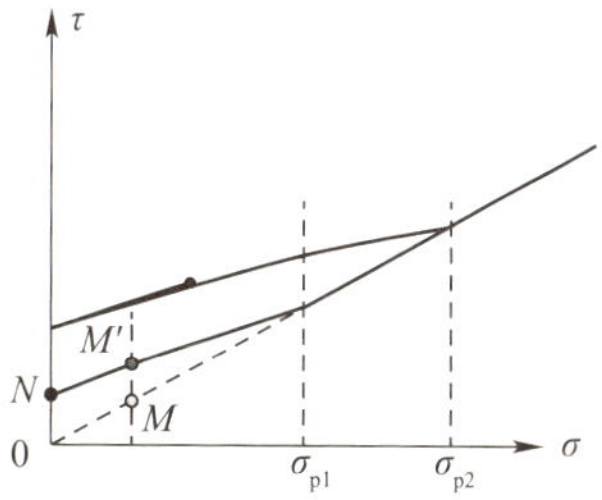

图 6　基坑墙前后土的强度包线

旧社会，常常会雇佣很多童工，这些孩子连骨架都没有长成，以其稚嫩的肩膀担负着生活和养家的重担，使人想到“嫩滩”这样的欠固结土。另有一些已过而立之年的人，不去工作，上网游戏，在家啃老，也属于扶不上墙的欠固结土。新中国成立之初，一批九死一生、身经百战的将帅、身担要职，年纪也只有三四十岁，以其阅历、战绩和在战争中磨炼出的坚毅、成熟与干练成为了致密、坚强的超固结土。

在千万年自然地质历史中沉积、压缩、固结而成的原位正常固结土，在其长期地质历史中形成了凝聚胶结物质，塑造了原状土的结构性；而在实验室内将泥浆重塑，在 24h 固结生成的正常固结土与原状正常固结土是有极大差别的。这正如在长白山深山中挖到的生长了百年的八两的野山参，与在园中用大棚和化肥培育了三年的八两园参在药性和野性方面的差别；也像 50 年代在大松花江中钓到的野生鳜鱼与现在养鱼池内用小杂鱼 + 增长剂养大的鳜鱼一样，其性质和味道也是不同的。

第 6 章

挡土结构上的土压力

6.1 论主动土压力与被动土压力

主动土压力与被动土压力是挡土墙后土的两种极限平衡状态下的土压力，说到土压力就不能不提朗肯与库仑土压力理论。在土力学中似乎有一个悖论，那就是精确的、严密的理论解往往都脱离实际；而另一些虽然理论上不严密，作了一些假设，半经验的理论公式则较为实用。朗肯土压力理论在理论上是在严格限制的条件下的精确解，只要符合它所规定的边界条件，库仑理论、索科洛夫斯基理论等都可退化为朗肯土压力公式。

朗肯土压力理论最常见的适用边界条件是：墙背竖直光滑，填土表面水平，同时也假设地基与填土间不存在摩擦，亦即也是光滑的（否则墙后土体就不是以水平和竖向为主应力的朗肯主动极限应力状态，土压力就不是线性分布了）。这显然是脱离实际的，因为土与墙背及地基间的摩擦力是客观存在的，是有利于挡土墙稳定的。如为了符合朗肯土压力理论而费工费料将它们抹平、抛光、润滑，那个工程师的思维肯定是错误的。与此相似的还有普朗特地基承载力理论、单向压缩固结理论等。前者要求基底光滑与无重介质，后者要求无限大荷载与瞬时加载。由于这些理论上精确的解答，在边界条件上脱离实际，所以常常用经验系数加以修正，或者根据实际条件作些假设。

库仑土压力理论就是假设土体中的滑动面为平面（直线），这在理论上是近似的。但可以适用于墙背倾斜、墙背与填土有摩擦、填土表面不规则等一系列工程中的实际情况，因而具有广泛的实用性。

在讲到库仑土压力理论时，有人问：墙后的主动土压力是墙体实际上可能承受的土压力中最小的土压力，为什么在所有假定的直线滑动面对应的土压力中，它又是最大的那一个？被动土压力是实际土压力中可能承受的最大土压力，为什么它又是所有假定的直线滑动面所对应的土压力中最小的那一个？

其实这里的问题在于前一种是现实的，后一种是虚拟的。

在图1中，墙体不动时，对应的为静止土压力 E_0，当挡土墙离开土体位移时（左移），墙上的土压力不断减小，直到出现第一个滑动面1，这时对应的土压力为 E_1。如果我们把这个滑动面附近灌浆黏结起来，不让它在这个滑动面处滑动，把墙体再离土而移动，土压力继续减小，就会陆续出现滑动面2、3…，对应的土压力分别为 E_2、E_3…。无疑，第一次出现的滑动面所对应的土压力 E_1 最大，实际上发生的主动土压力就是 E_1=E_a。

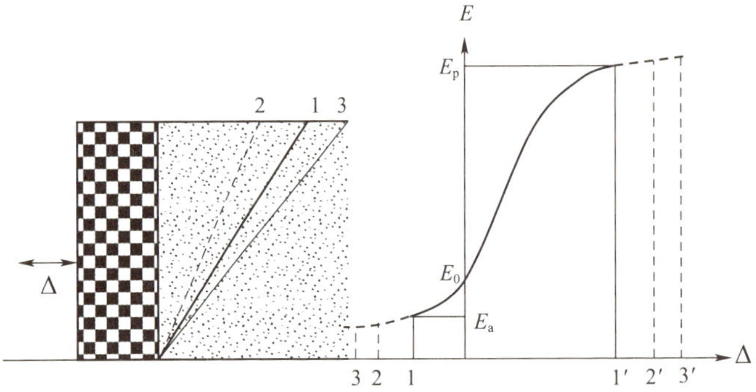

图1　土压力的库仑理论

如果从静止状态将墙体推向土体（右移），则其上的土压力不断增加，出现第一个滑动面1′时，对应的土压力为 E'_1。如果把这个滑动面附近黏结起来，继续努力推墙，将陆续出现滑动面2′、3′…，对应的土压力分别为 E'_2、E'_3…，则第一个滑动面对应的土压力最小，实际发生的被动土压力为 E'_1=E_p。

正如根据一个人的身体状况，他应当60岁死于脑溢血，70岁死于心肌梗死，80岁死于肺炎，90岁死于癌症，100岁无疾而终，那么他的实际寿命当然是60岁了。

据统计，丹麦作为全球少数环保程度高、社会福利好的国家之一，却有着全球排名前列的癌症发病率与死亡率。据专家分析，丹麦由于社会福利好，人口平均寿命较高，老龄化也严重。如果60岁的脑溢血被抢救，70岁的心肌梗塞被搭桥，80岁的肺炎被治愈，那90岁时癌症就能够打倒你了。如果科学技术发展到可以自动修复墙后的滑动面，也许就可以减小主动土压力和增大被动土压力了。

土力学是一门很实际的、很感性的学科，与现实生活联系紧密。对于一些概念和原理，我们要善于联想与比拟，这样你就会具有更深刻的理解与感悟。

有时美餐佳肴罗列于前，吃着吃着就饱了，并且是超饱，腰带紧束，就感到了被动土压力的滋味，暗地松开裤带的两个扣眼，体会到了主动土压力的宽松与幸福。看到一些市井之徒，如《水浒传》中的没毛大虫牛二之流，夏天里常把腰带系在胯上脐下，让圆锅底般的肚皮露在上面。另一些人则把腰带提到乳上腋下，成为"齐胸裤"。如果贪吃到使腰围大于臀围，那么人身体上最细的部位就是脖子，但据说大脑缺氧 4 分钟就会昏迷和死亡，所以很少看见有人把腰带系在脖子上，一是可能没人敢试，二是试过的人都没命了。一些聪明人干脆用吊带把裤子吊起来，估计这都是为被动土压力所逼的。

如果把自己当成一粒土，那么在人群中，你常常会体会到很多土力学的概念和原理。比如在大礼堂散场或散会的人流中，如果你想停一下，立刻就会感到渗透力的威力：你会在身后人们的正面挤压与碰撞、侧面的摩擦作用下身不由己，最后就只好随大流而变为"流土"了。

现在从清华到几个火车站都要乘地铁 4 号线。尽管本人早已年过古稀了，但鲜有享受被让座之幸，于是就有了理解土压力的机会。在圆明园站上车一路尚宽松，渐近于西直门，压力增大，最后达到了被动土压力的痛苦状态；一到西直门站，人们一拥而下，顿感主动土压力的愉悦、宽松、舒展与自由。想到自己工作几十年，无需坐班，到教室讲课骑车不超过 10 分钟，从未经历上下班挤车之苦，真是身在福中不知福。而推己及人，我夫人当年是要天天挤公交车的，有一年冬天，她不穿条绒皮大衣了，换了一件尼龙绸的羽绒服，说这样挤车容易。我就对她讲解说，这是由于尼龙绸减小了摩擦角，挤车时的被动土压力就小多了。可惜她是农学院学畜牧的，在市奶牛处工作，所以估计我这么渊博的土力学知识都"对牛弹琴"了。

现在看小外孙女，每天起早上学，下午回来做作业，晚上和周末上英语班、数学班、舞蹈班、钢琴班，看她那瘦瘦的样子，很像是为被动土压力挤压的。回想自己的童年，经常吃不饱是现在的孩子们所不理解的，但那时的宽松却是很值得怀念的。当时我们的小学在哈尔滨的松花江边，我是经常逃学的：到市场听说书，租看一分钱两本的小人书，折个柳条在江边钓鱼。这当然会受到家长与老师的"制裁"，结果是常常被赶到教室门外听课。前几年一个大学同学见到我，说当年总看我在看小说。这也是事实，20 世纪 60 年代清华大学图书馆的小说和杂书我几乎全都借阅过。可见那时也并不紧张，处于主动土压力状态。结果将近毕业时，人家都超龄退团了，我才在逐渐逼近25周岁之际光荣地加入了中国共产主义青年团，这就是由于害怕被动土压力，不努力上进的结果。

在欧美部分国家，社会与家庭都很自由宽松。孩子们以玩为主；商店周末休息，员工可能去旅游了。有一次我在美国去一个超市，几个员工先是客气地对我抱歉，然后乐呵呵地发给我一张传单，原来是工会组织罢工了，也并没有剑拔弩张的气氛，许多工人推测他们应未处于被动土压力的艰辛之中。

京剧《失街亭》中，诸葛亮头一句唱词就是“我本是卧龙岗散淡之人”；胡志明有两句诗是“自供清淡精神爽，处事从容日月长”。这都是道家的一种“道法自然”的主动土压力心态。本来诸葛亮尽可以“散淡”下去，在卧龙岗上“采菊东篱下，悠然见南山”的，可他偏偏去投奔了刘备，结果是东征西战，事无巨细，日理万机，鞠躬尽瘁，最后只能是“死而后已”了。

现在有些教授，在做学问之外用的功夫似乎太多：跑项目，奔奖项；无穷的沟通、交往，不断地追求“杰青”“长江”“百人”“千人”，最后是院士。尽管可能是无奈，但恐怕还是不甘于“散淡”。很怀念我的导师黄文熙以及陈仲颐、周镜、汪闻韶等老一辈学者们的儒雅与从容，但近年来有些知识分子似乎在乐此不疲地挤进被动土压力状态。

在体育运动中，太极与瑜伽都是从容而绵长的，而一些竞赛与对抗的项目则是短促而剧烈。所以深山方丈与世外道长均长寿，而拳击和足球运动员时有猝死，这主要是由于心态的不同吧。

回顾历史，土压力理论对于治国也是很重要的。秦朝是我国一个伟大的时代，“秦王扫六合，虎视何雄哉，挥剑决浮云，诸侯尽西来”。但秦朝几代都奉行法家，商鞅、李斯都实行“富国强兵”，穷兵黩武，不断征战。动辄兴兵百万，战线越拉越长。以一兵十夫计，民众的负担情何以堪？对内又实行严刑峻法，轻罪重罚，实行连坐，结果是“赭衣塞路，囹圄成市”，全国的多数人成了犯人。统一六国后，北拒匈奴，屯兵几十万；建阿房宫、筑长城、修骊山墓。仅骊山大墓最多时用民夫80万。现在看秦始皇的兵马俑殉葬坑确实壮观，被誉为世界第八大奇迹。但想象一下，2000多年前，仅一处殉葬坑就有如此规模，整个陵园会有多大？这需何等的劳力、何等财力、何等的暴政？所以法家历来实行的是被动土压力政策——紧缩、挤压、暴政，最后只能是崩溃，结果是陈胜、吴广揭竿而起，短命的秦朝应声而亡，法家人物也多不得善终。

汉统一了中国，战乱过后，民生凋敝。汉初的汉文帝、汉景帝与窦太后信奉道家的“无为而治”，一改秦朝的刚硬性政策，顺应自然，休养生息，轻徭薄赋，恢复经济，不过多地干扰民众，农民种什么也不干预，也不割“资本主义尾巴”，形成了所谓的“文景之治”的盛世，也为后来的汉武帝开疆拓土打下了经济基础。《道德经》里有一句“治大国如烹小鲜”，就是说治理大国不能急躁，不宜乱来，更不能折腾。

汉武帝也是一代天骄，征讨匈奴，开疆拓土，但征伐太过，其在后期的《轮台罪己诏》中对于穷兵黩武、劳民伤财表示了悔意。但似乎尚不能说汉武帝实行的是法家政策，其实他是“罢黜百家，独尊儒家”的。

儒家与道家、法家是有区别的。儒者柔也，主张克己复礼，中庸之道，用现在时髦的话讲，就是要和谐。儒家不主张法家严刑峻法的刚硬性政策，但也不是完全“道法自然”“无为而治”，而是加上了君臣父子、仁义礼智信一系列约束条件，几千年来为统治者所喜爱。所以它似乎提倡土力学中的静止土压力状态——中庸之道，己所不欲，勿施于人。所以在历史上凡是要造反，要革命，要改变现状的，都要打倒“孔老二”，“五四运动”也是如此。鲁迅说过:“至今为止的统治阶级的革命，不过是争夺一把旧椅子。去推的时候，好像这椅子很可恨，一夺到手，就又觉得是宝贝了。”

中国王朝的更替，短命者不足百年，长寿的 300～400 年，距离“万岁”“万万岁”还差得很远。所以黄炎培提出“其兴也勃焉，其亡也忽焉”的问题也可以看成一个土力学的问题。

在王朝建立之前，通常有几十年到几百年的战乱，结果是一个王朝被推翻，接着一个个乱世英雄走马灯似地更替，社会财产再分配，权利与财富重新洗牌——“昔日王谢堂前燕，飞入寻常百姓家”。田地荒芜，人口锐减，经济崩溃。所以说“兴，百姓苦；亡，百姓苦”。当一个新的王朝建立之初，大片无主的土地荒废，人烟稀少，耕者有其田，矛盾缓解，社会处于主动土压力状态，以中国人的刻苦与勤奋，经济快速恢复发展，农民生产积极性很高。很快出现了天下大治——政局稳定，经济繁荣，文化昌盛，人口剧增，国力富强。以前的历史都讲，这是由于在王朝建立之初，统治者吸取教训，对人民实行“让步”政策的结果，这是很值得怀疑的。其实变成为统治者之初，皇族、功臣、权贵也就开始聚敛财富，不过由于人数尚少，危害不大。如果当权者眼光远一些，会加以抑制，如康熙就下诏停止跑马圈地，使清朝延续了近 300 年；而元朝的统治者就目光短浅，使民族矛盾和阶级矛盾迅速加剧，不足百年而亡。《孟子》中所说的“君子之泽，五世而斩”大概也是这个意思吧。

作为既得利益集团，统治者的皇族与权贵们一方面兼并土地，攫取财富，一方面快速生育后代：娶十几个老婆，生上百个子女，人数呈几何级数增长。皇二代、官二代、富二代，迅速繁衍，在河北保定满城的陵山上，有身穿金缕玉衣的汉中山靖王刘胜及其18个儿子的墓葬（据说他总共有100多个儿子，三国的刘备就自称为中山靖王之后）。财富迅速集中，贫富差距加大，赋税加重，基尼系数增大到民不聊生，达到被动土压力值，社会就崩溃了，又要重新洗牌了。“内库烧为锦绣灰，天街踏尽公卿骨”！

这是一个专制、独裁的社会铁的规律，不是什么明君良相能改变的。解决的方法似乎是从体制上来着手，那就是要有能够缓解社会内应力，释放过大土压力的社会机制，而这又为独裁专制所不容。

自然界的土千奇百怪，千姿百态，或平沙莽莽，或沟壑纵横。尽其自然之美，何必人为约束施加什么土压力？顺其自然才是正道。

6.2 论水土压力的计算

基坑支护中的支挡结构物与通常的挡土墙有如下一些区别：

（1）它支挡的是天然土层，而非人工填土。

（2）墙后可能有不同形态的天然分布的土中水，产生复杂的水土压力。

（3）一般是先在平地建造挡土结构物，然后在一侧开挖，而非先筑墙，然后在一侧填土。

（4）挡土结构物可以是钢筋混凝土地下连续墙、护坡排桩、型钢水泥土墙与土钉墙等，一般不同于重力式挡土墙。

1. 静水压力作用下的水土压力：水土分算与合算

在静止地下水下的饱和土基坑中，计算挡土结构物上的水土压力，在我国相关规范中，有所谓水土合算与水土分算两种方法（图1）。具体用哪一种方法，与地基土类别有关，也与采用何种强度指标有关。具体的计算公式如式（1）和式（2）所示。

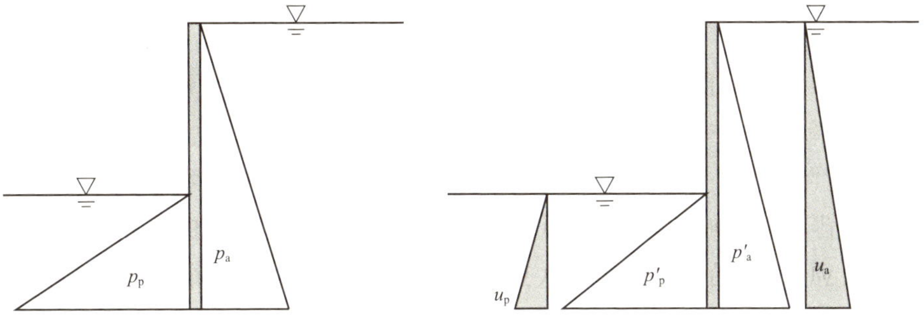

图 1　基坑水土压力的分算与合算

水土分算

$$\left.\begin{aligned}&p_a=\gamma' zK_a-2c\sqrt{K_a},\quad K_a=\tan^2\left(45°-\frac{\varphi'}{2}\right)\\&p_a=\gamma' zK_p-2c\sqrt{K_p},\quad K_p=\tan^2\left(45°-\frac{\varphi'}{2}\right)\\&p_w=u=\gamma_w z\end{aligned}\right\}\tag{1}$$

水土合算

$$\left.\begin{aligned}&p_a=K_a\gamma_{sat}z-2c\sqrt{K_a},\quad K_a=\tan^2\left(45°-\frac{\varphi}{2}\right)\\&p_p=K_p\gamma_{sat}z-2c\sqrt{K_p},\quad K_p=\tan^2\left(45°-\frac{\varphi}{2}\right)\\&p_w=0\end{aligned}\right\}\tag{2}$$

关于水土分算与合算近十年来争论不休，这里就不再回顾与重复，只是讲一点个人的看法。首先是由于基坑的情况太复杂，例如地下水的渗流、墙后土的应力路径等复杂因素难以精确反映，水土合算只是一种经验方法；其次水土合算是不符合有效应力原理的，这也是它被诟病的重要原因，在国外没见过这种算法，它具有中国特色。

旧社会有关“父债子还”的规矩，不知现在是否还适用，亦即父子间的经济是合算的；现在时髦的夫妻实行 AA 制，亦即夫妇间的经济是分算的；而水土合算则有点像那些啃老族的子女们，赖着让父母买房子、还赌债——因为我是你们的独生子女，将来你们的一切都是我的，合算就是合法的，这也是颇具中国特色的伦理。

2. 饱和土不排水强度指标的水土合算

对于饱和土，如果采用不排水强度指标，则 $\varphi_u=0°$，$K_a=K_0=K_p=K_w=1.0$，$p_a=\gamma z-2c_u$，$p_p=\gamma z+2c_u$，似乎分算与合算就没有差别了，可以皆大欢喜了。问题在于对于主动土压力存在着拉裂缝，或零土压力区 z_0 的问题（图 2）

$$z_0=\frac{2c}{\gamma\sqrt{K_a}}=\frac{2c_u}{\gamma} \tag{3}$$

对于饱和软黏土，如果 z_0 为拉裂缝，那么其中应充满水，水土合算认为其中为零压力显然是不对的。

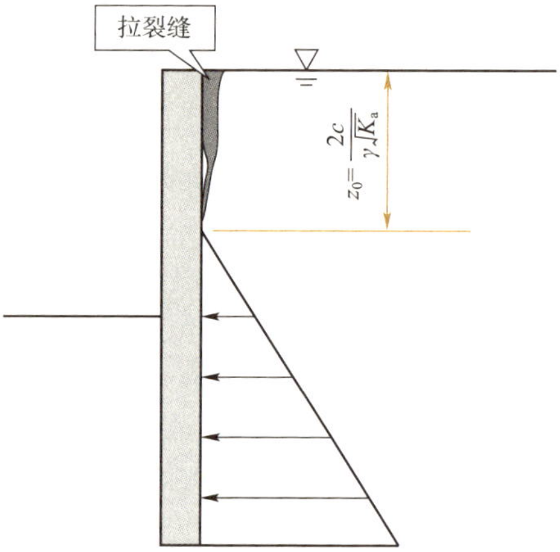

图 2　水土合算情况下的零土压力区 z_0

美国的《基础工程手册》（*Foundation Engineering Handbook*）规定，采用不排水强度指标 φ_u=0°、c_u，计算黏性土的主动土压力，水土合算当出现表观的负土压力，即 $p_a=\gamma_{sat}z-2c_u<0$ 时，实际上假设任何点的主动土压力最小值为 $\gamma_{sat}z/3$ 计算结果，见图 3d）。

太沙基在《实用土力学》中，为了避免这一问题，将主动土压力系数进行一些变换

$$K_a=1-\frac{4c_u}{\gamma z}<1.0 \tag{4}$$

这样，总主动土压力$E_a=\frac{1}{2}\gamma H^2-2c_uH$不变，而主动土压力则为三角形分布，避免出现零土压力区。这样就出现了式（4）的计算结果，见图 3c）。

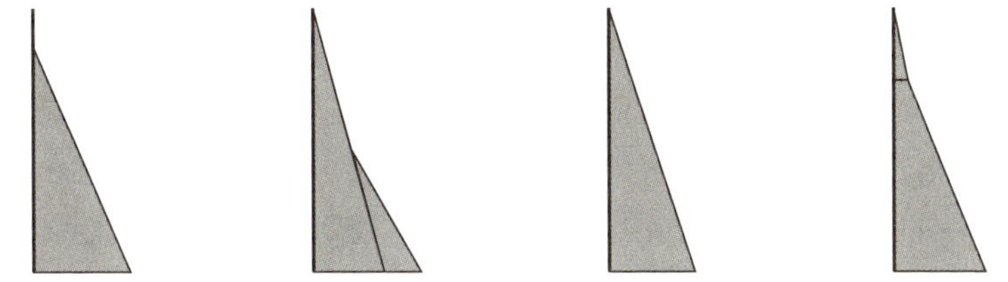

图 3　用不排水强度指标计算水土压力

3. 有渗流情况下的水土压力

在支挡结构后有渗流的情况下，其水压力应根据渗流计算确定，渗流同时也影响了土压力的计算。图 4 表示的是墙后两层土中具有不同地下水、上层地下水竖直下渗的情况。这时，上层为黏性土，下层为砂土，在坑外从砂土中抽水降低坑内水位，但黏性土中仍然是饱和的。

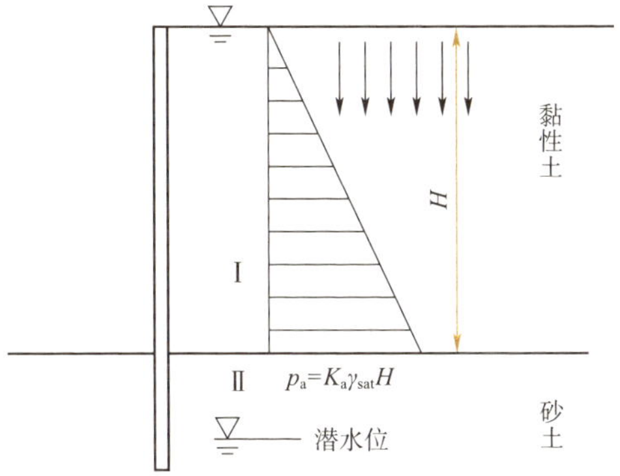

图 4　上层土中的地下水向下渗流情况

由于水沿土层垂直下渗，产生向下的稳定渗流，并且水头差与渗径都是 H，i=1.0，这时会得到坑底以上墙后各点的水压力均为零，考虑到向下的渗透力，则土骨架的竖向有效应力为 $\sigma'_z=(\gamma'+j)\ z=\gamma_{sat}z$，则主动土压力 $p_a=K_a\gamma_{sat}z$。

在基坑内外有地下水渗流情况下，可通过绘制流网进行计算，见图 5，其中 $\varphi'=30°$，$\gamma_{sat}=20kN/m^3$。

考虑图中 4 个力的平衡（其中 E_a 包括土压力与水压力），用库仑土压力理论，其中 $\theta=36.5°$，计算的主动土压力约等于 810kN。也可用近似的方法计算：假

设渗流从墙后的点 a 沿着墙表面流到墙前的点 d，则 $\bar{i}=\dfrac{H}{H+2d}=\dfrac{12}{12+2\times5}=0.55$，墙后用朗肯土压力理论计算总水土压力为：$E_a=\dfrac{1}{2}p_a(H+d)=746.6\text{kN}$。

如果墙后存在超静孔隙水压力，则一般通过正确选用土的不同的固结与排水强度指标解决；如果超静孔隙水压力可以计算或量测，也可用有效应力强度指标和库仑土压力理论计算。

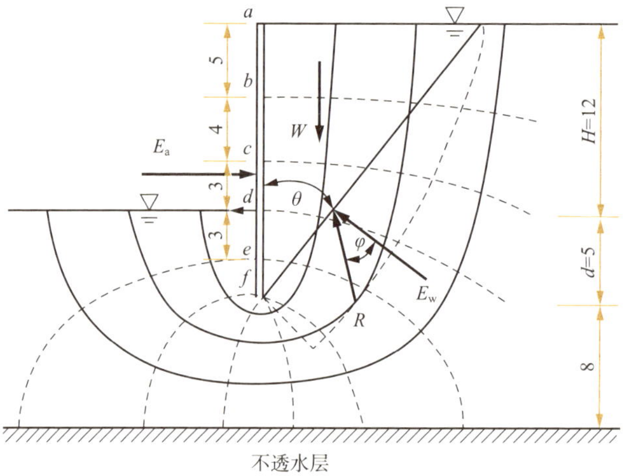

图 5　用流网计算水土压力（尺寸单位：m）

第7章

土坡稳定分析

7.1 论土体的抗滑稳定与渗透稳定

作为由个体颗粒组成为群体骨架的土体，其强度是很独特的。严格来讲，土是没有所谓抗压强度的，无论是各向等压压缩还是侧限压缩都不会把土压坏，反而是越压越硬、越强，即所谓的压硬性。而 土的“无侧限抗压强度”是一个容易使人误解的术语，这种试样其实是剪切破坏的而不是被压坏的，用该试验测定的是黏性土的不排水抗剪强度 $c_u=q_u/2$。同时也很难设想土作为碎散的颗粒的集合体会抗拉。有人将围压 σ_c 不变，竖向应力 σ_a 逐渐减小，直到破坏的三轴伸长试验称为“三轴拉伸试验”，这又是一个错误的说法：“伸长”通常是指 $\varepsilon_3<0$，亦即其中一个（或两个）主应变为负值，但所有主应力都还是压应力，亦可称为“挤长”；“拉伸”是表示有主应力为拉应力，如竖向小主应力 $\sigma_a<0$。因为黏性土具有黏聚力，因而也会表现出少许的抗拉强度，但其在数值上是很小的。并且这种土在单轴拉伸的情况下，很小的拉应变下就会出现断裂与裂缝，这对于挡水建筑物会产生灾难性的后果，所以在工程中一般都不允许土体受拉及产生裂缝。所以土的强度通常指的是抗剪强度，即土的摩擦力与黏聚力，在现实生活与工程中地质灾害与工程事故也主要是与土体的抗剪强度有关。

土体由于达到抗剪强度而破坏发生的是抗滑稳定问题，比如地基承载力、挡土结构和边坡失稳。在这些失稳中，一般都会产生一个或几个滑动面。通常在分析中都是将滑动土体当成刚体，它相对于未滑动土体发生滑移或转动。这时只是在滑动面上的土达到了极限平衡状态，在滑动面两侧土体的土骨架一般并未解体和完全溃散。

土体失稳还有一种是渗透稳定问题，又称为渗透变形（seepage deformation）或渗透破坏。抗滑稳定与渗透稳定都属于土体的承载能力的极限状态，但这是两种不同的稳定问题。渗透稳定是与土的抗剪强度无关的，它主要是由水流作用于土骨架上的渗透力决定的，是土骨架上的渗透力与其自重间的极限平衡问题。

在《水利水电工程地质勘察规范》（GB 50487—2008）中指出，土的渗透变形分为流土、管涌、接触冲刷和接触流失四类。在一个土体内部发生的渗透变形有流土和管涌。所谓流土是当向上的渗透力大于土的有效重度时，土粒处于悬浮状态，流土可发生在无黏性土和黏性土中。砂土发生流土时，向上的水流裹挟着砂颗粒汹涌起伏，颇似水之沸腾，所以也称“砂沸（boiling）”。管涌则是在渗透力作用下，土中的细颗粒在粗颗粒形成的孔隙中移动，以至流失，逐渐形成管形通道。管涌只发生在无黏性土中，特别是缺少中间粒径的情况。流土与管涌见图 1。

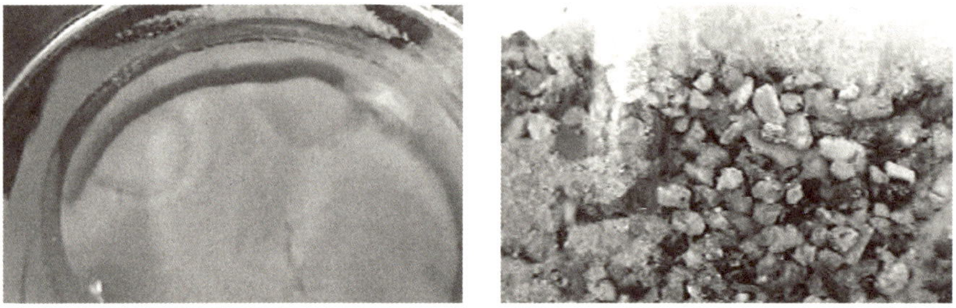

a）流土　　b）管涌

图 1　流土与管涌

在人流中也会发生这种渗透稳定问题。在上海外滩的踩踏事故中，被人流裹挟踩踏伤亡的都是年轻人，从十八九岁到三十岁出头，级配如此均匀，这很像是流土了；而在春节的庙会中小孩被人流裹挟而丢失，则是管涌了。

除了在土体内部发生的渗透破坏外，还有发生在不同土层间的渗透稳定问题，即接触流失和接触冲刷，见图 2。接触流失是在层次分明，渗透系数相差悬殊的两层土中，渗流垂直于层面，水流从渗透系数小的土层流出，将细颗粒带到大颗粒一层中的现象。接触冲刷则为在层次分明、渗透系数相差悬殊的两层土中，沿接触面渗流，水流带走细颗粒的现象。

避免发生接触流失的判断条件可见式（1）与式（2）。

当粗粒土 $C_u \leqslant 5$ 时，

$$\frac{D_{15}}{d_{85}} \leqslant 5 \tag{1}$$

当粗粒土 $C_u \leqslant 10$ 时，

$$\frac{D_{20}}{d_{70}} \leqslant 7 \tag{2}$$

避免发生接触冲刷的判断条件可见式（3）。

当粗粒土 $C_u \leqslant 10$ 时，

$$\frac{D_{10}}{d_{10}} \leqslant 10 \tag{3}$$

式中，D 与 d 分别为粗粒土与细粒土的粒径。

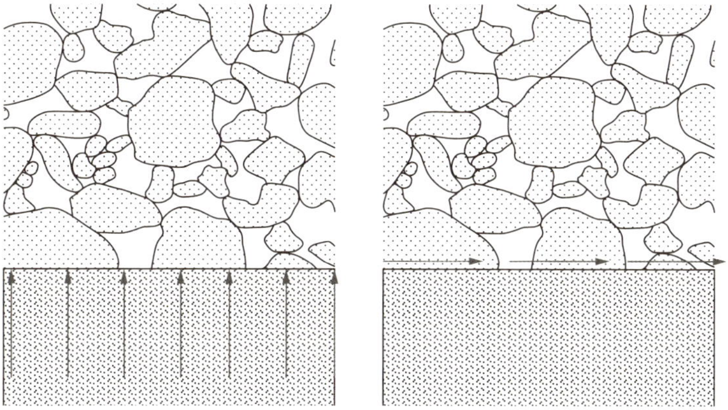

a）接触流失　　　　b）接触冲刷

图 2　接触流失与接触冲刷

可见，与抗滑稳定不同，渗透破坏时土骨架全部或局部溃散，变成了颗粒悬浮于流动的多相流体中，亦即已不是“土”了。这种失稳一般与土的抗剪强度无关。

在基坑工程中，还有一种失稳叫“突涌”，见图 3。在基坑面积较大时，可以用式（4）判断发生突涌的安全系数 F_s。

$$F_s = \frac{\gamma_m (t + \Delta t)}{p_w} \tag{4}$$

突涌和流土是有区别的，但如果水压施加很慢，作用时间很长，黏土中产生稳定的向上渗流，也就属于黏土的流土。式（4）中似乎没有土的抗剪强度指标，但突涌一般不是渗透稳定问题。图 3 坑中坑的局部突涌，必须克服厚度（$t+\Delta t-d$）四周的抗剪强度，所以突涌这时应当是一种坑底隆起，属于抗剪稳定问题。从图 4 所示的试验可以看到，由于下部水压力施加较快，黏性土的渗透系数较小，圆筒内的黏土柱被推起时，土体并未饱和，没有渗流，也就无所谓渗透破坏。

所以，如果河堤决口，人们手拉手组成“人墙”去堵决口，人群承受的是渗透力（体积力），如果失败了人群就像是流土一样被冲散了；如果人们合力举起一床大棉被去阻挡洪水，那么人群抵御的是水压力（面积力），如果失败了，就会被水压力掀翻，就像是突涌了。

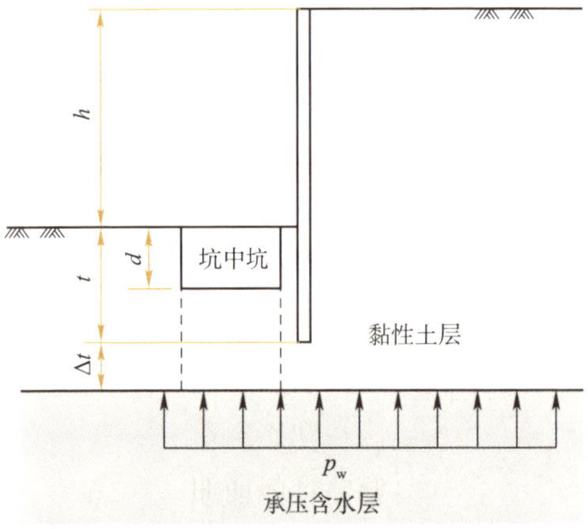

图3　坑底弱透水层的突涌

图4　黏土在试验筒中的突涌

在有渗流情况下，土体的抗滑稳定常常也有渗透力的参与，但其失稳的决定性因素还是抗剪强度，是处于剪切极限平衡状态。在图5中的均质无黏性土土坝中，不同位置的局部抗滑稳定都与渗透力有关。

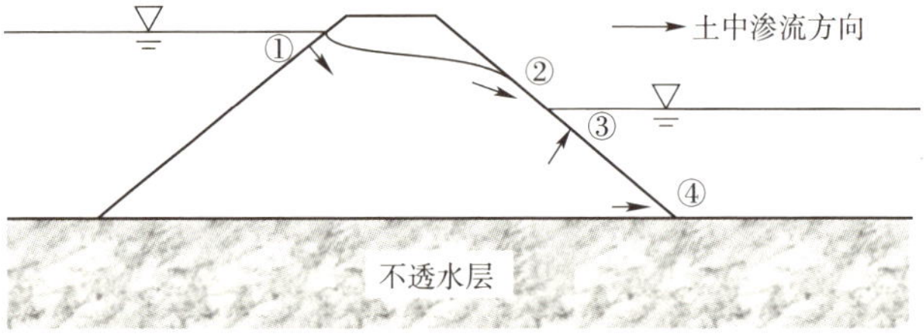

图5　均质土坝内各点的局部抗滑稳定

在图5中的各点处都存在着有渗透力参与的抗滑稳定问题。其中点②是具有普遍性质的，如果坡面倾角为β，流线倾角为θ，此处的流线与坡面间夹角为（$\beta-\theta$）。土的饱和重度为γ_{sat}，浮重度为γ'，土的黏聚力c=0，内摩擦角为φ。该点处于抗滑稳定极限平衡状态时的临界水力坡降为i_{cr}，它可以通过图6中的微单元沿坡滑动的极限平衡状态推导，则

$$\gamma'\sin\beta+\gamma_w i_{cr}\cos(\beta-\theta)=\left[\gamma'\cos\beta-\gamma_w i_{cr}\sin(\beta-\theta)\right]\tan\varphi \tag{5}$$

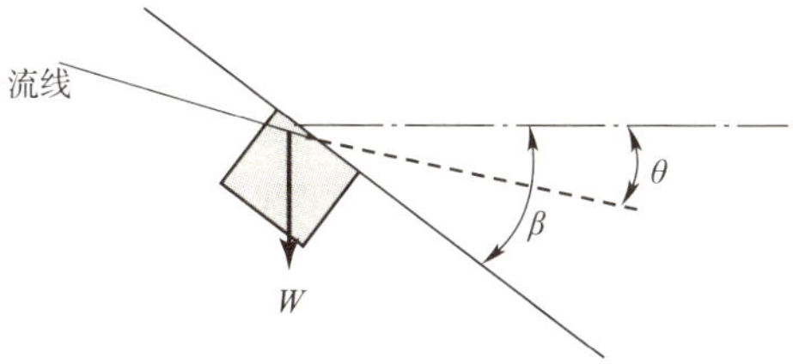

图 6 土坝坡面上微单元②的抗滑稳定

这样图 5 中的各个点处于抗滑稳定极限平衡状态时的临界水力坡降都可以通过式(5)计算,只是 θ 不同。同样也可以分别计算其抗滑稳定的安全系数,如图 7 和表 1 所示。

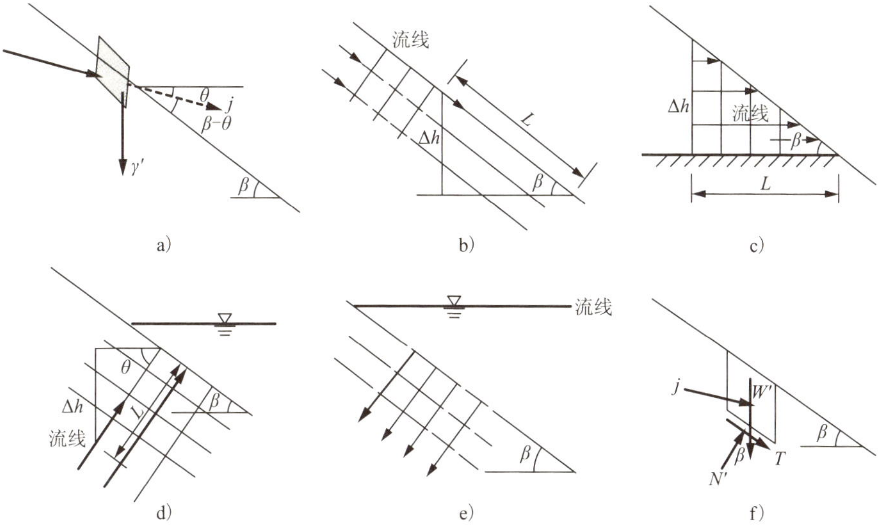

图 7 几种渗流情况下坡面的局部稳定性

坡面几种渗流情况的抗滑稳定分析　　表 1

工况及项目	沿坡渗流(图 4b)	水平渗流(无下游水位,图 4c)	垂直坡面向外(图 4d)	垂直坡面向内(图 4e)
θ	β	0	$-(90°-\varphi)$	$90°+\varphi$
i	$\sin\beta$	$\tan\beta$	—	—
j	$\gamma_w\sin\beta$	$\gamma_w\tan\beta$	$\gamma_w i$	$\gamma_w i$
T	$\gamma_{sat}\sin\beta$	$\gamma_{sat}\sin\beta$	$\gamma'\sin\beta$	$\gamma'\sin\beta$
N	$\gamma'\cos\beta$	$\gamma'\cos\beta-\gamma_w\sin\beta\tan\beta$	$\gamma'\sin\beta-\gamma_w i$	$\gamma'\cos\beta+\gamma_w i$
F_s	$\dfrac{\gamma'\tan\varphi}{\gamma_{sat}\tan\beta}$	$\dfrac{\gamma'-\gamma_w\tan^2\beta}{\gamma_{sat}\tan\beta}\tan\varphi$	$\dfrac{\gamma'\cos\beta-\gamma_w i}{\gamma'\sin\beta}\tan\varphi$	$\dfrac{\gamma'\cos\beta+\gamma_w i}{\gamma'\sin\beta}\tan\varphi$

在式（5）中，当 $\beta=0°$，$\theta=-90°$ 时，从式（5）可以推导出

$$i_{cr}=\frac{\gamma'}{\gamma_w} \tag{6}$$

令人惊奇地发现，从抗滑稳定的公式竟然推出了渗透稳定——流土的临界水力坡降。我们不能不敬佩辩证法的强大威力：事物总是相关联的，从量变可发展为质变。

图 8 表示的是水下泥浆护壁钻孔灌注桩的施工，钻孔内水位要高于地下水位，同时孔内使用泥浆护壁。假设孔内泥浆重度与水的重度 γ_w 相同，其保持井壁处于临界状态的水力坡降 i 为多少？这时只要将 $\beta=90°$，$\theta=-180°$ 代入式（5）即可得到

$$i_{cr}=\frac{\gamma'}{\gamma_w\tan\varphi} \tag{7}$$

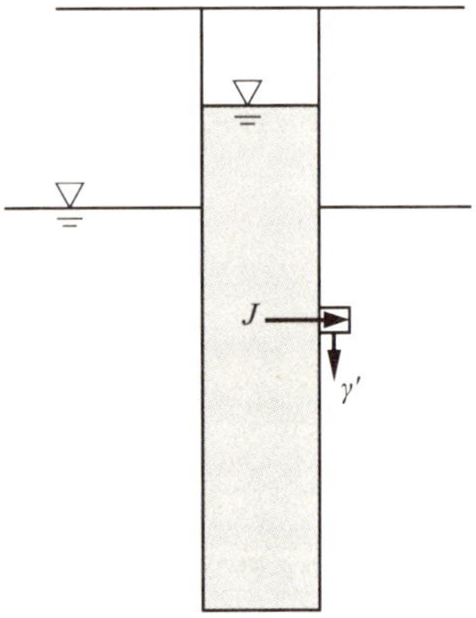

图 8　水下钻孔灌注桩的孔壁稳定

如果 $\gamma'=\gamma_w=10\text{kN/m}^3$，$\varphi=30°$，则 $i_{cr}=1.732$。从这个例子我们就理解了为什么水下钻孔灌注桩施工要采用泥浆护壁，并且孔内水位要始终高于地下水位。

在图 5 的点③和图 7d）中，流线垂直于坡面，如果该点处土骨架受到渗透力而发生失稳，是否可认为是流土呢？记得在一次有色金属行业关于尾矿坝的规范审查会上，规范中写到尾矿坝坡面的流土，我认为流土只能发生在水平地面的垂直渗流情况，坡面上的各种失稳都属于抗滑稳定问题。结果人家人多势众，规范中还是保留了“坡面流土”这一不恰当的说法。

对于图 5 中的点③，$\theta=-90°+\beta$，代入式（5），则

$$i_{cr}=\frac{\gamma'(\cos\beta\tan\varphi-\sin\beta)}{\gamma_w\tan\varphi} \tag{8}$$

式（8）中有内摩擦角 φ，因而这是一种抗滑稳定问题。

土力学极少有深奥的理论与繁复的数学公式，计算的精确对于土工问题来讲似乎是奢侈品。但在土力学及土工实践中，概念的准确却是极其重要的。所谓概念是认识、理解、感悟与经验；概念不是猜测与假设，不是想当然的主观的臆想，也不是狭义的经验；概念是对本质的认识，概念是理性的经验，是反映事物本质的，是具有普适性的客观现实与规律。

最近见到一本“优秀教材”，其中关于流土与管涌部分，除了叙述不清外，下

面的一幅图问题也很多。

图 9a）表示了一个地基与土坝为均质土体（1、2 两点是本书作者所注），其中的浸润线或自由水位线是与大气连通的，因而其上各点压力水头（压力势）均为零，总水头就是位置水头（重力势）。可是这条浸润线不知何故在已经接近于下游坝坡时，并不逸出而是舍近求远，突然离开下游坡而钻向地下，然后鼓起余勇又倾斜着向上冲起，不顾流线必须正交于等势线（下游地面）的原理，蛮横地斜着冲出了地面，无理地造成了流土。这条任性的浸润线推翻了能量守恒原理：在自由水位面上的水居然从下（点 1）向上（点 2）流动；粉碎了共轭有势场的正交原理，也打破了流土必须是竖直向上发生的规矩，斜向冲破坝后的地面等势线，最后竟发生了流土。

在图 9b）中，这是典型的二元地层，亦即下面为透水层，上面为不（弱）透水层。黏性土中不可能发生管涌。如果说是下面的透水层发生了管涌，那么上层土没有渗透破坏的通道，“管”又向哪里“涌”呢？这种教材岂不是误人子弟？

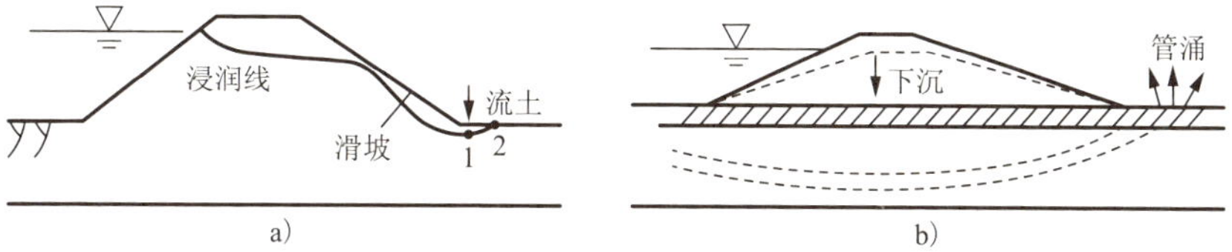

图 9　渗透破坏

在我国的《尚书》中讲“水曰润下，土爰稼穑”，又讲五行间相生相克。例如所谓水克土就像是“禹乃以息土填洪水”，这就是大禹治水时利用土的抗剪强度和抗滑稳定修堤筑坝，抵御洪水；水克土就是渗透破坏，屈原在《天问》中问道“洪泉极深，何以填之”，就提出洪水又急又深，如何防止流土、管涌、遭受冲刷而不被冲毁？

7.2 论土力学中虚拟的量

对于有水和有渗流的土坡，历来有分算与合算之别。所谓分算，就是以土骨架为隔离体，在其重力（以浮重度计）和渗透力作用下，分析其抗滑稳定性。所谓合算，就是以饱和土体为隔离体，作用有其重力（水下以饱和重度计）和边界上的水压力。

图 1 表示的是这两种分析的示意图。

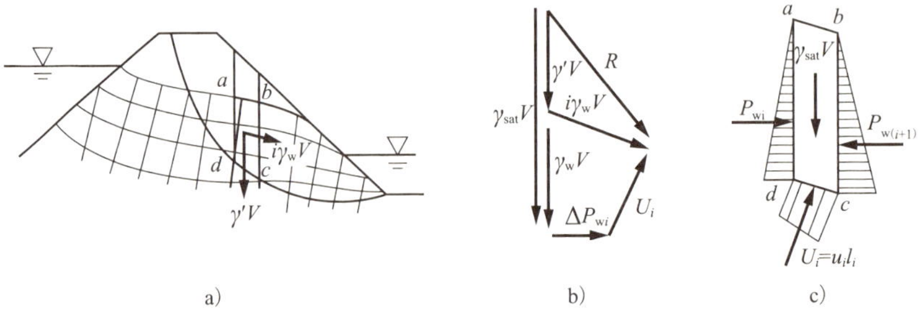

图1　渗流作用下土坡稳定分析

以图1a）所示的土坝下游坡为例，在用圆弧条分法分析其稳定性时，每个土条在浸润线以下的部分，如图1a）中的 *abcd*，其体积为 V。首先以土骨架为隔离体，*abcd* 土骨架的重量为 $\gamma' V$；土骨架受到总渗透力的作用，其大小为 $jV=i\gamma_w V$，方向为沿流线的平均方向，平均水力坡降 i 可由土条包含的流网计算。土骨架的重力与总渗透力合力为 R，R 的反力就是周围土骨架对该土骨架的支撑反力，见图1b）的上部的力三角形。因等势线不是竖直的，使得流网与土条的划分不会一致，渗透力的大小与方向都不易准确确定，给计算带来困难。这是此种方法的一个缺点。

另一种分析方法是取第 i 土条（*abcd*）饱和土体（包括土颗粒＋土中水）作为隔离体，见图1c）。该隔离体上的力有饱和土体自重 $\gamma_{sat} V$、两竖直面 *ad* 和 *bc* 上总水平孔隙水压力之差 $-\Delta P_{wi}=P_i-P_{i+1}$、土条底面孔隙水压力 $U_i=u_i l_i$，分别标于图1c）中。从图1b）可见，$\gamma_{sat} V$、$-\Delta P_{wi}$ 和 U_i 三力的合力也为 R。可见用土骨架上的有效自重＋渗透力，与用土体饱和自重＋土体上的水压力，得到的合力 R 是相同的，而后者的计算却较为直观、方便。因而，在用条分法和有效应力强度指标计算土坡稳定时，可取土＋水的整体为隔离体，渗透力作为内力不出现，但应计入土条两侧的水压力差 $-\Delta P_{wi}$ 和土条底部的水压力 U_i。

从图1b）还可以发现，如果取 *abcd* 的孔隙水作隔离体，则 $\gamma_w V$、$-\Delta P_{wi}$ 和 U_i 三个力的合力就是总渗透力 $i\gamma_w V$，其中 $\gamma_w V$ 包括了孔隙水的重力和颗粒对水浮力的反作用力。

多年来，关于上述的分算与合算一直存在分歧，往往争论不休。其实两种算法都是可以的，关键在于哪一种方法更方便。有人认为土骨架、渗透力与有效应力都是虚拟的概念与物理量，完全否定以土骨架为隔离体的计算方法，这是很片面的。

通常认为太沙基（Terzaghi）是土力学学科的奠基人。其实太沙基本人是亲力亲为解决许多工程问题的工程师，他所面对的是天然的土。由于土的性质的复杂性，影响因素的多样性以及作为天然材料不可控的变异性，他在解决实际问题时，更倾向于实用的路线与方法。

土力学的实用主义倾向引起一些精于数学和力学的学者们对土力学的不屑与诟病。对于那些刚刚经过了系统的数学力学训练的本科生，他们对于数学的奇妙与力学的精准佩服之至。结果一接触土力学，在像模像样地进行了分层总和法地基沉降的数学计算以后，还被告知要乘以一个“沉降计算经验系数 ψ_s”，这个系数的值在 0.2～1.4，这是他们绝对不能接受的——这么简单的数学计算，竟然误差可达 7 倍，这还能叫做科学吗？于是有人对我讲土力学是“伪科学”，我解释说土力学是一门很“土”的力学。

由于土与土力学作为碎散介质的特殊性，在一些概念、方法与物理量定义方面与连续介质力学不一致。例如，土的有效应力是通过颗粒接触点传递的，见图 2。

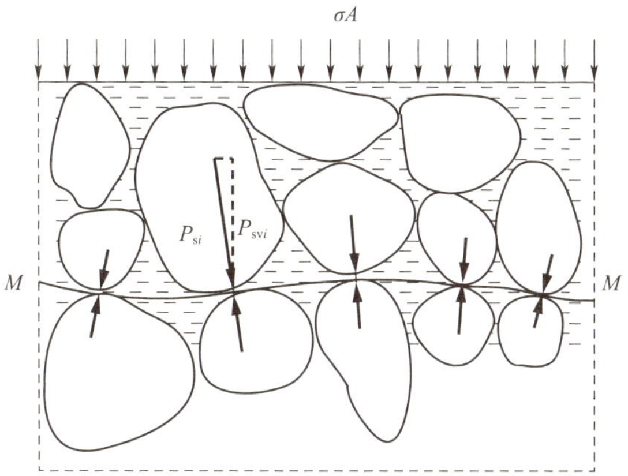

图 2　有效应力原理的推导示意图

其中，竖向有效应力定义为在面积 A 范围内，所有颗粒接触点应力的竖直分量除以总面积 A，表示为

$$\sigma' = \frac{\sum_{i=1}^{n} P_{svi}}{A} \tag{1}$$

式中，P_{svi} 为第 i 对颗粒接触点接触力的竖向分力；A 为应力作用的总面积，在面积 A 范围内共有 n 个接触点。这是一种土骨架有效应力的表述形式。

这与经典力学中的应力定义 $\sigma = \frac{dP}{dA}$ 截然不同，于是一些精通力学的人就讲有效应力是一个虚拟的应力。说其虚拟还有一个原因，那就是推导中要通过一个过各颗粒接触点的波浪形弯曲面讨论竖向力的平衡（图 2）。这就违背了数学上关于“平面”的概念。所谓平面，应是二维无限空间上各点的法线都是同向的面，亦即在平面上沿各方向的法向增量恒为零。这种波浪形的面让人如何能够忍受？

恩格斯讲过“全部所谓纯数学都是研究抽象的，一切抽象在推到极端时都变成荒谬或走向自己的反面。”现实的世界是复杂与真实的，而不是抽象的。比如你看到一个女人走路过来，你在数学上数了 1，但如果她是怀孕的那么就应是 2，如果怀了双胞胎，可能是 3，甚至更多，现实就是现实。

再说平面，连续介质中的平面截割介质形成隔离体，各平面上作用有应力，如图 3 所示。但实际上现实并不存在所谓的“连续介质”，物质都是由粒子组成的，粒子间相隔着无限广阔的空间，如广袤的宇宙中星球间无限空旷的空间一样，一个平面要想切割到一个实体粒子，比买彩票获大奖的概率还低。图 4 表示的是，即使是极为光滑平整的固体接触面，其起伏也在 10 ～ 100nm 之间，从微观上看也与数学上的平面相差甚远。其传力实际上也是点接触，应力也只能是 $\sigma = \Sigma P_{svi} / A$，土力学中用图 2 所示波浪形的曲面其实近似于平面，不过就是尺度大一些，只要我们将隔离体也取得足够大，那也是现实中的抽象的平面。正像华北、东北大平原，大尺度看是平面，尺度稍小就会发现实际上也有丘陵起伏，沟壑纵横。

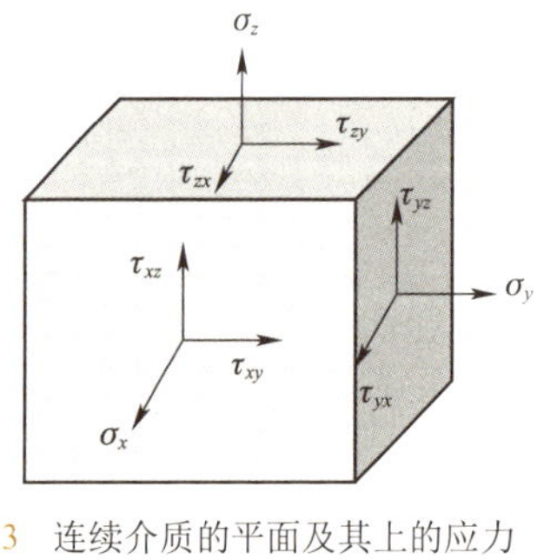

图 3　连续介质的平面及其上的应力

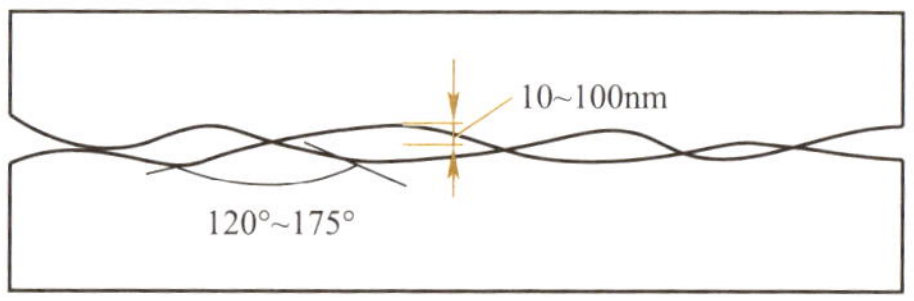

图 4　光滑的固体表面间的接触面

也有人称土力学中的“土骨架”是一个虚拟的概念。当然，土骨架不是土颗粒，是由颗粒相互连接与相互作用形成的能够传递应力的构架，它含有土体的全部面（体）积。但说它是虚拟的，则难以使人信服。一个成熟的丝瓜，只要去了它的皮，就可见到其骨架；屠夫可以熟练地剔除筋肉，展现牛、猪、羊的骨架；医生也可以剥露出人体的骨架。现实中充满了各种“骨架”：没有砌墙与修饰的框架结构的楼体、落光了花叶的枝干、考古学家所发现的千万年前的恐龙骨架化石；海明威《老人与海》中，最后老人带回的是一具鱼的骨架；西游记中白骨精的骨架是真实的，而它所变成的美女却是“虚拟”的。这些骨架的共同特性是能够承受与传递力与荷载，为什么土的骨架就那么不可理喻呢？

在土力学中，干土土体不计孔隙中的气体，本身就指土骨架，不存在虚拟与否。在饱和土体中，将饱和土体视为隔离体与将土骨架视为隔离体都是可以的，它们也都是实际客观存在的真实的物体，并不存在前者现实，后者虚拟之区别。以静水位在地面的地基土静止应力状态为例，如果以土骨架为隔离体，则 $\sigma'_z=\gamma' z$，$\sigma'_x=\sigma'_y=K_0\gamma' z$。若以饱和土体为隔离体，则 $u=\gamma_w z$，$\sigma_z=\gamma_{sat} z$，$\sigma'_z=\sigma_z-u=\gamma' z$，但是水平向的总应力 σ_x 与 σ_y 就很难确定。在砂土无限土坡有沿坡渗流的情况中，可以用土骨架，也可用饱和土体推导其稳定安全系数，但用土骨架为隔离体则要简单得多。

（1）以图 5 中高为 h、长为 l 的四边形土骨架为隔离体（阴影区），则体积为 $V=hl\cos\theta$，重力为 $W'=V\gamma'$，渗透力为 $J=V\gamma_w\sin\theta$，抗滑稳定安全系数为

$$F_s=\frac{\gamma' V\cos\theta\tan\varphi'}{\gamma' V\sin\theta+\gamma_w V\sin\theta}=\frac{\gamma'}{\gamma_{sat}}\frac{\tan\varphi'}{\tan\theta} \tag{2}$$

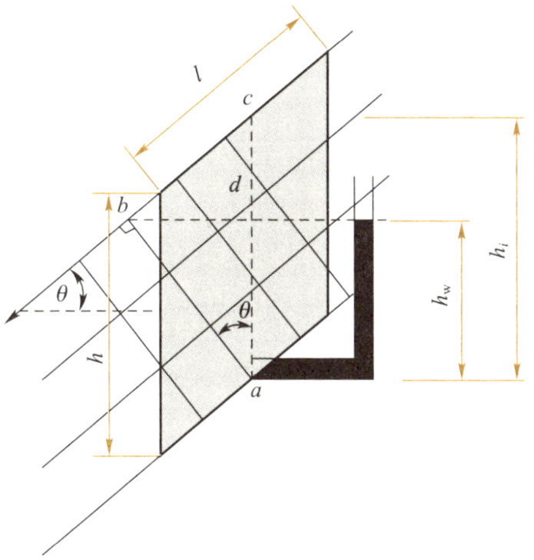

图 5　无限砂土坡沿坡渗流时的稳定安全系数

（2）以图 5 中阴影区的四边形饱和土体为隔离体，则体积为 $V=hl\cos\theta$，重力为 $W=V\gamma_{sat}$，绘制流网，则四边形土体下部中心处的总孔隙水压力为 $U=l\gamma_w h_w$，其中 $h_w=h\cos^2\theta$，两侧水压力大小相等，相互抵消，则抗滑稳定安全系数为

$$F_s=\frac{(W\cos\theta-U)\tan\varphi'}{W\sin\theta}=\frac{(hl\gamma_{sat}\cos^2\theta-hl\gamma_w\cos^2\theta)\tan\varphi'}{hl\gamma_{sat}\cos\theta\sin\theta}=\frac{\gamma'}{\gamma_{sat}}\frac{\tan\varphi'}{\tan\theta}$$

结果与式（2）一样，但其首先要绘制流网，因此推导要繁琐得多。所以到底以什么为隔离体，应以方便、简单为准。

有人认定渗透力是一个“虚拟的力”，“渗透力更不是客观存在的真实外力”。对此，我是难以苟同的。一个力要有作用者与被作用者，施加者与接受者，作用力与反作用力。渗透力是渗透水流施加到颗粒形成的土骨架上的力，土骨架对渗透流体作用有反作用力，是现实存在的，作用关系是明确的。

图 6 表示的是在水平渗流情况下，土骨架中某颗粒 i 与流动的孔隙水间力的相互作用：在颗粒表面上各点作用有水的法向压力；由于黏滞性，渗流在颗粒表面上作用有切向拖曳力。如果沿着颗粒表面将法向压力的竖向分量进行面积分，则得到水对于颗粒 i 的浮力 $F_i=\gamma_w V_{si}$，V_{si} 为该颗粒的体积。亦即等于此颗粒排出水的重量，可见它是一个体积力。

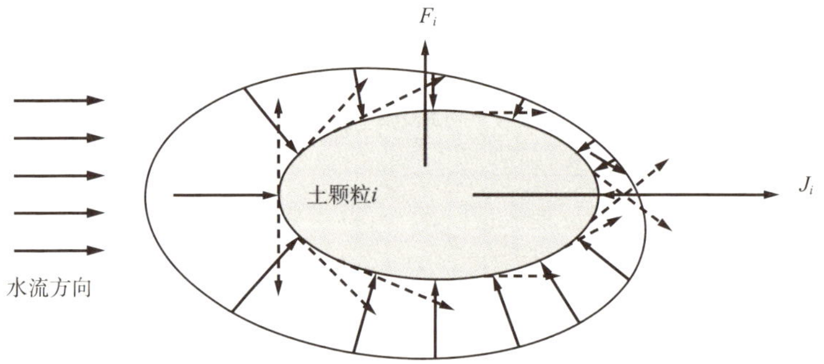

图 6　水平渗流情况下的骨架中某颗粒受力示意图

如果沿着颗粒表面将法向压力的水平分量和切向力的水平分量积分，则得到水对于该颗粒的水平推动力与拖曳力 J_i，可见它与浮力一样也是一个体积力，具有明确的体积力要素。如果不去论证浮力为虚拟力，就没有理由讲渗透力为虚拟的力。

现实中的渗透力可以引发大规模土体滑动、泥石流和惨烈的地质灾害，可以引起饱和土体的流土与管涌及严重的工程事故。如你在齐腰的激流中，会被水流冲倒而丧命（即使是几个人拉在一起形成骨架）；在汹涌的人流中你与几个人组成人墙骨架，企图阻挡人流，你就可能被人流冲撞、挤压、拖曳（亦即渗透力）而失稳，被踩踏。当你感到切肤之痛时还会认为渗透力是虚拟的吗？

达西定律 $v=ki$ 中的土中渗流流速 v，由于不同于孔隙中水的真实流速，也被说成是虚拟的流速。在图 7 中水平流量被全断面除，则认为是达西定律中的流速 v。有人认为土中的“真实流速”应为 $v_s=v/n$，其中 n 为土的孔隙率。从图 7 可见这也并不“真实”，因为水在土骨架的孔隙中流动，其行为极其复杂，其流向与流速难以准确描述。

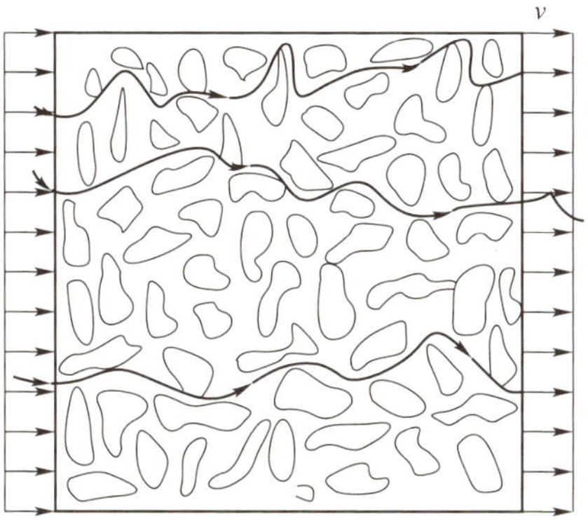

图 7　土中水的流动

其实现实中的流速也不是如流体力学中抽象的那样规矩顺畅。拥挤的人群向着一个方向流动，每个个体却会伴以各种随机运动；即使是在天安门的大阅兵，看起来整齐划一，却也永远达不到数学上的直线。大江东去，也有乱石穿空，惊涛拍岸，卷起千堆雪；涓涓细流也有落花流水，微风涟漪。静水中微粒的布朗运动是液体分子处于不停顿无规则热运动的宏观表现，水分子在流动过程中也是有随机的运动的。在山间溪水的激流中，水在嶙峋的怪石缝隙中流动，情况也是一样的。我们也只能用流量除以河谷断面作为其表现的流速。

正如恩格斯所说，“所谓全部纯数学都是研究抽象的”，“但是，只要数学家退入他们的不可攻克的抽象堡垒，这一切相似就都被忘却”。数学中的“点”是没有面积与体积的；直线与平面上所有点的 $\frac{\partial s}{\partial n}\equiv 0$，亦即在其法向不允许有任何波动。力学中的“质点”有质量，而无体积。在研究运动时，铅球可认为是质点，在研究地震反应时，一层楼也可简化为质点，但研究天体运行时，甚至地球、太阳也可抽象为质点。“刚体”是不变形的，即模量 $E=\infty$。所有的科学都离不开抽象，而抽象也离不开现实。但是抽象并不是“虚拟”：“忽闻海上有仙山，山在虚无飘渺间”，虚拟的滥用会使科学家陷入虚无主义的泥塘，也使土力学的初学者陷入概念的混乱。

有人习惯于认为数学力学中那些离实际很远的“极端的抽象”理所应当，而把土力学中，结合对象与学科特点进行的符合实际的，充满现实感的抽象视为虚拟，这是很使人费解的。很有趣的是，有人难以接受图 2 中的波浪形截面 M-M，认为土骨架的有效应力为虚拟。可是换作图 8 中的平面 M-M，就顺眼了，不再叫“虚拟”了，那么哪个更“真实”呢？一些钻进象牙塔，迷恋于经典数学、力学的人，会把一些极端抽象的东西（质点、平面、应力等）当成现实，而把丰富多彩、千姿百态的现实视为虚拟。

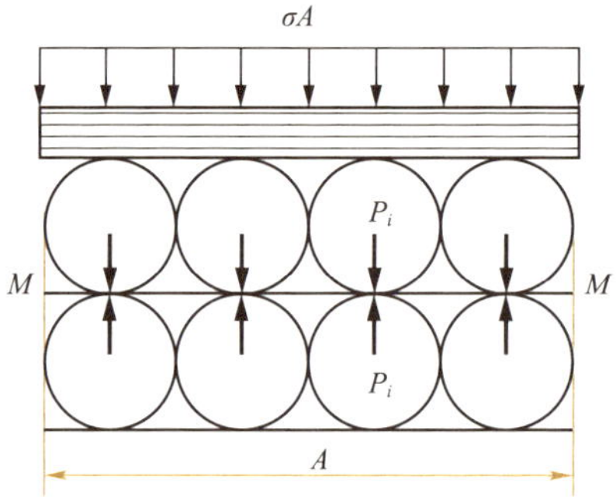

图 8　土骨架的应力示意图

这种动辄“虚拟”的说法对于土力学学科是不利的，对于土力学教学是有害的，会使学生建立不起对于土及其各相间相互作用的真实的、感性的认识。“虚拟”是认识论中的误区，即把抽象与现实对立起来，将科学与现实生活与工程实际对立起来。那种视极端抽象为现实，视实用的抽象为“虚拟”，正是这种倾向。由于土是由肉眼可见的颗粒组成的碎散的集合体，这与经典力学的对象，如连续的固体和流体介质是不同的。其中的平面、应力和流速要从数学力学的“极端的抽象”中解放出来，用更大的尺度观察、认识与抽象。土力学学习，认识和解决土工问题需要更广阔的视野与更开阔的视角，不应限于数学、力学的传统概念；要善于采用更合理的抽象与假设，忽略次要因素，抓住主要矛盾；应立足现实，以解决实际问题为目的；无需削足适履，一定要纳入经典力学的樊笼。

7.3 论最小安全系数的搜索

对于土质边坡的抗滑稳定分析，目前最常用的是极限平衡法。为了确定滑动面上的正应力与抗剪强度，通常都是将滑动土体离散为条与块。按照对条间力的不同假设，又有瑞典圆弧法、毕肖甫（Bishop）、简布（Janbu）法、沙尔玛（Sarma）法、斯宾塞（Spencer）法、传递系数法和摩根斯坦—普莱斯（Morgenstern-Price）法等。它们使用的滑动面有的是圆弧滑动面，有的是任意滑动面。一般情况下是满足条块的静力平衡条件越多、假设越少，其计算的精度也就越高。

这种极限平衡法的计算都是针对于一个假设的确定的滑动面，计算其抗滑稳定安全系数。但是这个假设的滑动面不一定是真实的滑动面，真实的滑动面是所有滑动面中，计算的安全系数最小的那一个。这样就需要在所有可能的滑动面中找出最小的安全系数和相应的滑动面（临界滑动面）。

对于一元函数 $y=y(x)$，其极值应当是导数为零的点，即 $\mathrm{d}y/\mathrm{d}x=0$ 时的 x 与 y；对二维、三维问题，就是求泛函的最小值问题。所谓泛函就是"函数的函数"。

目前针对边坡稳定的最小安全系数的求法，提出和发展了很多方法和手段，都是力求以最少的搜索次数，找到最小的安全系数的滑动面，它们有：

（1）数学方法：枚举法、单形法、牛顿法、优化法（模拟退火法、粒子群优化法、动态规划法）等。

（2）仿生算法：遗传算法、蚁群算法等。

（3）随机搜索法：主要是用于寻找局部极值。

其中的枚举法是最简单和最"笨"的方法，也是最基本的方法，其实就是撒大网的方法。以圆弧滑动面为例，它是按一定的间距改变滑动面的圆心与半径，寻找"真实"的滑动面。据说德国人十分严谨、认真，如果在室内掉到地上一个重要的小螺丝，他们会在地板上画出纵横坐标，然后按照坐标的网格搜索。

牛顿法通过解析手段寻找使安全系数（目标函数）F_s 对自变量 z_i 的偏导数为零的极值点 $\left(\partial F_s/\partial_{zi}=0, i=1,2,\cdots,n\right)$，也称为以导数为基础的方法（Gradient-based method）。

寻找极值效率最高的方法当然是从数量场中的某一点沿着变化率最大的方向，即沿着梯度的方向搜索，亦称为"梯度法"，或者"盲人爬山法"。图 1 中有四个盲人站在一个山包四面的山脚下，要求每人在无其他人帮助的情况下，尽快爬到山顶 D 处。他们持手杖向各方探索，发现最大的增高方向（梯度）就前进一步。结果他们基本没走弯路，用很短的时间几乎同时登上了山顶。

由于我们要找的是最小安全系数，应沿着减少率最大的方向，所以称作"负梯度法"或梯度下降法。对于搜索最小的安全系数，盲人实际是要下山，即沿着负梯度寻找坑底，但这样风险就大了，一不小心就会落入水坑或者河谷，这就要有人保护。

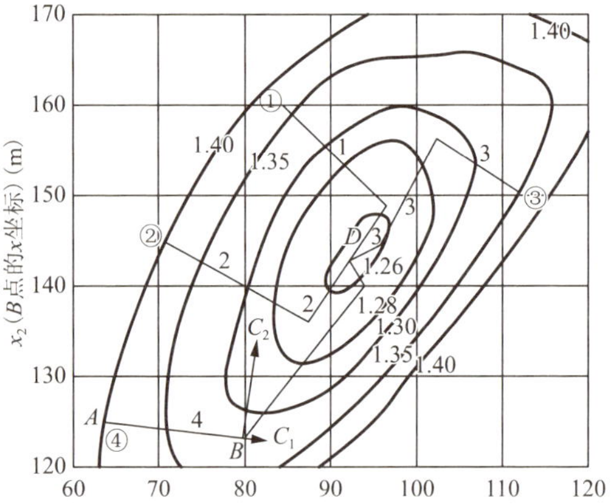

图 1 “盲人爬山法”

常言道：这山望着那山高，杜甫诗云“会当凌绝顶，一览众山小”，也就是说在一个区域有若干山包的情况，要找到最高峰是不易的，对于盲人那就更不可能了。

1976 年唐山地震中，震中唐山市区最大烈度为 11（XI）度，但其烈度并非以震中为圆心的同心圆。天津、蓟县附近就是相对高烈度区中的局部低烈度区；而宁河、迁安地区则是低烈度区中的局部高烈度区，伤亡惨重。

图 2a）中的土坡中间夹有一层低强度土层，采用圆弧滑动面，得到 F_{s2min} 是局部极值，而 F_{s1min} 才是整体极值，亦即实际会发生的滑动面。图 2b）表示的是一个有软弱夹层的土坝，用非圆弧的普遍条分法计算，可见只有 F_{s2min} 才是整体极值，而 F_{s1min} 和 F_{s3min} 则是局部极值。

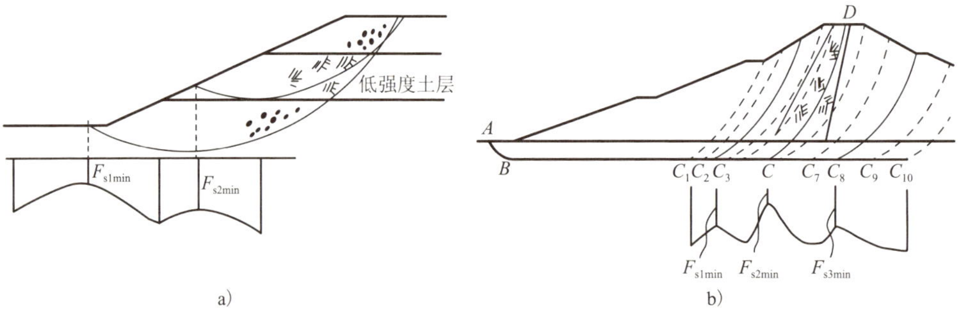

图 2 边坡稳定分析的局部极值和整体极值

据说一群盲人听说过但没有接触过大象，有一次来了一头温顺的大象，盲人们请求摸一摸，象主人答应了。摸过以后有的说原来大象就像一面墙；有人反驳说像一根柱子；有的说像一根弯曲的棍子；有人嘲笑道："哪里，明明像一条皮管嘛。"盲人摸象如图 3 所示。

图 3　盲人摸象

这就说明，盲人爬山法寻找极值有一个致命的缺点，那就是往往找到的是局部极值而非整体极值。可能爬上一个小山包就以为登上了泰山。在复杂土层和边界条件下的边坡稳定分析中，搜索其整体极值往往是十分重要又困难的工作，一般是首先通过较大范围的随机搜索，再用其他方法进行进一步搜索。正如辛弃疾在其词《青玉案》中感叹："众里寻他千百度，蓦然回首，那人却在，灯火阑珊处"。

第8章

地基承载力

8.1 论安全系数及荷载与抗力

这是一篇我一直想要写的东西，读起来不甚轻松，内容略显艰深。不过所论的概念还是很有意义的，推荐大家耐心地读下去。

1. 岩土工程中的安全系数

所谓安全系数法，亦称“单一安全系数法”。它企图将工程中所有不确定性因素，都包含在单一的安全系数之中。安全系数通常可表示为K、F_s或其他。安全系数的取值是根据以往的经验，用规范和标准等形式规定的。这些不确定性包括作用（荷载）的数值范围，材料的性质与参数，计算、施工外部条件的准确性与可靠性；同时也包含工程项目的重要性和破坏后果的严重性，包括政治、经济、环境和社会的各种因素。可以说，安全系数是个筐，一切不确定性都往里装。因而就无需再引入其他系数，例如所谓的建筑物等级不同的重要性系数、永久工程与临时工程的工作条件系数、材料质量差异的折减系数、条件不同对应的放大系数、在抗力单一或各自独立时抗力的发挥系数等，它们本来就是包括在安全系数这个筐里的东西，可是有些规范就似乎没有认识到这一点。常常存在“房上叠房，床上摞床，筐里套筐，过度包装”的情况，这在注册岩土工程师执业资格考试中常会出现，弄得考生不知所措。

基于经验的单一安全系数法与基于可靠度分析的分项系数法是两种截然不同的设计理念。安全系数法分析中的荷载部分采用作用（荷载）标准组合的效应，抗力部分采用极限抗力（强度）的标准值。2014年实施的《建筑边坡工程技术规范》（GB 50330—2013），采用安全系数法分析岩土稳定性（例如锚杆），其抗力竟然使用极限抗力（强度）的标准值除以抗力分项系数的设计值，造成安全系数与分项系数的混合应用，这是严重的概念错误。

岩土工程中设计需要安全系数，是由于其中的不确定性及由此产生的风险。通过区分荷载与抗力，确定结构、构件的安全度，规定抗力与荷载二者的比值，保证工程的可靠性与安全性。如果问题的有关作用与抗力都是准确可知的，或者两个作用具有同样的边界条件，采用相同的计算参数与计算方法，数值相等，方向相反，二者是可以相互抵消的，就不需区分荷载与抗力，也无需进行稳定性分析。例如我们站在地球上，每一寸皮肤都承受 p_a=100kPa 的大气压力，只要血压正常，就无需担心会因此前倾后仰跌倒而伤亡。不必将身后的大气压当成荷载，胸前的大气压作为抗力，因计算向前倾倒的安全系数只有 1.0，达到处于被推倒的极限平衡状态，每天感到有几十吨的荷载压在背后，惶惶然不可终日。于是时刻持一手杖以增强之，尽管杯水车薪，毕竟安全系数已大于 1.0。这纯属杞人忧天，庸人自扰。

图 1a）为一面地下连续墙，两侧水平土压力都是 $K_0\gamma z$，尽管一般 $K_0=1-\sin\varphi$，其中似乎含有不确定性参数 φ，但对于平坦的天然地面，前后静止土压力是完全相互抵消的，根本不存在荷载与抗力之分，不存在稳定性与安全性问题。在图 1b）中，地下连续墙位于静水中，两侧作用着相同的静水压力，它们也是准确可知并可抵消的。考虑墙体上作用有浮力，从墙体自重中扣除浮力即可，无需将静水压力分别当成荷载与抗力进行稳定性分析。

图 1c）是在情况 a）的左侧开挖了基坑，如果右侧的总主动土压力数值上等于左侧的总被动土压力，即 $E_a=E_p$，那么在验算墙的抗滑移稳定时，它们是否也可相互抵消而无需验算其抗滑稳定性呢？答案是否定的，因为这时的主动土压力为荷载，被动土压力以及墙底摩擦力为抗力。因为主、被动土压力计算理论与土的强度指标都有不确定性，如果确定的 c、φ 值偏大了，则荷载低估，抗力高估，就具有墙滑动失稳的风险。

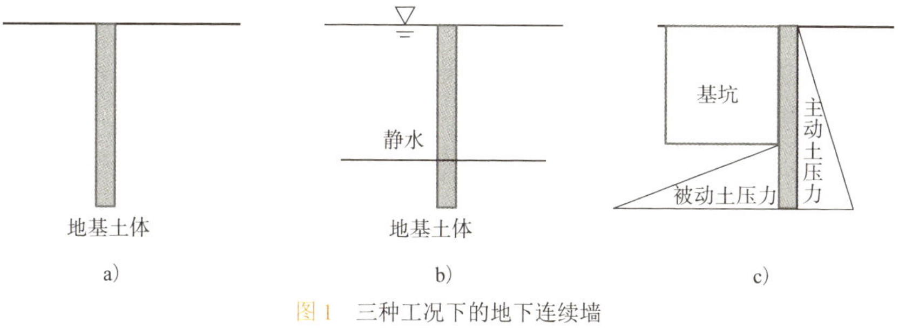

图 1　三种工况下的地下连续墙

2. 安全系数的两种定义与表达方式

在岩土工程中，关于安全系数的定义与表示，在不同稳定性分析的课题中不尽相同。但通常可分为两大类，即定义为荷载放大系数与抗力（强度）折减系数。这就像你去借月利息 10% 的高利贷 1 万元，前者是一个月后要还 1.1 万元，后者是要预先缴纳 1 千元利息，你只能拿走 9000 元现金。

在边坡稳定分析中，将岩土体的滑动力 T 乘以放大系数 F_s，安全系数就意味着是荷载放大系数或超载系数。这样，在极限平衡条件下滑动力就变成

$$\overline{T}=F_sT \tag{1}$$

如果认为安全系数是反映抗力储备的折减系数，则极限平衡条件下土的抗剪强度（指标）表示为

$$c_e=\frac{c}{F_s} \tag{2}$$

$$\tan\varphi_e=\frac{\tan\varphi}{F_s} \tag{3}$$

在稳定分析中，如果安全系数可以直接用一个公式计算（显式），则两种定义没有什么区别，可以得到相同的安全系数，如图 2 所示。

在图 2 中，沿着滑动面的滑动力（荷载）为

$$T=W\sin\theta \tag{4}$$

抗滑力（抗力）为

$$R=W\cos\theta\tan\varphi+cl \tag{5}$$

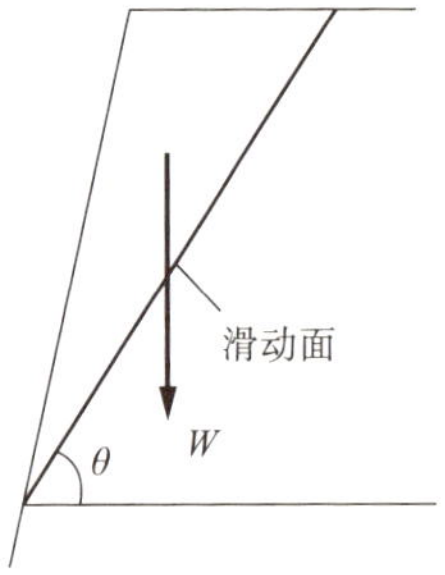

图 2　外倾结构面的岩体抗滑稳定分析

按照安全系数为荷载放大系数，则极限平衡条件为：$\overline{T}=F_sT=R$，则

$$F_s=\frac{W\cos\theta\tan\varphi+cl}{W\sin\theta} \tag{6}$$

按照安全系数为抗力（强度）折减系数，则极限平衡条件为：$\overline{R}=R/F_s=T$，同样是

$$F_s=\frac{W\cos\theta\tan\varphi+cl}{W\sin\theta} \tag{7}$$

可是在安全系数为强度折减的隐式计算中，有时无法用一个公式直接计算安全系数，需要进行迭代，则两种安全系数定义会得到不同的解答。以图 3 所示的一土坡条分法分析为例，如果采用传递系数法的显式（F_{s1}）与隐式（F_{s2}）分别计

算，其比值见表 1。

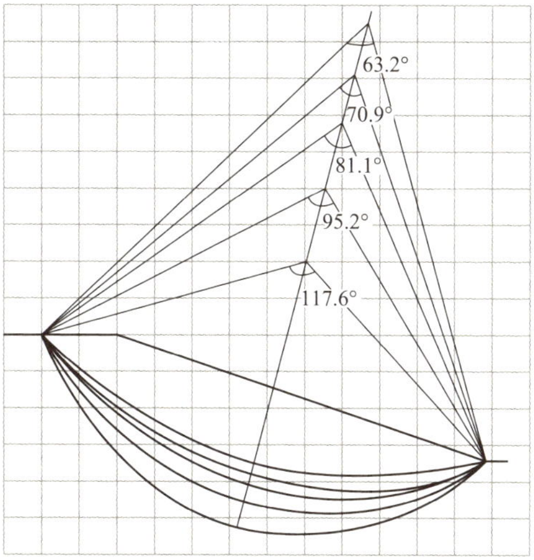

图 3　传递系数法分析边坡的稳定性

传递系数法的显式与隐式计算安全系数之比　　表 1

圆心角（°）	117.6	95.6	81.1	70.9	63.2
F_{s1}/F_{s2}	1.46	1.22	1.14	1.10	1.08

可见用显式法计算的安全系数偏大，滑动面圆心角越大，其偏差越大。在各种边坡稳定分析的极限平衡条分法中，计算的安全系数越小，就越接近于真实解，因而传递系数法的隐式计算更合理。在我国常用的传递系数法常常被一些学者诟病，在大型岩土坡的稳定分析中也很少被应用，其中原因之一就在于此。

3. 地基承载力的组成部分

目前在我国土木建筑和交通、水利等行业的有关地基基础设计中，地基承载力确定的方法情况较为复杂。对于建筑等级较低的建筑物，多用基于正常使用极限状态下的地基容许承载力；对于等级较高的建筑物以及需要验算稳定性的情况，常采用承载能力极限状态的安全系数法，同时进行沉降计算。在建筑行业的规范中，对于土的强度标准值、载荷试验中承载力特征值的确定，又考虑了样本的均值和标准差，这与可靠度设计中的概率极限状态设计理念贴近。地基承载力确定的方法通常有：

（1）地基极限承载力（太沙基、普朗德尔、汉森、梅耶霍夫等公式）的普遍公

式可表示为

$$p_u=\frac{1}{2}\gamma bN_\gamma+qN_q+cN_c \tag{8a}$$

(2)《建筑地基基础设计规范》(GB 50007—2011)中的地基容许承载力公式为

$$f_a = M_b\gamma b + M_d\gamma_m d + M_c c_k \tag{9a}$$

(3)《建筑地基基础设计规范》(GB 50007—2011)中的承载力特征值公式为

$$f_a=f_{ak} + \eta_b\gamma(b-3) + \eta_d\gamma(d-0.5) \tag{10a}$$

式(9a)其实为地基内塑性区发展范围的计算公式,可列为容许承载力的范畴。式(10a)中的地基承载力特征值 f_{ak} 可通过浅基础载荷试验确定,确定方法分为下面三种:

① p-s 曲线的比例界限 p_{cr}。

②极限承载力除以 K=2 的安全系数。

③取 s/b 为一定值对应的荷载。

在以上各种确定承载力的理论公式中,地基的承载力一般包括三个组成部分,从图 4 和式(8a)～式(10a)可以发现,地基承载力的三个组成部分为:

(1)滑动土体自重产生的抗力可分别表示为 $\gamma bN_\gamma/2$、γbM_b 和 $\eta_b\gamma(b-3)$。

(2)滑裂面上的黏聚力产生的抗力,可分别表示为 cN_c、c_kM_c。

(3)埋深部分两侧荷载 $q=\gamma d$ 产生的抗力,分别是 qN_q、γdM_d 和 $\eta_d\gamma_w(d-0.5)$。

其中部分(3),即埋深部分 $q=\gamma d$ 产生的承载力又可能分为三个部分:

①地基在极限荷载 p_u 作用下,γd 可起抵抗周边地面隆起的压重。

② γd 这部分重量在滑动面上产生的摩阻力。

③滑动面穿过埋深 d 部分的摩阻力与黏聚力。

如果地基土 φ_u=0°,c_u=0 时,上述的部分②为零;对于浅基础,部分③可以忽略;部分①表明地基极限承载力系数 N_q=1.0。在图 5 中,各作用力对点 A 取矩,则 $p_u=\gamma d$,N_q=1.0。这时可以想象 A 点左右两侧的均布荷载 p_u 与 γd 就像以 A 点为轴的天平一样,只有相等才能平衡。

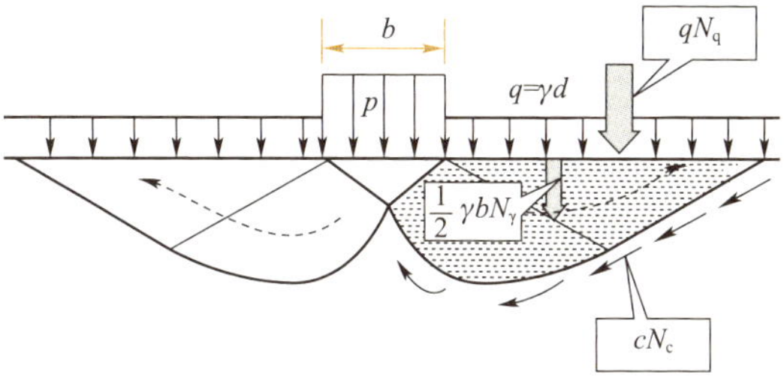

图 4　地基极限承载力的三个组成部分

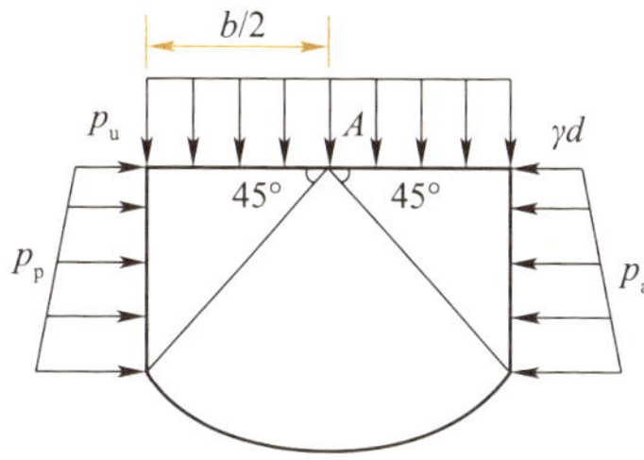

图 5　φ_u=0°，c_u=0 时 $q=\gamma d$ 部分产生的极限承载力

4. 地基承载力的抗力与荷载

我们知道水的抗剪强度为零，即 $\tau_f=0\text{kPa}$，$c=0\text{kPa}$，$\varphi=0°$，因而静水似乎是不可能有承载力的。但是如果我们看图 6，一个底面积为 A 的木块，漂浮在静水中，埋入水中的深度为 h，从式（8a）可知其极限承载力系数 N_q=1.0，N_c 与 N_q 都为零。则水对于该木块的极限承载力为

$$Q_u = Ap_u = N_q\gamma_w hA = \gamma_w V_w \tag{11}$$

式中，$\gamma_w V_w$ 就是木块排出水的重量，也就是水对于木块的浮力。所以水的埋深承载力系数 N_q=1.0。如果用式（9a）表示，则 $f_a=\gamma_w V_w$。

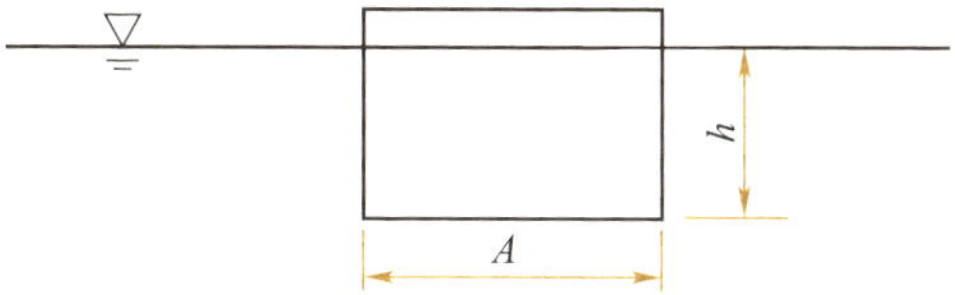

图 6　静水中的木块

在我国的《建筑地基处理技术规范》（JGJ 79）中，多年来都有"经处理后的地基基础宽度的地基承载力修正系数为零；基础深度的地基承载力修正系数为 1.0"的规定。对于这一规定，不少工程技术人员是有不解与不满的。如上所述，只有在 φ_u=0° 时才是如此。而目前由于复合地基广泛地应用于小高层甚至高层建筑，需处理的地基持力层的承载力可能很高，这一规定无疑是保守的。

记得在 2002 年《建筑地基处理技术规范》（JGJ 79）征求意见稿中，又补充了一个规定："对于流塑的淤泥土，基础埋深的地基承载力修正系数为 0.8"。于是我给张永钧先生寄去了图 6，写道：如果 N_q<1.0，则"水可覆舟，不可载舟"，就只适用于传说中的"弱水"，于是他们随即取消了这一条。

我们如果仔细比较一下式（8a）～式（10a）就会发现，当 φ_u=0° 时，$N_q=M_d=\eta_d$=1.0，

这是一个非常有趣的现象。其中式（10a）是地基承载力特征值的宽、深度修正公式，由于考虑基础埋深不应小于 0.5m，以避免工后地面被冲刷、剥蚀，所以我们可假设 $\bar{d}=d-0.5$ 为有效埋深，则把 $\varphi_u=0°$ 时的三个公式写成

$$p_k=\frac{F_k+G_k}{A}\leqslant f_a=\frac{1}{F_s}(\gamma d+N_c c) \tag{8b}$$

$$p_k=\frac{F_k+G_k}{A}\leqslant f_a=\gamma d+M_c c \tag{9b}$$

$$p_k=\frac{F_k+G_k}{A}\leqslant f_a=f_{ak}+\gamma\bar{d} \tag{10b}$$

我们发现，式（9b）和式（10b）都可以写成 $p_k-\gamma d\leqslant f_{ak}\ M_c c$，而只有式（8b）为 $p_k-\gamma d/F_s\leqslant N_c c/F_s$。亦即式（9b）和式（10b）都允许把 γd 从荷载中直接扣除；而在式（10b）中，却只能扣除 $\gamma d/F_s$。

其实在 $\varphi_u=0°$ 时，$N_q=1.0$，这时承载力 γd（不管是极限承载力，还是容许承载力，还是设计承载力－承载力特征值），都与水的浮力一样，已经不包含任何不确定的因素了，在图 6 中我们可以将水的极限承载力 $\gamma_w V_w$ 直接从木块的自重荷载中扣除，因而图 6 中的问题也就不必区分荷载与抗力，无需进行稳定分析：鱼游浅底，船行水面，是悠哉游哉的自然现象，无需无中生有地去分析其稳定性。其实在一些有关规范的式（9b）和式（10b）中，右侧地下水位以下 γ 取浮重度，左侧 G_k 为基础及以上土的重量，地下水位以下扣除浮力。这也就是说，对于水位以下的基础，土中水的承载力从荷载中直接扣除了或者两边抵消了。

这样来看，式（8b）就不对了，γd 这部分没有不确定的东西，无需除以安全系数。与此类似的还有《建筑地基基础设计规范》（GB 50007—2011）中关于饱和软黏土基坑的抗隆起稳定公式，见图 7 与式（12a）。

$$\gamma(h+t)+q\leqslant\frac{1}{F_s}(N_c c_u+\gamma t) \tag{12a}$$

规范中给出 $N_c=5.14$，为 φ_u 普朗德尔的极限承载力系数。如上所述，$N_q=1.0$，两侧的 γt 是应当直接消除的，可变成为式（12b）。但这里右侧 γt 却被除以安全系数 F_s。很多基坑设计者抱怨用这个公式计算地下连续墙的插入比非常高，用不起，以上的误用可能是一个原因，如果改为式（12b）就合理了。

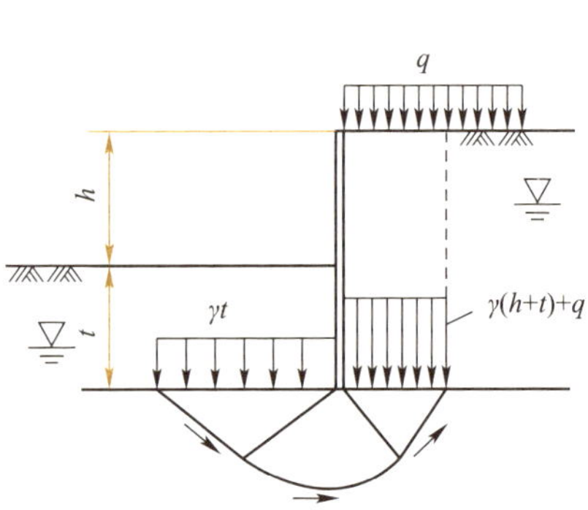

图 7　软土基坑的坑底隆起

$$\gamma h + q \leqslant \frac{1}{F_s} N_c c_u \tag{12b}$$

《铁路桥涵地基和基础设计规范》（TB 10002.5—2005）就正确地认识到这一点，对于浅基础的容许承载力公式为

$$[\sigma] = \frac{5.14c_u}{m'} + \gamma h \tag{9}$$

式中，c_u 是淤泥土的不排水强度；m' 为安全系数；γ 为基底以上的土的重度；h 是基础埋深。由于 γh 这部分极限承载力没有被安全系数除，就可以从荷载中扣除 γh，亦即将 γh 当成负的荷载。

5. 敌军与我军

这里所谓的敌军即指荷载，我军即为抗力。在各种的稳定性分析中，分清敌我是先决条件。如上所述，有的问题中的一些力、力矩是可以相互抵消的；有些力（力矩）为抗力还是作为（负）的荷载，有些力（力矩）是作为荷载还是从抗力中扣除，结果是完全不同的。一般来讲，由于要求的安全系数大于 1.0，所以荷载的权更重很多。例如毛泽东的战略思想，就是“集中优势兵力，各个歼灭敌人”，在这样的歼灭战中，往往要求我军人数为敌军的数倍，这个“数倍”就是安全系数。

有时如何界定荷载与抗力是有理论基础的，不能随意处理，如以上所讲的一些情况。在挡土墙的滑移与倾覆稳定分析中，主动土压力总是荷载，而被动土压力则当成抗力。不应把主动土压力与被动土压力之差的“净土压力”作为荷载。一方面，由于土的被动土压力状态是一种极限应力状态，需要较大的位移，一般工程是难以达到的。另一方面，被动土压力对于内摩擦角 φ 极为敏感，降雨、振动等降低了 φ 会使被动土压力骤降，所以在挡土墙稳定分析中，都是把它除以安全系数作为抗力。

在稳定问题中的水压力也有一定的规定，在图 8a）中，两侧都作用有水压力 P_1 与 P_2，上海的基坑规范规定，以两侧的水压力差 P_1-P_2（净水压力）为荷载，这是对的。而《建筑基坑支护技术规程》（JGJ 120—2012）规定 P_1 为荷载，P_2 为抗力则是错的。

在图 8b）中，水泥土墙两侧具有相同的地下水深度。在验算其抗倾覆稳定时，水泥土墙的自重 W 在水下可按浮重度计算，亦即 P_1=P_2 相互抵消，将扬压力

P_3 从墙的自重 W 中扣除。如果像《建筑基坑支护技术规程》（JGJ 120—1999）那样，把 P_3 当成荷载，与 P_1 一起产生倾覆力矩，那又错了。

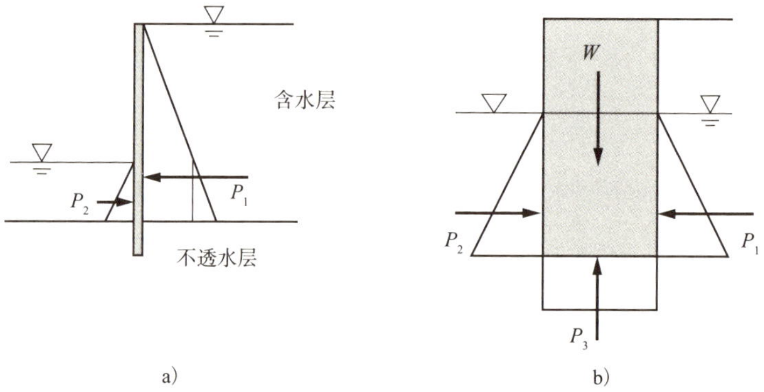

图 8　结构上的水压力

有的时候，判断敌我似乎是约定俗成的习惯。比如葛优的老爹葛存壮，陈佩斯的老爹陈强，在影视剧中一直都扮演恶霸、国军、日军翻译、土匪、反动权威等，于是在影视剧中见到他们就自然把他们归入了敌方。

在图 9 所示的传递系数法最后一条块 n 的抗滑稳定分析中，条块 n 上除下部反力外，还作用有两个力：自重 G_n 和（n−1）块的剩余推力 P_{n-1}。将 P_{n-1} 分解为平行于滑面与垂直于滑面的两个分力 T_{n-1} 和 N_{n-1}，其中 T_{n-1} 当然是荷载 - 滑动力；而由于 N_{n-1} 向下垂直于滑面，将产生 $N_{n-1}\times\tan\varphi$ 摩阻力，结果是增加了抗力 - 摩阻力。所以这里有一个一般性的规定，在滑移稳定分析中，不管什么力，其垂直滑面的分力而产生的摩阻力都归入抗力项，例如孔隙水压力 u 就产生负的抗力（$N-ul$）$\tan\varphi$。

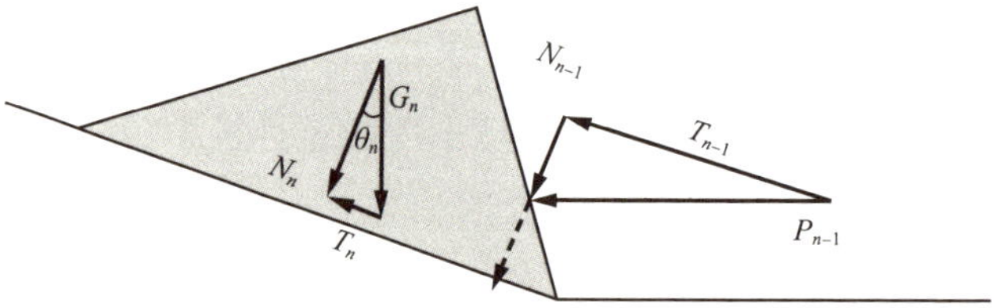

图 9　传递系数法的最后一条块的稳定分析

自重 G_n 也分解为 T_n 和 N_n，其中 N_n 乘以 $\tan\varphi$ 产生抗滑力 $R_n=G_n\cos\theta_n\tan\varphi$，冤枉的是切向力 $T_n=G_n\sin\theta_n$，它本是不愿意向左滑动的，一心想加入"我军"以抵抗向左的滑动，似乎应算入"我军" R 项。可是在平面、圆弧、任意曲线的稳定分析中，所有的 $G_n\sin\theta_n$ 都算为滑动力，只能算入"敌军"，算作负的滑动力。

有时，荷载与抗力的规定可能是有歧义的。这个规范这样规定，那个规范那样规定。你这样考虑，他那样考虑，所谓见仁见智了。例如，《建筑边坡工程技术规范》（GB 50330—2013）关于不稳定岩块的局部锚杆规定见图 10。

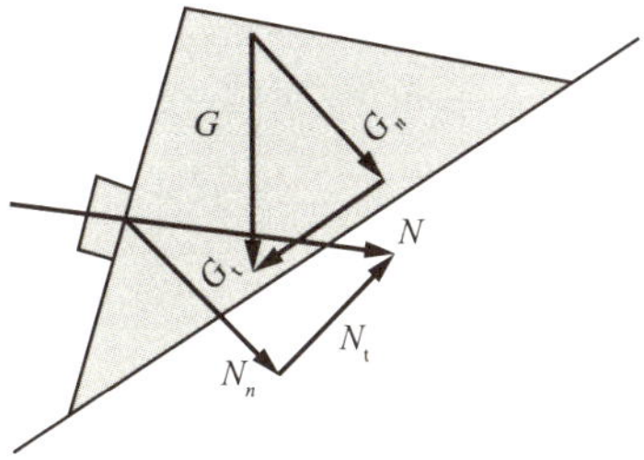

图 10 不稳定岩块的局部锚杆

$$K_b(G_t - fG_n - cA) \leqslant \sum N_t + f\sum N_n \tag{10}$$

式中：A 为滑动面面积（m^2）；c 为滑移面的黏聚力（kPa）；f 为滑动面上的摩擦系数；G_t、G_n 分别为不稳定块体自重在平行和垂直于滑面方向的分力（kN）；N_t、N_n 分别为单根锚杆轴向拉力在抗滑方向和垂直于滑动面方向上的分力（kN）；K_b 为锚杆钢筋抗拉安全系数。

这个规程是把锚杆的摩阻力及与锚杆的与滑动反向的切向力都当成抗力“我军”，而把（$G_t - fG_n - cA$）当成荷载“敌军”，尤其难以理解的是像 fG_n 与 cA 这样的老牌抗滑力，它们也被投入了（负的）“敌军”阵营。这里可以理解为（$G_t - fG_n - cA$）是危岩在锚杆加固之前岩块的剩余下滑力，抗力是我们拟建的锚杆。像这种情况，只能按照规范的规定计算了。

8.2 论复合地基中的发挥系数

在地基基础设计中，特别是在复合地基的设计中，地基的承载力发挥系数是一个常用的重要参数。如果承载能力是单项的，则无需发挥系数，可通过调节安全系数反映它；但如果承载能力由两项或多项组成，并且它们之间是相互影响的，不同组成部分的发挥系数就是必要的了。最近审阅了几本规范的征求意见稿，其中一些涉及复合地基中的桩、土发挥系数。其中桩间土发挥系数取值大于 1.0，这是错误的。

翻阅《建筑地基处理技术规范》（JGJ 79—2012）与《复合地基技术规范》

（GB/T 50783—2012）可以发现，在桩土复合地基中，常引进单桩与桩间土的承载力发挥系数 λ 与 β，并且它们一律小于或等于 1.0。这是很容易理解的，因为单桩与桩间土是软硬不同的承载体，两者的承载力发挥程度取决于竖向变形的协调，同时达到各自的极限承载力几乎是不可能的。

有一个童话，讲的是老公公、老婆婆、小女孩、小狗、小猫与小老鼠齐心合力一起拔萝卜，最后终于把大萝卜拔了起来。这似乎是要教育孩子们团结就有力量，其实这很不科学，因为其假设条件是

$$p_{\mathrm{u}}=\sum_{i=1}^{n}p_{\mathrm{u}i} \tag{1}$$

亦即总的极限拉力等于 n 个单体的极限拉力之和，这明显是一个悖论。比如猫发挥其洪荒之力咬住狗的尾巴拼命地拉，狗的尾巴是否能承受？狗又会不会甘心让猫咬住尾巴拉？因而最后可能是一些个体的发挥系数为 0。在复合土钉墙中，可能同时存在土钉、锚杆、微型桩和水泥土桩，它们软硬不和，强弱不一，让这四项都按照式（1）同时发挥极限承载力是不可能的，甚至可能发生有的部分（如预应力锚杆）在很小变形时就超过峰值而失效，“出师未捷身先死”，随后各个击破，以多米诺骨牌的方式渐进破坏。

在桩土复合地基中，我们希望单桩与桩间土的发挥系数都要高，最好都达到 1.0。这就要采取措施，那就是设置褥垫层，见图 1。

图 1 表示的是在复合地基的基础下设置褥垫层的情况，它的设置使桩间土的沉降更大，使土的应变也就更大，有利于发挥桩间土的承载力。图 2 表示的是填方土堤下的桩与桩间土，这时由于桩顶面积有限，可能即使桩间土达到了极限承载力，桩分担的荷载也很有限。图 3 是桩与桩间土不同情况下极限承载力发挥系数的示意图。图 3a）表示的是无褥垫层的情况，这相当于桩基础。由于刚性的承台向下平移，很小的位移就使基桩达到了极限承载力，而桩间土还远未发挥其承载力，$\beta \approx 0$。图 3b）属于褥垫层较薄，桩间土承载力发挥系数 $\beta < 1.0$。图 3c）的褥垫层厚度合适，使桩与土几乎都发挥了极限承载力，可认为两者的承载力发挥系数都等于 1.0。图 3b）表示的是图 2 的土堤下复合地基，由于填土很软，桩顶深深地刺入填土中，桩顶相对于原地面几乎没有沉降，所以这些桩作用很小。为了增加桩上的荷载，可以设计为桩网结构，用土工格栅加碎石垫层的拱效应和膜效应增加桩上的荷载。

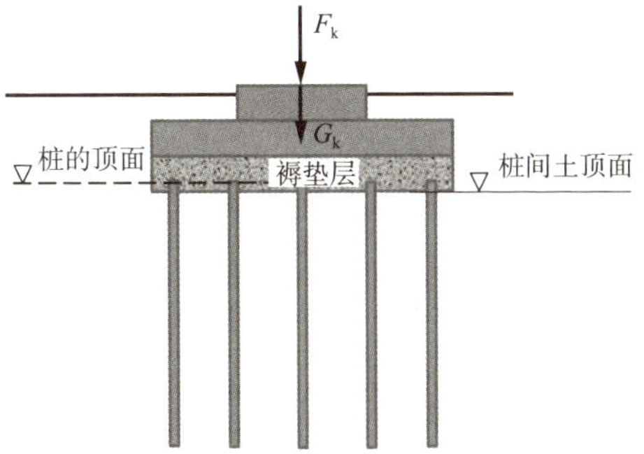

图 1　复合地基中的褥垫层

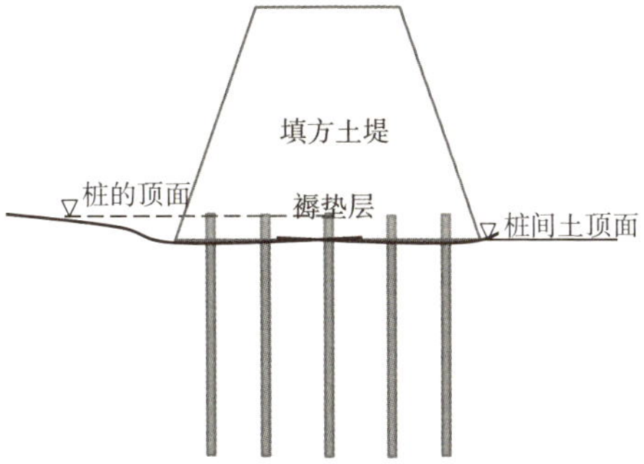

图 2　填方土堤下的复合地基

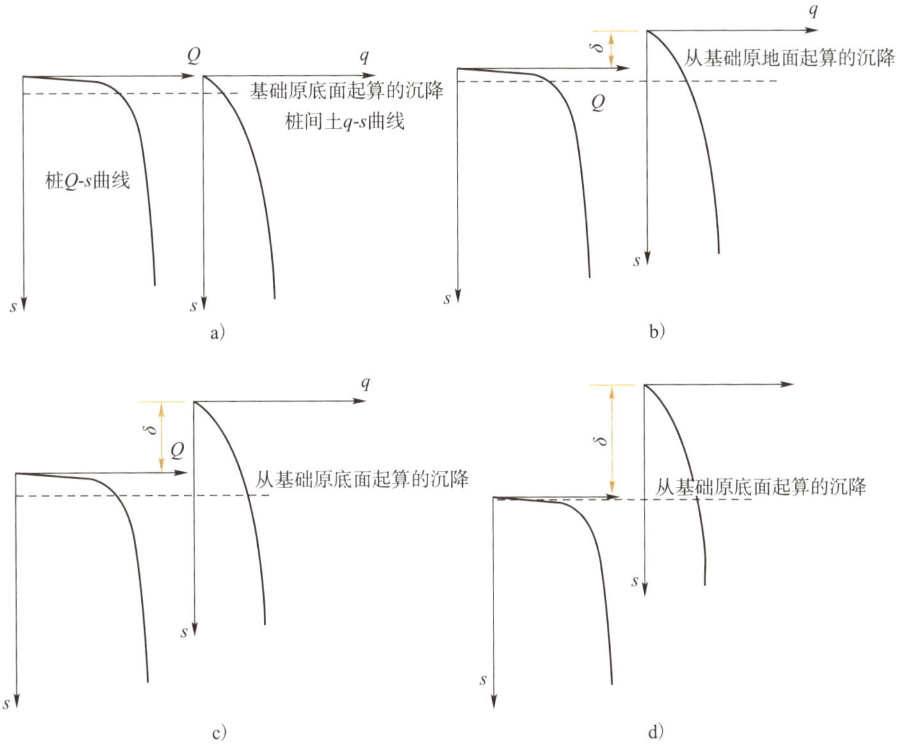

图 3　不同褥垫层厚度下的桩土承载力发挥

桩与土的发挥系数都不能大于 1.0，各种相关规范从来没有大于 1 的发挥系数。在载荷试验中，地基极限承载力除以安全系数 K=2，就得到桩间土承载力特征值 f_{sk} 为

$$f_{sk} = \frac{p_u}{K} \tag{2}$$

设计中如果将 f_{sk} 乘以大于 1.0 的发挥系数 β，就表示这一部分的承载力安全系数小于 2.0，超过了承载力的特征值，不满足设计要求，如果它发生失稳，必然将它不能承担的荷载向附近的桩转移，这就会发生多米诺骨牌式的渐进破坏。

在竞技运动会上，有的运动员属于竞赛型选手，那就是在比赛中会发挥比平时更出色的成绩。例如一个举重运动员，在第二轮就已经稳获冠军，最后一举选择向世界纪录冲击，按照估测成功的概率约为 30%，由于他的"超水平发挥"，结果成功了。在可靠性设计中，不会将设计基于材料的"超水平发挥"上。如果可靠度指标 β=3.0，则失效的概率为 0.0013，即在设计基准期内无事故的概率为 0.9987。如果寄希望于运动员的"超水平发挥"，则失效概率为 0.7，那风险就很大了。如果在竞赛中，你的成绩异乎寻常地超过了你的能力，那肯定是服了兴奋剂，是违法的。同样，在设计中，发挥系数大于 1，肯定是"吃"安全储备，即桩间土部分的安全系数小于 2，也是违法的。

在复合地基的施工中，可能在桩的施工过程中，土被振（挤）密，对于振冲桩，规范规定，桩间土的承载力 f_{sk} 用"处理后桩间土承载力特征值"，而不是用处理前承载力特征值乘以大于 1.0 的发挥系数。后注浆对于端承力及摩阻力都会有所提高，不应乘以一个大于 1.0 的发挥系数，而是乘以大于 1.0 的"增强系数"[参见《建筑桩基技术规范》（JGJ 94—2008）]。如果螺纹桩、载体桩及挤扩支盘桩确实加密了孔壁土和桩间土，可以采用大于 1.0 的"增强系数"或者"提高系数"。在工程设计中，安全性是建立在材料的承载能力标准（特征）值上的，而不是建立在材料的超水平发挥上的小概率事件，亦即不是在赌博。

漫话规范讨论

关于《建筑边坡工程技术规范》(GB 50330—2013)的讨论[1]

1 引言

《建筑边坡工程技术规范》(GB 50330—2013)(以下简称《边坡规范》或“该规范”)于2013年出版，2014年6月实施。与旧版比较,有一些进步。例如删去了原版中不合理的动水压力计算,采用了隐式的传递系数法,取消了工作条件系数等。但仍有一些不尽如人意之处,作为国家规范,它略显粗糙:附图中有一些未加说明的标注;一些公式也未交代清楚,给使用造成较大困难;还有一些概念上的错误,可能造成严重的后果。这里提出一些意见以供讨论。

2 荷载与设计方法

2.1 作用与效应

《工程可靠性设计统一标准》(GB 50153—2008)指出,作用是“施加在结构上的集中力或分布力(直接作用,也称荷载)和引起结构外加变形或约束的原因(间接作用)”。可见,荷载是狭义的作用,广义的作用包括地震、冻胀、膨胀、湿陷、温度等,它们会引起结构的胀缩与内力。至于效应是“由作用引起的结构或结构构件的反应”。这个反应可包括内力和变形。按照这一标准,在近年来出版的建筑领域的规范都称“作用标准(基本、准永久)组合的效应”。

《建筑结构荷载规范》(GB 50009—2012)由于是荷载规范,所以讲的是“荷载组合”,而非作用组合,称为“荷载××组合的效应值”。可见在组合与效应的关系上二者是统一的,即先是作用(荷载)的组合,然后才是效应。可理解为作

[1] 注:原文刊于《岩土工程学报》2016年12期。

用（荷载）先按一定的规定组合，然后计算这种组合下的结构（构件）上的力或变形，它通过结构传到岩土中。

但颁布于2013年的新版《边坡规范》还是沿用“荷载效应的××组合”，显然不合时宜。作为国家规范，这种滞后也是难以理解的。

2.2 安全系数法与分项系数法

所谓安全系数法亦称“单一安全系数法”。它将工程中包含的一切不确定性因素，都放入单一的安全系数之中。安全系数的取值往往是根据以往的经验。这些不确定性包括作用（荷载）的取值、材料的性质与参数、计算与施工的精确性与可靠性，也包括政治、经济、环境和社会的各种条件与要求。可以说，“安全系数是个筐，一切不确定性都往里装。因而就无须再引入其他系数了，例如重要性系数、工作条件系数、折减系数等”。所以说新版《边坡规范》取消了工作条件系数，而规定临时工程的安全系数小一些，这是符合安全系数法的基本概念的。

基于可靠度理论的分项系数法是将荷载与抗力都当成随机变量，那么失效或破坏也就是随机事件。它是将荷载与抗力的不确定性分别考虑的。

以图1为例，两组荷载（S）与抗力（R）都是正态分布，两组数据荷载与抗力的均值相同，但变异系数δ不同，第一组的分布较为集中，离散较小，因而发生失效（$S>R$）的概率就较小（见图中的阴影面积）。在可靠度设计中主要的参数是可靠度指标β，如果β=3，则表明失事的概率约为万分之十三（13/10000）。分项系数是根据变量的概率分布形态经统计分析而得到的，它与可靠度指标和变异系数的关系可写为

$$\begin{aligned}\gamma_R &= 1-0.75\delta_R\beta \\ \gamma_G &= 1+0.5626\delta_G\beta\end{aligned} \quad (1)$$

式中：γ_R、γ_G——抗力与永久荷载的分项系数，前者小于1.0，后者大于1.0。

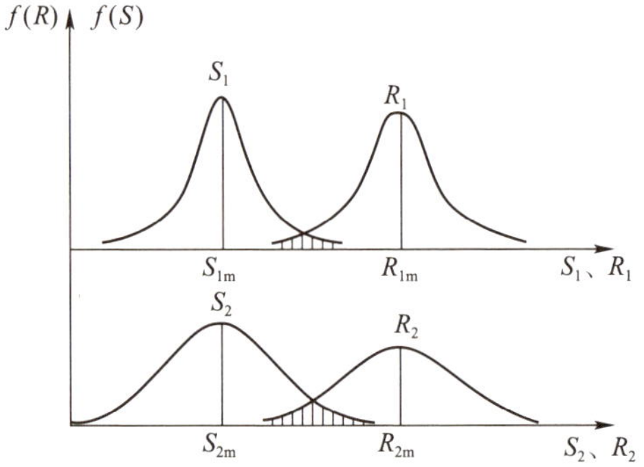

图1　两组荷载与抗力的概率密度函数曲线

《建筑工程可靠性设计统一标准》（GB 50068—2001）指出："制定建筑结构荷载规范及钢结构、薄壁钢结构、混凝土结构、砌体结构、木结构设计规范应遵守本标准的规定；制定地基基础和建筑抗震等设计规范，宜遵守本标准的原则。"所以在岩土工程的有关规范中，凡与岩土有关的设计，一般均用安全系数法，而只涉及钢材、混凝土与砂浆等材料时则采用分项系数法。例如对于锚杆（索）的设计，《建筑地基基础设计规范》（GB 50007—2011）和《建筑基坑支护设计规范》（JGJ 120—2012）等都规定，在钢筋（索）抗拉、筋材与砂浆间的抗拔采用分项系数法，而锚固体与岩土间的抗拔，则采用安全系数法。

新版的《边坡规范》把这三种承载力问题统一使用安全系数法求解。例如该规范的 8.2.2 条的式（8.2.2-1）为

$$A_s \geqslant \frac{K_b N_{ak}}{f_y} \tag{2}$$

式中：A_s ——锚杆钢筋或预应力锚索截面面积（m^2）；

f_y ——普通钢筋抗拉强度设计值（kPa）；

K_b ——锚杆杆体抗拉安全系数。

这里就是把钢筋的抗拉按安全系数法计算，这是不合理的。更不合理的是，这里的抗力采用了钢筋抗拉强度的设计值。如上所述，由于安全系数是包含了所有不确定性的参数，因而抗力应取极限抗力的标准值，可是上式使用的是设计值，二者的关系为

$$f_y = \gamma_R f_k \tag{3}$$

以 HRB400 钢筋为例，其抗拉强度标准值为f_k=400MPa，设计值为f_y=360MPa，亦即其抗力分项系数为γ_R=0.9。从而可见，式（2）即《边坡规范》的式 8.2.2-1，是把安全系数与分项系数混合使用，似乎安全系数 K_b 只负责荷载的不确定性。这在原理与概念上是不对的。应当用钢筋的标准值，在同样的安全度情况下，可以适当增大安全系数。

3　挡土墙上的主动土压力计算

《边坡规范》提出了一系列主动土压力半经验的计算公式，但存在不少问题。

3.1　倒坡式挡土墙的情况

在该规范的 6.2.10 条中，给出了图 2 的有倒坡式墙面的土压力计算公式，表

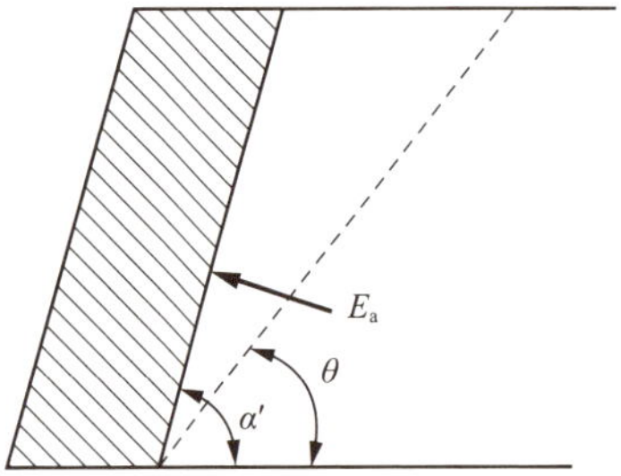

图 2　墙背俯倾的情况

示为式（6.2.10-2）和式（6.2.10-3），即本文中的式（4）和式（5）。

问题是这里未交代计算的主动土压力的方向，如果假设墙背光滑，则主动土压力 E_a 垂直于墙背，如图 2 所示，那么验算墙的抗倾覆与抗滑移稳定时，其荷载要比 E_a 水平时增大，或者抗力减小。这是必须明确的。通过对式（4）和式（5）的分析，似乎该规范计算的主动土压力 E_a 为水平方向的。这是不合理的，因为墙背与土之间的摩擦角 δ 千差万别，不一定 $\delta=90°-\alpha'$。

$$K_a=(\cot\theta-\cot\alpha')\tan(\theta-\varphi)-\frac{\eta\cos\varphi}{\sin\theta\cos(\theta-\varphi)} \tag{4}$$

$$\theta=\arctan\frac{\cos\varphi}{\sqrt{1+\dfrac{\cot\alpha'}{\eta+\tan\varphi}}-\sin\varphi} \tag{5}$$

式中：$\eta=\dfrac{2c}{\gamma H}$。

3.2　墙顶填土倾斜的情况

该规范的 B.0.3 中，给出了图 3 所示的有墙顶填土倾斜时的土压力计算公式，为式（B.0.3-1）和式（B.0.3-2），即本文的式（6）和式（7）。

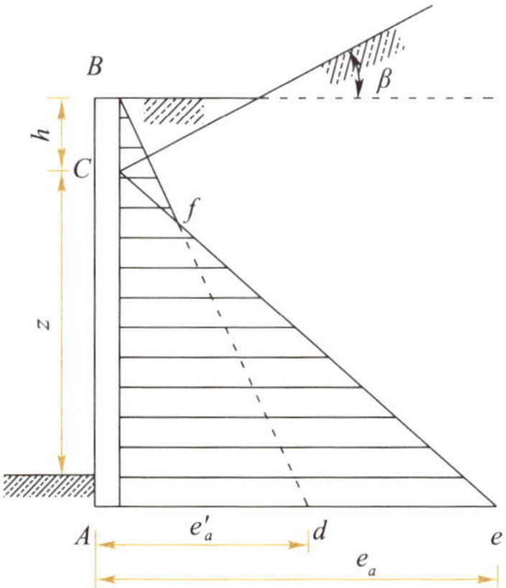

图 3　墙顶填土倾斜情况

$$e_a=\gamma z\cos\beta\frac{\cos\beta-\sqrt{\cos^2\beta-\cos^2\varphi}}{\cos\beta+\sqrt{\cos^2\beta-\cos^2\varphi}} \tag{6}$$

$$e'_a = K_a\gamma(z+h) - 2c\sqrt{K_a} \tag{7}$$

式(7)中的 K_a 为朗肯主动土压力系数。式(6)来源于无限斜坡的朗肯土压力计算,除了墙背竖直光滑、填土水平以外,这是一种很少见的可以得到朗肯主动土压力理论解的情况,见图4。其理论解就是

$$K_a = \cos\beta\frac{\cos\beta - \sqrt{\cos^2\beta - \cos^2\varphi}}{\cos\beta + \sqrt{\cos^2\beta - \cos^2\varphi}} \tag{8}$$

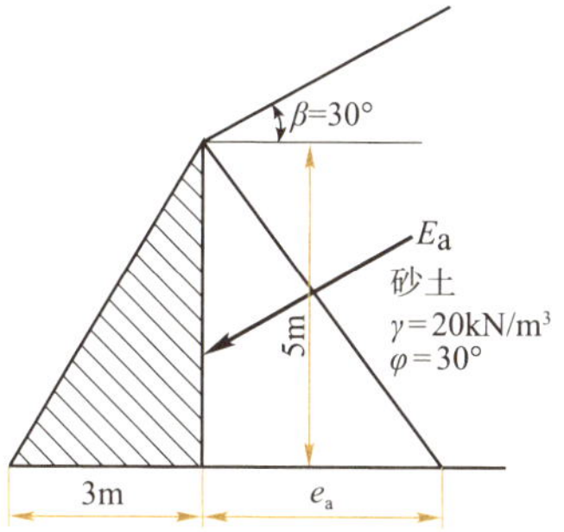

图4 无限斜坡的朗肯土压力

其解答的原理见图5,但其必要条件是墙背与土间的摩擦角 $\delta \geqslant \beta$。即计算的主动土压力方向必须是平行于坡面的。

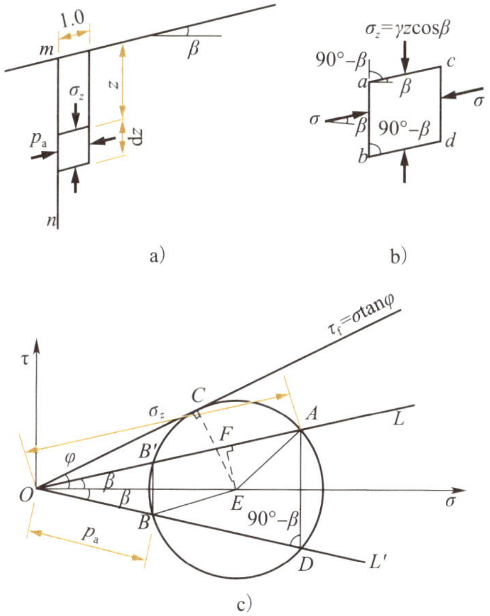

图5 无限斜坡的朗肯土压力计算原理

可是在《边坡规范》的附图（图 3）中，主动土压力似乎是水平的，亦即按照朗肯土压力理论的假设，墙背是光滑的。这样式（6）或式（7）计算的是不同方向的主动土压力，是不能叠加的。

以图 4 中所示的参数为例，用该规范式（6）计算的主动土压力（水平向）系数为 K_a=0.866，这时重力式挡土墙的抗倾覆稳定安全系数为 F_s=1.0；用库仑理论计算的主动土压力（水平向，δ=0°）系数为 K_a=0.75，抗倾覆稳定安全系数为 F_s=1.155；用式（8）的朗肯理论计算的主动土压力平行于坡面，K_a=0.866。抗倾覆稳定安全系数为 F_s=2.38。抗滑移稳定的情况也类似，见表 1。

计算结果 表 1

计算方法	δ	K_a	E_a（kN）	E_a 方向	K_{ov}
边坡规范	0°	0.866	216.5	垂直墙背	1.0
朗肯理论	β	0.866	216.5	平行坡面	2.38
库仑理论	0°	0.75	187.5	垂直墙面	1.155
	β	0.866	216.5	平行坡面	2.38

从以上计算可见，这种朗肯理论的误用，使安全系数减少了一半多。类似的情况也存在于该规范的 B.0.3-2、B.0.3-3 和 B.0.4 等附录中，所以主动土压力的方向非常重要。

其实不管墙后的填土形式多么复杂，采用库仑土压力理论进行计算都没有问题。因为计算机已经完全普及，建立一个搜索具有最大土压力的滑动面的软件是轻而易举的，又何必罗列这么多完全不适用、不合理、华而不实的“半经验公式”呢？

4 边坡稳定分析中的孔隙水压力、重度与强度指标

边坡稳定分析中的参数的选用甚至是比计算理论与方法更重要的，可是《边坡规范》在这方面多存在一些不足与错误。

4.1 孔隙水压力

该规范建议使用简化毕肖甫法进行圆弧滑动面的稳定分析是一个进步，尤其是在有较大孔隙水压力的情况。在其公式（A.0.1）中

$$F_s=\frac{\sum_{i=1}^{n}\frac{1}{m_{\theta i}}\left[c_i l_i\cos\theta_i+\left(G_i+G_{bi}-U_i\cos\theta_i\right)\tan\varphi_i\right]}{\sum_{i=1}^{n}\left[\left(G_i+G_{bi}\right)\sin\theta_i+Q_i\cos\theta_i\right]} \tag{9}$$

孔隙水压力 U_i 的计算式为

$$U_i = \frac{1}{2}\gamma_w(h_{wi} + h_{w,i-1})l_i \tag{10}$$

式中：h_{wi}、$h_{w,i-1}$——分别为第 i 及第 i-1 计算条块滑面前端水头高度（m）。

这一计算对于静水下的土坡是明确的，如图 6a）所示。这时水位以下的 G_i 按浮重度计算更方便合理，无须引入孔隙水压力 U_i。而在有渗流的情况下（图 6b），则应按此条底部中点的等势线的水头 h_{wi} 计算孔隙水压力，亦即 $U_i = \frac{1}{2}\gamma_w h_{wi} l_i$。

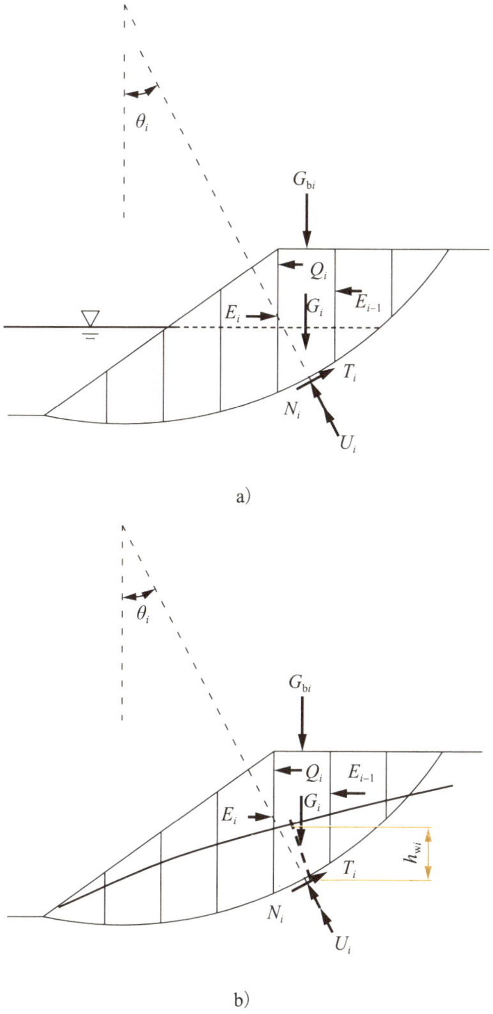

图 6　有水边坡的稳定分析

4.2　边坡稳定分析中的“水土合算”

在《边坡规范》的4.3.5条文中指出“土质边坡按水土合算原则计算时，地下水位以下宜采用土的饱和自重固结不排水抗剪强度指标”。

“水土合算”本来是基坑支护上的土压力计算的一种经验算法，由于它不符合有效应力原理，历来争议不断。在基坑问题中，由于特殊的应力路径，属于一种误打误撞的经验算法。其主要特点是在静水以下，采用土的饱和重度和固结不排水强度指标计算土的主动土压力。而在边坡稳定分析中用所谓“水土合算”就十分荒谬了。

对于这种圆弧稳定计算，采用固结不排水（或者固结快剪）强度指标，“固结”是在原位的$\gamma' z$的自重有效应力作用下的固结，而不是在$\gamma_{sat} z$下的固结。以图7的挖方边坡为例，如果正常固结的地基土层是在与地面齐平的地下水情况下沉积的，那么M点土体在自然的情况下的固结压力为$\sigma'_z=\gamma' z$。如果很快地开挖出图示的边坡，则其抗剪强度为$\tau_f=c_{cu}+\sigma'_z \tan\varphi_{cu}$。所以在这种情况下，抗滑力矩应当用土的浮重度计算，而不是用饱和重度计算。

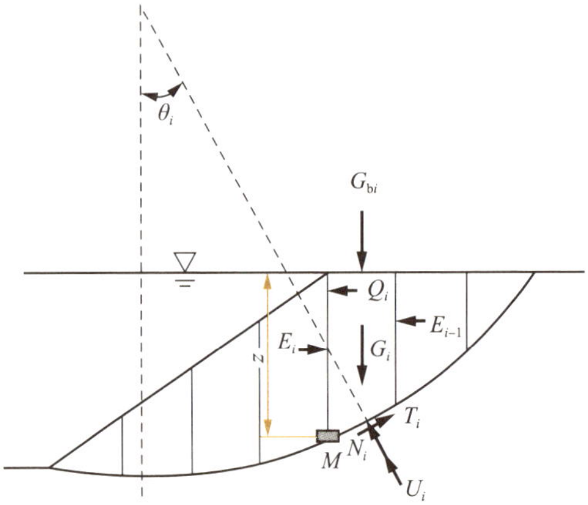

图7　水下边坡的稳定分析

在杭州地铁1号线湘湖站基坑工程事故中，设计采用的④$_2$、⑥$_1$两层淤泥质土的饱和重度平均为γ_{sat}=17.1kN/m^3，平均固结快剪强度指标为φ_{cq}=12.8°，c_{cq}=14.8kPa。采用饱和重度计算抗滑力矩，比用浮重度高一倍，这可能是事故的原因之一。

5　结论

本文对于新版的《边坡规范》提出了一些意见，它们包括：

（1）规范中“荷载效应的××组合”的提法是一种过时的提法，目前建筑行业的规范都已改为“作用 ×× 组合的效应”。

（2）在锚杆设计中，杆体抗拉和从砂浆中抗拔计算以使用分项系数法为宜；即使使用安全系数法，其抗力也应使用极限抗力的标准值，而非设计值。

（3）该规范中推荐的一些计算主动土压力的公式，没有明确土压力的作用方向，将无限斜坡的朗肯主动土压力计算公式用来计算几种墙后填土倾斜的公式是有前提的，即主动土压力方向必须与斜坡面平行。

（4）该规范在土坡稳定分析中提出的“水土合算”是错误的和有害的。

参考文献

[1] 中华人民共和国国家标准 . GB 50330—2013　建筑边坡工程技术规范［S］. 北京：中国建筑工业出版社，2013.

[2] 中华人民共和国国家标准 . GB 50153—2008　工程可靠性设计统一标准［S］. 北京：中国建筑工业出版社，2008.

[3] 中华人民共和国国家标准 . GB 50009—2012　建筑结构荷载规范［S］. 北京：中国建筑工业出版社，2012.

[4] 周景星，李广信，张建红，等 . 基础工程［M］. 3 版 . 北京：清华大学出版社，2015.

[5] 中华人民共和国国家标准 . GB 50068—2001　建筑工程可靠性设计统一标准［S］. 北京：中国建筑工业出版社，2001.

[6] 中华人民共和国国家标准 . GB 50007—2011　建筑地基基础设计规范［S］. 北京：中国建筑工业出版社，2011.

[7] 中华人民共和国行业标准 . JGJ 120—2012　建筑基坑支护技术规程［S］. 北京：中国建筑工业出版社，2012.

[8] 李广信，张丙印，于玉贞 . 土力学［M］. 北京：清华大学出版社，2013.

[9] 李广信 . 对基坑工程有关规范的讨论（2）［J］. 工程勘察，41（10）：1-6.

[10] 李广信 . 对基坑工程有关规范的讨论（3）［J］. 工程勘察，41（11）：1-4.

对与基坑工程有关的一些规范的讨论（1）——强度指标

1 引言

我国经历了几十年大规模的基坑工程实践，积累了很多经验，但也发生了不少工程事故，取得了教训，这是我们宝贵的财富。大量的理论研究成果，也使我们对于基坑工程中的问题有了更深刻的认识。尤其是近十余年，在基坑设计施工技术上有很大的发展，如土钉墙、复合土钉墙、型钢水泥土墙（SMW 工法和 TRD 等工法）的广泛应用，实现了巨大的经济效益与社会效益。有些并不普遍适用的工艺，如逆作拱墙，使用不当会发生严重的事故，对此工程技术人员也有了较清楚的认识。为了保护环境与水资源，由单纯的降水发展为地下水控制，这无疑是工程理念与工程伦理方面的进步。

为此，近年来国家有关的一些规范与地方规范前后进行了修订改版。与旧版比较，它们无论是在土力学理论概念方面，还是在设计、施工和监测诸方面都有很大的提高，反映了在此领域中理论、实践方面的进展与从工程事故中吸取的教训。

在我国，对基坑工程事故的鉴定意见，一般都认定为“责任事故”，施工方往往要负绝大部分的责任。这也有其合理的方面：往往在官方、甲方的催逼下，赶工期，压投资，对于监测中的一些征兆，抱着侥幸心理冒险蛮干，结果最后“受伤”的常常是施工单位。国际隧道工程保险集团对施工现场发生安全事故的原因的调查结果表明，设计往往是工程事故的主因，这可能与我国的国情不同有关。我国的设计者可以躲在规范的盾牌之后，基本逃避掉责任与风险。而规范与标准的制定者更是凌驾于事故责任之上。记得新加坡的尼克尔大道基坑工程事故，板子主要是打在设计者的身上。由于新加坡没有国家规范，设计者可以使用英国规范、中国规范，也可以不使用任何规范。但一旦发生事故，专家认定是设计者的责任，那你就责无旁贷。在我国，施工者的一些不规矩的操作往往掩盖了设计者的谬误与缺陷。

笔者将对我国最近修订的与基坑工程有关的规范、规程进行系列地讨论，有些意见在规范征求意见时也曾提过，但多数没有被采用。这些意见可能是错误的，在这提出来，希望得到同行们的批评指正。

本文为第一部分，主要讨论在基坑设计中应采用土的什么强度指标，对此各规范有不同的规定。对于粗粒土使用有效应力强度指标，这一点各规范没有歧义。对于黏性土一般采用固结不排水（CU）三轴试验（或固结快剪）强度指标是较为合理的，采用不固结不排水（UU）强度指标对水土压力进行水土合算是符合有效应力原理的，但 c_u 是随深度增加的，在当前情况下，难以准确选用。在软黏土地基中验算坑底隆起和计算地面超载引起的水土压力时，采用不排水强度指标是正确的。对一些规范中的“在有效压力下预固结的不排水指标”，是值得讨论的，因为它在实践上不易操作，在理论上比较含混。对于欠固结土，其固结不排水强度指标可进行折减；对于“施工挖土速度慢，排水条件好”的基坑，其中的黏性土应使用有效应力指标。而对于坑壁附近地面上的施工超载，对于黏性土中计算土压力与进行稳定分析时，采用固结不排水强度指标是错误的。

此文及以下各文中主要涉及的规范有：《建筑地基基础设计规范》（GB 50007—2011）（简称《地基规范》），《建筑基坑支护技术规程》（JGJ 120—2012）（简称《基坑规程》），《上海市工程建设规范　基坑工程技术规范》（DG/TJ08-61—2010）（简称《上海规范》），《深圳市基坑支护技术规范》（DB SJG 05—2011）（简称《深圳规范》）。

2　不排水与固结不排水强度指标

《地基规范》中 9.1.6 规定：“基坑工程设计采用的土的强度指标，应符合下列规定：

（1）对淤泥及淤泥质土，应采用三轴不固结不排水剪强度指标。

（2）对正常固结的饱和黏性土应采用在土的有效自重应力下预固结的三轴不固结不排水剪强度指标；当施工挖土速度较慢，排水条件好，土体有条件固结时，可采用三轴固结不排水剪强度指标。

（3）对砂类土，采用有效应力强度指标。”

而其他一些基坑规范，对于包括淤泥及淤泥质土的饱和黏性土均使用固结不排水（或固结快剪）强度指标。

这里首先要清楚何为固结不固结，何为排水不排水。这种概念源于三轴试验，三轴试验可以有效控制排水条件。在图 1 中，如果施加 $\sigma_c=\sigma_3$ 时，连通试样的排水阀门打开，让产生的超静孔隙水压力充分消散，则称为固结，反之为不固结；如果在随后通过加载活塞施加 $\sigma_1-\sigma_3$ 时，打开排水阀门，超静孔隙水压力充分消散，则称为排水，反之为不排水。Skempton 将三轴试验中产生的超静孔压用公式（1）表示

$$\Delta u = B[\Delta \sigma_3 + A\Delta(\sigma_1 - \sigma_3)] \tag{1}$$

亦即固结是指施加 $\Delta\sigma_3$ 时是否打开阀门，排水与否是指施加 $\Delta(\sigma_1-\sigma_3)$ 时是否打开阀门。这是为了让工程设计者选择不同的试验模拟实际工况，合理地选择强度指标。

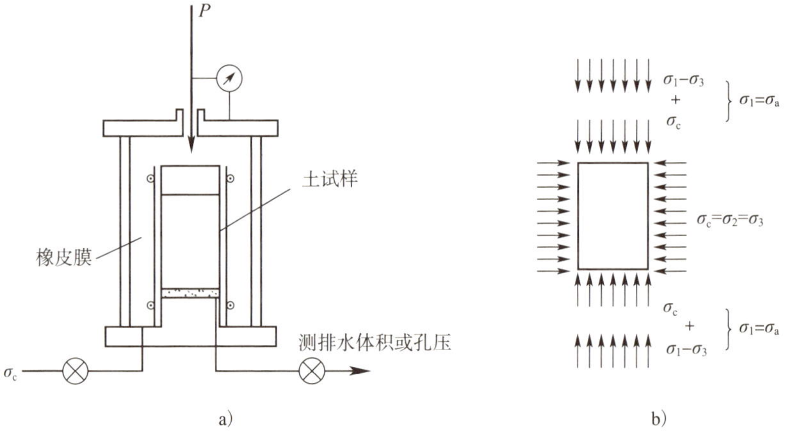

图 1　三轴试验中的排水与固结

图 2a）表示在饱和黏性土地基上修建建筑物，对地基土施加了 $\Delta\sigma_3$，也增加了 $\Delta(\sigma_1-\sigma_3)$，由于施工速度较快，不可能在施工期使孔隙水压力完全消散，所以在计算确定地基承载力时，采用不固结不排水强度指标是合理的。如《地基规范》4.2.4 所规定的："如果饱和软黏土地基经过超载预压的排水固结处理，则可用固结不排水强度指标。" 图 2b）表示的是土坝在水位骤降时的稳定分析，因为这时土坝已建成多时并已蓄水，在坝体自重的 $\Delta\sigma_3$ 下已经固结。水位骤降是增加了 $\Delta(\sigma_1-\sigma_3)$，它所产生的超静孔隙水压力来不及消散，这时应采用固结不排水强度指标进行稳定分析。

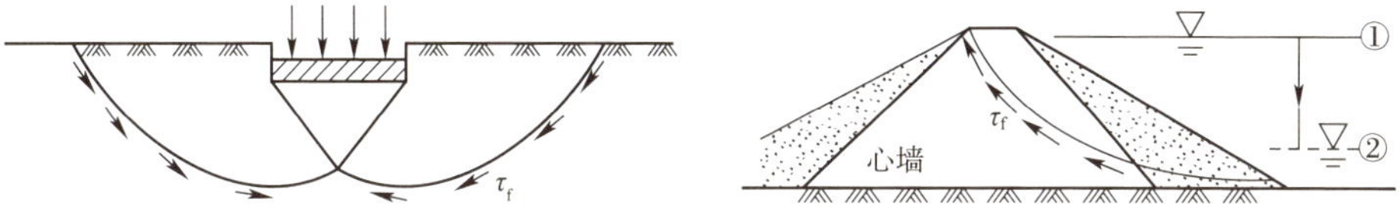

a）饱和黏土上的地基承载力　　b）土坝中水位骤降的稳定验算

图 2　不同强度指标的选用

再看基坑开挖过程中地基土的固结与排水情况。图 3 表示的是基坑开挖过程的示意图。对于正常固结黏性土，它在漫长的地质过程中已经在自重下充分固结，而在开挖的过程中，在各个部位都不存在增加 $\Delta\sigma_3$ 的问题，开挖增加的是 $\Delta(\sigma_1-\sigma_3)$。例如墙后土体的 $\sigma_1=\gamma z$ 不变，$\Delta(\sigma_1-\sigma_3)=(K_0-K_a)\gamma z$，亦即土体从静止土压力状态变为主动土压力状态。因而采用固结不排水强度指标计算土压力及进行整体稳定分析是合理的。但是这种情况下土的应力路径不同于常规三轴试验的应力路径。

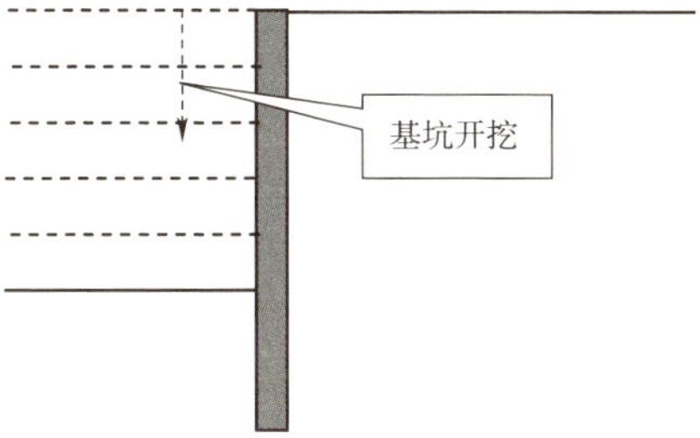

图 3　基坑开挖示意图

采用不排水强度（UU）指标水土合算计算饱和黏性土的水土压力是符合有效应力原理的，用饱和重度进行稳定分析、验算地基承载力在理论上是无懈可击的。但地基承载力与基坑土压力计算的一个区别在于二者选取的不排水强度的土层位置不同。承载力只涉及基底持力层土的强度，位置是明确的，土层厚度有限。而基坑开挖动辄十几米、几十米，加上嵌固深度，可达 30～40m 的土层，取样点的代表性是一个重要的问题。目前的工程勘察报告，对于一层土（不管多厚）往往只给了一套强度指标，对于饱和土体的不排水强度，给出一个 c_u。实际上 c_u 是应当随深度增加的（图 6）。图 4 表示的是杭州地铁湘湖站北 2 基坑的断面图，基坑支挡结构深度近 35m，主要软黏土层④$_2$、⑥$_1$ 层分别厚达近 15～20m，勘察报告对每层土只给出一个不排水强度 c_u，这显然是不适用的。表 1 给出了该工程各土层的强度指标。可见不同试验方法测定的 c_u 值相差极大，除了试验方法的差别以外，取样与现场测试的位置及深度不同也可能是重要原因。

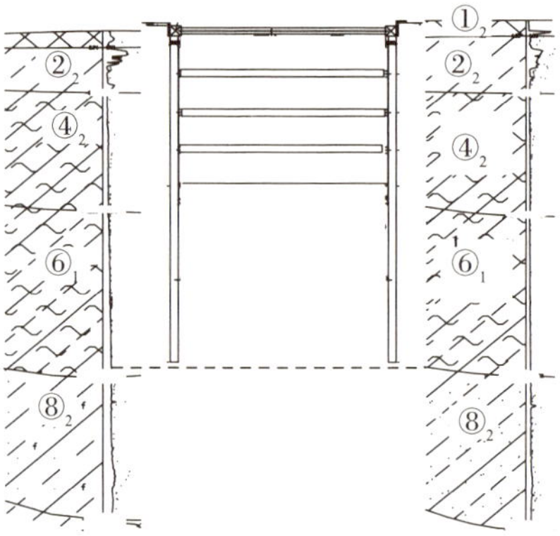

图 4　杭州地铁湘湖站基坑的断面图

勘察报告提供的土层$④_2$和$⑥_1$的不同试验的强度指标　　表 1

土层	三轴不固结不排水		无侧限抗压强度	十字板试验	快剪		固结快剪		固结不排水	
	c_u(kPa)	φ_u(°)	q_c(kPa)	c_u(kPa)	c_q(kPa)	φ_q(°)	c_{cq}(kPa)	φ_{cq}(°)	c_{cu}(kPa)	φ_{cu}(°)
$④_2$	11.0	0.2	25.34(47.9)	28.4	8.1	6.1	15.8	11.9	17.1	9.7
$⑥_1$	9.0	0.4	24.06(51.9)	34.1	7.1	8.3	13.8	13.6	17.8	13.2

注:无侧限抗压强度括号内为事故后扰动土的实测值。

3　有效自重应力下预固结的三轴不固结不排水剪强度指标

由于饱和黏性土取样不可避免的扰动与回弹,因而使不排水试验的强度要比现场测试和实际地基土的数值偏低(表 1),为了补偿和消除这种影响,对土样预先进行原位应力下的预固结是一个可以理解的想法。如上所述,《地基规范》中规定“对正常固结的饱和黏性土应采用在土的有效自重应力下预固结的三轴不固结不排水剪强度指标”,在其条文说明中,对此进行了一些解释与说明。同样,《基坑规程》指出:“对欠固结土,宜采用有效自重压力下预固结的三轴不固结不排水抗剪强度指标 c_{uu}、φ_{uu}。”但是这种试验还是难以操作和应用,问题如下:

(1)对于如图 4 所示的情况,应当使用哪个深度土的“有效自重应力”预固结?

(2)原位自重应力状态是 K_0 固结状态,如果在实验室进行 K_0 应力状态下预固结,然后进行不排水试验,是最理想的。但是对于工程勘察的试验,K_0 固结三轴试验的难度很大,如果进行各向等压预固结,相应的等向固结压力 σ_3 是多少?

(3)对于欠固结土“有效自重压力”如何确定?

关于预固结压力问题,文献[7]给出了建议。其原理见图 5。设原位饱和地基中某一深度的土样在其地质沉积固结过程中到达 K_0 固结线上 A 点，对应的剑桥模型屈服面如图 5 所示。如果在这个应力状态下进行不排水三轴试验，其有效应力路径为 AC（在屈服面之外）。如果能够完全不扰动取样，亦即其体积不变，取样的有效应力路径应为 AD：因为该路径在屈服面之内，塑性体应变增量 $\Delta\varepsilon_v^p=0$；也由于其有效平均主应力增量 $\Delta p'=0$，弹性体应变增量 $\Delta\varepsilon_v^e=0$，所以其体积是不变的。由此可见，“有效自重应力下预固结的三轴不固结不排水试验”中的预固结，应当预固结到 D 点，然后再进行的不排水试验，有效应力路径为 $D—A—C$，其结果与原位土不排水强度一致。D 点固结应力 $\sigma_3=(1+2K_0)\gamma z/3$。在图 5 中，$p=(\sigma_1+\sigma_2+\sigma_3)/3$，$q=\dfrac{1}{\sqrt{2}}[(\sigma_1-\sigma_2)^2+(\sigma_2-\sigma_3)^2+(\sigma_1-\sigma_3)^2]^{1/2}$。

如上所述，深厚的饱和软黏土只给出一个不排水强度 c_u，对于深大的基坑工程是难以应用的。那么“有效自重应力下预固结的三轴不固结不排水试验”，哪一深度土能够有代表性呢？图 6 表示的是一深厚软黏土的十字板剪切试验的 c_u 随深度变化的示意图。

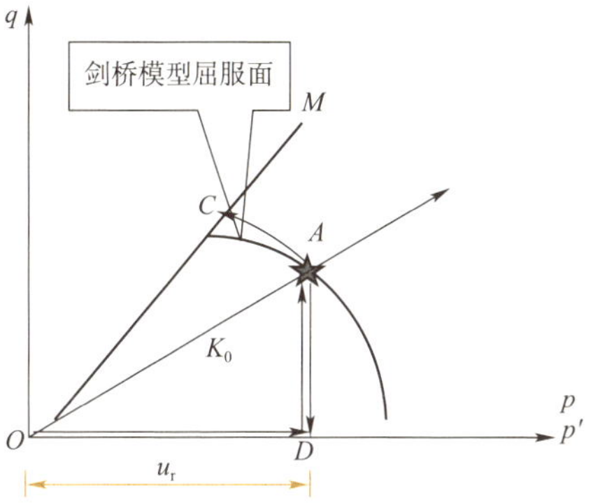

图 5　有效自重应力下预固结的三轴不固结不排试验

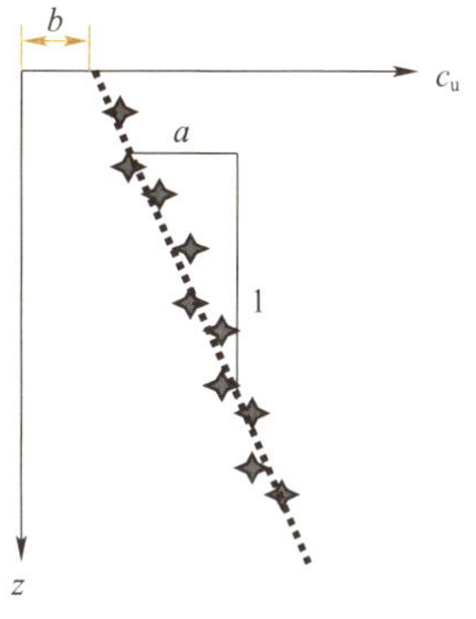

图 6　十字板剪切试验的不排水强度 c_u 随深度变化示意图

很容易推导出图 6 中的斜率 a 与截距 b 可分别表示为（正常固结土 b=0）

$$\left.\begin{aligned} a &= \frac{K_0 H' + \frac{1}{3}D}{H' + \frac{1}{3}D}\gamma' \tan\varphi_{cu} \\ b &= c_{cu} \end{aligned}\right\} \tag{2}$$

式中：H'——十字板的高度；

D——十字板的直径。

可见如果对于深厚软黏土层的基坑，逐点进行了一系列“有效自重应力下预固结的三轴不固结不排水试验”，那么用沿深度得到的一系列不排水强度 c_{u1}、c_{u2}、c_{u3}…c_{un} 绘出的图 6，其实就是在不同围压下的固结不排水试验得出的抗剪强度；反之，通过固结不排水（或固结快剪）强度指标，也可以计算不同深度的“有效自重应力下预固结的三轴不固结不排水试验”，见式（3）。

$$c_{ui} = c_{cu} + \sigma'_{zi} \tan \varphi_{cu} \tag{3}$$

式中：c_{ui}——地面以下第 i 点的不排水强度；

σ'_{zi}——地面以下第 i 点的有效自重应力。

关于欠固结土，其“有效自重应力”是一个模糊的概念。清楚的概念是其“先（前）期固结压力 σ_p”，可通过它确定欠固结土相对于 $\gamma' z$ 的固结度。与其进行“有效自重应力下预固结的三轴不固结不排水试验”，还不如将其固结不排水强度用土的实际固结度进行折减。

4 验算坑底隆起的强度指标

一些规范的坑底隆起验算实际上是一个承载力问题。因为这时坑底经常是淤泥与淤泥质土，用不排水强度更合理一些，并与《地基规范》中关于承载力的确定一致。《地基规范》给出的公式为

$$\frac{5.14c_u + \gamma t}{\gamma (H + t) + q} \geqslant K_h \tag{4}$$

式中：K_h——抗坑底隆起安全系数；

H——基坑开挖深度；

t——支挡结构嵌入深度。

对这个公式会产生一个悖论，那就是由于分子分母都有 γt，支挡结构嵌固深度 t 越深，计算的安全系数就会越小。其原因在于人们通常认为一层土的 c_u 是常数（见表 1）。其实如图 6 所示，c_u 随深度是增加的，因而公式中的 c_u 应为支挡结构底部以下土的不排水强度，见图 4 中虚线处，它是随着嵌入深度加大而增加的。而其他规范对于黏性土计算坑底隆起的承载力都采用固结不排水强度指标。对于式（4），更合理的计算应当是

$$\frac{5.14c_u}{\gamma H + q} \geqslant K_h \tag{5}$$

亦即，将承载力部分的 γt 从荷载中扣除。

5 正常固结的饱和黏性土地基，施工挖土速度较慢，排水条件好，土体有条件固结时的强度指标

《地基规范》规定："对正常固结的饱和黏性土应采用在土的有效自重应力下预固结的三轴不固结不排水剪强度指标；当施工挖土速度较慢，排水条件好，土体有条件固结时，可采用三轴固结不排水剪强度指标。"

如上所述，基坑的地基土在漫长的地质年代中，正常固结土在自重应力下已经固结，不管开挖速度快慢、排水条件好坏、放置时间长短，都不再存在固结问题。施工挖土速度较慢，排水条件好意味着在施加 $\Delta(\sigma_1-\sigma_3)$ 时也不会积累超静孔压，那么就应当采用固结排水强度指标，而不是固结不排水强度指标。对此，美国《土木工程手册》的 13.4 节指出："当基坑开挖过去一段时间，孔隙水压力随后有变化时，考虑采用三轴排水试验指标：正常固结土 $c'=0$，$\varphi'=15°\sim25°$，对于长期的基坑设计用不排水指标过于保守。"可见，这时《地基规范》建议"采用三轴固结不排水剪强度指标"无疑也是保守的。

6 地面超载部分的强度指标

在所讨论的文献［2］、［3］、［4］以及其他有关规范中，对于地面超载产生的土压力、发生的各种稳定问题验算，也和土的自重应力一样使用固结不排水（CU）强度指标。这种做法是偏于危险的。在基坑工程中，对于正常固结黏性土，在其有效自重应力下已经充分固结了，而在快速开挖过程中施加剪应力 $\sigma_1-\sigma_3$ 时产生的超静孔压一般未能消散，亦即接近于不排水的情况，因而采用固结不排水强度指标是合理的。在包括《基坑规程》在内的许多基坑工程规范中，都规定采用如下公式计算主动土压力

$$p_a = K_a(\gamma z + q) - 2c\sqrt{K_a} \tag{6}$$

基坑的支挡结构后的地面上的超载 q 包括既有建筑物、施工临时堆土和建材、运土车辆、施工机械等。这些荷载呈十分复杂的情况，时空变化很大。例如相邻建筑物可能是已建成几十年的，也可能是新建的。目前有一些开发商急于回收资金。往往是先建楼房，然后在新建楼群中开挖修建地下停车场、污水处理生化池以及其他地下设施，在基坑边的临时堆土、车辆和机械、建材堆放、相邻道路上的来往车辆，以及上述的新建楼房产生的荷载，这些荷载施加的时间不长，有时会发生周期性变化，在饱和黏性土中不可能达到完全固结。如果与正常固结地基土

的自重应力 γz 一样，采用固结不排水或固结快剪强度指标计算土压力和进行稳定分析，除了已建几十年的相邻建筑物基底荷载外，其他情况是不合适和不安全的。在饱和土体上大面积超载 q 将产生超静孔隙水压力 $\Delta u=q$。

设一基坑开挖深度为5m，c_{cu}=7.5kPa，φ_{cu}=20°，饱和重度 γ_{sat}=19kN/m^3。如在墙后的地面上施加超载 q=30kPa，计算的墙上5m高的主动土压力见表2。可见，用全部竖向应力（$\gamma z+q$）按水土合算计算的总主动土压力偏小，只有自重部分水土合算，超载部分产生超静水压力（或者主动土压力系数为 K_a=1.0）的计算是合理的。

支护结构上荷载计算　　表2

计算工况	静水压力 E_w（kN）	超静水压力 U（kN）	主动土压力 E_a（kN）	总压力 E（kN）
只自重部分（γz）水土合算	0	150	70	220
全部（$\gamma z+q$）水土合算	0	0	138	138

从表2可见，将超载 q 按固结不排水计算，是偏于危险的。

图7表示的是上海闵行区莲花河畔景苑在新建楼房前开挖地下车库，楼房荷载在地基中产生的超静孔压没有消散，楼后还有近10m的堆土，这么大的超载将产生极大的超静孔隙水压力，结果支挡结构破坏，楼房倒塌，成为所谓的“楼倒倒”。

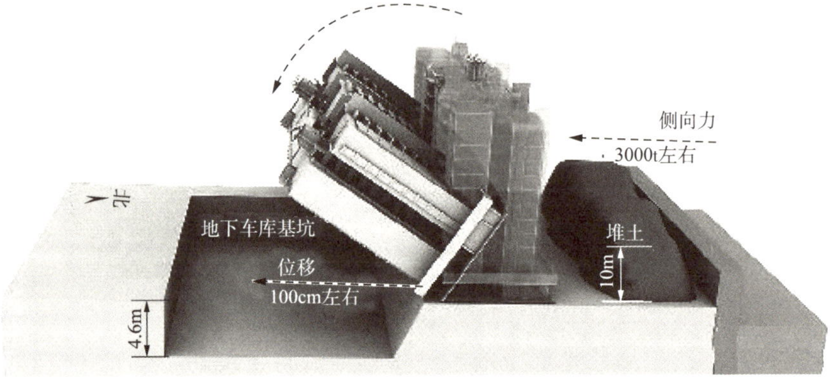

图7　上海闵行区莲花河畔景苑的“楼倒倒”

7　结论

通过以上的讨论，可以得到如下一些结论、意见：

（1）在计算基坑的土压力与进行稳定分析时，对于粗粒土使用有效应力强度指标、对于黏性土采用固结不排水强度指标是合理的。在这些情况下，尽管使用不排水（UU）强度指标符合有效应力原理，但由于 c_u 是随深度增加的，计算中难以合理选用。

（2）有关规范给出的“有效自重应力下预固结的三轴不固结不排水剪强度指标”，在其具体实施与应用中存在一些问题，所以实际应用并不普遍，有待进一步规范。

（3）在坑底为饱和软黏土时的抗坑底隆起验算中，应使用不排水强度指标，c_u 应选用支挡结构底部以下的数值。

（4）正常固结的饱和黏性土地基，施工挖土速度较慢，排水条件好，土体有条件固结时，应采用固结排水试验的强度指标，即有效应力强度指标，而不是固结不排水强度指标。

（5）在计算基坑地面上的超载 q 引起的黏性地基土中的土压力以及进行基坑稳定分析时，除已经建成多年的既有建筑物以外，大部分情况都应采用不排水强度。

（6）基坑工程设计中强度指标的选用是一个关键问题，也有不同的理解与应用。有深入研究讨论的必要，有待工程勘察、设计和施工技术人员达成共识。

参考文献

[1] 中华人民共和国国家标准. GB 50007—2011　建筑地基基础设计规范[S]. 北京：中国建筑工业出版社，2011.

[2] 中华人民共和国行业标准. JGJ 120—2012　建筑基坑支护技术规程[S]. 北京：中国建筑工业出版社，2012.

[3] 中华人民共和国行业标准. DG/TJ08—61—2010　上海市工程建设规范基坑工程技术规范[S]. 上海：上海市城乡建设和交通委员会，2010.

[4] 中华人民共和国行业标准. SJG 05—2011　深圳市基坑支护技术规范[S]. 北京：中国建筑工业出版社，2011.

[5] 李广信. 高等土力学[M]. 北京：清华大学出版社，2004.

[6] 中华人民共和国行业标准. SL 274—2001　碾压式土石坝设计规范[S]. 北京：中国水利水电出版社，2002.

[7] 李广信. 有效自重压力下预固结的三轴不排水试验[J]. 工程勘察，2010（12）：1-4.

[8] 闫澍旺，封晓伟，侯晋芳，等. 用十字板强度推算软黏土抗剪强度指标的方法及应用[J]. 岩土工程学报，2009，31（12）：1805-1810.

[9] WINTERKORN H F，FANG H Y. Foundation engineering handbook [M]. [S. l.]：Van Nostrand Reinhold Company，1975.

对与基坑工程有关的一些规范的讨论（2）——应力路径

1 引言

本文为对与基坑有关的规范系列讨论文章的第二部分，针对目前勘察报告对于一层黏性土只给一套强度指标的问题，指出对于UU强度指标，应当给出取样，或者现场测试的深度，在验算的不同问题中，选择合理的土样深度。对于固结不排水（CU）强度试验，墙后土体应在试验中施加大于有效原位应力的围压进行试验，给出相应的强度指标；对于墙前土体可以在试验中施加小于有效原位应力的围压进行试验。

本文分析了基坑支挡结构前后地基土的应力路径，对于其代表性的应力路径进行了分析。墙后的土体的应力路径接近于三轴减压的压缩试验（RTC：reduced triaxial compression test）。这时竖向应力为大主应力 $\sigma_1=\gamma z$，并且在试验过程中保持为常数。侧向应力 σ_3 逐渐减小，直到达到极限应力状态，亦即从静止土压力 K_0 应力状态达到主动土压力 K_a 应力状态。由于 $\Delta\sigma_3<0$ 一般会产生负的超静孔隙水压力，因而固结不排水（CU）强度指标会高于有效应力强度指标。这与常规三轴压缩试验（CTC：conventional triaxial compression test）的应力路径完全不同，二者的 φ_{cu} 也就不同。

本文对于墙后土体的应力路径进行了深入的分析，推导计算了不同应力路径下的固结不排水、不固结不排水强度指标，并对用这些指标的水土分算与合算计算的结果进行了分析。结果表明，用考虑孔隙水压力的有效应力进行水土分算在理论上是完备的与严密的，同时有效应力强度指标一般不受应力路径的影响；只要试样初始的有效应力状态相同，饱和软黏土不同应力路径下的不排水强

度 c_u 是唯一的，用不排水强度指标的水土合算计算水土总压力与用有效应力计算的结果相同，在理论上也是完备的与严密的；用常规三轴试验得到的固结不排水（CU）强度指标偏低，但是用以在水土合算中计算水土总压力与精确值间的误差，在可接受的范围之内。这也说明了在我国很多基坑规范中建议饱和黏性土水土合算有一定的经验性和可用性。在此基础上，本文对于相关的一些规范中强度指标的选用问题，进行了进一步的讨论。

2 墙前后的强度指标不应相同

在基坑工程的勘察报告中，每一层土都有一套强度指标。表 1 为某工程的两层饱和淤泥质土的强度指标，两层土性质接近，并都属于欠固结土。

某工程勘察报告提供的土层④$_2$和⑥$_1$的不同试验的强度指标　　表 1

土层	三轴不固结不排水		无侧限抗压强度	十字板试验	快　剪		固结快剪		固结不排水	
	c_u（kPa）	φ_u（°）	q_c（kPa）	c_u（kPa）	c_q（kPa）	φ_q（°）	c_{cq}（kPa）	φ_{cq}（°）	c_{cu}（kPa）	φ_{cu}（°）
④$_2$	11.0	0.2	25.34	28.4	8.1	6.1	15.8	11.9	17.1	9.7
⑥$_1$	9.0	0.4	24.06	34.1	7.1	8.3	13.8	13.6	17.8	13.2

在应用中，如果图 1 中的深厚的地基土层是均匀的，其中 H=17m，t=18m，则这一套指标可用于墙前被动区，也可用于墙后的主动区。例如在用不排水强度进行墙后不同深度的主动土压力计算时，实际上不排水强度 c_u 随着深度线性增加，应当每隔 3～5m 给出一个 c_u，然后进行水土合算。这可以用现场十字板剪切试验，或者在原位有效自重应力下预固结确定的分层不排水强度。

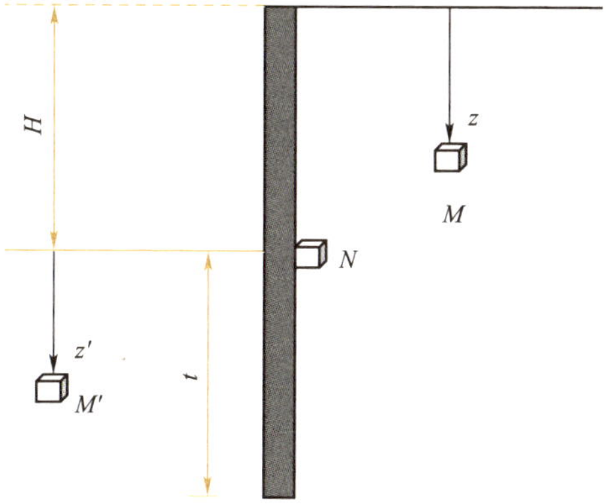

图 1　墙前后土单元的强度

以固结不排水强度为例，在图1中地面与坑底以下相同深度 $z=z'$ 的两个土单元 M 和 M'，用同样强度指标分析，其抗剪强度与密度应相同（现在的上覆土重相等）。实际上坑内墙前的土单元 M'，在开挖前的有效自重应力 σ_z 为（$H+z'$）γ'，坑外墙后的土单元 M 的为 $z\gamma'$，墙前土强度应高得多，表现了一定的超固结性。

正常固结土的CU及CD的强度包线应当过坐标原点，亦即黏聚力 $c'=c_{cu}=0$，可是在勘察报告中发现，正常固结黏性土一般都有较大的黏聚力 c 值（表1）。所以对于原状正常固结土土样，要根据土样的现场深度及其有效自重原位应力 σ'_{z0} 施加围压，如果所有围压都大于 σ'_{z0}，则它们的延长线也必须过原点；如果围压小于 σ'_{z0}，则试样实际上属于超固结土，其包线不会过原点，并且也与直线有差别，见图2。图中 σ_p 为相应于原位有效自重应力 σ'_{z0} 的前期固结压力。

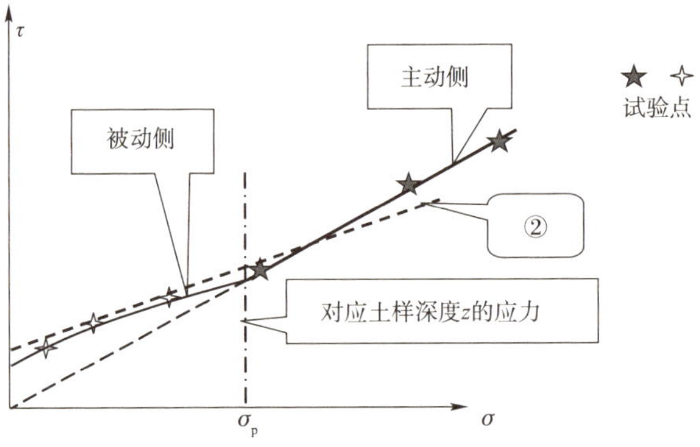

图2　原状正常固结土在不同围压下三轴试验强度包线

如果将上述两种围压混合，给出一条近似的直线包线（如目前的勘察报告中给的数据），则其结果如图中的线②，也就是 $c>0$。对于深层的土，其强度可能偏低，对于浅层的土，其强度则会偏高。正确的做法是：在主动区（墙后）使用过原点的包线；被动区（墙前）使用 σ_p 前的包线，或者包线②。使用固结不排水（CU）强度指标计算墙前后的土压力，进行整体稳定分析等，这样处理比较合理。

3　墙前土体的应力路径

基坑中，墙前的土体也应考虑其应力路径问题。图3中，墙前被动区土体，开挖前其有效应力处于静止土压力状态，即竖向有效应力 $\sigma'_z=\sigma'_1=\gamma'z$，水平有效应力 $\sigma'_x=\sigma'_3=K_0\gamma'z$。随着基坑的开挖，$\sigma'_z$ 逐渐减小，而水平向土压力增加，并向被动土压力转化，最后达到被动极限平衡应力状态 $\sigma'_z=\sigma'_3=\gamma'z'$（图1），$\sigma'_x=\sigma'_1=K_p\gamma'z'+2c\sqrt{K_p}$。

其中，z 为从地面起算的深度，z' 为从坑底计算的深度，K_p 为朗肯被动土压力系数。在本文图 3 和图 5 中，$p=(\sigma_1+\sigma_2+\sigma_3)/3, q=\frac{1}{\sqrt{2}}[(\sigma_1-\sigma_2)^2+(\sigma_2-\sigma_3)^2+(\sigma_1-\sigma_3)^2]^{1/2}$。

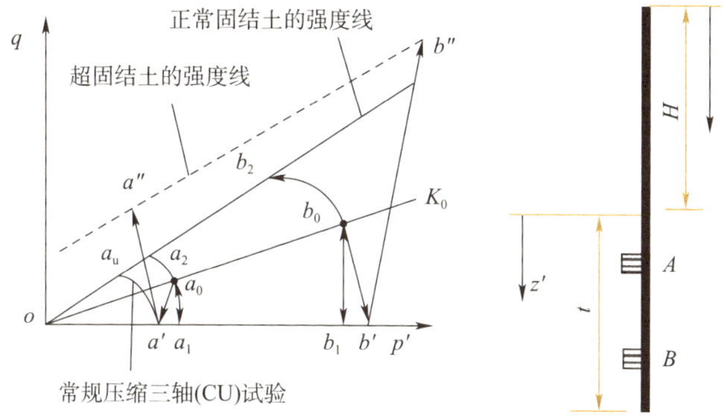

图 3　墙前土的有效应力路径

以墙前的两个饱和土单元 A、B 为例，在开挖前，应力状态分别用 K_0 固结线上的点 a_0 和 b_0 表示，如果开挖的速度很快，土内保存有负的残余孔隙水压力，则在开挖全过程中土体不排水，体积不变，在卸载时有效平均主应力 p' 也就不变，有效应力路径分别为 $a_0a_1a_0a_2$ 和 $b_0b_1b_0b_2$，这时也可能产生负的孔隙水压力。如果开挖过程慢，或者开挖后较长时间，超静孔隙水压力充分消散，成为了超固结土。在坑底较浅处的土单元 A，平均主应力 p' 减小，其有效应力路径为 $a_0a'a''$，而对较深处的土单元 B，由于水平主应力的增加，平均主应力 p' 增加，其有效应力路径可能为 $b_0b'b''$。由于目前的固结压力小于历史上（开挖前）的有效固结压力 $\gamma'z$，墙前的土体变成超固结土，亦即其强度线 $a''b''$ 为超固结土的强度线，比正常固结土强度提高。A、B 的原状土是在有效自重应力 $\gamma'z$ 下固结的，而在设计中用图 1 中的 $\gamma'z'$ 与固结不排水强度指标计算被动土压力，这是偏小的。如果将土单元沿着 Oa' 路径等向固结后，进行不排水常规三轴压缩试验，则其有效应力路径为 $a'a_u$，这显然低估了土的实际抗剪强度。

墙前土体的应力路径实际上很复杂，随着深度增加，大小主应力会比原状土提高，超固结度也随之减小，很难用一种应力路径近似。但总体来讲，墙前土体的总应力路径更接近于 p' 为常数的三轴伸长试验（TE：triaxial extension test）。

4　墙后土体的应力路径

基坑开挖前，地基土体水平位移都为 0，墙后土体的水平应力 σ_{h0} 与竖直应力

σ_v 的关系为 $\sigma_{h0}=K_0\sigma_v$，这时，σ_v 和 σ_{h0} 分别为最大及最小主应力（σ_1，σ_3）。在开挖过程中，土体发生水平向伸长的位移时，小主应力 σ_3 逐渐减小，当它减小到使土体达到极限状态时，亦即莫尔圆与土的强度包线相切时，σ_3 成为 σ_{3f}，也就是朗肯主动土压力强度 p_a，其应力路径如图 4 中的 OA。这种情况十分接近于三轴减压的压缩试验（RTC，$\Delta\sigma_3<0$，$\Delta\sigma_1=0$）。

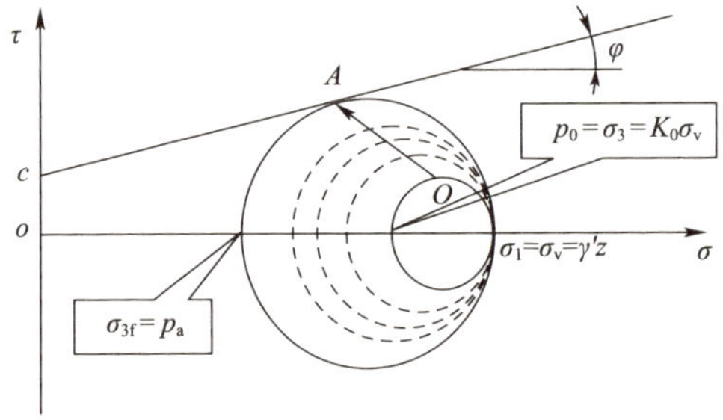

图 4　墙后土体的总应力路径

开挖使墙体前移，饱和黏土在不排水条件下，墙后的土体中可产生负的超静孔压，这有利于基坑的稳定。在正常固结饱和原状地基土中，基坑开挖前土处于 K_0 应力状态，即

$$\sigma_3'=K_0\sigma_1' \tag{1}$$

$$\sigma_1'=\gamma'z \tag{2}$$

当开挖基坑时，墙向前移动，土内产生超静孔隙水压力 Δu，如果墙后土体达到主动应力状态，则

$$\sigma_3'=K_a\left(\gamma'z-\Delta u\right) \tag{3}$$

式中：K_a——朗肯主动土压力系数；

γ'——土的浮重度；

z——自地面起算的深度。

根据 Skempton 超静孔隙水压力公式

$$\Delta u=B\left[\Delta\sigma_3+A\Delta\left(\sigma_1-\sigma_3\right)\right] \tag{4}$$

在墙前移过程中，墙后土体的应力状态发生了变化，其变化值见表 2，这与减压的三轴压缩试验（RTC）的应力路径是一致的，从而可以得出超静孔隙水压力为

$$\Delta u=\frac{(1-A)\left(K_a-K_0\right)\gamma'z}{A\left(1-K_a\right)+K_a} \tag{5}$$

以上式中：A、B——分别为两个孔隙水压力系数。

饱和土开挖前、后墙后土体的应力状态　　表 2

应力或孔压	应力状态	
	开挖前	开挖后
u	$\gamma_w z$（静水压力）	$\gamma_w z+\Delta u$
σ_1	$\gamma_{sat} z$	$\gamma_{sat} z$
σ_3	$(K_0\gamma'+\gamma_w)z$	$(K_a\gamma'+\gamma_w)z+(1-K_a)\Delta u$
σ_1'	$\gamma' z$	$\gamma' z-\Delta u$
σ_3'	$K_0\gamma' z$	$K_a(\gamma' z-\Delta u)$
$\Delta\sigma_1$	0	
$\Delta\sigma_3$	$(K_a-K_0)\gamma' z+(1-K_a)\Delta u$	
$\Delta(\sigma_1-\sigma_3)$	$(K_0-K_a)\gamma' z-(1-K_a)\Delta u$	

注：表中 Δu 为超静孔压，$\Delta\sigma_1$ 和 $\Delta\sigma_3$ 分别为竖向与水平向总主应力增量，γ_w 为水的重度，γ_{sat} 为土的饱和重度。

从式（5）可见，由于 $K_a<K_0$，$\Delta\sigma_3<0$，一般 $\Delta u<0$，而常规三轴压缩固结不排水试验（CTC，$\Delta\sigma_3=0$，$\Delta\sigma_1>0$，$\Delta u>0$）给出的强度指标则明显偏小。常规三轴压缩试验低估了土的强度指标，高估了墙后土压力。这种负孔压会随着施工逐渐消散，RTC 试验的 φ_{cu} 也就逐渐接近于有效压力内摩擦角 φ'，甚至高于 φ'，也仍比 CTC 试验的 φ_{cu} 要高。

5　墙后土体应力路径对强度指标及水土压力的影响

对于饱和黏性土，墙后土体独特的应力路径对于固结不排水强度指标有很大的影响。因为在工程勘察中，都是取样后使用常规三轴压缩试验确定土的强度，一般来讲，有效应力强度指标基本不受应力路径的影响；只要初始有效应力状态相同，不排水强度 c_u 也与应力路径无关；影响最大的是固结不排水（CU）强度指标。

表 3 为不同土的孔压系数 A 的数值范围。首先讨论它在不同应力路径下的各种强度指标。

各类土的孔压系数 A 的数值范围　　表 3

土　类	孔压系数 A	土　类	孔压系数 A
高灵敏度土	0.75 ～ 1.5	轻超固结黏土	0 ～ 0.5
正常固结黏土	0.5 ～ 1.0	重超固结黏土	-0.5 ～ 0

以图1的情况为例，假设地基土为正常固结黏土，c'=0，φ'=30°，γ_{sat}=20kN/m^3，计算在不同应力路径和不同的孔压系数 A 下，墙后土体的固结不排水强度指标。计算结果见表4。

不同应力路径和不同的孔压系数 A 下的 CU 强度指标　　表4

编号	①			②			③		
试验	RTC，K_0 初始状态			CTC，K_0 初始状态			CTC，等压初始状态		
A	1/3	2/3	1.0	1/3	2/3	1.0	1/3	2/3	1.0
c_{cu}（kPa）	0	0	0	0	0	0	0	0	0
φ_{cu}（°）	41.8	33.75	30.0	26.4	24.6	23.6	22.0	17.5	14.5

表4中的三种试验的总应力路径的示意图见图5，其中①是从 K_0 状态开始，小主应力减小，大主应力不变的RTC试验，它是最接近墙后土体的实际应力路径的；②是从 K_0 状态开始，小主应力不变，增加大主应力的CTC试验，亦即 K_0 固结的常规三轴压缩试验，它与墙后土体的实际初始应力状态相同；③是从等向压力固结出发的常规三轴试验（CTC），就是一般勘察报告提供的试验结果。

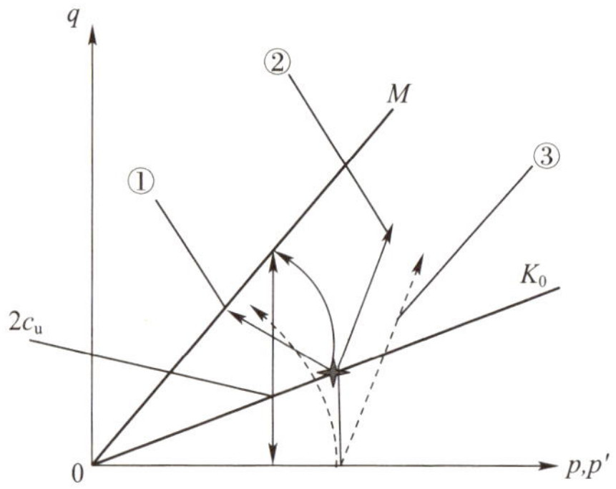

图5　墙后土体应力路径模拟

可见试验①得到的 $\varphi_{cu} \geqslant \varphi'$，是由于超静孔压 $u \leqslant 0$ 所致，这也符合基坑墙后土的实际情况；试验②的初始应力状态与实际情况一致，有效应力路径与试验①相同，但是由于产生的是正的孔压，所以 $\varphi_{cu} < \varphi'$；而试验③是从等向压力固结出发的常规三轴压缩试验，由于计算的超静孔压更大，使 φ_{cu} 偏小。

从上面计算的有效应力路径可以计算出在不同初始应力状态下的UU强度 c_u，如图5所示。可见用试验③计算的 c_u 也偏小。使用表4、表5中土的参数与 H=10m、γ_{sat}=20kN/m^3，计算图1中的土单元 N 处的不排水抗剪强度 c_u 值，其中 c_u=（$\sigma_1 - \sigma_3$）/2。在表5的计算中，①、②、④的初始有效应力状态都是 σ_1'=100kPa，σ_3'=50kPa；③的初始有效应力状态是 $\sigma_1'=\sigma_3'=50\text{kPa}$。除了③以外，计算的 N 点的 c_u 都是相同的。而③计算的 c_u 值偏小（参见图 5），这与试样的初始应力状态较低有关。

不同强度指标计算的墙后 10m 深处的不排水强度 c_u　　表 5

编号	①			②			③			④有效应力计算		
A	1/3	2/3	1.0	1/3	2/3	1.0	1/3	2/3	1.0	1/3	2/3	1.0
φ（°）	41.8	33.75	30.0	26.4	24.6	23.6	22.0	17.5	14.5	30		
c_u（kPa）	40	35.7	33.3	40	35.7	33.3	30	27	17	40	35.7	33.3

将上述的各种不同的强度指标，用水土分算与合算对图 1 中墙后的 10m 深处的 N 点进行水土压力计算，并计算在 10m 墙高上的水土总压力。计算结果如表 6 所示。

不同强度指标分算与合算计算的水土压力　　表 6

编号	条件	A	c	φ	分算					合算		
					p_w	p_a	$P=p_w+p_a$	$E=E_w+E_a$	误差（%）	p	$E=E_w+E_a$	误差（%）
Ⅰ	①	1/3	0	41.8	100	20	120	600	0	40	200	-67
		2/3	0	33.75	100	28.5	128.5	643	0	57	285	-64
		1.0	0	30	100	33.3	133.3	667	0	67	335	-50
Ⅱ	②	1/3	0	26.4	100	38.4	138.4	692	15	77	385	-36
		2/3	0	24.6	100	41.2	141.2	706	10	82.4	412	-35
		1.0	0	23.6	100	42.8	142.8	714	7	85.6	428	-36
Ⅲ	③	1/3	0	22	100	45.4	145.4	728	28	91	455	-24
		2/3	0	17.5	100	53.8	153.8	769	29	107.5	538	-16
		1.0	0	14.5	100	77.4	177.4	887	33	120	600	-10
Ⅳ	④有效应力	1/3	0	30	80	40	120	600	0	—	—	—
		2/3	0	30	92.8	35.7	135.7	643	0	—	—	—
		1.0	0	30	100	33.3	133.3	667	0	—	—	—
Ⅴ	UU ①②④	1/3	40	0	100	20	120	600	0	120	600	0
		2/3	35.7	0	100	28.6	128.6	643	0	128.6	643	0
		1.0	33.3	0	100	33.3	133.3	667	0	133.3	667	0
Ⅵ	UU ③	1/3	30	0	100	40	140	700	17	140	700	17
		2/3	21	0	100	58	159	795	24	159	795	24
		1.0	17	0	100	66	167	835	25	166.7	833	25

可总结如下：

Ⅰ：K_0 初始状态，减压三轴压缩（RTC）的固结不排水（CU）试验。这种计算工况最接近于实际情况，符合有效应力原理，用水土分算得到的结果是准确的，对于轻超固结土（A=1/3），计算的 φ_{cu}=41.8°，N 点水压力为 p_w=100kPa（只包括静水压力）；主动土压力 p_a=20kPa，10m 内总水土压力为 E=600kN/m；对于正常固结土（A=2/3），计算的 φ_{cu}=33.75°，N 点水压力为 p_w=100kPa（只包括静水压力）；主动土压力 p_a=28.5kPa，10m 内总水土压力为 E=643kN/m；对于灵敏性上（A=1.0），计算的 φ_{cu}=30°，N 点水压力为 p_w=100kPa（只包括静水压力）；主动土压力 p_a=33.3kPa，10m 内总水土压力为 E=667kN/m。但是用水土合算则计算水土压力明显偏小，误差在 50%～60%，这是由于不符合有效应力原理。

Ⅱ：K_0 初始状态，常规三轴压缩（CTC）固结不排水（CU）试验。由于应力路径的差别，计算的 φ_{cu} 偏小，分算的总压力偏大，与Ⅰ的水土分算计算相比，误差在 10% 左右；合算的总压力偏小，误差约为 35%。

Ⅲ：等压初始状态，常规三轴压缩（CTC）固结不排水（CU）试验。由于初始应力状态和应力路径不同于实际工程情况，计算的 φ_{cu} 偏小，分算的总压力偏大，误差在 30% 左右；合算的总压力偏小，误差为 10%～20%。可见，尽管用 CU 强度指标进行水土合算，是不符合有效应力原理的，但其计算误差还在可接受的范围。这一方面是由于应力路径的差别高估了水土压力，另一方面水土合算又低估了水土压力。这也可能是基坑工程中使用水土合算的经验方法的原因吧。

Ⅳ：K_0 初始状态，用 φ'=30° 的有效应力强度指标进行计算。用有效应力进行水土分算是基于最基本的土力学理论，结果是严密与精确的。

Ⅴ：如上所述，由于①、②、④的初始有效应力状态都是 σ_1'=100kPa，σ_3'=50kPa，而饱和正常固结土与轻超固结土只要初始有效应力状态相同，不同的固结不排水试验，存在着唯一的有效应力路径，因而通过这些试验得到的 c_u 都是相同的（只要 A 值相同）。由于 φ_u=0°，土压力系数 K_a=K_p=1.0，所以水土分算与合算的结果也是一样的，结果与Ⅰ、Ⅳ的准确解一致，并且只有用饱和土的不排水强度指标进行水土合算才是符合土力学基本理论的。应指出，这里计算的 c_u=40kPa、35.7kPa 与 33.3kPa 是在 H=10m 处，对于 A=1/3、2/3 与 1.0 的不排水强度，实际上 c_u 是随深度增加的，在 z=0 处，c_u=0，因而此处土压力也是零，不存在"零土压力区 z_0"，这反映了不排水强度随深度的变化，分段给出 c_u 的数值比较合理。

Ⅵ：是通过等压初始状态，σ_3=50kPa，常规三轴压缩（CTC）固结不排水（CU）试验计算得到的 c_u 计算水土总压力，由于 c_u 偏小，计算的结果偏大，误差在 20% 左右。

6 结论

本文重点分析了基坑工程中土的应力路径的问题。基坑工程中土的应力路径比较复杂，不同于一般土木工程中的情况。这时土的某些主应力经常是减小的，这对于饱和黏性土的固结不排水强度指标影响很大，应给予足够的重视。

一般来讲，土的应力路径对于土的有效应力强度指标影响不大；当初始有效应力状态相同时，饱和正常固结黏土的有效应力路径是唯一的，与总应力路径无关，所以其不排水强度 c_u 也是唯一的。因而在基坑工程中使用有效应力强度指标与不排水强度指标是比较可靠的，较少受应力路径的影响。本文结合对不同应力路径的分析与推导，对国内的有关基坑规范的基坑设计中水土压力计算的分算与合算，饱和黏性土使用什么强度指标进行了讨论。其结论意见如下：

（1）《地基规范》《天津市工程建设标准　岩土工程技术规程》（DB 29—0—2000）（简称《天津规范》）以及《浙江省工程建设标准　建筑基坑规程技术规程》（DB33/T 1096—2014）（简称《浙江规范》）都规定对于饱和软黏土采用不排水强度进行水土合算计算水土压力，这是符合有效应力原理的，也与水土分算的结果基本一致（φ_u=0°，K_a=K_p=1.0），但是关键在于正确地选取土样（或原位测试）的深度。对于深厚的土层不应只给出一个强度 c_u，应结合具体的位置选择不同初始有效应力状态，确定具体的 c_u 值，用原位十字板剪切试验，或者取完好的原状土样进行试验，最好 3～5m 厚度就给出一个 c_u 值。

（2）按照土力学基本原理，当 φ>0° 时，饱和土体中的静水压力应与土压力分开计算，亦即水土分算。用固结不排水强度指标计算土的压力，其中包含超静水压力，但不包括静水压力。《上海规范》就规定："土体作用在围护结构上的侧压力，宜采用水土分算的原则计算。"并建议主、被动土压力按照固结不排水（固结快剪）强度指标计算。这与饱和土体的有效应力原理一致，在理论上是完备的，但是由于等向固结三轴试验与基坑墙后土体的应力路径的差别，可能会高估总压力（表 5），其误差可达 30%，造成较大的浪费。

（3）《基坑规程》《深圳规范》以及原冶金部的《建筑基坑工程技术规范》（YB 9258—1997）（简称《原冶金部规范》）对饱和黏性土规定采用固结不排水强度指标的水土合算，这是多年来争论的一个焦点问题。从本文的分析可见（表 6），采用等向固结的常规三轴压缩试验（CTC），一方面与 K_0 固结的实际墙后土体应力路径（RTC）不同，另一方面又将静水部分乘以不等于 1.0 的土压力系数，两种经验的做法正负抵消，使主动土压力计算值反而接近于实际情况。如表5中，其低估了水土压力，误差在10%～20%，考虑到原状土的结构性强度，无疑是比用同样指标的分算更接近实际。所以一些规范规定的对黏性土基坑用CTC试验的CU指标进行水土合算也有其经验性的依据。

参考文献

[1] 李广信. 高等土力学[M]. 北京：清华大学出版社，2004.

[2] 中华人民共和国国家标准. GB 50007—2011 建筑地基基础设计规范[S]. 北京：中国建筑工业出版社，2011.

[3] 中华人民共和国地方标准. DB 29—20—2017 天津市岩土工程技术规程[S]. 北京：中国建筑工业出版社，2000.

[4] 中华人民共和国地方标准. DB33/T 1096—2014 浙江省工程建设标准 建筑基坑工程技术规程[S]，2009.

[5] 中华人民共和国地方标准. DG/TJ8—61—2010 上海市工程建设规范 基坑工程技术规范[S]. 上海：上海市城乡建设和交通委员会，2010.

[6] 中华人民共和国行业标准. JGJ 120—2012 建筑基坑支护技术规程[S]. 北京：中国建筑工业出版社，2012.

[7] 中华人民共和国地方标准. SJG 05—2011 深圳市基坑支护技术规范[S]. 北京：中国建筑工业出版社，2011.

[8] 中华人民共和国行业标准. YB 9258—1997 建筑基坑工程技术规范[S]. 北京：冶金工业出版社，1998.

对与基坑工程有关的一些规范的讨论（3）——稳定分析

1 引言

本文为对与基坑有关的规范系列讨论文章的第三部分，重点讨论了在饱和黏性土基坑的各种稳定分析中，使用的强度指标及与抗力计算时采用的重度间的关系，亦即广义的水土合算问题。

《基坑规程》在条文3.1.14中指出："土压力及水压力计算、土的各类稳定性验算时，土、水压力的分、合算方法及相应的土的抗剪强度指标类别应符合下列规定：对地下水位以下的黏性土、黏质粉土，可采用土压力、水压力合算方法……土的抗剪强度指标应采用三轴固结不排水抗剪强度指标 c_{cu}、φ_{cu} 或直剪固结快剪强度指标 c_{cq}、φ_{cq}。"

对于这一条的理解可以有两种：①对地下水以下的黏性土采用固结不排水强度指标和饱和重度（亦即水土合算）；适用于水土压力计算与各类稳定分析。②对地下水以下的黏性土采用固结不排水强度指标和饱和重度（水土合算）只适用于计算分析中的水土压力计算。从此规范的某些条文看，很多情况下是将水土合算不仅用于压力计算，而且也用于稳定分析，这里亦称为"广义"的水土合算。如系列讨论的上一篇文章所指出，由于墙后土体接近RTC应力路径，使实际的固结不排水强度指标高于常规三轴压缩试验的结果，所以用常规三轴压缩试验的 c_{cu}、φ_{cu} 的水土合算可能比用分算更接近于实际情况，是一种尚可接受的经验方法。但是将"合算"推广到一切饱和黏性土的稳定分析就有待商榷了，是对土力学原理的一个重大的挑战。

2 使用不排水（UU）强度指标

对地下水以下的黏性土基坑采用（不固结）不排水（UU）强度指标和饱和重度计算水土压力、抗滑移稳定分析、抗倾覆稳定分析、整体滑动稳定分析与抗坑底隆起稳定分析是符合有效应力原理的，分算与合算的结果也是一致的。基本采用不排水强度指标的有《地基规范》《天津规范》《浙江规范》等。

（1）水土压力计算

由于饱和黏性土的不排水强度指标 $\varphi_u=0°$，$c=c_u$，$K_a=K_p=K_w=1.0$，亦即主动、被动及水压力系数都相等，等于 1。

水土分算时

$$
\begin{aligned}
p_a &= K_a\gamma' z + K_w\gamma_w z - 2c_u = \gamma_{sat} z - 2c_u \\
p_p &= K_p\gamma' z + K_w\gamma_w z + 2c_u = \gamma_{sat} z + 2c_u
\end{aligned} \tag{1}
$$

水土合算时

$$
\begin{aligned}
p_a &= \gamma_{sat} z - 2c_u \\
p_p &= \gamma_{sat} z + 2c_u
\end{aligned} \tag{2}
$$

其中，p_a、p_p 分别为主动侧及被动侧水土压力之和。可见二者的数值完全相等。这在土力学中是没有分歧与矛盾的。如果考虑到正常固结土在地面处的 $c_u=0$，其侧压力就是通过墙顶的三角形分布。

（2）各种抗滑稳定的验算

由于 $\varphi_u=0°$，在计算土体自重产生的抗滑力（力矩）时，$\tan\varphi_u=0$，无论是用饱和重度计算的总自重应力，还是由浮重度计算的有效自重应力，产生的抗滑力（力矩）都是 0，所以抗力与用何种重度计算无关。

（3）坑底隆起的验算

在图 1 中，抗坑底隆起的基本公式为

$$
\frac{\gamma D N_q + c N_c}{\gamma(H+D)+q_0} \geqslant K_b \tag{3}
$$

式中：N_q——埋深的极限承载力系数；

N_c——黏聚力的极限承载力系数。

当采用不排水强度指标时，$\varphi_u=0°$，$c=c_u$，则 $N_q=1.0$，$N_c=5.14$（Prandtl）或 5.7（Terzaghi），则式（3）变为式（4）

$$\frac{\gamma D+5.7c_u}{\gamma(H+D)+q_0}\geqslant K_b \tag{4}$$

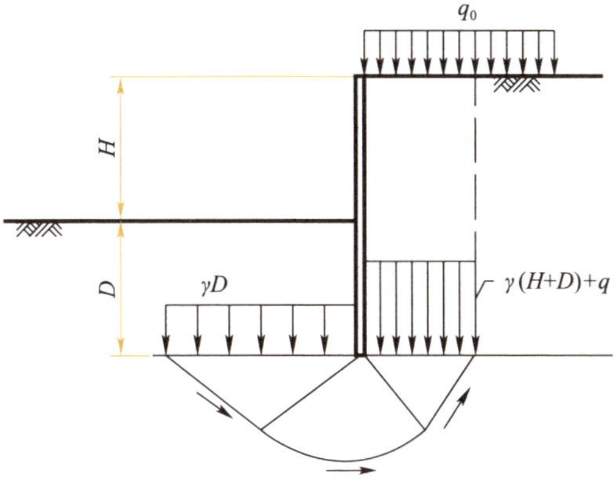

图 1　坑底隆起验算示意图

对于饱和黏土，不考虑渗流的情况下，式（4）中的承载力（分母）与荷载（分子）中的重度 γ 可采用饱和重度 γ_{sat}。其中 $\gamma_{sat}D$ 包含有 $\gamma_w D$ 这一项。可是静水的埋深极限承载力系数 N_q=1.0，亦即为水的浮力，所以将水的承载力 $\gamma_w\Delta$ 加入抗力项是正确的。

3　整体稳定计算中土的自重

《基坑规程》在 4.2.3 和 6.1.3 给出了桩墙式支挡结构与重力式挡墙的整体稳定分析方法，它们都采用瑞典条分法，如图 2a）和图 2b）所示。式（5）为水泥土重力式挡墙的稳定分析公式（图 2b），图 2a）的计算式基本相同，只是增加了锚杆的抗滑力矩。

$$\frac{\sum\left\{c_j l_j+\left[(q_j b_j+\Delta G_j)\cos\theta_j-u_j l_j\right]\tan\varphi_j\right\}}{\sum(q_j b_j+\Delta G_j)\sin\theta_j}\geqslant K_s \tag{5}$$

式中：K_s——圆弧滑动稳定安全系数；

c_j、φ_j——第 j 土条滑弧面处土的黏聚力、内摩擦角，黏性土取固结不排水（固结快剪）强度指标；

b_j——第 j 土条的宽度；

q_j——作用在第 j 土条上的附加分布荷载标准值；

ΔG_j——第 j 土条的自重，按天然重度计算，水泥土墙可按土体考虑分条；

u_j——第 j 土条在滑弧面上的孔隙水压力，对地下水位以上的各类土和地下水位以下的黏性土，取 u_j=0；

θ_j——第 j 土条滑弧面中点处的法线与垂直面的夹角（°）。

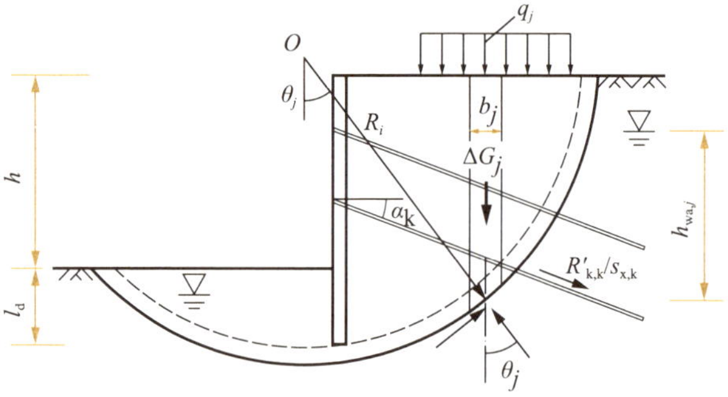

a）

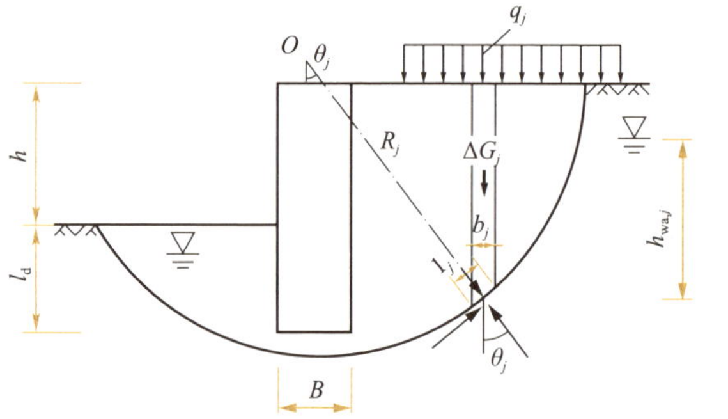

b）

图 2　支挡结构的整体稳定分析

从图 2 可见，这里给出的工况是基坑内外地下水位不等，值得注意的是，对于黏性土采用**固结不排水或固结快剪强度指标**，而水下的**抗滑与滑动力矩中的自重均采用天然（饱和）重度计算，且地下水位以下的黏性土** u_j=0，这无疑是将水土合算推广到稳定分析中来。《深圳规范》紧随其后，采用与其相同的方法。

对于这种圆弧稳定计算，采用固结不排水强度指标，“固结”是在原位的 $\gamma' z$ 的有效应力作用下的固结，而不是在 $\gamma_{sat} z$ 下的固结。所以为土力学界所公认的方法是：

（1）在有渗流情况下，坑内水位以下均用浮重度，内外水头之间部分滑动力矩用饱和重度，计算抗滑力矩时扣除条中的内外水头差对应的孔隙水压力 u（应通过渗流计算）。

（2）采用近似的“替代法”，亦即内外水头之间的土，滑动力矩用饱和重度，抗滑力矩用浮重度。

很多其他规范都遵照这一基本方法。《地基规范》V.0.2 指出：“也可采用替代重度法作简化计算。”《上海规范》6.2.1 指出：“坑底地下水位以下取浮重度……坑底地下水位与坑外地下水位范围内的土体重度在计算滑动力矩时取饱和重度，在计算抗滑力矩设计取浮重度。”《天津规范》及《原冶金部规范》的规定与《上海规范》相同。

在图 3 中，如果地基土为正常固结黏土，M 单元在漫长的地质历史中受到的竖向（有效）固结压力为 $\gamma' H$，而不是在 $\gamma_{sat}H$ 的竖向压力下固结，如果我们在原位进行“固结快剪”（如图 3 所示），那么它的抗剪强度必定是 $\tau_f=\gamma' H\tan\varphi_{cq}+c_{cq}$，可见抗滑力矩必须用土的浮重度计算。

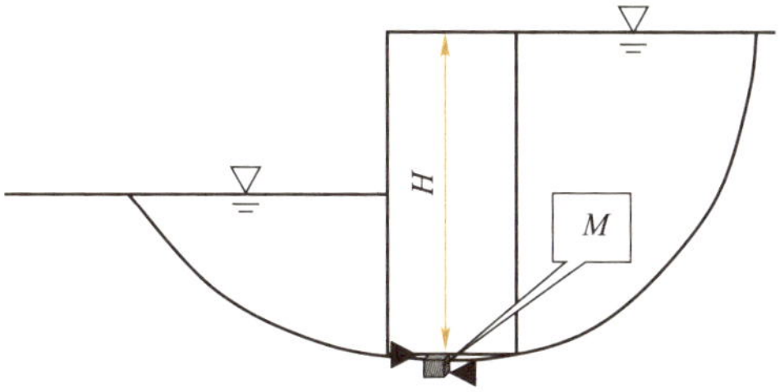

图 3　圆弧滑动中 M 点的抗剪强度示意图

《碾压土石坝设计规范》（SL 274—2001）中的 8.3.2 黏性土坝库水位降落时应采用总应力法进行稳定分析，按式（8.3.2-3）计算

$$\tau = c_{cu} + \sigma' \tan\varphi_{cu} \tag{6}$$

式中：σ'——水位降落前的有效应力。

式（6）明确表明，使用固结不排水强度指标计算抗剪强度时，其法向应力要采用有效应力。所谓的“总应力法”，只是滑动力矩用土的自重总应力计算。

4　用 CU 指标验算坑底隆起稳定计算中土的自重

验算坑底隆起一般是墙底以下分布有淤泥、淤泥质土、泥炭土、泥炭质土等饱和软黏土地层。因而很多规范都建议采用不排水强度指标进行验算（如《地基规范》《原冶金部规范》《天津规范》《深圳规范》与《湖北省地方标准基坑工程技术标准》（DB 42/159—2004）等），但以《基坑规程》为代表的一些规范却采用固结不排水（固结快剪）强度指标验算抗隆起稳定，如图 1 所示。

抗隆起的稳定验算可通过式（7）～式（9）进行。

$$\frac{\gamma_{m2}DN_q + cN_c}{\gamma_{m1}(H+D)+q_0} \geqslant K_b \tag{7}$$

$$N_q = \tan^2\left(45° + \frac{\varphi}{2}\right)e^{\pi\tan\varphi} \tag{8}$$

$$N_c = \frac{N_q - 1}{\tan\varphi} \tag{9}$$

式中：K_b——抗隆起安全系数；

γ_{m1}——基坑外挡土构件底面以上土的天然重度；

γ_{m2}——基坑内挡土构件底面以上土的天然重度；

D——挡土构件的嵌固深度；

H——基坑深度；

q_0——地面均布荷载；

N_c、N_q——极限承载力系数；

c、φ——分别为挡土构件底面以下土的黏聚力、内摩擦角，对于黏性土采用固结不排水（固结快剪）强度指标。

这里的 γ_{m1} 和 γ_{m2} 是所谓天然重度，在地下水以下也就是饱和重度 γ_{sat}。如上所述，水体的埋深承载力系数 N_q=1.0，而式（8）计算的 N_q 值远大于 1.0，也就是说 $\gamma_{sat}=\gamma'+\gamma_w$ 中的 γ_w 部分也被乘以大于 1.0 的 N_q，所以用式（7）计算的承载力部分是偏大的。在天然地基的浅基础承载力计算中有

$$f_a = f_{ak} + \eta_b\gamma(b-3) + \eta_d\gamma_m(d-0.5) \tag{10}$$

$$f_a = M_b\gamma b + M_d\gamma_m d + M_c c_k \tag{11}$$

式中：γ——基础底面以下土的重度，地下水位以下取浮重度；

γ_m——基础底面以上土的加权平均重度，位于地下水位以下的土层取浮重度。

显然，公式（7）有悖于《地基规范》和土力学中关于承载力的基本原理。按照承载力验算的规定，对于饱和黏性土式（7）应改为

$$\frac{\gamma'_{m2}DN_q + cN_c}{\gamma_{m1}H + \gamma'_{m1}D + q_0} \geqslant K_b \tag{12}$$

这也就是说，坑外深度 D 这部分的静水两侧抵消了。

坑底隆起验算采用与《基坑规程》相同公式的有《上海规范》《北京规范》等。

对于坑底隆起稳定，《基坑规程》4.2.5 有“抗踢脚”稳定验算（图 4），其公式为

$$\frac{\sum\left[c_j l_j+\left(q_j b_j+\Delta G_j\right)\cos\theta_j \tan\varphi_j\right]}{\sum\left(q_j b_j+\Delta G_j\right)\sin\theta_j}\geqslant K_{\mathrm{he2}} \tag{13}$$

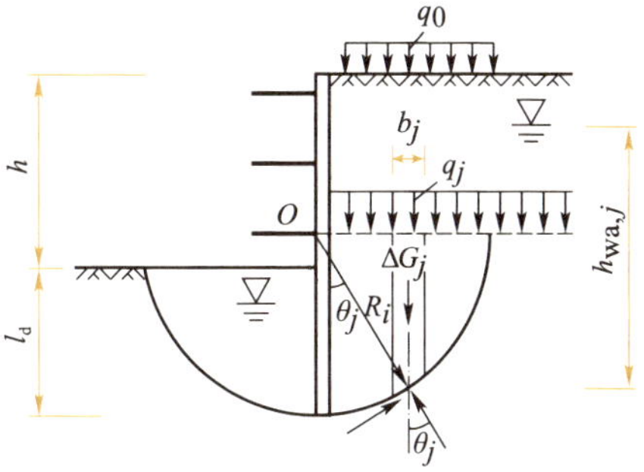

图 4　抗踢脚稳定验算

这依然是瑞典圆弧法的稳定验算公式，采用固结不排水强度指标，对饱和黏性土 ΔG_j 采用天然（饱和）重度计算，并且不考虑水压力。亦即用水工合算验算土体稳定，也是不正确的。

5　结论

在采用固结不排水强度指标进行稳定分析时，对于水下黏性土，应使用有效自重应力计算抗力。对于整体抗滑稳定分析，下游水位以下土体都按浮重度计算；在上、下游水位之间，抗滑力（矩）应当用土体的浮重度计算，滑动力（矩）用饱和重度计算。在验算基坑抗隆起稳定中，采用固结不排水强度指标计算极限承载力时，坑内饱和土体产生的承载力应当用浮重度计算。

以《基坑规程》为代表的一些规范，将“水土合算”不仅用于饱和黏性土水土压力计算，而且也用于其稳定分析中，这是很危险的。如上一篇讨论文章所述，用“水土合算”进行饱和黏性土水土压力计算，是一种经验的方法，由于墙后土体应力路径的不同，造成的误差可能在工程允许的范围之内。但是用水土合算进行饱和黏性土稳定分析则是不可行的，也有悖于土力学最基本的原理与概念。

参考文献

[1] 中华人民共和国行业标准．JGJ 120—2012　建筑基坑支护技术规程［S］. 北京：中国建筑工业出版社，2012.

［2］ 中华人民共和国国家标准 . GB 50007—2011　建筑地基基础设计规范［S］. 北京:中国建筑工业出版社，2011.

［3］ 天津市工程建设标准 . DB 29—20—2000　岩土工程技术规程［S］. 天津:中国建筑工业出版社，2000.

［4］ 浙江省工程建设标准 . GB 33/T 1008—2000　建筑基坑工程技术规程［S］.

［5］ SJG 05—2011　深圳市基坑支护技术规范［S］. 北京:中国建筑工业出版社，2011.

［6］ 上海市工程建设规范 . DG/TJ8—61—2010　基坑工程技术规范［S］. 上海:上海市城乡建设和交通委员会，2010.

［7］ 中华人民共和国行业标准 . YB 9258—1997　建筑基坑工程技术规范［S］. 北京:冶金工业出版社，1998.

［8］ 北京市地方标准 . DB 11/489—2007　建筑基坑支护技术规程［S］. 北京:北京市建设委员会，2008.

［9］ 湖北省地方标准 . DB 42/159—2004　基坑工程技术标准［S］.

对与基坑工程有关的一些规范的讨论（4）——荷载与抗力

1 引言

本文是与基坑有关的规范系列讨论文章的第四部分，针对最近颁布的有关规范，首先，讨论了基坑工程中的设计理论与方法，指出安全系数法与分项系数法的区别。说明在基坑设计中，作用（荷载）与抗力的判定是设计的首要问题，是有一定规则的，不应任意规定。也指出：在支挡结构两侧及底面作用的水压力，应以两侧的水压力差为荷载，作用于底面上的扬压力应从墙体自重中扣除。

其次，指出了饱和粉土中的水土压力分算还是合算，应考虑其下卧土层的渗透性与排水边界条件确定。在饱和黏性土中进行水土合算时，不应出现零压力区。

2 安全系数法与分项系数法

与地基基础设计不同，基坑设计理论与方法此前一直不很清晰。这次《基坑规程》修订有一个明显的进步，那就是明确了不同设计内容与设计项目采用不同的设计理论与方法，选用不同的荷载组合与抗力（设计值或极限抗力标准值）。以地基变形计算为例，建筑地基沉降计算荷载是采用正常使用极限状态的准永久组合，不计风荷载与地震荷载。这是由于地基沉降主要是黏性土的固结沉降，可变荷载的作用有限（荷载组合系数很低）。而临近基坑地面的沉降，往往是由于支挡结构物水平位移引起的，尤其是在饱和软黏土地基，这种位移可以由可变荷载（如车辆荷载）瞬时引起，然后在土的体积不变的条件下（水平侧移的面积等于竖直沉降的面积），引起地面沉降，因而沉降计算采用荷载的标准组合计算，如图 1 所示。

在基坑设计中，有安全系数法与基于可靠度设计两种理论与方法。极限状态设计为承载能力极限状态与正常使用极限状态。承载能力极限状态设计最基本的是安全系数法，也就是假设结构及材料处于极限状态，计算安全系数为多少，并与规定的设计安全系数比较，以安全系数表示其安全度或安全储备。基坑工程中的整体失稳、滑移与倾覆失稳、承载力不足引起的坑底隆起以及渗透破坏等都采用安全系数法设计和验算。分项系数法是一种基于概率理论基础上的可靠度设计，它将荷载与抗力看成两种随机变量，分析计算有多少概率荷载大于抗力，亦即失稳。图2为可靠度设计的示意图。图中的阴影部分面积即为失事概率，可见这两种工况计算的安全系数相等的情况，失事概率是不等的，荷载与抗力概率分布越分散，可靠度越低。在基坑工程中，分项系数法应用于验算支护结构或连接部分的强度问题。分项系数法设计的基本公式为

$$\gamma_0 S_d \leqslant R_d \tag{1}$$

式中：γ_0——基坑支护的重要性系数；

S_d——作用基本组合的效应，等于标准组合值乘以荷载分项系数 γ_F；

R_d——抗力的设计值，以构件的强度标准值除以一定的分项系数 γ_R 取得。

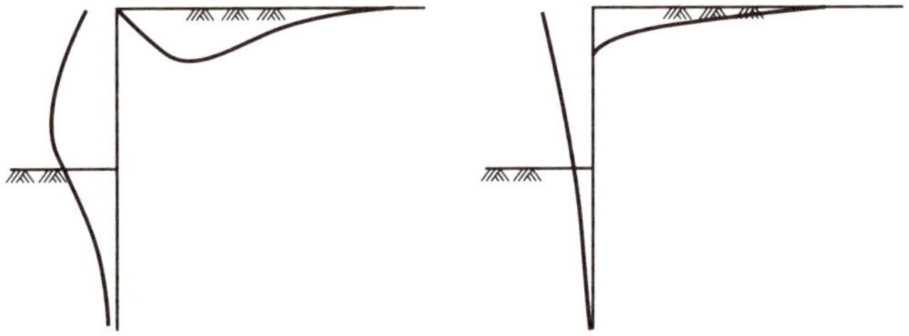

图1　基坑支挡结构的位移与地面沉降

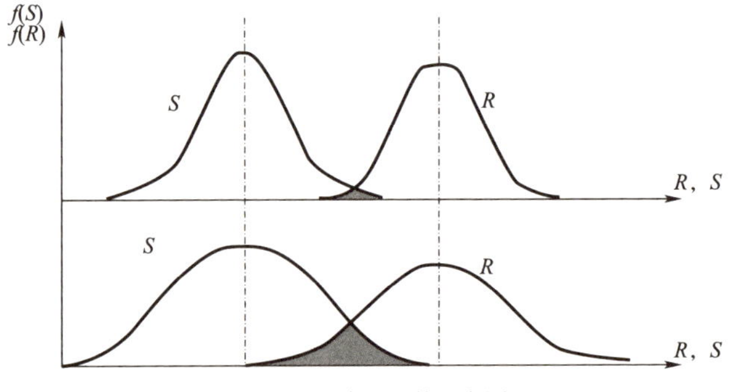

图2　可靠度设计的示意图

分项系数法其基础是可靠度设计，亦即以概率理论为基础的设计。分项系数的大小根据设计的可靠指标 β 确定。例如取 β=3.0，意味着失效概率为0.0013左右。

分项系数法设计需要对荷载与抗力这两个随机变量及其分布有明确的了解，可是岩土材料极为复杂，影响因素很多，一般无法使用可靠度与分项系数设计。通常还是使用安全系数法表示其安全性。安全系数法其本质是极限状态与计算状态间的比值，或者是极限抗力与荷载间的比值。它用单一的系数表示安全性，因而又称单一安全系数法。也就是说，用单一安全系数包括和反映所有不可预估的不利因素。近年来，在一些基坑规范中经常混淆分项系数与安全系数这两种截然不同的概念。例如《上海规范》在所有的稳定分析中规定

$$\gamma_S M_{Sk} \leqslant \frac{M_{Rk}}{\gamma_{RQ}} \tag{2}$$

式中：M_{Sk}——倾覆力矩标准值；

M_{Rk}——抗倾覆力矩标准值；

γ_S——作用分项系数，取 1.0；

γ_{RQ}——抗倾覆分项系数。

可见这时作用（荷载）的分项系数 γ_S=1.0，意味着荷载取标准值，所以抗力分项系数 γ_{RQ} 实际上就是安全系数了。称为“分项系数”，实际上是将一个随机变量（荷载）中的不确定性，放在了另一个随机变量中，概念上是混乱的，是一种赶时髦的做法。《天津规范》《原冶金部规范》以及其他规范也存在类似的问题：听说可靠度设计更先进和时髦，于是连忙糊了一定分项系数的帽子戴在了安全系数之外。在 20 世纪 20 年代军阀混战时，一些商家就用过这种方法。

3 稳定分析中的荷载与抗力

在安全系数法与分项系数法中，将某一力（或力矩）当成荷载还是抗力是有一定规定和理由的，荷载与抗力在计算中是不等效的，例如在分项系数值，荷载要乘以大于 1.0 的分项系数，而抗力则要除以一个大于 1.0（或者乘以一个小于 1.0）的分项系数。对结构有利的荷载项（亦即从荷载中扣除），则要乘以 1.0 或者 0.9 的分项系数。

在安全系数法中，荷载与抗力的权重同样是不等的，其一般表达式为

$$\frac{R_k}{S_k} = K \geqslant F_s \tag{3}$$

式中：R_k——极限抗力的标准值；

S_k——作用标准组合的效应；

F_s——设计规定的安全系数；

K——计算的安全系数。

在这个公式中，由于 F_s（K）应大于 1.0，荷载与抗力是不等效的。某一力（或力矩）当成正荷载与当成负抗力，亦即与加在分母和从分子中减去是不等效的，作为荷载（分母）时其“权”更大些。至于某一力（或力矩）应放在分子或者分母是有规律与规定的，但有时也有歧义。研究的隔离体上应当作用着不确定的、不可准确预计的力（或力矩），才有稳定性问题。如果它们是确定无疑的，则无须在公式（3）中出现。例如在地球大气中，任何物体表面都作用有各向等压的大气压力 p_a=100kPa，我们在分析任何大气中的物体稳定时都没有将不同作用面上的大气压分别当成荷载与抗力加在分子与分母中。又比如淹没在静水中的墙体，两侧的水压力也不必分别当成荷载与抗力。图 3a）和 b）表示的是在大气中与在静水中的高 5m、宽 2m 的墙体，对其倾覆（或者滑移）稳定来讲，由于没有荷载，因而也无须研究稳定问题。

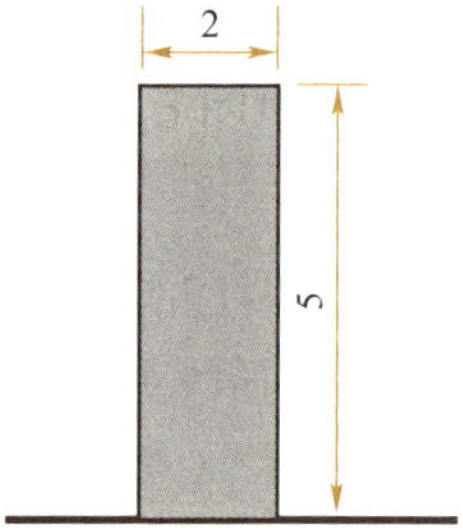

a）

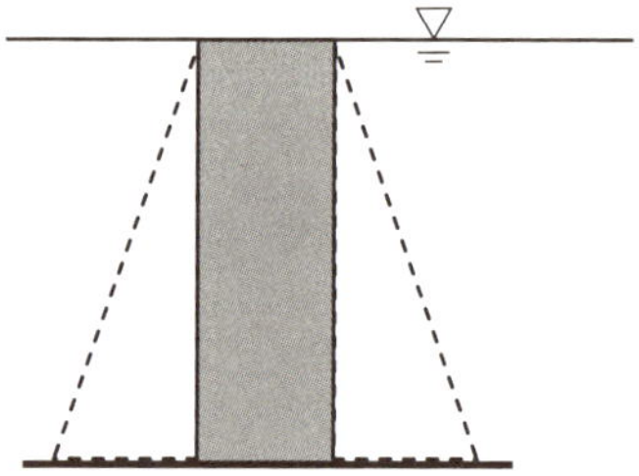

b）

图 3　置于大气中与静水中的墙（尺寸单位：m）

如果图 3a）的墙体是由 EPS（聚苯乙烯泡沫）组成，重度 γ=1kN/m^3，这种状态无荷载（两侧的大气压力抵消），不存在倾覆（滑移）稳定问题；如果图 3b）的墙体是由重度 γ=11kN/m^3 的轻质混凝土制成，它在水中的浮重度为 γ'=1kN/m^3，则它与大气中的墙完全是等效的，无稳定问题。将两侧水压力抵消，扬压力（浮力）减少了墙的自重，它也应与图 3a）中的墙一样。但是如果将一侧的水压力当成荷载，另一侧水压力当成抗力，则其抗倾覆安全系数为

$$K=\frac{125\times5/3+11\times2\times5\times1-100\times1}{125\times5/3}=\frac{218}{208}=1.05 \qquad (4)$$

这样小的安全系数对于任何工程也是不足的。同样埋在水平地面以下的墙体（图 4b），由于两侧土压力持平（均为静止土压力），所以也不存在倾覆（滑移）

稳定问题。这是由于两侧土压力是确定的、等效的，没有不可预估的风险。值得注意的是，安全系数法是极限状态设计，其抗力需是极限抗力，亦即抗力项应为被动土压力而不是静止土压力。

在图 4a）中，左侧开挖，墙两侧土高度不同，在稳定分析中，一侧作用着主动土压力 p_a，另一侧作用着被动土压力 p_p，如果总土压力 E_a=E_p，这时就不能将两侧土压力抵消，从而认为不存在滑移稳定问题。必须将 E_a 放入荷载项，E_p 放进抗力项。这是由于实际存在着不确定性：土层分布的不确定性、计算土压力强度参数的不确定性、土压力计算理论方法的不确定性等，存在着风险，因而必须保证一定的安全系数。例如试验得到的土的强度指标 c、φ 值如果偏大，会高估了抗力（被动土压力），低估了荷载（主动土压力），如果没有足够的安全系数，工程就极为危险。因而在稳定分析中，不能用两侧的土压力差作为荷载。

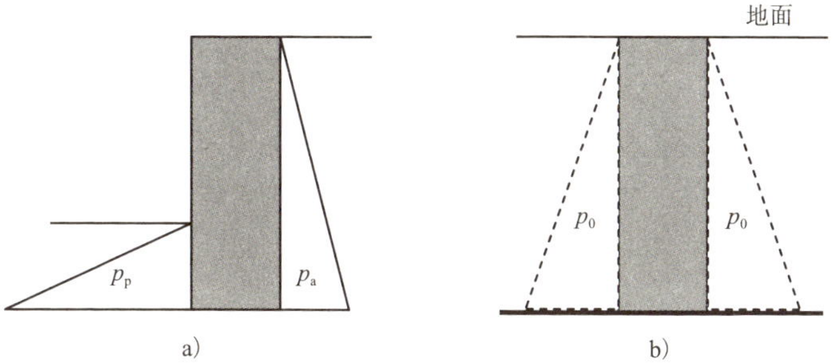

图 4　土中的挡土墙

4　水压力是荷载还是抗力

《基坑规程》对于水土分算情况给出的水土分算水平压力公式为［见该规程的式（3.4.2-5）和式（3.4.2-6）］

$$p_{ak}=(\sigma_{ak}-u_a)K_{a,i}-2c_i\sqrt{K_{a,i}}+u_a \tag{5}$$

$$p_{pk}=(\sigma_{pk}-u_p)K_{p,i}-2c_i\sqrt{K_{p,i}}+u_p \tag{6}$$

式中：u_a、u_p——分别为支护结构外（主动）侧、内（被动）侧计算点的孔隙水压力。

可能是为了与水土合算的主、被动土压力一致，这里将两侧的水压力计入土压力之中，变成了“分算”中的“合计”。两侧水压力分别当成了荷载与抗力。这种做法是错误的，以下举一个例子以便于理解。

在图 5 中，设某水泥土墙高 H=10m，埋深 t=5m，墙宽 B=5m，水泥土重度

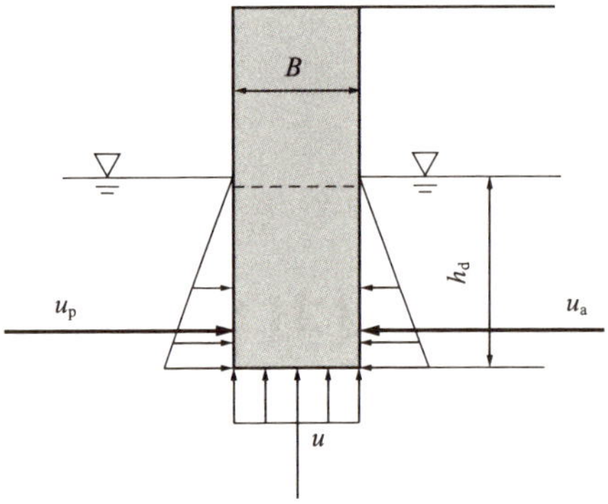

图 5　重力式挡土墙上的倾覆稳定

为 γ_{cs}=20kN/m³，所在土层 c=0，φ=30°，γ=18kN/m³（水上下相同），地下水位与坑底齐平。按照不同方法处理水压力计算其抗倾覆稳定安全系数 K_{ov}，结果见表 1。

一种按照最基本、常识性的计算是水下部分的水泥土按浮重度计算，得到的安全系数为 2.55（方法①）；另一种算法是两侧水压力相等互相抵消，从墙的自重中扣除扬压力，结果也是 K_{ov}=2.55（方法②）。实际上两种算法是完全等效的。若按照《基坑规程》的算法，将右（主动）侧水压力当成荷载，左（被动）侧水压力当成抗力，那么 K_{ov} 为 2.27（方法③）；如果按照 99 版《基坑规程》的式（5.2.1-1），将扬压力 u 也当成荷载，则安全系数变为 1.82（方法④）。

不同计算方法的安全系数　　表 1

方法	计算方法	计算公式	计算安全系数 K_{ov}
①	部分水泥土用浮重度计算，不计侧向水压力（抵消）	$K=\dfrac{G'B/2+E'_p h_d/3}{E'_a h_d/3}$	2.55
②	水泥土用饱和重度计算，不计侧向水压力，从自重中扣除扬压力 u	$K=\dfrac{(G-u)B/2+E'_p h_d/3}{E'_a h_d/3}$	2.55
③	主动侧水压力为荷载，被动侧水压力为抗力，墙自重中扣除扬压力 u	$K=\dfrac{(G-u)B/2+(E'_p+u_p)h_d/3}{(E'_a+u_a)h_d/3}$	2.27
④	主动侧水压力为荷载，被动侧水压力为抗力，扬压力为荷载	$K=\dfrac{GB/2+(E'_p+u_p)h_d/3}{UB/2+(E'_a+u_a)h_d/3}$	1.82

在上述计算中，方法①和②是正确的，两侧静水压力是确定的力，相互抵消不存在风险（图 4b）；而扬压力（浮力）是减少了墙体自重，不应作为荷载项，应从抗力项中减去。正如两军作战，这部分是撤出战斗的“我军”，而非加入战斗的“敌军”。战争中的一个重要原则是“集中优势兵力，各个歼灭敌人”。如果我方兵力为敌方的 3 倍，那么从我方撤出 500 人与在敌方增加 500 人，情况是大不相同的。对于这个问题，《上海规范》与《原冶金部规范》是正确的，亦即以两侧水

压力差的“净水压力 F_w”作为荷载，扬压力从墙体自重中扣除。

5 水土压力的分算与合算

《基坑规程》对于粉土有新的规定：“对地下水位以下的黏性土、黏质粉土，可采用土压力、水压力合算方法”，“对地下水位以下的砂质粉土、砂土和碎石土，应采用土压力、水压力分算方法”（见其 3.1.14）。由于砂质粉土的渗透系数较大，超静孔压容易消散，对这部分水下的粉土进行水土分算是一个很大的改进。但是在实际地层中，粉土以下土层的土质是十分重要的。这主要是由于地下水实际上是流动的。如图 6 所示。

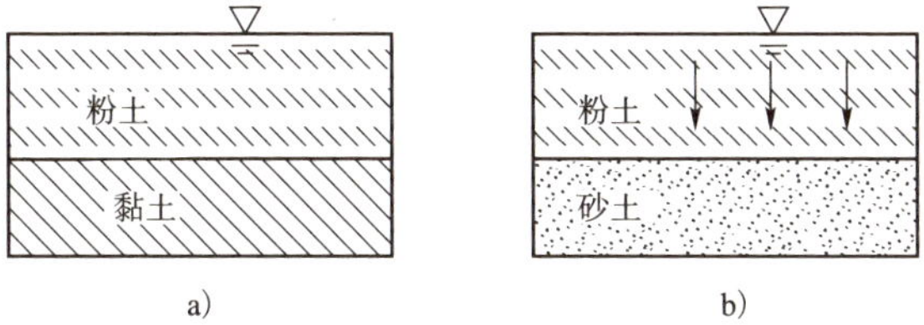

图 6 水下粉土以下不同的土层

在图 6a）中，粉土以下为黏土，如果粉土渗透系数 k_m=1×10^{-4}cm/s，黏土 k_c=1×10^{-6}cm/s，即使地下水向下渗流，在粉土中的水头损失也可以忽略，接近于静水压力，所以水土压力应当按水土分算；在图 6b）中，粉土以下为砂土，如果砂土 k_c=1×10^{-2}cm/s，并在砂土中降水，或者砂土有排水通道，粉土中有竖直向下的渗流时，粉土中的水头损失是主要的，则粉土中的水力梯度为 i=1.0，粉土中的有效竖向自重应力为

$$\sigma'_z = \gamma' z + \gamma_w iz = \gamma_{sat} z \tag{7}$$

后一项为渗透力 $\gamma_w iz$ 即为 jz，可见这时的粉土中的有效竖向自重应力按饱和重度计算，计算土压力时按水土合算更合理。

在现在的各种有关基坑工程的规范中，一般均规定或建议地下水以下的黏性土采用水土合算，但是如果由于存在黏聚力 c，在支护结构上会计算出“零压力区 z_0”（图 7），就比较复杂了。

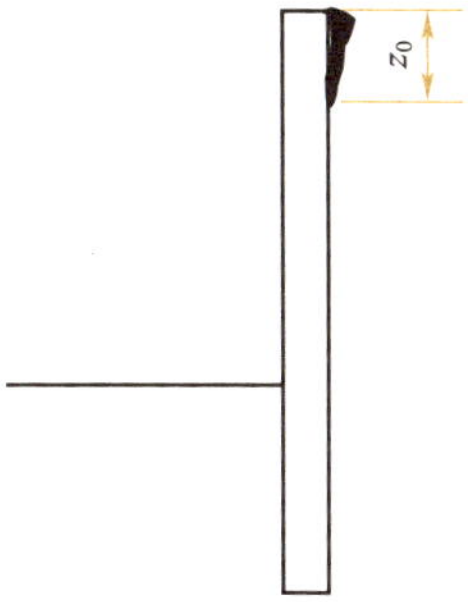

图 7 支护结构上的零土压力区

零压力区 z_0 也称为拉裂区，$z_0 = 2c/\gamma\sqrt{K_a}$。对于饱和土体，既然这部分有裂

缝，就会有裂缝水和水压力，因而认这里（土 + 水）压力为 0 就不合理。美国《基础工程手册》就规定“在任何情况下，主动土压力不小于 1/3 的竖向自重应力”，亦即

$$p_a \geqslant \frac{1}{3}\gamma_{sat} z \tag{8}$$

太沙基在用 φ_u=0° 计算土压力时，也避免出现零土压力区，他将主动土压力系数作如下变化

$$K_a = 1 - \frac{4c_u}{\gamma H} \tag{9}$$

$$p_a = K_a \gamma z \tag{10}$$

$$E_a = \frac{1}{2}\gamma H^2 K_a = \frac{1}{2}\gamma H^2 - 2c_u H \tag{11}$$

尽管计算的总主动土压力 E_a 是与朗肯理论相等的，但这时主动土压力沿墙全高线性分布，避免了出现零压力区。

6 结论

本文对于与基坑有关的一些规范和标准进行了进一步的讨论，主要的观点有：

（1）与在岩土工程其他区领域一样，在基坑工程设计中，安全系数法与分项系数法是基于不同设计理论的方法，不应混淆。不应为了赶时髦，以分项系数之名，行安全系数之实。

（2）在进行岩土中结构的稳定分析时，一般采用安全系数法进行分析计算，对于一些确定的、可以抵消的作用，可不出现在计算中；其中一个力（力矩）是正的荷载还是负的抗力不应任意规定，尤其是支挡结构两侧的水压力及底面上的扬压力。

（3）饱和粉土中的水土压力合算还是分算，与其下卧土层的渗透性及排水条件有关。

（4）饱和黏性土中进行水土合算时，不应存在零土压力区，应规定最小主动土压力值。

（5）基坑工程中与水有关的问题是极为重要的，应当从水土的相互作用，土中水的运动进行分析，不应简单处理。

参考文献

［1］中华人民共和国国家标准 . GB 50007—2011　建筑地基基础设计规范 [S]. 北京：中国建筑工业出版社，2011.

［2］中华人民共和国行业标准 . JGJ 120—2012　建筑基坑支护技术规程 [S]. 北京：中国建筑工业出版社，2012.

［3］上海市工程建设标准 . DG/TJ8—61—2010　基坑工程技术规范 [S]. 上海：上海市城乡建设和交通委员会，2010.

［4］天津市工程建设标准 . DB 29—20—2000　岩土工程技术规范 [S]. 北京：中国建筑工业出版社，2000.

［5］中华人民共和国行业标准 . YB 9258—97　建筑基坑工程技术规范 [S]. 北京：冶金工业出版社，1998.

［6］中华人民共和国行业标准 . GB 50009—2001　建筑结构荷载规范 [S]. 北京：中国建筑工业出版社，2001.

［7］中华人民共和国行业标准 . JGJ 120—99　建筑基坑支护技术规程 [S]. 北京：中国建筑工业出版社，1999.

［8］WINTERKORN H F，FANG H Y. Foundation engineering handbook[M]，[S. l.]：Van Nostrand Reinhold Company，1975.

对与基坑工程有关的一些规范的讨论（5）——渗透变形与总结

1 引言

本文为对与基坑有关的规范系列讨论文章的最后一部分，除了讨论与渗透变形有关的一些问题，以及复合土钉墙中各部件共同作用的问题以外，重点讨论了有关基坑工程问题的特点及一些总结。

基坑工程事故频发，如果认真地分析这些事故，绝大多数都与土中水有关。例如关于水土压力的计算有误，对降雨和市政管线漏水形成上层滞水处理不当，承压水处理不到位等。

渗透变形亦称为渗透稳定，或渗透破坏。在土层中的渗透变形只有两种基本的形式，即流土和管涌。所谓流土，是指在向上的渗透水流作用下，表层一定范围的土体或颗粒同时悬浮、移动的现象。所谓管涌，是指在渗透水流作用下，粗粒土中细颗粒在粗颗粒形成的孔隙通道中移动、流失的现象。

关于流土，我国土力学界的叙述比较统一。各种大专院校的《土力学》教材中所述基本一致。这里应当明确的是：①流土发生在方向向上的相对稳定渗流中；②流土一般发生在地表，发生在两层土之间时，被称为接触流失；③不管黏性土还是粗粒土都可能发生流土。

关于管涌，国内外的定义也都较为一致：①它是沿着渗流方向发生的（不一定向上）。②是在渗透力作用下，单层土中的粗细颗粒间的相对运动，在粗细两层间的渗流，可能细粒层中的土被从粗粒层中带走，这就需要设置反滤层。③就一层土来讲，黏性土不会发生管涌现象。④管涌发生后有两种后果：一种是继细粒土被带走后，粗粒土的骨架也发生塌落与失稳，导致土体的渐进破坏；另一种是细粒土被带走，粗粒土形成的骨架尚能支持，渗漏量加大但不一定随即发生破坏。

流土这一名词在英文中似乎没有一种准确的译法。我国《岩土工程基本术语标准》（GB/T 50279—1998）中译为“soil flow”。英文文献中对应的名词很多，如：砂沸（boiling），流砂（flowing sand、quick sand），管涌（piping）等。这些说法应当说都是针对砂土的，其中“砂沸”最为形象。笔者早年曾在松花江滩进行沉井施工，一次突然停电，井点失效，井底水挟砂汹涌而起，突泉无数，状如沸水，用6m长的竹竿一捅到底，竟无阻力，十分凶险。对于这种现象，流砂（quick sand，flowing sand）的提法不够准确，而管涌（piping）则显然是与流土不同的另一种渗透变形现象。

我国的工程地质界经常将砂土的流土叫流砂，而将黏土的流土叫突涌。其中流砂的内涵较广，包括砂土坡的失稳流动等现象；将黏性土的流土称为“突涌”，突涌是否与流土完全等同也是值得商榷的。

2　突涌

《地基规范》9.4.7指出：“地下水渗透稳定验算，当基坑底土为不透水层，下部具有承压水头时，坑内土体应按本规范附录W进行抗突涌稳定验算。”如图1所示。其中①土层为含承压水透水层，②土层为黏性土层。这里将突涌完全归入了渗透稳定问题。按式（1）验算

$$\frac{\gamma_m(t+\Delta t)}{p_w} \geqslant 1.1 \tag{1}$$

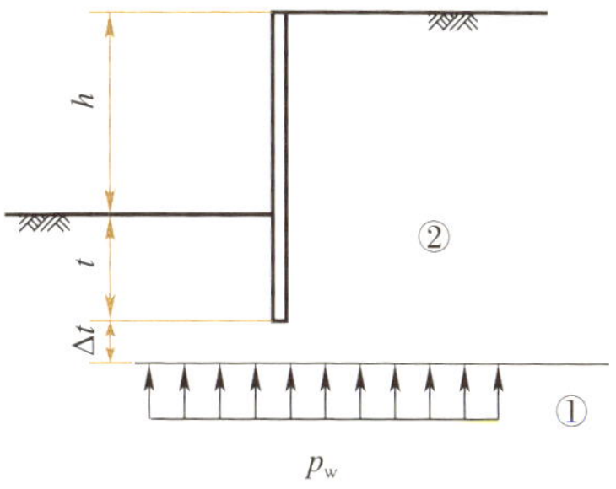

图1　基坑底抗渗流稳定验算示意图

式中：γ_m——透水层以上土的天然重度；

$t+\Delta t$——透水层顶面距基坑底面的深度；

p_w——含水层水压力。

从式（1）可以看出，它就是单位面积上的向下的黏性土重力$\gamma_m(t+\Delta t)$与向上的承压水压力p_w之间的静力平衡，不一定与渗流有直接关系。《地基规范》的这一叙述从语法及逻辑上也是不通的：既然是不透水层，哪里会有渗流？又怎么会发生渗透稳定？所以可以说突涌是坑底隆起的一种（heaving）。

图2是在室内模拟的突涌试验，由于下部含水层（砾石）内的水压力升高很快，上部黏性土中尚未形成稳定渗流，甚至部分土还是干的，但上部黏性土层却

被整体抬起，发生了所谓“突涌”。基坑的开挖速度很快，而黏性土的渗透系数很小，也存在这种黏性土中形不成稳定渗流的情况，因而将突涌等同于流土，而归入渗透稳定问题就不够严密了。实际上在基坑中发生的突涌常由于上部黏性土层厚度不均，可能是被局部突起，或者是将土层拱起，形成裂缝，下部泥沙涌出，见图3。但基本是一种受力破坏的现象，不一定是渗透变形。

图2　黏性土的突涌试验

图3　基坑中的突涌现象

3　黏性土与粗粒土的渗透变形

如上所述，突涌是一种黏性土的坑底隆起现象。但是如果在黏性土中形成了稳定的渗流，它也是流土的一种形式，也可用式（2）判断。

在图4中，以土骨架为隔离体

$$F_{s1}=\frac{\gamma'}{j}=\frac{\gamma'}{i\gamma_w}=\frac{i_{cr}}{i} \tag{2}$$

以土整体为隔离体，由于 $i=\Delta h/l$，则

$$F_{s2}=\frac{\gamma_{sat}l}{\gamma_w(\Delta h+l)}=\frac{\gamma'l+\gamma_w l}{\gamma_w\Delta h+\gamma_w l}=\frac{\gamma'+\gamma_w}{\gamma_w i+\gamma_w} \tag{3}$$

式（3）与式（1）是一样的，式（2）与式（3）其本质上都考虑隔离体的竖向静力平衡，前者是考虑土骨架，后者是考虑土整体，但在同样的条件下，F_{s1} 与 F_{s2} 是不等的。如果 $\gamma'=\gamma_w=10\text{kN/m}^3$，$i=0.625$，则 $F_{s1}=1.6$，$F_{s2}=1.23$。所以在《基坑规程》中，F_{s1} 是相对于碎石、砂土、粉土的流土，要求不小于1.6；F_{s2} 是相对于黏性土的突涌，要求不小于1.1。

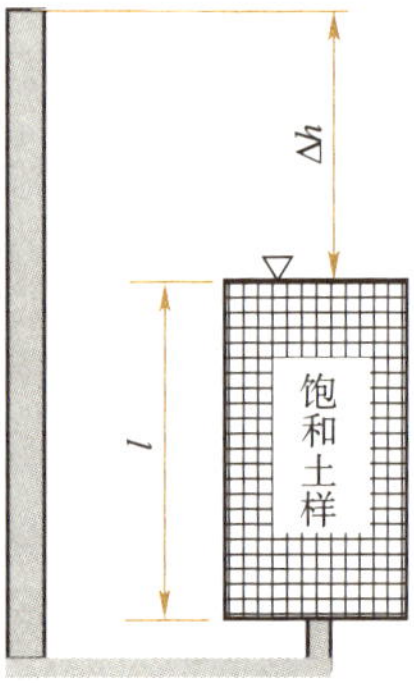

图4　流土的示意图

两者数值的不同，除了计算公式的差别外，也与土的性质及其破坏形式不同有关，砂土的流土各个砂颗粒分别被渗透力推起，一旦 $i=i_{cr}$，渗透破坏立即会发生，如图2b）所示。

而黏性土的突涌（或者流土），由于存在土的黏聚力及边界上的阻力，土层将会整体或者整块被推起，同时要克服边界的阻力，$i > i_{cr}$ 才会破坏。

砂土的管涌破坏，实际上发生在级配不均匀的粗粒土中。细颗粒被水流从粗颗粒的孔隙中带走，这种情况多发生在河流上游山区的河滩，所以水利工程多有发生。而建筑基坑主要位于江河中下游平原及三角洲，很少存在真正的管涌。所以一些规范、手册所讲的“管涌”往往是不准确的。

4　复合土钉墙中的共同作用问题

针对图 5 所示的对于复合土钉墙，《基坑规程》5.1.1 给出的整体稳定验算公式为

$$\frac{\sum[c_j l_j + (q_j b_j + \Delta G_j)\cos\theta_j \tan\varphi_j] + \sum R'_{k,k}[\cos(\theta_k + \alpha_k) + \psi_{\mathrm{v}}]/s_{x,k}}{\sum(q_j l_j + \Delta G_j)\sin\theta_j} \geqslant K_{\mathrm{s},i} \qquad (4)$$

式中：$K_{\mathrm{s},i}$——第 i 个滑动圆弧整体稳定安全系数；

c_j、φ_j——分别为第 j 土条滑弧面处土的黏聚力、内摩擦角；

b_j——第 j 土条的宽度（m）；

q_j——作用在第 j 土条上的附加分布荷载标准值；

ΔG_j——第 j 土条的自重，按天然重度计算；

θ_j——第 j 土条滑弧面中点处的法线与垂直面的夹角；

$R'_{k,k}$——第 k 层土钉或锚杆对圆弧滑动体的极限拉力值，应取土钉或锚杆在滑动面以外的锚固体极限抗拔承载力标准值与杆体受拉承载力标准值；

α_k——第 k 层土钉或锚杆的倾角；

θ_k——滑弧面在第 k 层土钉或锚杆处的法线与垂直面的夹角；

$s_{x,k}$——第 k 层土钉或锚杆的水平间距；

ψ_{v}——计算系数，可取 $\psi_{\mathrm{v}}=0.5\sin(\theta_k+\alpha_k)\tan\varphi$。

可见在这种整体稳定分析中，锚杆与土钉一起无区别地起抗滑作用，并且又规定：“微型桩、水泥土桩复合土钉墙，滑弧穿过其嵌固段的土条可适当考虑桩的抗滑作用。”与此相同的还有《深圳规范》。在国际上，土钉被当成加筋材料，它与土一起形成复合材料体，而锚杆则是一种外部加固措施；土钉只有土体变形才被动受力，而锚杆则是施加预应力以后主动施力；两者达到极限状态所需要土的变形是不同的，在复合土钉墙达到整体破坏过程中会出现“渐进破坏”的现象，亦即不可能

同时达到极限承载力。正如姚明与易建联合抬一个篮球架，我们是帮不上忙的。

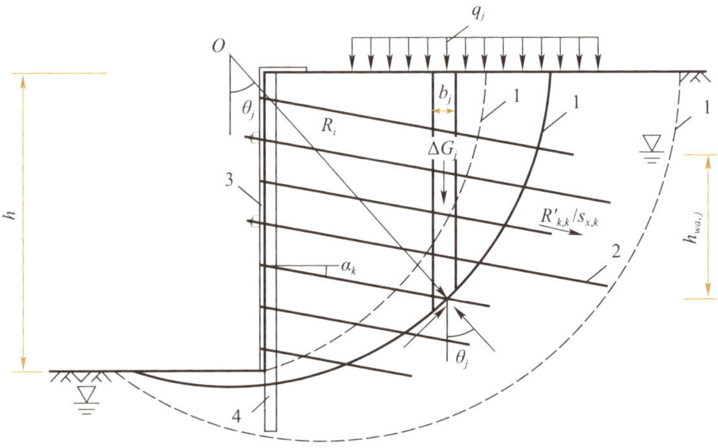

图 5　土钉墙整体稳定性验算

1- 滑动面；2- 土钉或锚杆；3- 喷射混凝土面层；4- 水泥土桩或微型桩

在北京的万亨大厦基坑失事的审查会上，一些专家对这种土钉＋锚杆的稳定分析提出疑问，见图 6。图 7 为作者在某宾馆见到的门前两个“保安”，一个是兔子，另一个是狮子。这样两种截然不同的伙伴，难以想象一旦有风吹草动，二者能否同心协力。《复合土钉墙基坑支护技术规范》（GB 50739—2011）就将土钉、锚杆、微型桩以及水泥土桩在整体稳定分析中，按不同的发挥系数处理，这至少是合乎道理的。

图 6　万亨大厦基坑复合土钉墙的倒塌

图 7　宜昌某宾馆门前的两位“保安”

5　结论

(1)通过以上系列的讨论，可能会产生一个误解：按照所提的问题似乎有关规范中的不安全因素很多，那么几十年来遵照规范设计施工的基坑应当是败多成少，而实际上事故毕竟是少数。这就涉及基坑工程的特殊性。基坑工程恐怕是建筑岩土工程中最为困难的部分，从前面的论述可见，它具有如下的特点：

①它所支挡的是原状土，原状土存在着结构强度，在非饱和状态下有很强的吸力，与重塑土相比，土的性质更加复杂，与室内重塑土试样试验的结果往往差别很大。

②天然土层在空间的变化很大，勘察不可能完全准确地给出土层分布及各土层的特性指标。

③地下水的分布与赋存形式复杂，时空变化大。呈多层分布，滞水、潜水、层间潜水和承压水通常交错分布，并且各层地下水之间实际上有水力联系。

④由于支挡结构一般不是刚性的，除整体的移动外，还伴随着结构物本身的变形，土压力与挡土结构变形之间的这种耦合使问题进一步复杂化，完全主动与被动的土压力通常很难达到。

⑤其施工和结构设置程序不同于一般挡土墙。通常是先在地面钻孔或掏槽后灌注混凝土支护桩或者连续墙，随后逐段向下开挖，逐段支撑（或锚固）；或者先开挖，随后逐段支护，如土钉墙施工。这就使地基土的应力路径完全不同于一般的地基和土工建筑物，呈很复杂的应力路径。

⑥施工过程涉及时空效应问题，设计中必须满足全过程的任一阶段的安全，支护结构的每一个断面都必须能够承担全过程中的最大荷载，亦即要按过程的最大荷载包络线设计，这是一个过程设计，而不是挖到坑底时的状态设计。

⑦与地基基础及其他土工构造物相比，基坑的三维效应更为突出。通常平面上两个尺度相差不大，与平面应变问题的差别较大；另外，基坑平面的凸、凹、阳角、弯曲及几何与荷载的不对称等使问题更加复杂化。

（2）鉴于基坑工程的复杂性，基坑原状土在实际应力路径下的强度指标的确定，基坑土体的应力变形数值模拟，其难度与精度都不是其他土工问题可比的。

上述基坑问题的这些特殊性涉及土力学中一些尚待解决的前沿课题：如非饱和土的吸力与强度问题；原状土的结构性问题；土水压力的流固耦合问题；不同应力路径下土的强度和土压力计算问题；结构变形与土压力荷载间的相互作用问题；不同工况下土的强度指标选用和试验方法问题等。

因而，目前的基坑规程设计有很大的经验性，有很多的不确定性在设计中没有考虑。这些不确定性有有利的，有不利的。表 1 列举了水土压力计算中一些被忽略的因素，表 2 列举了一些抗坑底隆起验算的因素。

基坑水土压力计算忽略的影响因素　表1

编号	有利因素	不利因素
1	原状地基土的结构性及结构强度	对于欠固结土，使用固结不排水或固结快剪强度指标
2	非饱和土的基质吸力	对于地面超载 q，使用固结不排水或固结快剪强度指标
3	平面应变情况下土的较高的内摩擦角	对于承压水的上下黏土层，采用水土合算计算主动土压力
4	基坑平面尺寸的三维拱效应	对于有向上渗流的墙前坑底土，采用水土合算计算被动土压力
5	墙后土体的小主应力 σ_3 减小的应力路径，可能产生的负孔压	对于振动反复荷载下，敏感性土可能的损伤，渐进破坏
6	墙前坑底以下土的超固结性：黏聚强度与负孔压	在降雨、管道漏水条件下及排水不畅情况下，使地基土强度降低
7	坑外人工降低地下水及竖直向下渗流的地下水	坚硬地基土层可能发生的渐进破坏
8	坑底加固措施	基坑平面上的凸凹、阳角和两侧地质、地形、荷载的不平衡等三维效应的影响
9	朗肯土压力理论计算主动土压力偏大，被动土压力偏小	

验算坑底隆起的各因素分析　表2

编号	有利方面	不利方面
1	忽略墙外（$H+t$）两侧摩阻力对荷载的减少（图8）	采用固结不排水强度指标，未考虑欠固结土情况
2	不计基础宽度对承载力的增加	室内试验强度指标的不确定性
3	忽略了墙内 t 两侧摩阻力对承载力的增加	没有考虑渗流渗透力的不利影响
4	没有考虑坑内土由于开挖的超固结性强度及内外土体的应力路径	用固结不排水强度和饱和重度计算承载力
5	未计坑底加固与降水的有利作用	采用固结不排水强度超载 q 部分，很难使地基土“固结”
6	未计坑底以下可能的硬土层影响	
7	基坑的三维效应	

（3）基坑工程的复杂性造成了基坑工程设计的经验性，这些经验性有时就会反映在有关的规范与规程中。经验是十分可贵的，但是它往往缺少普适性，因而经验主义是会害人的。如上所述，用水土合算计算墙后土压力有其可用性，但是如将水土合算推广到饱和土体的稳定分析就是有害的经验主义了。

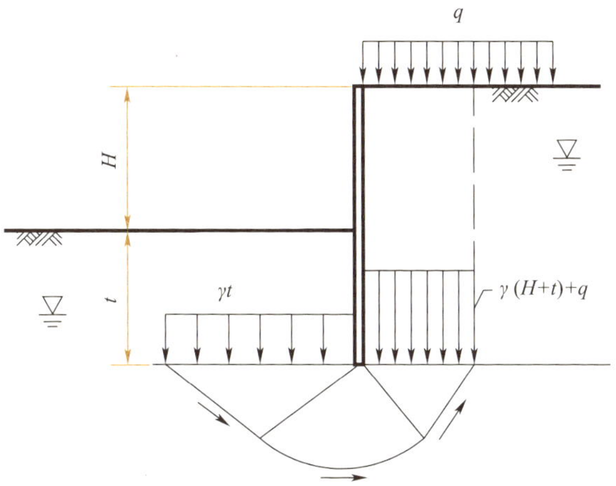

图 8　坑底隆起验算示意图

不应以局部的经验代替普适的理论，对于土力学基本概念、基本原理的轻视与漠视不会不受到惩罚。载入规范中的一些类似的条文会误导学生和工程技术人员，使他们不去尊重与敬畏基础理论，在今后的实践中会犯错误。对照国外的有关岩土工程标准、指南、手册，他们很少去挑战土力学基本原理，这是值得我们深思的。

（4）由我国工程管理体制所决定，技术人员完全按照规范去设计，工程不一定就安全，但设计者肯定是安全的：在发生事故后，只要一一指明设计依据的规范条文，即可全身而退。而施工的失误往往显而易见，自然难辞其咎了。有个基坑的设计采用了三本规范，但都是采用其中最“冒进”的条文，似乎也没有被追责。实际上，有些事故与设计及规范是有关系的：珠海广场事故与逆作拱墙的推广；杭州地铁湘湖站基坑事故与水土合算稳定分析；北京万亨大厦基坑事故与土钉＋锚杆一起承担抗滑力。经验主义泛滥，轻视基本理论对我国岩土工程的发展是极为不利的。

参考文献

［1］ R. Whitlow. Basic Soil Mechanics（3rd edition）. Malaysia：Longman，1995.

［2］ 陈仲颐，周景星，王洪瑾 . 土力学［M］. 北京：清华大学出版社，1992.

［3］ 中华人民共和国国家标准 . GB/T 50279—1998　岩土工程基本术语标准［S］. 北京：中国计划出版社，1998.

［4］ 卢廷浩 . 土力学［M］. 南京：河海大学出版社，2002.

［5］ J.H.Atkinson，P.L.Bransby. The Mechanics of Soils—An Introduction of Critical State Soil Mechanics［M］.［S.l.］: McGraw-Hill Book Company（UK）Limited，1997.

［6］ A.N Schofield，C.P.Wroth. Critical State Soil Mechanics［M］.［S.l.］: McGraw-Hill，Publishing Company Limited，1968.

［7］《岩土工程手册》编写委员会 . 岩土工程手册［M］. 北京：中国建筑工业出版社，1994.

［8］《工程地质手册》编写委员会 . 工程地质手册［M］. 2 版 . 北京：中国建筑工业出版社，1992.

［9］ 中华人民共和国国家标准 . GB 50739—2011　复合土钉墙基坑支护技术规范［S］. 北京：中国建筑工业出版社，2011.

杭州地铁1号线湘湖站
基坑事故的再分析

1 引言

杭州地铁事故可以说是我国最重大的基坑工程事故，却也是一份难能可贵的财富。除了表观的施工现象之外，还应有很多深层次的问题值得我们去挖掘、思考、分析和讨论。美国的弟顿坝1976年失事以后，曾成立了两个独立的机构（Interior Review Group，Independent Panel），进行调查分析。溃坝发生在右岸，他们不惜花费巨大的人力财力在左岸开挖到齿槽以下，一直到1980年挖到坝基以下几十米，最后发现齿槽冲蚀，得出了毁于水力劈裂的重要结论，为高土石坝设计提出了创造性的课题。

从功利的角度出发，我国一般都不愿揭开事故的旧伤疤，这样从失败的案例中取得的收获就不大。我在《岩土工程50讲》一书中曾对此事故进行了初步的分析，也曾结合此事故对于我国的基坑规范进行了广泛的讨论。也有一些作者对此作了各种研究讨论，顾宝和大师最近作了很深入的评议与谈论。这都是十分必要与有益的。本文对于该事故的施工、设计、管理等问题进行了较全面的讨论。

2 事故的发生

2008年11月15日15时20分左右，杭州市萧山区地铁1号线湘湖站北二基坑施工现场西侧的风情大道突然坍塌，见图1。

图 1　基坑西侧风情大道坍塌的路面及车辆

事故使风情大道塌陷长近百米，宽约 40m，路面塌陷深度 7m，路面没入水下。造成基坑内 21 人遇难，十余人受伤。基坑的四层钢管支撑像一盒被打翻的火柴一样散乱地堆积在坑内；深厚的淤泥灌满了基坑，倒塌的混凝土连续墙支离破碎，现场景象惨不忍睹。如图 2、图 3 所示。

a)

b)

图 2　失事基坑内散乱的钢管支撑及塌陷的风情大道

a)

b)

图 3　清理基坑内的淤泥

3 工程简介

湘湖站为杭州地铁 1 号线的起点站，位于萧山湘湖杭州乐园西侧，风情大道东侧。北二基坑长度为 106m，宽度长为 20.5m，其平面图见图 4。底板埋深 16m，连续墙坑底入土深度约 17m，车站主体结构顶板覆土 1.8m，车站主体为地下两层三跨钢筋混凝土矩形框架结构。结构底板主要坐落在④$_2$层淤泥质粉质黏土、局部⑥$_1$淤泥质粉质黏土上。潜水水位在地面以下 0.5m 左右，无承压水。基坑的设计标准断面及土层分布见图 5。

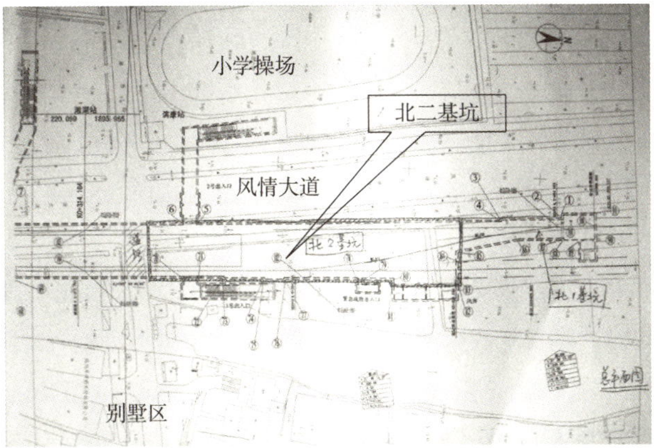

图 4 北二基坑工程现场平面图

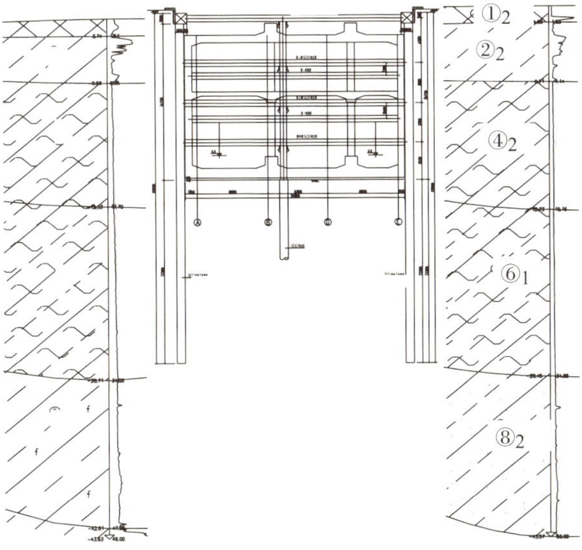

图 5 车站标准横断面及土层情况

基坑各主要地基土层的工程特性，按地层次序，由上至下情况如下：

①$_2$ 填土层（mlQ_4^3）。

②$_2$ 黏质粉土（alQ_4^3）。

④$_2$ 淤泥质黏土，滨海、海湾相（$m\ Q_4^2$）：饱和，流塑，含少量有机质，夹薄层粉土。物理力学性质较差，具高压缩性。全场分布，层厚 2.10～23.60m。天然含水量 50.6%，孔隙比 1.430，平均锥尖阻力 0.57MPa。

⑥$_1$ 淤泥质粉质黏土，浅海、溺谷相（mQ_4^1）：饱和，流塑，含少量有机质，夹薄层粉土。物理力学性质较差，具高压缩性。普遍分布，层厚 2.00～17.07m。天然含水量 46.7%，孔隙比 1.353，平均锥尖阻力 0.85MPa。

⑧$_2$ 粉质黏土夹粉砂，湖沼相沉积（$l\text{-}hQ_3^2$）：饱和，软塑，薄层状，含有机质、腐殖质。局部以粉细砂为主，含少量贝壳碎屑。局部分布，层厚 0.70～20.10m。天然含水量 33.9%，孔隙比 1.040，平均锥尖阻力 1.46MPa。

40～50m 以下为强风化到中等风化的粉砂岩。

标准断面的基坑开挖深度为 16.28m，采用厚度为 800mm 的地下钢筋混凝土连续墙围护结构，墙高度约为 33m。计算时考虑地面超载 q_0=20kPa，如图 6 所示。其中在开挖过程中地面以下 1.56m、5.26m、9.06m、12.76m 设置 4 道钢管支撑。在封底以后结构施工时，先后拆除最下一层（12.76m）时在 10.56m 加一支撑；在拆除 9.06m 支撑后加一 6.46m 支撑。

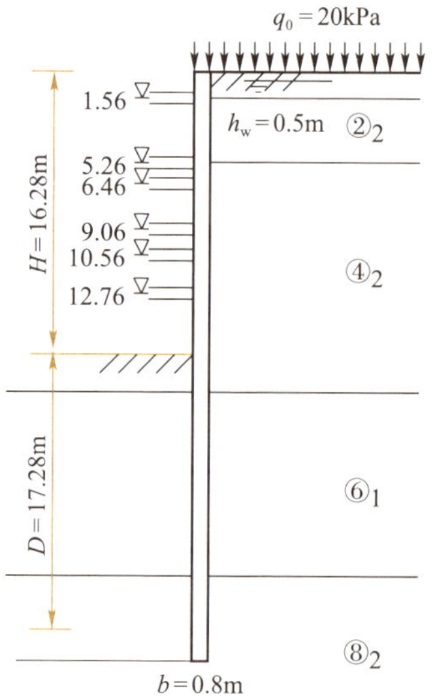

图 6　基坑支护标准

4　事故分析

（1）施工方的责任

经几次审议，都认为主要责任在于施工方。

①没有按照设计进行坑底加固。

原设计从基坑底部高程到底部以下 3m 用水泥搅拌桩加固，形成格构，见图 7。可是在施工前经论证取消了这一坑底加固措施，认为在基坑内用井点降水可以达到加固基底土的目的。这是一个重大的失误，如果按设计作了这一加固措施，应不会发生这一事故。

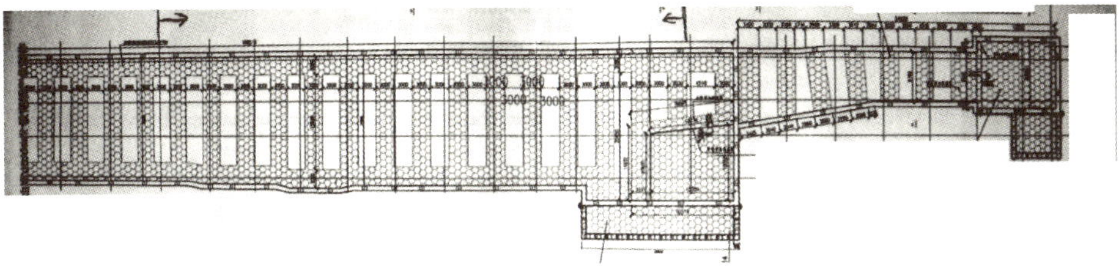

图 7　原设计的基坑底加固方案

②未按设计分段分区开挖。

从图 8 可见，原设计北二基坑分 6 个作业段（每段 25m 左右）开挖，分期施工封底。但在事故发生前，从北算起的第一段已作完底板结构，第二段作完垫层，第三段铺砂石，第四段在清底，两台挖掘机正在第五段和第六段开挖最后一层土方。可见事故前基坑已见底但未作结构的区段至少有三段（即 60～70m 长）以上。很多案例表明，长大基坑的长边中点往往是事故易发点。这次事故也是三、四作业段最先失事，破坏最严重（图 3b）。

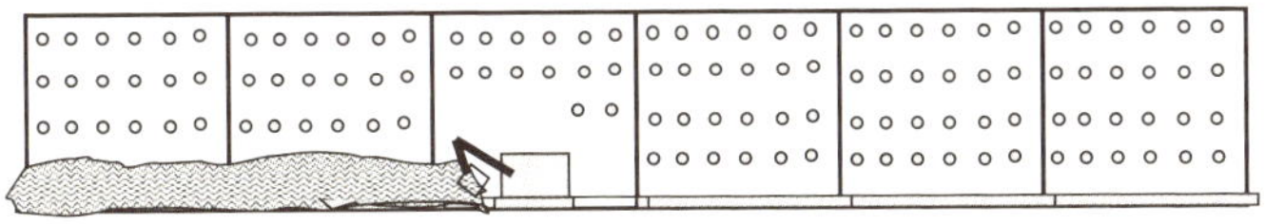

图 8　事故发生时基坑的状态示意图

③严重超挖。

事故发生后，在现场挖出两台挖土机，高约 5m，如图 8 所示。可见当时除前三段外，其余施工段的第四层钢管支撑都没有设置，部分第三层也没有设置。按设计，应在开挖到支撑以下 0.5m 高程即设置钢管支撑。可见这里严重超挖，地连墙被剪断就主要是这一段（图 3b）。

④不顾已经发生的事故征兆，野蛮施工。

自10月9日至事发前，临近北二基坑西侧风情大道位于污水管附近上方的车道路面结构层开裂严重、路面下沉明显；曾多次采取架钢筋、浇灌混凝土、对路面的裂缝进行勾缝等措施来补救。除基坑外地面开裂现象外，基坑内侧地下连续墙也曾出现过较大的裂缝。对于这些事故征兆，都没有引起警觉，继续施工直至发生重大事故。

（2）设计方的问题

在我国，目前岩土工程的事故责任基本上是由施工方承担。这与招标中的低价中标，施工中的催进度、赶工期有关。在这种情况下，施工方只好降低投入，冒险蛮干。根据国际隧道工程保险集团对施工现场发生安全事故的原因的调查结果表明：地下工程发生事故原因是多方面的，其中设计失误占41%（图9）。由施工方完全承担这些风险，而设计者可以在规范的遮蔽下免责就显得不够公平。2004年新加坡Nicoll大道地铁基坑事故的责任就完全由设计者承担。杭州地铁基坑工程设计中的问题也很值得进一步探讨。

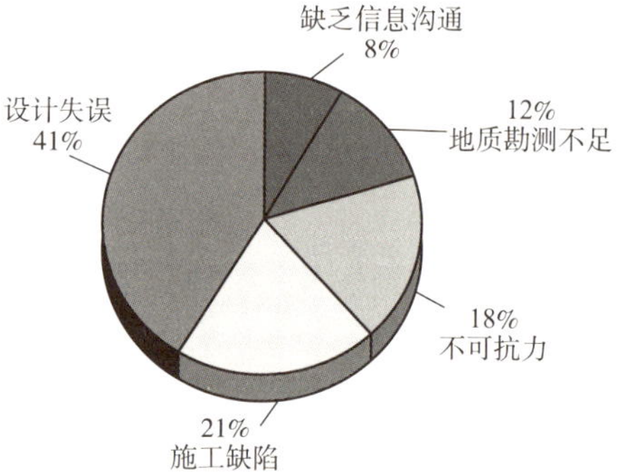

图9　国际隧道工程保险集团对地下工程安全事故原因的调查结果

即使是设计者按规范设计，还有以下问题：

a. 规范本身是否清楚、正确？

b. 在有几部有关规范，规定又不相同时，使用的规范是否是合适的？

c. 当规范没有相关内容时，设计是否符合当地的具体情况？

①稳定分析中的水土合算。

在进行该基坑支挡结构的整体稳定性分析、坑底隆起稳定验算时，都采用固结不排水强度指标，水下的抗滑与滑动力矩中土的自重均采用天然（饱和）重度γ_{sat}计算。亦即采用《建筑基坑支护技术规范》（JGJ 120—99）中的“广义”的水土合算。

对于图10a）中用的圆弧条分法进行整体稳定计算时，采用固结不排水强度指标，“固结”是在原位的 $\gamma'z$ 有效应力作用下的固结，而不是在 $\gamma_{sat}z$ 下的固结。所以为土力学界所公认的方法是：

a. 在有渗流情况下，坑内水位以下土均用浮重度；内外水头之间部分滑动力矩用饱和重度，计算抗滑力矩时法向分力扣除条中的内外水头差对应的孔隙水压力 u。

b. 如采用近似的“替代法”，亦即内外水头之间的土，滑动力矩用饱和重度，抗滑力矩用浮重度。

在图 10a）中，如果地基土为正常固结黏土，M 单元在漫长的地质历史中受到的竖向有效固结压力为 $\gamma'H$，而不是在 $\gamma_{sat}H$ 的竖向压力下固结，如果我们在原位进行“固结快剪”（如图所示），那么它的抗剪强度必定是 $\tau_f=\gamma'H\tan\varphi_{cq}+c_{cq}$，可见抗滑力矩必须用土的浮重度计算。杭州地铁 1 号线湘湖站基坑工程中，设计采用的 ④$_2$、⑥$_1$ 两层淤泥质土的饱和重度平均为 γ_{sat}=17.1kN/m^3，平均固结快剪强度指标：φ_{cq}=12.8°，c_{cq}=14.8kPa。采用饱和重度计算抗滑力矩时，饱和重度比浮重度高 2.4 倍，计算的抗剪强度偏高，设计的实际安全系数偏低。

在图 10b）中，这是一个地基承载力问题，《建筑地基基础设计规范》（GB 50007—2011）的式（5.2.4）和式（4.2.5）指出，在埋深 D 以下的 γ_m，位于地下水位以下的土层取土层的有效重度。而设计时按照《建筑基坑支护技术规范》（JGJ 120—99）在承载力计算中，采用了地基的饱和重度。

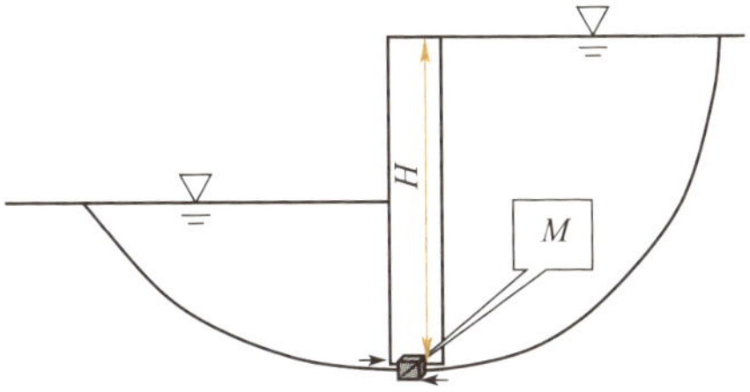

a）地连墙的整体稳定分析

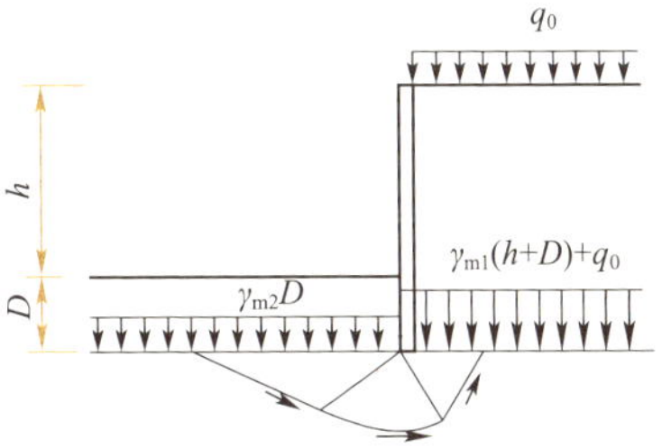

b）坑底隆起验算

图 10　支挡结果的稳定分析

在这项工程设计中，设计者参考了《建筑基坑支护技术规范》（JGJ 120—99）、《上海基坑工程设计规范》（DBJ 08—61—97）、《建筑基坑工程技术规程》（DB33/T 1008—2000）和原冶金部《建筑基坑工程技术规范》（YB 9258—1997）。但本工程设计采用了《建筑基坑支护技术规范》（JGJ 120—99）的水土合算进行错误的稳定分析。

②计算地面超载部分 q_0 的主动土压力时的强度指标。

基坑设计中，对于地面超载 q_0 产生的土压力及各种稳定问题验算时，也和土的自重应力一样使用固结不排水（CU）强度指标。这种做法是偏于危险的。在基坑工程中，对于正常固结黏性土，在漫长的地质年代中，其有效自重应力下已经充分固结了，而在快速开挖过程中施加剪应力 $\sigma_1-\sigma_3$ 时产生的超静孔压一般未能消散，亦即接近于不排水的情况，因而采用固结不排水强度指标是合理的。

但基坑的支挡结构后的地面上的超载 q_0 包括既有建筑物基础、施工临时堆土和建材、运土车辆、施工机械等。这些荷载呈十分复杂的情况，时空变化很大。在基坑边的临时堆土、车辆和机械、建材堆放、相邻道路上的来往车辆，它们施加的时间不长，有时周期变化，在饱和黏性土中产生的超静孔压不可能消散。如果与正常固结地基土的自重应力 γz 一样，采用固结不排水或固结快剪强度指标计算土压力和进行稳定分析，除了已建几十年的相邻建筑物基底荷载外，其他情况是不合适和不安全的。在饱和土体上大面积超载 q_0 将产生超静孔隙水压力 $\Delta u=q_0$，或者由于 $\varphi_u=0°$，$K_a=1.0$，$p_a=q_0$。在参考的规范中就有一些规范建议采用不固结不排水强度指标计算主、被动土压力，但在设计中，仍然错误地全部采用固结不排水强度指标。

③高灵敏度软土的设计。

这个工程所主要涉及的④$_2$ 淤泥质黏土和⑥$_1$ 淤泥质粉质黏土既是欠固结土，也属于高灵敏度软土。表 1 为事故发生以后由华东设计院进行的灵敏度试验结果。可见主要土层④$_2$ 和⑥$_1$ 土体的灵敏度分别为 6.6 和 9.1，这已经属于高灵敏性与极灵敏性软土。现场测试表明，坑内扰动后土体静探锥尖阻力最小值仅为原状土的 35%，其扰动后直观景象见图 3a）。

现场各软土层的无侧限强度与灵敏度　　表 1

地层层序	外围土无侧限抗压强度 q_u/灵敏度 S_t	坑外 12-12′～16-16′剖面线扰动区无侧限抗压强度 q_u/灵敏度 S_t	坑内土无侧限抗压强度 q_u/灵敏度 S_t
④$_2$	47.9/6.6	37.5/4.8	
④$_3$	58.2/3.8	38.4/2.4	
⑥$_1$	51.9/9.1	40.3/6.4	45.0/7.5
⑥$_2$	60.5/11.5	47.5/8.0	54.2/8.0
⑧$_1$	76.0/8.0	61.2/6.8	28.5/3.7

对于这类软土在强度的选用和施工安排上应予以足够的重视。可是以西侧的风情大道为例，它紧贴基坑一侧，道路自始至终没有封闭，白天车水马龙（在发生坍塌的瞬时还有包括大型公交汽车在内的 14 辆车因红灯停在坑边路上），晚上大型施工机械、运土车辆川流不息。这对于高灵敏度土的扰动是不言而喻的。尽管当

时各基坑规范都没有专门指出高灵敏度软土问题，但设计者本应给予考虑与重视。同时这些土层属于欠固结土，使用固结不排水强度指标就更偏于危险。

（3）另一些值得讨论的问题

①为什么在西侧坍塌？

从现场上看（图1～图3），基坑是西侧风情大道首先坍塌，坍塌后，将坑底淤泥土挤起来，推向东侧，使基坑的实际深度大大减小，所以尽管所有支撑钢管全部失效，东侧连续墙也发生较大位移，但尚保持直立，破损不严重。在现场可以发现，由于西侧是市政道路，车流量很大；几乎所有的施工机械、车辆、泥浆池、建筑材料也全部在西侧。超载的工程运土车辆来回反复碾压，路面交通繁忙。正如10月份监测所报，已经发生较大的土体位移，地面开裂，反复的路面荷载必然会进一步破坏地基原状土的结构性，由于这两层软黏土的灵敏度很高，这种扰动使土的强度进一步降低，等红灯的十几辆车重可能成为引发垮塌的“最后一根稻草”。

②良好的场地条件酿成事故。

从图4可以发现，该基坑工程的工地环境条件“太好”了：东西两侧距离建筑物都在几十米到百米以上，西侧是风情大道，大道西侧是一个小学校的操场。但是这种良好的环境却与事故发生有直接关系。

自10月9日至事发前的一个多月，临近北二基坑西侧风情大道位于污水管附近上方的车道路面结构层开裂严重、路面下沉明显，现场采用浇灌混凝土等措施来补救。除基坑外地面出现开裂现象外，基坑内侧地下连续墙也曾出现过较大的裂缝。这些预兆没有引起充分的重视。

可以设想，如果周边邻近的民用建筑物距基坑较近，居民就会密切关心自己最重要的财产——住房，时时自发监察观测。在其他地方，常可以见到这样的场面：由于地面或者墙面发现有微小的裂缝，附近居民就会在工地集聚起来，禁止施工，阻止车辆进出；大爷大妈们坐在挖土机、起重机下，不准动土。老百姓一生积攒的辛苦钱买下住房容易吗？那是真正的关切。这个基坑如果有这样的群众监督，他们还敢这么干吗？

5 结论

（1）对于这个事故，施工方的责任是显而易见的。其中删改了原设计的坑底加固方案；没有坚持分段分区开挖施工；严重超挖以及对事故征兆未加以认真对待与处理是事故的重要原因。但正如施工方的总工程师王梦恕院士当时所讲：

“甲方拍脑袋、图便宜、赶工期加上领导意见替代科学决策是问题所在。”也反映了我国岩土工程普遍的弊端。

（2）在该工程的设计中，采用固结不排水强度指标与饱和重度计算地下水下土的强度，进行稳定分析和坑底隆起验算是错误的，这些都源于有关规范的错误；对于强灵敏度软土没有给予足够重视和采取有效的措施，没有封闭风情大道是一个失误；对于坑边超载 q_0 按固结不排水强度验算也是偏于危险的。王梦恕院士也指出：“该拆迁的、该转移的东西没有转移，像高速公路就在基坑的表面上行走，造成了整个基坑垮失掉。”

（3）这个事故还有很多值得进一步探讨和深入研究之处。总结经验，吸取教训，从事故中学习到更多的东西才是科学与坦诚的态度。

参考文献

[1] 李广信 . 岩土工程 50 讲[M]// 第 41 讲 杭州地铁一号线湘湖站基坑事故 . 北京：人民交通出版社，2010.

[2] 李广信 . 对基坑工程有关规范的讨论（1）. 工程勘察[J]. 2013，41（9）：1-6.

[3] 李广信 . 对基坑工程有关规范的讨论（2）. 工程勘察[J]. 2013，41（10）：1-6.

[4] 李广信 . 对基坑工程有关规范的讨论（3）. 工程勘察[J]. 2013，41（11）：1-4.

[5] 李广信 . 对基坑工程有关规范的讨论（4）. 工程勘察[J]. 2013，41（12）：1-5.

[6] 李广信 . 对基坑工程有关规范的讨论（5）. 工程勘察[J]. 2013，41（12）：6-10.

[7] 顾宝和 .16/ 杭州地铁湘湖站基坑事故，岩土工程典型案例述评[M]//16/ 杭州地铁湘湖站基坑事故 . 北京：中国建筑工业出版社，2015.

[8] 中华人民共和国行业标准 . JGJ 120—2012 建筑基坑支护技术规程[S]. 北京：中国建筑工业出版社，2012.

[9] 中华人民共和国国家标准 . GB 50007—2011 建筑地基基础设计规范[S]. 北京：中国建筑工业出版社，2011.

[10] 中华人民共和国地方标准 . DG/TJ 8—61—2010 上海市工程建设规范基坑工程技术规范[S]. 上海：上海市城乡建设和交通委员会，2010.

[11] 中华人民共和国国家标准 . GB33/T 1008—2000[1] 浙江省工程建设标准 建筑基坑工程技术规程[S].

[12] 中华人民共和国行业标准 . YB 9258—1997 建筑基坑工程技术规范[S]. 北京：冶金工业出版社，1998.

[1] 注：（针对事故分析应当用 2000 规范）

莫把简单问题复杂化

小时候，看过一场“蹦蹦戏”，首先出来的是一个丑角——三河县的傻柱子，在北京城某大户人家打杂。他先念了四句上场诗：“早晨起来先洗手，洗完手刷马桶，刷完马桶做的饭，做完饭又洗的手。”估计是主人讲卫生，交代他要勤洗手。但他概念不清，不知洗手的目的与精髓——做饭前洗手，并且将简单问题复杂化了，其实无须洗两遍手，一遍足矣。

再看我们的某些规范，似乎也常犯类似的错误——一是概念错误，二是把问题复杂化。

我国的大型基坑建设始于20世纪80年代中期，走了一些弯路。后来取得经验，编制了一些规范。最早的全国性基坑规范应是原冶金部系统编制的《建筑基坑工程技术规范》（YB 9258—1997），在编制中他们曾与我讨论过流土与管涌的问题。其他的概念还基本清楚，尽管也提出来“水土合算”，但是推荐性的“也可按”。然后就是建研院主编的《建筑基坑支护技术规程》（JGJ 120—1999）。此规范明确规定了水土合算，引起了一场关于分算与合算争论的轩然大波，甚至几乎闹到岩土界的南北分裂。

记得在该规范的专家审查会上，就此问题曾壁垒鲜明地形成了两派，即“教授派”与“总工派”。前者认为水土合算违背有效应力原理，后者认为合算更符合实际工程情况。在此前我也参与过北京几个深大基坑的排桩与地连墙内钢筋的拉力测试，发现不论水上水下，钢筋实测拉力远小于设计值，也能体会提出水土合算的实际工程背景。但对于总工派的理论基础却是无法苟同。例如一位年事很高的总工就说：“不管什么土，其孔隙率 n 最多不过40%、50%，凭什么把100%

的土中水压力都作用在墙上呢？墙缝里只有几公斤的水，怎么会产生几十吨的横向水压力？”当时我与天津大学的陈环教授相邻，就对他说：“不要再争了，‘秀才遇到兵，有理说不清’。”从那时就感到某些工程技术人员的土力学概念是很混乱的。

这个《基坑规程》就有不少概念的错误，也很喜欢将简单问题复杂化，以示编者学问之“高深”。例如其3.4.1中，对于计算点位于地下水位以下的碎石土与砂土，提出如下的主动土压力计算公式，即式（3.4.1-2），本文式（1），参见图1。

$$e_{ajk}=\sigma_{ajk}K_{ai}-2c_{ik}\sqrt{K_{ai}}+\left[\left(z_j-h_{wa}\right)-\left(m_j-h_{wa}\right)\eta_{wa}K_{ai}\right]\gamma_w \tag{1}$$

式中：K_{ai}——第i层土的主动土压力系数；

σ_{ajk}——作用于深度z_j处的竖向应力标准值；

c_{ik}——三轴试验（当有可靠经验时可采用直接剪切试验）确定的第i层土固结不排水（快）剪黏聚力标准值；

z_j——计算点深度；

m_j——计算参数，当$z_j<h$时，取z_j，当$z_j\geqslant h$时，取h；

h_{wa}——基坑外侧水位深度；

η_{wa}——计算系数，当$h_{wa}\leqslant h$时，取1，当$h_{wa}>h$时，取0；

γ_w——水的重度。

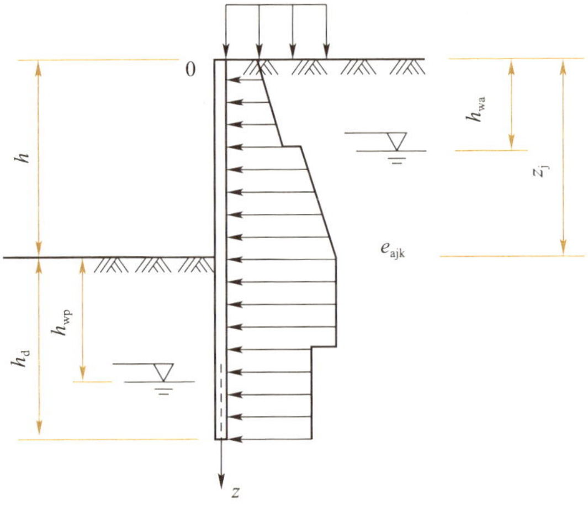

图1　水平荷载标准值计算示意图

这个公式在概念上存在如下的问题：

（1）水压力都是按静水压力计算，这种情况只是在两侧水位相等，或者支挡截水墙底部插入不透水层时才是正确的，否则应通过渗流计算确定水压力，正如上海基坑规范所规定。

（2）水压力与主动土压力不能混淆叠加，在任何土力学教材中，主（被）动土压力均不包括水压力，主动侧的水压力不一定都是荷载，上海基坑规范规定两侧的水压力差为荷载是正确的。

（3）公式规定 $z_j \geqslant h$ 时，取 $m_j=h$，亦即坑底以下主动土压力一律按 $e_{ak}=\gamma hK_a$ 计算，尽管实测常常发现墙后主动土压力不完全按直线分布，但这样计算没有任何土力学理论根据，例如失事的杭州地铁位于深厚的淤泥质土地基，地连墙插入比为 1∶1.1，按照这种算法荷载肯定是算少了，这应是事故的原因之一。

除概念的问题之外，它又是将简单问题复杂化的典型。直到 2012 年新的《基坑规程》应用之前一年，仍然有考生问我此公式的含义。要想创造它，实际上不需很高的智商，但搞清它真还需要一些智商，这就是糊涂人往往会把明白人也搞糊涂的原因。其实无非是：①用朗肯土压力计算主动土压力，坑底以下 σ_{ajk} 不变；②地下水以下按浮重度计算土压力；③水土分算。这样交代是多么清楚、明白、简单！

此规程的另一个公式也会使人坠入五里云中、十里雾中。那就是式（5.2.1-1），本文式（2），关于水在碎石土即砂土中的泥土墙的宽度计算（图 2）。

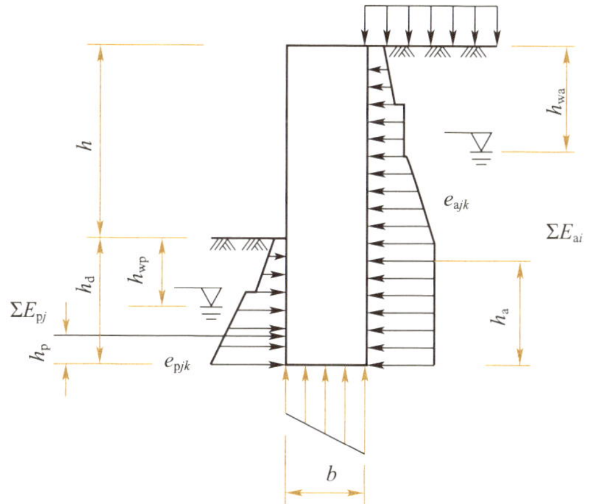

图 2　水泥土墙宽度计算简图

$$b \geqslant \sqrt{\frac{10\times\left(1.2\gamma_0 h_a \sum E_{ai} - h_p \sum E_{pj}\right)}{5\gamma_{cs}\left(h+h_d\right)-2\gamma_0\gamma_w\left(2h+3h_d-h_{wp}-2h_{wa}\right)}} \tag{2}$$

式中：γ_0——重要性系数；

$\sum E_{ai}$——水泥土墙底以上基坑外侧水平荷载标准值合力之和；

h_a——合力 $\sum E_{ai}$ 作用点至水泥土墙底的距离；

$\sum E_{pj}$——水泥土墙底以上基坑内侧水平抗力标准值的合力之和；

h_p——合力 $\sum E_{pj}$ 作用点至水泥土墙底的距离；

γ_{cs}——水泥土墙体平均重度；

γ_w——水的重度；

h_{wa}——基坑外侧水位深度；

h_{wp}——基坑内侧水位深度；

h_d——墙埋深。

此公式也涉及一系列概念的错误：

（1）这里规定的安全系数为1.2，同时又引进重要性系数 γ_0，这不符合“单一安全系数”的基本原理，对于不同级别的基坑，可以采用不同的安全系数，而不能再引进重要性系数，引进重要性系数是在分项系数法中出现的。

（2）在碎石土及砂土中的泥土墙，在有地下水情况下，两侧水压力及墙底水的扬压力计算应通过渗流计算（绘制流网）来确定，不会是 $P_{aw}=\frac{1}{2}\gamma_w h_a^2$，$P_{pw}=\frac{1}{2}\gamma_w h_p^2$，$U=\frac{1}{2}\gamma_w\left(h_a+h_p\right)b$。

如果是均匀土层，则三个水压力要比公式中计算的少得多。

（3）这个公式有一个严重的错误，就是扬压力的力矩是负的抗力（从墙的自重力矩中扣除），而不能作为倾覆力矩放在荷载项中。

（4）同样不能将主动侧水压力当作荷载，被动侧水压力当作抗力，应以两侧水压力的力矩差作为荷载。

在讨论了一系列概念错误之外，再看此将简单问题复杂化的公式。公式复杂性掩盖了其概念的错误。我问过不少人，他们除了把变量代入公式之外，根本就不清楚公式的来源和原理。其实只要讲清楚如下道理就无须杜撰出这么一个怪物。

① 由于墙宽 b 增加一倍，墙重力为原来的两倍，力臂为原来的两倍，抵抗力矩为原来的4倍，所以墙宽往往是由墙的抗倾覆稳定决定的，亦即 b 用倾覆稳定确定。

②计算倾覆稳定确定公式

$$F_S = \frac{M_R}{M_S} \tag{3}$$

③抗倾覆力矩 M_R 包括：墙体的重力力矩和被动土压力力矩，扬压力 U 的力矩从自重力矩中扣除（两侧水位相同时，水泥土用浮重度计算重量）。

④倾覆力矩 M_S 包括：主动土压力力矩和两侧水压力力矩差。

这样的表述清楚而简单。因为本来就是土力学中最基本的东西，搞成人们看不懂的东西真是难为了编者。

土力学和岩土工程本来就没有什么深奥的理论和数学力学表述，用大家听得懂、看得明白的语言和文字交代，本来就没有困难。构筑一个统一的、万能的公式放在规范里纯属画蛇添足，庸人自扰，以其昏昏，使人昭昭。本来概念就糊涂，表述又繁复，结果尽是弄出一些貌似深奥的公式，使糊涂人不明白，也使明白人变糊涂。

所以，在土力学中把简单问题弄复杂不是本领；将复杂问题用通俗的语言文字变得简单才见功夫。

漫话

岩土注册考试命题与考题

我和岩土注册考试命题组

1 引言

最近在岩土网上先后发了几篇关于岩土注册考试试题的评论文章，有的读者希望我再参加命题专家组，为考题把关。其实我也很留恋在命题组工作的时日，怀念同行们深厚的友谊和坦诚的交流，也很感谢住建部执业资格注册中心（俗称考试中心）的领导与工作人员，感谢他们的体贴与关照。

这里回忆了我与岩土注册考试的关系，介绍了命题专家的辛勤工作，回顾了十余年岩土注册考试的命题历程，介绍了命题的程序和各个环节。希望有助于大家对于命题工作的理解，一起将我国的岩土注册考试制度推向完善，提高我国的岩土工作者的知识水平和解决实际工程问题的能力。

2 我国岩土注册考试前的准备

我国的岩土注册考试正式开始于2002年，但此前已做了很多准备工作。大约是1998年，张在明总工找我一起酝酿土工建筑物稳定方面的考题。当时他们刚从美国考察归来，给我一份加利福尼亚州的考题。记得有一份连锁题，一共是10道题，从三相换算开始，有土工试验、土的参数确定和加筋土计算，没有指定什么规范标准。

当时我感到土坡稳定分析的条分法太烦琐，无法考试。于是就拟了一道整体圆弧法方面的考题，似乎计算起来很简单。但实际一算，发现圆的扇形、弓形面积，尤其是其形心位置使计算量极大，一个小时也算不完，这使我对于注册考试的命题有了深刻的体会。后来把土体的面积（体积）和重心都给出了，以简化计算，由此感到考题要“难而不繁”。

后来建设部（现住建部）的梁处长找我参加建设部组织的培训，记得是讲浅基础，采用录像播放的形式，并答应注册制度实施以后我们都可特许取得注册工程师的资格。

2002年开始注册考试，我们教研组的丁金粟教授参加了命题，我当时还没有退休，就没有参加首批命题专家组。可惜后来梁处长故去了，而我觉得作为教授，注册工程师资格对自己意义不大，也就没有去追问，结果至今也没有取得注册工程师资格。由于我最早参加了建设部的培训工作，后来常被一些培训机构拉去为考生进行辅导与讲课。

3 参加命题组

2004年丁金粟教授等一些年纪大的专家陆续退出了命题组，于是执业资格注册中心请我代替丁老师参加命题专家组。当时，我的辅导讲课做得风生水起。2004年考试通过率最高的是重庆，超过了30%，正是由于钱志雄老师通过质量监督站组织了全市的考生免费培训，请我连续讲了4天。在外授课收入颇丰，而参与考试命题则完全是义务工作，但我还是如约而至。当年12月末，我从哈尔滨直飞厦门，经历了一次冷热处理。2005年3月，我又到重庆开初审会，两次会议下来旅差费近万元，完全由自己的经费负担，于是就找执业资格注册中心的领导，提出这个问题。由于各勘察、设计单位都由建设部领导，这些单位对专家的工作时间和经费是不能不保证的；可是大学是不会管你的，时间由自己去挤，经费也必须从自己的科研项目支出，这负担很重。后来，我和高大钊教授的旅差费就都由执业资格注册中心负担了。

当时命题组还有一批更老的专家、大师，组长是方鸿琪，副组长为张苏民和张在明。实际上，主要工作由张苏民主持。还有顾宝和、林在贯、林宗元、卞昭庆、刘金砺、马国彦等，和他们一起工作学到了很多知识以及优良传统与作风。

4 难而不繁

2005～2006年，老专家先后退出了第一线，被尊为顾问，后来也都不顾不问了。这时由张苏民担任组长，高大钊和我为副组长。张苏民大师前后实际主持岩土注册考试命题十余年，他知识渊博，是唯一对11章内容都可发表意见的专家；他概念清楚，理念先进，并且精力过人，在初审、终审会上，要连续评审几百道题，最后大家都有些头昏了，他仍然可以敏锐地发现问题。对此我佩服得五体投地。

在命题中我提出“一是应难而不繁，二是不要过分依赖规范”，得到张苏民大师的极力支持。可以发现 2005 年以后的考题的风格有很大的变化，特别是第 6、7 章的难题多了，大部分都脱离了规范。结果是这两章的案例题被弃做的比例较高。

例如 2009 年的案例题：码头挡土墙高 5m，墙背光滑垂直，填土为冲填松砂，饱和重度 γ_{sat}=20kN/m^3，内摩擦角 φ=30°。求地震液化时的水平水土总压力。

此题只有一步计算：$E=\dfrac{1}{2}\gamma_{sat}h^2=\dfrac{1}{2}\times20\times5^2=250\text{kN/m}$。对于类似的侧重于概念，而计算量很少的考题，做错者也心服口服。

由于张苏民、高大钊、龚晓南和我等一些老专家的把关，截至 2011 年，考题的错误率都在千分之五以下，通过率平均为 16% 左右。与结构注册考试命题组比较，命题质量和通过率的稳定是很突出的，我们专家组也受到褒奖。

5　命题中的趣事

命题工作中有很多失误、争论和趣事。2006 年我拟的案例题是一道验算重力式挡土墙的倾覆稳定的考题，在解答中把被动土压力的力矩从主动土压力的倾覆力矩中扣除，没有当成抗倾覆力矩，选项也错了。到现在为止，也不清楚当时自己为什么会犯如此低级的错误。在评分会上，我首先主动作了检讨，并要求在人工评分时改过来。

当时，各位专家命题以后要交给同组其他专家互审，我是和王长科总工互审的，于是检讨之后我就向他问罪：为什么这么低级的错误你都没有发现？他笑嘻嘻不好意思地说：“我以为李老师命的题是不会错的。”面对这种“铁杆粉丝”，真使人有口难言，只好严正声明：所谓广信，不可迷信！

2008 年 4 月，命题组在昆明开会，会后到石林和九乡旅游。在岩洞参观时，头被钟乳石碰了一下，觉得很痛，但也忍了。待出洞以后，同行的谢光明总工发现我血流满面。执业资格注册中心的小刘陪我到景区医务室，打了破伤风血清，缝了 4 针。在回程的航班上，我头缠绷带，头发被剪去了一片，如伤兵一般。不过我很为自己的身高骄傲：否则为什么在同样的通道上，别人都没碰头呢。

2009 年 6 月，命题组在兰州开会，组长武威认为甘肃的武威应当是他的领地，一定要抽空去视察一次，视察回来感觉很好。我在那里没有领地，却发现有一种“广信杏”，于是买来吃，味道很好。可能是吃多了，上吐下泻，后来由执业资格注册中心的小董陪同到医院输液。

6　在满城监狱的日子

试卷在每年的8月份要送到河北满城监狱印刷，这也是最后的校对，即为终校。这项工作很多年都由我单独负责。这是一项很艰苦的工作，要把200道题逐题校验，案例题要逐题计算；对文字的表达、使用规范和给出的条件进行修补。每年最后对于考题修改和重拟的部分列出一个汇总表，修正与改动之处可达80～100处之多。

在监狱里工作效率很高，被关在6m高的大墙内，手机被屏蔽，散步不超过200m，每天上下午和晚上各工作3～4小时。小修小补可以自己作主，大修大改则要预约监狱负责人的电话，与组长沟通。有时发现原题实在不能用，就直接拟出一道简单明确的考题补上。

在狱中也有一些趣事。因为一些服刑人员在狱中劳动，有时可以和他们聊聊，比如问他们为什么进来，回答通常是“小偷小摸”。实际上这里服刑人员的刑期都在6年以上，不可能如此轻罪重罚。但有一次监狱负责人指着远处一个人对我说，那个人是抢劫一辆破自行车，同时还抢了两元钱，但性质恶劣，被判了6年。所以说在监狱期间很受教育，那就是一定要遵纪守法，不要犯错误。据说医学和法律考试，都发生过泄题事故，故意泄题的专家被判了六七年。想到自己在命题中也出过昏题错题，在监狱（图1和图2）体验也是无怨而有悔的。

图1　狱中的服刑人员

图2　监狱的高墙与电网

在监狱里印象很深的是那里的伙食很好。青菜、玉米、红薯、猪鸡鱼都是新鲜、有机、绿色食品，一律农家饭，是在自由时吃不到的。虽然近几年没再进去，肚子还是很怀念那里的伙食的。

最后的环节就是考试的时候在住建部执业资格注册中心值班。记得是2008年，北京考区来电话问：关于复合地基的案例16题，其中水泥搅拌桩桩端的④层黏土，试题给的端承力为200MPa，是否错了？我们一查果然如此，记得在监狱终校时我发现②层土承载力把40kPa误写为40MPa，作了改正，可是没发现这处200MPa。按照规定，如果考题有误，要通知全国所有考场改正，后果很严重。王长科看了此题的解答，发现这种复合地基的单桩承载力总是由桩身强度f_{cu}控制，桩土间的承载力是无关紧要的，于是我们就回答：就按原题条件计算。结果有惊无险，至今也没人提出异议。

7　离开命题组前后

2009年，张苏民大师年事已高，提出不再担任组长，与高大钊教授作为顾问继续参加命题组工作。郭、王两位处长分别找我谈话，动员我任组长。我衡量再三，还是难以承担。当时我在学校担任国家精品课——“土力学”的负责人，任中国土工合成材料工程协会的理事长、法人代表，国际土工合成材料学会中国分会主席，中国土木工程学会土力学及岩土工程分会常务副理事长，《土木工程学报》《岩土工程学报》的副主编，还兼任土力学教学委员会、土工加筋专业委员会的主任。会议和事务很多，作为组长就必须每次会议都到位，各个环节都要参与。后来由武威总工任组长，他的工作也很忙，任组长也是强人所难。但由于住建部是他们的主管单位，无法推辞。武威在岩土和勘察领域有很高的造诣，为人谦虚诚恳，能够团结大家一起和谐地工作。

2011年7、8月间，执业资格注册中心找我了解一个有关泄题的举报，举报人寄来一份某培训单位印发的复习题81道题，与2010年的考题基本相同的有36道题。我一看立即肯定是我负责的部分，是经初审后整理出的文件。由于别人不可能有这份文件，肯定是从我的计算机里漏出的。于是我回忆，在2010年夏，有一个培训组织来电，要我讲注册考试的内容，当然被拒绝了。后来听说也请了武威和张苏民等，自然也都被拒绝了。后来又要我们参加注册岩土工程师的继续教育讲座，由于湖南省设计院的总工也来电邀请，我和张苏民就过去各讲了一天，我讲了岩土工程事故及分析，讲完当天就回京了。

当时，有人提出要拷贝报告的PPT文件，对此我历来不设防，休息时他们就拷贝走了。而“注册考试”文件夹就在同一个盘里，所以就被全部拷贝。也可能有人就是预谋采用这种方法盗取考题。事情发生后，住建部考虑泄题范围不大，影响面也不宽，我本人也属于警惕性不高，不拟追究。但人保部认定要追查，因为我本人无主观故意，也未接受好处，并且都是义务劳动，一直使用自己的笔记本电脑和办公用品为公家办事。所以追查的是那次的培训者，后来的过程与结果我也没过问。只是当年中秋，处长等人带着月饼和其他礼品来我家，感谢我多年来在命题专家组中的辛勤工作，我也就坡下驴，离开了命题专家组。

如果没有此事，那时我还不会主动退下，一方面是与专家组的同仁们一起工作多年，彼此颇有感情；另一方面是对于注册考试这一事业也很有责任感。但因年龄的关系，总有离开的时候。我离开之后高大钊、钱志雄、张苏民等先后也都离开了。

由于那个培训机构扬言可以拿到真题，保过，所以当时我负责的所有 2011 年考题一律不用。而那时已经过了复审的环节，另外命题已来不及了，结果从 2006 ～ 2008 年的考题中凑了 38 道题，条件与答案一点没变。当年的考生发现了这样大面积的熟面孔，欣喜若狂。因为这些题只要抄下解答即可，所以节省了大量时间，用于其他考题，也增强了信心，于是当年的通过率超过 38%，岩土界一片欢腾，有人说今后要放水了，乐观情绪弥漫全国。可是好景不长，2012 年出现了很多繁、偏、昏、错题，如同坐过山车，通过率不到 6%。

对于因自己的疏忽给注册考试造成的损失，我一直是自责与惭愧的。尽管没有追究个人的责任，但是执业资格注册中心曾再三强调保密工作，出于专家的职责，不能允许这种失误。如果是在学校里作为职务行为，不管什么原因，考题泄露都是责任事故，责无旁贷要受到处分。

对 2011 年之后几年的考题，我一直很关心，发现考题的总体风格有很大变化：依靠规范更多了，案例题中的错题比例增加了。这与老专家们的退离有很大关系，现在命题专家都是在职人员，投入的精力有限；另外，也应看到由于历史原因造成的年龄断层已经体现了出来，老一代的专家的学识与学风还是应当被重视和继承的。

《考题十讲》前言

参加注册岩土工程师考试命题多年，一直想对历年的考题进行分类总结，也顺便谈谈在命题工作中的体会。一些参加过几次考试的考生，对于历年的考题也会有看法和评价，难与不难是一个方面，而对于某些考题他们是有意见的。命题与考试，专家与考生似乎是两个对立面，他们在注册考试过程中相互博弈和较量，也通过考题相互沟通与交流，最终的目的是提高我国岩土工程的科技水平。此书的目的也在于促进这种交流。

我国的注册考试有一个显著的特点，那就是以规范为准则，以规范为中心。所以命题者一个最简单、省事、偷懒的途径就是从规范中扒题。对于知识题就是从某规范的某章、节、条、款中选出 4 条，改错其一，成为单选题，即“哪个选项是错误的”。如果多选题不够，单选题有余，则可将此题改为“哪些选项是正确的”。对于案例题，就是提供所需要的参数、条件，要求按照某规范的条文、附录规定与公式进行计算，并且题目中注明了规范。这样只要找到公式，问题则迎刃而解。这种考题可谓中规中矩。

为了增加“难”度，就从规范的不同章节挑选 4 个选项，组成单选或多选题，甚而从规范的条文说明中扒题。这是一种故意制造难度的伎俩，往往难以服人。因为回答每道知识题的时间只有 2 分钟 34 秒，单选题的时间就更短，审题之后根本不可能给考生翻整本规范的时间，也很少有人能将规范倒背如流。对于案例题则是依据一个生疏的规范的偏僻之处或者一些手册的公式或规定命题，目前考生多从事建筑业，如果考题必须用公路、铁路、水利、港口的某规范的条文说明中的经验公式计算，对多数考生可谓是“上穷碧落下黄泉，两处茫茫都不见”，最后只落得“江州司马青衫湿”了。

增加案例题“难”度的另一方法是加大计算量，如果一道案例题需要计算4～5步，要查4～5个参数，那就有些不讲理了。据说有的考题命题者本人也要用20分钟以上才可完成，而考试中每个考题只有7分钟12秒的时间，审题以后，只有5分钟左右的计算时间。有的考生一见某题，感觉不难、会做，于是满怀信心地开算，结果10分钟后，感到似乎是落进了陷阱，15分钟以后精神就崩溃了。不但此题没做对，也耽误了一些应当得分的考题，最后多是名落孙山，只好“蓄芳待来年”了。可见一道这种考题的颠覆作用。

命题的题干很长，计算步骤很多，只能称为“繁”，不能叫作难。这种考题靠的是手疾眼快，头脑灵活，并不能考查考生的知识、概念、经验和解决工程问题的能力。结果是一些老眼昏花的教授、总工没有考过，而研究生和技术员则得以顺利通过。让这些老专家情何以堪！

所以在很长一段时间里，我们提倡“难而不繁”。那就是要考概念，考知识面，考工程经验，考综合业务能力。命题者将次要的计算尽可能省去，例如在题中直接给出滑动土体的重力，无需计算其面积、体积和重力；参数尽量简单合理，例如令内摩擦角为30°，则主动土压力系数K_a=1/3，被动土压力系数K_p=3.0。但是在题中“暗含杀机”，例如告诉考生从深层载荷试验得到地基承载力特征值f_a，题中又给了深度、宽度修正系数η_b和η_d，如果考生对该承载力进行了深度修正，则考生就落进了所设的陷阱。难而不繁的另一种途径是设一个“弯”，照直走往往是无路或歧路。例如干密度相同的潮湿砂、风干砂、饱和砂填土，哪一个的主动土压力小？这里既考察了考生关于非饱和土吸力的基本知识，也考察了他们在工程中应当观察与思考的湿润砂土的假黏聚力现象。

对于一些考题中设这种陷阱与曲径，有人不以为然，认为这是故设圈套，雕虫小技。但这类考题会让考生印象深刻，考察了他们的土力学岩土工程基本概念，或者涉及一些工程师在工程实践中易犯的错误。这显然是必要的，考生对此也是心服口服的。

一个让考生烦恼的事情是有的考题答案不唯一，即一仆二主，或者一女两嫁。譬如有的案例题要求计算填方的土料用量，或者增湿所需的加水量，有些规范要求乘以一定的损耗系数或储备系数；而另一些规范中，计算主动土压力以后还要求乘以荷载增大系数。可是题中又没有指定规范，这就强人所难了，有时去年没有乘增大系数是错误的，今年乘了增大系数又是错误的。这类翻手为云，覆手为雨的命题方式，让考生怨声载道。另一个让考生烦恼的问题是考题的错误：有的是题目错误，条件模糊，语焉不详；有的是答案错误，不合情理。这就使一些概念清楚、方法正确的考生被计算机评分挡在线外，尽管很多情况下在人工评分时会纠正这种冤假错案，但肯定会有人冤沉海底。

所以考题的偏、繁、昏、错是命题的大忌，命题的质量不高，严重影响了注册考试的声誉，不能充分发挥注册工程师制度的作用。

命题的实际过程是相当严格的。首先是各位专家定量拟题，然后交他人互审；初审会上再由组长审核后，提出考题的 200% 题目交会上逐题初审；初审后剩下考题的 120%，整理复印，待终审会上再逐题评议，决定取舍；然后由组长等人进行组题；最后一个关口是在监狱的终校，也是逐题校对，复算，我前后负责这项工作多年，在河北满城监狱“数次入狱”，除了不够自由，其他方面还是令人满意的，特别是那里的伙食很使人留恋。终校后交监狱印刷厂付印。即便经过这样一个复杂的程序，最终仍然难以杜绝错误的出现。一方面是由于岩土工程的复杂性；另一方面是由于“人非圣贤，百密一疏”。其中两个环节很重要：一是互校，个人的一些疏忽与谬误，他人会很快发现；二是终审，前些年由于有一些十分认真、经验丰富的老专家把关，会拦截很多问题和隐患。尤其是高校的老教授们，考试命题经验丰富，对考题在概念与细节上的把握十分严格，保证了考题的严密性，纠正了不少问题，错题的比例并不高。但近年来由于一些老专家陆续退出了命题队伍，错题数量有增加的趋势。本书也将这些题拿出来讨论，以免谬种流传，贻害后人。

《考题十讲》第二版前言

《考题十讲》第1版出版以后很受读者的欢迎，首印告罄，并出现了多处盗版。这表明以往命题者与考生的交流不够，缺乏对于历年考题准确的分析，考生对于其中一些考题的疑惑没有得到正确的解释。另外，这种对考题的评议，也可澄清一些概念，丰富考生的应试经验，提高命题专家的警觉和命题的质量。可见加强这种交流、沟通与理解是十分有益的，相互促进，也有利于提高我们岩土工程界的整体科技水平。

第1版出版以后，收到一些读者的意见，指出了某些不足与笔误，这里相应作了一些修正，并致以感谢。另外，也收录了2013年和2014年的考题。由于命题专家组成的变化，这两年命题的套路也有较大的变化，错误率有明显的提高，对此也一一作了评析。

正如在第1版的前言中所述，我国的注册考试命题的显著的特点，是以规范为准则，以规范为中心。而由于这种考试已经进行了十余年，考生对常用的规范也都十分熟悉了，命题专家似乎已江郎才尽。于是就面向一些更偏僻、更狭窄的规范、标准、手册的边边角角，看起来路子是越走越窄了。今后的考生真得和古代的举子们一样，雇一个书童挑担以带全资料了。记得前些年有的考生只带了7本规范即可名列金榜，现在恐怕是不行了。

讲到注册考试，感到越来越像当年的科举考试。明清的科举是以四书五经为基准，以八股为程式，一旦金榜题名，既可治河，也可筑城，还可办案。现在的注册考试不是四书五经了，而是代之以几十本规范，只要把它们背熟，就可通过注册，取得了挖坑填土的资格，像当年的秀才、举人一样，名列注册岩土工程师。

关于我国工程界对于规范的过度依赖，已引起很多专家、院士和大师们的异议。注册考试应尽量减少对规范的依赖，创造出一些考查基本概念，检验工程能力与经验的好题，尽量减少一些昏题与错题。

本书中的答案与解答基本上是源于命题组的原始资料，只有评析部分是作者所写。

一道错了三处的考题

2014年下午案例18题是一道很有趣的考题，它的错误是系统与连锁式的，非常典型。是一朵很难得的奇葩，摆出来供欣赏。

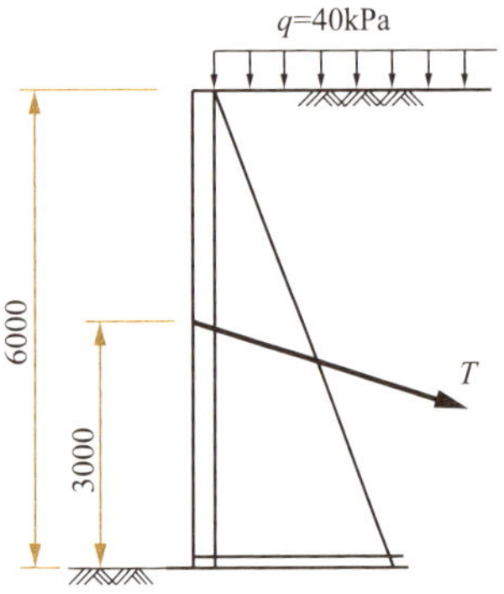

图1　2014年下午案例18题图

原题：某砂土边坡，高6m，如图1所示。砂土的γ=20kN/m^3、c=0、φ=30°。采用钢筋混凝土扶壁式挡土结构，此时该挡墙的抗倾覆安全系数为1.70。工程建成后需在坡顶堆载q=40kPa，拟采用预应力锚索进行加固，锚索水平间距为2.0m，下倾角15°，土压力按朗肯理论计算，根据《建筑边坡工程技术规范》（GB 50330—2002），如果要保证坡顶堆载后扶壁式挡土结构的抗倾覆安全系数不小于1.60，则锚索的轴向拉力设计值应最接近以下哪个选项？

（A）162kN　　（B）325kN

（C）345kN　　（D）365kN

原答案：B

原解答：

（1）坡顶堆载前作用在钢筋混凝土扶壁式挡土结构的主动土压力E_{a1}

$$K_a=\tan^2\left(45°-\frac{\varphi}{2}\right)=\tan^2\left(45°-\frac{30°}{2}\right)=\frac{1}{3} \tag{1}$$

$$E_{a1}=\frac{1}{2}\gamma H^2K_a=\frac{1}{2}\times 20\times 6^2\times\frac{1}{3}=120\text{kN/m} \tag{2}$$

（2）坡顶堆载前挡土结构的倾覆弯矩 M_{s1}

$$M_{s1}=\frac{K_1E_{a1}H}{3}=\frac{1.7\times120\times6}{3}=408\text{kN}\cdot\text{m} \quad (3)$$

（3）坡顶堆载后钢筋混凝土扶壁式挡土结构的倾覆弯矩 M_{s2}

$$M_{s2}=K_2\left(\frac{E_{a1}H}{3}+\frac{K_aqH^2}{2}\right)=1.60\times\left(\frac{120\times6}{3}+\frac{1/3\times40\times6^2}{2}\right)=768\text{kN}\cdot\text{m} \quad (4)$$

（4）锚索的轴向锚拉力设计值 N_a［《建筑边坡工程技术规范》（GB 50330—2002）第 7.2.1 条］

$$T=b\gamma_Q\frac{M_{s2}-M_{s1}}{H/2}\cdot\frac{1}{\cos\alpha}=2.0\times1.30\times\frac{768-408}{3}\cdot\frac{1}{\cos15^\circ}=323\text{kN} \quad (5)$$

评析：

错误一　扶壁式挡土墙墙背既不垂直，也不光滑，一般不能用朗肯理论计算墙上的主动土压力。只有在"坦墙"情况下，由于出现了第二滑裂面，图 2 中的墙后竖直线即为对称轴，因其上没有剪应力（反对称的量），才可假设它是光滑、竖直的墙背。以左侧的墙与土一起当作重力式挡土墙。在这种情况下其抗倾覆安全系数远不止 1.7。例如墙的倾角为 50°（墙底宽最小为 5m），墙土混合重度为 22kN/m^3，则倾覆力矩

$$M_s=E_a\times6/3=120\times2=240\text{kN}\cdot\text{m}$$

抗倾覆力矩按最小计算，为

$$M_R=G\times5/2=22\times6\times5\times2.5=1650\text{kN}\cdot\text{m}$$

可见它要比倾覆力矩高近 6 倍。

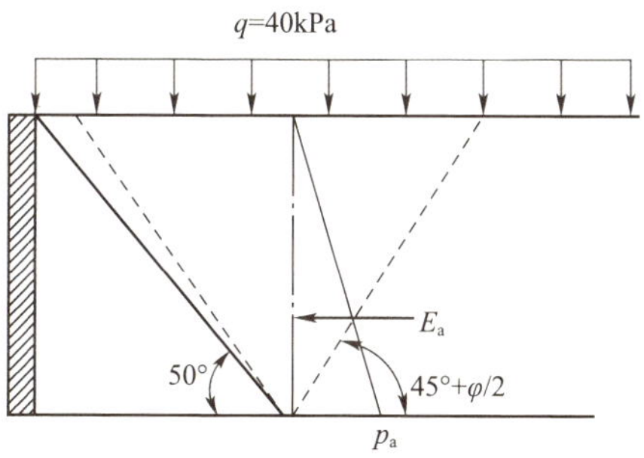

图 2　解答图

错误二　从图 1 可见，坡顶堆载 q=40kPa 一直加到墙顶的外缘，它不但产生

了倾覆力矩，也要产生抗倾覆力矩，并且抗倾覆力矩远比倾覆力矩要大，那么还需要锚索吗？扶壁式挡土墙的一个主要优点就是可利用土体的自重保持稳定，不计这份抗倾覆力矩，连墙体的静力平衡也会不满足。值得提出的是，近年考题中，不满足静力平衡的解答常常出现，例如 2013 年下午案例 18 题（好像下午案例 18 题总是这么任性）。

q=40kPa 产生的倾覆力矩增量为（由于原题没有给出墙的底宽，按图 2，B=5m）

$$\Delta M_s=K_a\times q\times 6^2/2=1/3\times 40\times 36/2=240\text{kN}\cdot\text{m}$$

抗倾覆力矩增量按最小计算，为

$$\Delta M_R=q\times 5\times 5/2=40\times 5\times 5/2=500\text{kN}\cdot\text{m}$$

可见其单宽的抗倾覆力矩增量要比倾覆力矩增量高两倍多。其实即使不是坦墙，估计其抗倾覆安全系数也不会减少，加锚索纯属画蛇添足。

错误三　岩土工程的设计主要分为安全系数法与分项系数法。安全系数法亦称单一安全系数法，它将一切不确定因素都包括在单一安全系数中。计算荷载采用标准组合的效应，抗力采用极限抗力（强度）的标准值。分项系数法是一种基于可靠度分析的方法，把荷载与抗力都当作随机变量，分别用荷载的分项系数和抗力的分项系数来反映其不确定性，荷载采用基本组合的效应（标准值乘以荷载分项系数），抗力则使用设计值（标准值乘以小于 1.0 的分项系数）。这是两种截然不同的设计方法与理念，不可混淆。

在其解答式（5）中，既有分项系数 γ_Q，M_s 中也有安全系数 1.6［见式（4）］，这种同时包括荷载的分项系数与安全系数的做法，反映了命题者概念的混乱。

既然命题中已经给出了安全系数为 1.6，在式（5）中只能是：$T=b\dfrac{M_{s2}-M_{s1}}{H/2}\cdot\dfrac{1}{\cos\alpha}$，计算的 T 为锚杆极限拉力的标准值，此题是无法计算出“锚杆轴向拉力设计值”的。

一道考题能创造出三处错误，也是十分难得的，谁说我国的科技人员缺少创新性？

隔山打牛的挡土墙

2013 下午案例 18 题与 2014 年下午案例 18 题一样，也是一道错得很有水平的考题。

原题：某砂土边坡，高 4.5m，如图 1 所示。原为钢筋混凝土扶壁式挡土结构，建成后变形较大，再采用水平预应力锚杆（水平间距为 2m）进行加固。砂土的 γ=21kN/m^3，c=0，φ=20°。按朗肯土压力理论，锚杆的预应力值达到下列哪一个选项时，砂土将发生被动破坏？

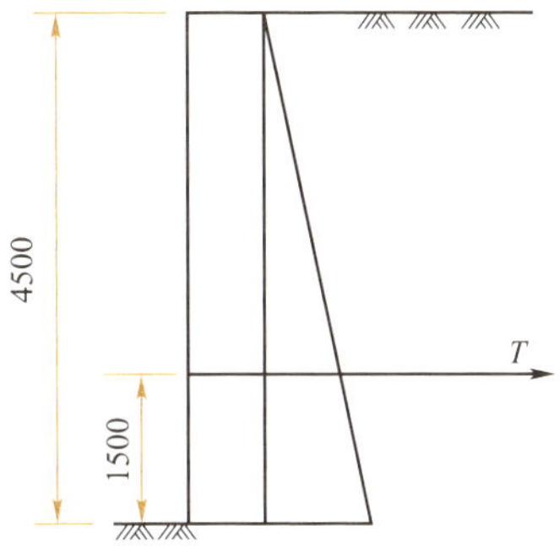

图 1　2013 年下午案例 18 题图

（A）210kN　　（B）250kN

（C）435kN　　（D）870kN

原答案：D

原解答：

若使挡土结构后砂土沿坡脚发生被动破坏，则 $T \geqslant 2E_p$，按朗肯土压力理论

$$K_p = \tan^2\left(45° + \frac{\varphi}{2}\right) = 2.04$$

$$E_p = \frac{\gamma H^2 K_p}{2} = \frac{21 \times 4.5^2 \times 2.04}{2} = 433.75\text{kN}$$

$$T \geqslant 2E_p = 867.5\text{kN}$$

评析：

如果把扶壁式挡土墙按朗肯土压力计算，它应为坦墙，如图 2 所示，取墙宽

b,长为 2m 的阴影部分矩形的断面(包括墙体和部分土体)为隔离体,当它被锚索张拉力推向土体时,使土体发生被动破坏,这个隔离体受到水平方向上的力有:自重产生的墙底摩擦力 F(它原来是作为抵抗主动土压力的抗力),墙后的被动土压力 $2E_p$,以及锚索的拉力 T,所以应当是 $T=F+2E_p$。

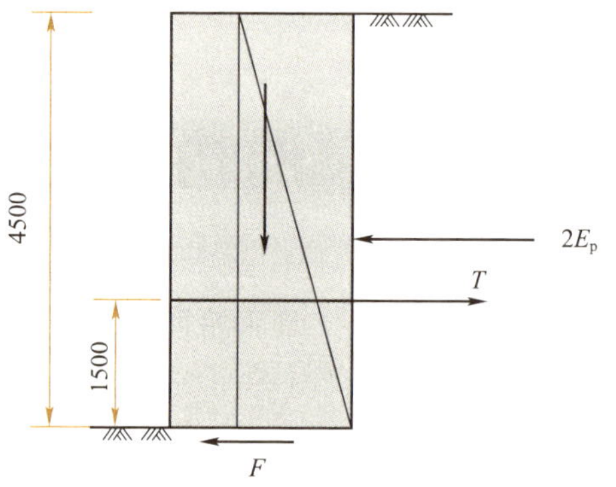

图 2　解答图

可见上述解答漏掉了墙底的摩阻力。这正如按次序排列的 A、B、C 三个人,A 要推倒 C,如果 B 不是其同党,他首先要推动 B,用 B 身上的力去推 C,可惜我们没有当头炮那种"隔山打牛"的本领,直接把 C 轰倒。

再分析力 F,由于挡土墙"建成后变形(位移?)较大",表明建成后挡墙接近于朗肯主动极限平衡状态,可近似认为:$F=2E_a$,在锚杆向填土方向推墙时,方向向右;当锚索预应力施加过度,首先是墙体向右克服摩阻力滑移,墙体移动后,才有余力向右推动墙后土体,发生被动破坏。所以近似正确的解答是

$$T=2E_a+2E_p=2\times21\times(0.49+2.04)\times4.5^2/2=1076\text{kN}$$

除此以外,此题的错误之处还有:

(1)不知是哪里的砂土,$\gamma=21\text{kN/m}^3$,$c=0$,$\varphi=20°$。作为"命题专家"是否应有起码的土力学常识?

(2)扶壁式挡墙,墙背并不垂直,也不光滑,除了坦墙,是不能用朗肯理论计算的。

(3)设想一个挡土墙由于变形(可能是位移吧?)过大,请一位工程师采用锚索加固它。起码他应计算主动土压力和静止土压力分别为:$E_a=104\text{kN/m}$,$E_0=140\text{kN/m}$;施加的最大预应力应为 $T=2(E_0-E_a)=68\text{kN}$。如果加到原错误答案的 867.5kN,或者加到正确答案的 1076kN,使墙后土体发生了被动破坏,这种

岩土工程师即使注册考试通过了，还能给他注册资格吗？从锚索的抗拉、锚固体的抗拔、自由段的长度，以及钢筋混凝土扶壁式挡土结构来说，这都是不可能与做不到的。

作为命题的土力学专家连最基本的隔离体、静力平衡都不清楚，以其昏昏，使人昭昭，这就不能以“疏忽”来搪塞了。

两道考题趣谈

我在执教"土力学"及"高等土力学"课程时，出的考题都很难，在学生中是很出名的。后来退休了，一段时间内的研究生期末考题还是由我命题，学生考试后的成绩仍然很低，据说任课老师都要把分数进行深加工处理，我也就不管了。在命题组时，风格没变，考题仍然偏难，但绝不会繁。由于与学生期末考试不同，这里30道考题可以选25道，于是考生们抱着"惹不起，还躲不起吗"的态度不选这些考题，结果使我很是郁闷。

这样我就总结了历年各道考题的选作率与正确率，发现一些有趣的现象。这里举出两例，供大家欣赏。

例题1:2007年下午案例14题

某砂土地基，土体天然孔隙比 e_0=0.902，最大孔隙比 e_{max}=0.978，最小孔隙比 e_{min}=0.742。该地基拟采用挤密碎石桩加固，按等边三角形布桩，挤密后要求砂土相对密实度 D_{r1}=0.886，为满足此要求，碎石桩桩距应接近下列哪个数值？（修正系数 ξ 取1.0，碎石桩直径取0.40m）

（A）1.2m　　（B）1.4m　　（C）1.6m　　（D）1.8m

答案：B

解答：

根据《建筑地基处理技术规范》（JGJ 79—2002）式（8.2.2-3）先求加固后应达到的孔隙比 e_1

$$e_1 = e_{max} - D_{r1}(e_{max} - e_{min}) = 0.978 - 0.886 \times (0.978 - 0.742) = 0.769$$

然后，依据式（8.2.2-1）得到

$$s = 0.95\xi d\sqrt{\frac{1+e_0}{e_0-e_1}} = 0.95\times1.0\times0.4\times\sqrt{\frac{1+0.902}{0.902-0.769}} = 1.44\text{m}$$

评析：

这道题的选作率为 96%，正确率为 94%，可谓是“送分题”。

地基处理这一章的考题历来选作率极高，正确率也很高。多年来这在考生中是熟知的。这是由于这一章的内容面较窄，一般不会脱离《建筑地基处理技术规范》（JGJ 79—2002）；加之近年来我国地基处理技术在实际工程中应用该规范，建筑岩土工程师们几乎都有这方面的实际经验；同时这一部分的难点和概念相对较少。所以一直到 2010 年前后，这一章都是得分的主体部分。但近年来，此章的难度也有所提高，难点都在预压渗流固结部分。

例题 2：2007 年上午案例 5 题

已知载荷试验的荷载板尺寸为 1.0m×1.0m，试验坑的剖面如图 1 所示。在均匀的黏性土层中，试验坑的深度为 2.0m，黏性土层的抗剪强度指标的标准值为黏聚力 c_k=40kPa，内摩擦角 φ_k=20°，土的重度 γ=18kN/m^3。若按照《建筑地基基础设计规范》（GB 50007—2002）计算该载荷试验的地基承载力，其结果最接近下列何值？

（A）345.8kPa　　（B）235.6kPa

（C）210.5kPa　　（D）180.6kPa

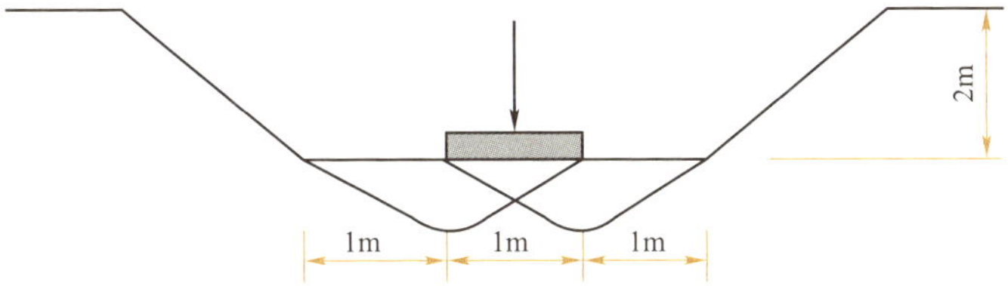

图 1　2007 年上午案例 5 题图

答案：B

解答：

根据《建筑地基基础设计规范》（GB 50007—2002）表 5.2.5，φ_k=20°，查得承载力系数分别为 M_b=0.51，M_d=3.06，M_c=5.66，则对面积 1m^2 的基础，其地基承载力由下式计算

$$M_b=0.51,\quad M_d=3.06,\quad M_c=5.66$$

$$f_{ak} = 0.51\times18\times1+3.06\times18\times0+5.66\times40 = 235.6\text{kPa}$$

评析：

初看此题不难不繁，结果有 93% 的考生选择作答此题，并且都自信满满地认为做对了。结果正确率只有 9%。 原因是把 M_d=3.06，d=2m 也带入公式计算，错选为 A。从图 1 可见，在试验中，由于承载板四周要留出不少于 1m 的平台，所以实际地面从地表下 2m 起算，发生地基整体破坏也是在此平台处隆起。而在设计实际浅基础地基承载力时，需根据实际深、宽再进行修正，从 f_{ak} 得到修正后的特征值 f_a。这类考题是针对易犯的错误而故设“陷阱”，所以如果考题太容易，就很值得怀疑一下。

一道大家都错了的考题

在绘制流网和进行渗流计算时，必须明确土中水的渗流边界条件。一些从事建筑工程的岩土工程师对于土中水的渗流不甚了解，而对渗流边界条件就更搞不清了。下面这道考题无论是命题人还是答题人都没明白，最后使大家都错了，反而是都得分了，皆大欢喜，却是土力学的悲哀。

2014 年上午案例 25 题

某山区拟建一座尾矿堆积坝，如图 1 所示。堆积坝采用尾矿细砂分层压实而成，尾矿细砂的内摩擦角为 36°，设计坝体下游坡面坡度 $\alpha=25°$。随着库内水位逐渐上升，坝体下游坡面下部会有水顺坡渗出，尾矿细砂的饱和重度为 22kN/m^3，水下内摩擦角为 33°。试问坝体下游坡面渗水前、后的稳定系数最接近下列哪一选项？

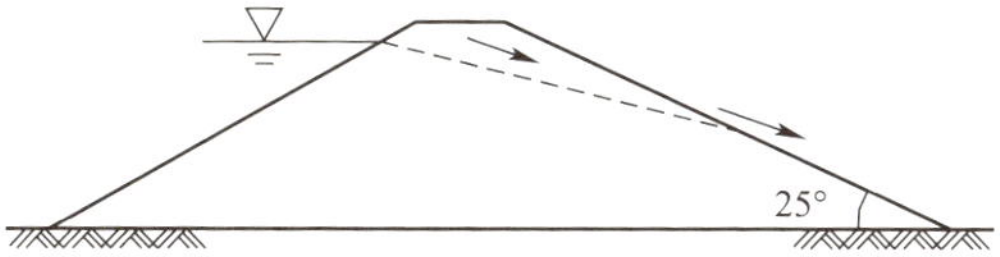

图 1　2014 年上午案例 25 题图

(A) 1.56，0.76　　(B) 1.56，1.39

(C) 1.39，1.12　　(D) 1.12，0.76

原答案：A

原解答：

(1) 在坡面取一小块土体，设其体积为 V，重力为 W；根据题意尾矿细砂的饱和重度为 22kN/m^3，内摩擦角为 36°，水下内摩擦角为 33°。

（2）渗水前稳定系数：$F_s=\dfrac{抗滑力}{滑动力}=\dfrac{W\cos\alpha\tan\varphi}{W\sin\alpha}=\dfrac{\tan\varphi}{\tan\alpha}=\dfrac{\tan32°}{\tan25°}=1.56$

（3）渗水后稳定系数：$F_s=\dfrac{\gamma' V\cos\alpha\tan\varphi}{\gamma' V\sin\alpha+\gamma_w V\sin\alpha}=\dfrac{\gamma'\tan\varphi}{\gamma_{sat}\tan\alpha}=\dfrac{12\tan32°}{22\tan25°}=0.76$

评析：

此题的解答是认为坝体浸润线之上为天然土坡，$F_s=\dfrac{\tan\varphi}{\tan\alpha}$，而浸润线逸出点以下的渗流为沿坡渗流，$F_s=\dfrac{\gamma'\tan\varphi}{\gamma_{sat}\tan\alpha}$。这是一种容易犯的错误，实际上逸出段并不是沿坡渗流。在图 2a）中，这时渗流的逸出段为 JF 段，但 JF 并非浸润线，也非流线。

在图 2b）中的渗流问题中，有 4 种边界条件。

①水头边界条件：这类边界一般本身就是一条等势线，其上压力势与重力势之和为常数。

②流速边界条件：在这类边界上，给定了法向流速 v_n，例如边界②（不透水边界线）就是一条流线，其上 v_n=0。

③渗出段（逸出段）：其上压力势为零，总（测管）水头 $h=z$，亦即总水头等于位置水头，且 $v_n>0$，亦即它不是一条流线。

④浸润线（自由水面）混合边界条件：$h=z$，$v_n=0$，亦即它也是一条流线。

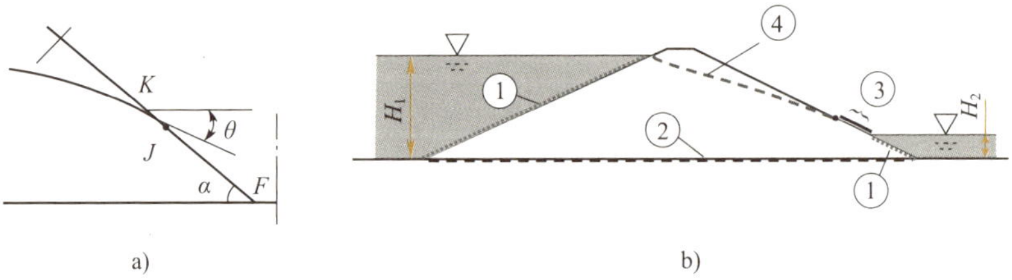

图 2　渗流

从图 3 可见，逸出段并不是沿坡渗流段，它也不是一条流线，不同的流线都可与它相交，各点的渗流方向也不等。

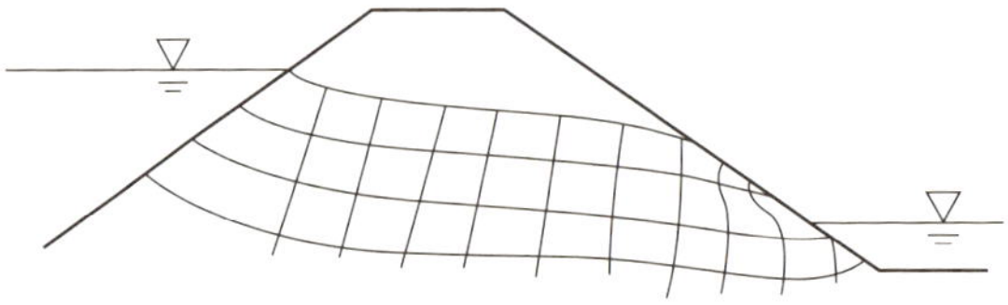

图 3　土坝的流网

以图 2a）的逸出点为例，逸出点渗流的流线方向与水平夹角为 θ，坡角为 α，则该点的稳定系数为

$$F_s = \frac{[\gamma' \cos\alpha - \gamma_w i \sin(\alpha - \theta)] \tan\varphi}{\gamma' \sin\alpha + \gamma_w i \cos(\varphi - \theta)} \tag{1}$$

可见在这个边界条件下，各点的滑动稳定安全系数是不同的。命题者对于渗流中的深层次问题不清楚，好在考生中真正清楚者也不多，即使是明白以上的道理，因为无路可走，也只好顺从命题者的意思，将错就错了。但这里还是要拨乱反正，指出正确的概念，以利于工程技术人员土力学水平的提高。

昏题八则

在考题中，考生最怕和最恨的就是题目不明确，答案不唯一，形成一仆二主的局面，不知该服从哪一个。单选题由于存在多种可能而实际上变成了多选题；案例题可能有两个甚至更多的答案。造成这种题的原因之一是没有指定规范，这本规范这么规定，另一本规范那么规定，使考生无所适从。二是条件不充分，得不出唯一的答案，甚至选项中没有正确的答案。更无奈的是，今年的标准答案是A，明年同样考题的标准答案变成了B。三是要求不明确，语焉不详，不置可否。另有一些题，表明命题者概念不清，知识面不足，其水平低于一些考生。这就不能做到考题的严格、严密、准确、肯定。对于这种错题与昏题的情况，在考场中考生只能做现实主义者，以得分为目的，而不能作为坚持真理的理想主义者。这时考生首先要揣摩命题人的本意是什么：

（1）几个可能的答案中，哪一个可能性最大。

（2）从四个选项来看，命题者的倾向性是哪一个。

（3）对于搞不清的案例题，避而不选。

（4）实在没办法就只好听天由命了。

这里对2012、2013两年的部分考题进行分析。题目、答案、解答还是原装，作者只进行了评析。它们都不严密，不唯一，有歧义，甚至有错误。如不予纠正，长此以往，谬种流传，对于岩土工程界的概念和认识是有害的。在这里指出，也希望大家参与讨论。

例题1：2013年上午知识12题

渗流作用可能产生流土或管涌现象，仅从土质条件判断，下列哪一类型的土最容易发生管涌破坏？

（A）缺乏中间粒径的砂砾石，细粒含量为25%

（B）缺乏中间粒径的砂砾石，细粒含量为35%

（C）不均匀系数小于10的均匀砂土

（D）不均匀系数大于10的砂砾石，细粒含量为25%

原答案：D

评析：

此题在一些概念上把握不准确，不合理。

（1）土力学中，规定不均匀系数 $C_u \leqslant 5$ 的土为均匀砂土，而不是"小于10"，选项C叙述错误！不均匀系数大于10的砂砾石可称为不均匀土（D），但不均匀系数小于10的砂土（C），则不能称为均匀砂土。这正如在评定"杰出青年"时，年龄大于60周岁的为"非青年"，但不是年龄小于60周岁的都是青年。

（2）流土或管涌被称为"渗透变形"（seepage deformation），国外的教材一般不叫渗透破坏，这是有道理的：容易发生管涌的土，却不一定容易发生管涌破坏。如果细粒含量很低（细粒含量 < 35%），细粒被渗流带走以后，土骨架仍然可以支撑，则不会引起土体和工程的破坏，这称为"非危险性管涌"，见图1。1998年长江堤防发生了6000余处管涌险情，也只发生了江西九江、湖北簰洲湾、湖南安造垸和江西江州圩四处破坏。

清华大学《土力学》教材指出：C_u>10，级配不均匀，细粒含量在25%以下时，属于管涌型土，即选项D。但反而是过渡型管涌土为危险性管涌土，即选项B（见原华东水利学院的《土力学》教材）。所以管涌与（土体）破坏并不等效，因管涌而使土体破坏应是选项B。

另外，此题的4个选项并没有排他性，比如选项A和选项D就可能是同一种土。

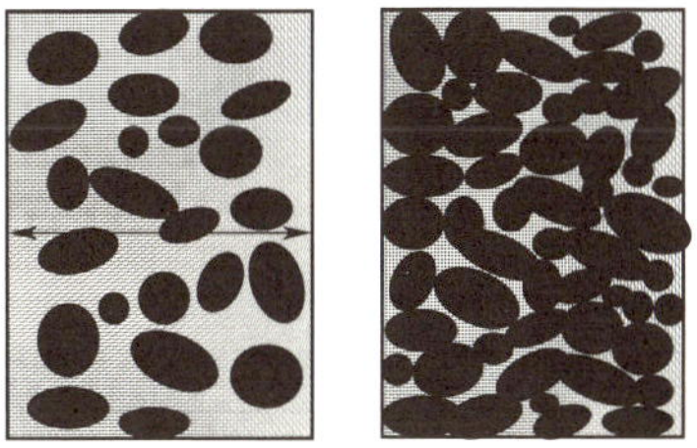

a）d>35%　　b）d<35%

图1　混合土样

d-细粒含量

例题2：2013年下午知识16题

均质土石坝稳定渗流期的流网如图2所示，则 b 点的孔隙水压力为以下哪个选项？

（A）A 点与 b 点的水头压力　　（B）B 点与 b 点的水头压力

（C）b 点与 C 点的水头压力　　（D）b 点与 D 点的水头压力

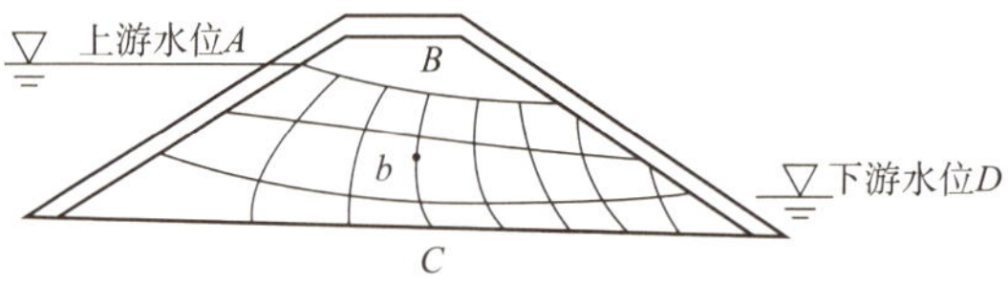

图2　2013年下午知识16题图

原答案:B

评析:

通常讲“水往低处流”,是指无压的水从位置高处向位置低处流动,更准确地讲,水是从能量高处向能量低处流动,能量的单位是焦耳(1J=N·m)。能量亦称为“势”,水中的势有重力势、压力势、速度势、基质势和溶质势。由于土中水流速较慢,在饱和土中水的渗流最主要的是重力势和压力势。单位重量水的势可表示为m,亦称水头;单位体积水的势可表示为kPa,亦称压强(或压力)。相对于一定的基准线重力水头(也叫位置水头)+压力水头=测管水头;测管水头+速度水头=总水头。

(1)在土力学中没有“水头压力”这一名词术语,水头有:压力水头、位置水头、速度水头、测管水头、总水头等,都是以m为单位。而孔隙水压力的单位为kPa。

(2)如果命题者想说的是“压力水头”,则是指水中某点的水压力使水上升的高度。*B*点与*b*点压力水头是不同的。

(3)如果想要的答案为B,则正确的选项说法应当是“*b*点的孔隙水压力为*B*点与*b*点的位置水头之差乘以水的重度γ_w”,或者“*b*点的孔隙水压力是*b*点与*B*点的压力水头之差乘以水的重度γ_w”。因为二者在同一等势线上,总水头(或测管水头)相等,差别只是位置水头与压力水头。

(4)土坝断面与流网的绘制很不规范。

例题3:2012年上午知识44题

岩土工程勘察中对饱和软黏土进行十字板剪切和室内无侧限抗压强度对比试验,十字板剪切试验与无侧限抗压强度数据不相符的是下列哪些选项?

(A)十字板剪切强度5kPa,无侧限抗压强度10kPa

(B)十字板剪切强度10kPa,无侧限抗压强度25kPa

(C)十字板剪切强度15kPa,无侧限抗压强度25kPa

(D)十字板剪切强度20kPa,无侧限抗压强度10kPa

原答案:BCD

评析：

十字板剪切强度是破坏时的莫尔圆的半径；无侧限抗压强度是其直径。在校的本科生和研究生回答这个考题可能没有任何犹豫。可是这里是“注册岩土工程师”考试，对于岩土工程实践丰富的工程师，尤其是熟知现场测试的大师们，这题就不好回答了。十字板剪切试验属于原状土的现场测试，测试结果受到很多因素的影响，一般需要修正。例如板的上、下剪切面上剪应力分布可能不均匀。在式（1）中，假定均匀分布 $\alpha=2/3$，三角形分布 $\alpha=1/2$，抛物线分布 $\alpha=3/5$。

$$c_u=\frac{2M_{max}}{\pi D^3\left(\frac{H}{D}+\frac{\alpha}{2}\right)} \tag{1}$$

而无侧限抗压强度试验使用的是人工现场取的原状土试样，进行室内试验，无侧限压缩试验是三轴 UU 试验的一种特殊情况，即施加的围压 σ_3 为零。用这种试验同样可以得到不排水抗剪强度 $c_u=q/2$。但它对试样的要求极高。例如国外的一些标准与规范要求：

①试样完全饱和；

②试样必须是原状、均匀、无缺陷的；

③只有在黏土情况下，初始的有效围压等于残余毛细应力（负孔压），没有回弹及固结；

④取样后，试样必须快速地加压到破坏（5～15min），以免发生水分蒸发和表面干燥。

对于这样苛刻的条件，以我国目前的取样和试验水平，数据相符的合理选项可能是 C 或 D 而不是 A。所以命题要联系实际，符合实际，要有对我国国情的了解和基本的工程经验。这里毕竟不是本科的土力学期末考试。表 1 为杭州地铁湘湖站基坑的勘察报告，这也是工程场地勘察报告的普遍情况，即十字板 c_u 甚至大于无侧限抗压强度的 q_c。所以说这种考题极易误导考生。

不同试验条件下土的强度指标　　表 1

土层	三轴不固结不排水		无侧限抗压强度	十字板试验		快剪	
	c_u（kPa）	φ_u（°）	q_c（kPa）	c_u（kPa）	灵敏度	c_q	φ_q
④$_2$	11.0	0.2	25.34	28.4	2.63	8.1	6.1
⑥$_1$	9.0	0.4	24.06	34.1	2.07	7.1	8.3
⑧$_2$	8.0	0.6				7.3	8.1

例题4:2012年上午知识55题

由于朗肯土压力理论和库仑土压力理论是分别根据不同的假设条件，以不同的分析方法计算土压力，计算结果会有所差异，以下哪些选项是正确的？

（A）相同条件下朗肯公式计算的主动土压力大于库仑公式

（B）相同条件下库仑公式计算的被动土压力小于朗肯公式

（C）当挡土墙背直立且填土面与挡墙顶平齐时，库仑公式与朗肯公式计算结果是一致的

（D）不能用库仑理论的原公式直接计算黏性土的土压力，而朗肯公式可以直接计算各种土的土压力

原答案:AD

评析:

这里的标准答案D是有歧义的，即“不能用库仑理论的原公式直接计算黏性土的土压力”。这种命题还停留在20世纪80年代的土力学本科教材的水平上。因为现在很多规范、手册都有黏性土库仑土压力（主、被动）的公式。例如《建筑边坡工程技术规范》（GB 50330—2002）的式（6.2.3-2），以及《工程地质手册》（第4版）的式（8-3-10），又如《建筑边坡工程技术规范》

$$K_a=\frac{\sin(\alpha+\beta)}{\sin^2\alpha\sin^2(\alpha+\beta-\varphi-\delta)}\{K_q[\sin(\alpha+\beta)\sin(\alpha-\delta)+\sin(\varphi+\delta)\sin(\varphi-\beta)]+2\eta\sin\alpha\cos\varphi\cos(\alpha+\beta-\varphi-\delta)-2\sqrt{K_q\sin(\alpha+\beta)\sin(\varphi-\beta)+\eta\sin\alpha\cos\varphi}\times\sqrt{K_q\sin(\alpha-\delta)\sin(\varphi+\delta)+\eta\sin\alpha\cos\varphi}\}$$

其中，$K_q=1+\dfrac{2q\sin\alpha\cos\beta}{\gamma H\sin(\alpha+\beta)}$，$\eta=\dfrac{2c}{\gamma H}$。

考生可能不相信专家会不知道这些文献，只好在选项C与D之间徘徊，因为题目没有讲清墙背是否光滑，选项C也是难以取舍。同样，选项A和B没有讲明墙背是否竖直光滑，也是无法判定的。例如对于选项A“相同条件下朗肯公式计算的主动土压力大于库仑公式”，那么“相同条件下”应当包括墙背竖直光滑、填土水平的条件，这时朗肯公式计算的主动土压力等于库仑公式。我本人胆小，不敢选A。选项B也有同样的问题，即也可能是计算结果相等的。

对于一道多选题，此题无数的答案组合，你都不能否定（也很难肯定）。这种模棱两可的考题会使人无所适从，也表明命题者本人的基本概念不清晰。

例题5:2012年上午知识45题

下列哪些形态的地下水不能传递静水压力？

(A)强结合水　　(B)弱结合水

(C)重力水　　(D)毛细管水

原答案:AB

评析:

(1)关于结合水不能传递静水压力在我国一些土力学本科教材中有所叙述，但这是有分歧的。对此前几年的《岩土工程学报》等期刊都有过探讨和争论。图3所示的试验表明，即使是饱和含水量小于塑限的黏性土，也是可以传递静水压力的。黏土在σ_3 <600kPa的固结以后，试样含水量小于液限、大于塑限，黏土颗粒表面存在弱结合水，这时静水压力可以传递到试样底部的孔压传感器。

(2)在σ_3 >600kPa的固结以后，试样含水量小于塑限，黏土颗粒表面弱结合水很少，这时传感器上的静水压力也能达到施加的静水压力的70%～80%，并且需要较长时间才能稳定。

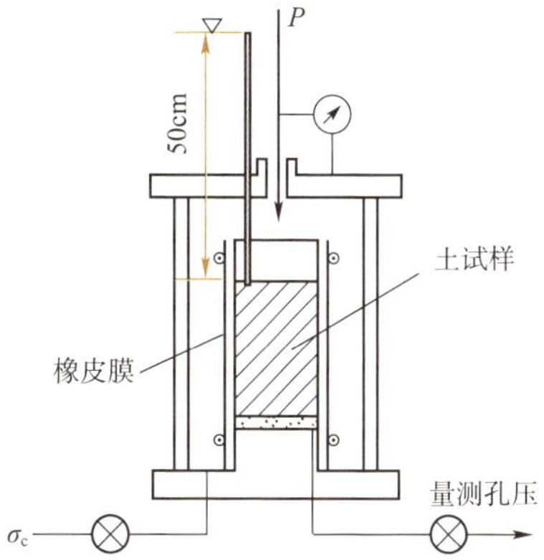

图3　三轴试样中的静水压试验

注册考题应尽量避免出现有歧义和有争议的问题。

例题6:2012年上午知识57题

重力式挡墙设计工程中，可采取下列哪些措施提高该挡墙的抗滑移稳定性？

(A)增大挡墙断面尺寸　　(B)墙底做成逆坡

(C)直立墙背上做卸荷台　　(D)基础之下换土做砂石垫层

原答案:ABD

评析:

此题命题不严谨，例如选项D“基础之下换土做砂石垫层”，那么原来在基础之下是什么呢？如果是密实的、级配良好的卵砾石，或者坚硬完整的基岩，换土反而会使抗滑稳定性降低，适得其反，何必换填？因此D就无法作为答案。

选项C“直立墙背上做卸荷台”，可以加大墙的自重（增加一部分土体的重力），减少了水平土压力，对抗滑稳定应当是有利的。如图4所示。像这种多选题，存在着多种组合的可能，所以命题必须严密，不能模棱两可，授人以柄。

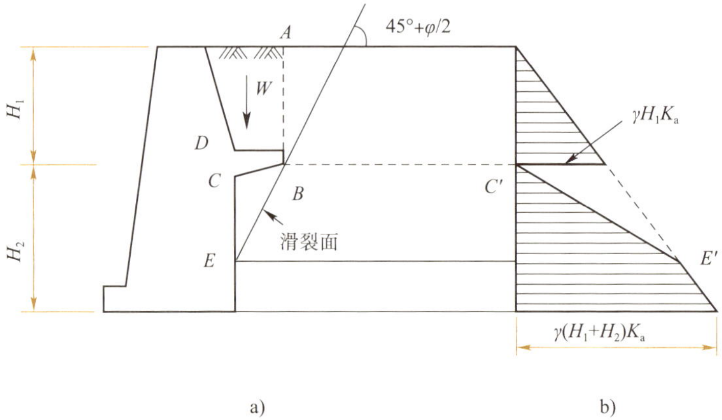

图 4　带卸荷平台的挡土墙

例题 7：2012 年下午案例 18 题

某建筑旁有一稳定的岩石山坡，坡角 60°，依山拟建挡土墙，墙高 6m，墙背倾角 75°，墙后填料采用砂土，重度 20kN/m^3，内摩擦角 28°，土与墙背间的摩擦角为 15°，土与山坡间的摩擦角为 12°，墙后填土高度为 5.5m（图 5）。则挡土墙墙背主动土压力最接近下列哪个选项？

（A）160kN/m　　　　（B）190kN/m

（C）220kN/m　　　　（D）260kN/m

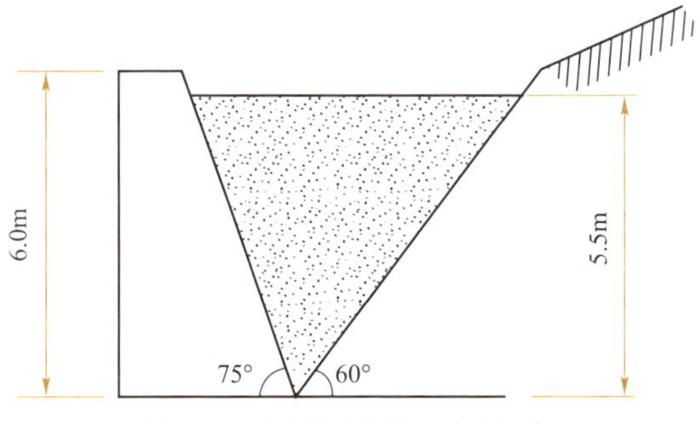

图 5　滑动面受限的挡土墙土压力

原答案：C

原解答：

根据《建筑地基基础设计规范》（GB 50007—2002）第 6.6.3 条

$$K_a = \frac{\sin(\alpha+\theta)\sin(\alpha+\beta)\sin(\theta-\delta_r)}{\sin^2\alpha\sin(\theta-\beta)\sin(\alpha-\delta+\theta-\delta_r)}$$

计算得

$$K_a=\frac{\sin(\alpha+\theta)\sin(\alpha+\beta)\sin(\theta-\delta)}{\sin^2\alpha\sin(\theta-\beta)\sin(\alpha-\delta+\theta-\delta_r)}=0.66$$

$$E_a=1.1\times0.5\times20\times5.5\times5.5\times0.66=219.6\text{kN/m}$$

评析：

在考试以后，此题受到不少考生责难。这里的焦点在于该规范规定："主动土压力增大系数 ψ_c，土坡高度为 6～8m 时，宜取 1.1。"如果不乘以 1.1，答案为 200kN。可是该题题干只交待了"某建筑"，并没有指定规范，同样适用于"某建筑"的《建筑边坡工程技术规范》(GB 50330—2002)，也有类似的公式，但没有要求乘以所谓的主动土压力增大系数 ψ_c，则应当选 B。并且命题者编写的《试题解答与分析》一书中又建议："本题也可不依靠规范公式，采用力的矢量三角形直接求出主动土压力。"那么直接求出的土压力也要乘以所谓的主动土压力增大系数吗？"不依靠规范"能给分吗？

更荒唐的是，类似的考题此前已经出现过几次，从来都没有乘以所谓的主动土压力增大系数。例如，此题的前一年(2011)上午案例 20 题。

例如 8：2011 年上午案例 20 题

重力式挡土墙墙高 8m，墙背垂直、光滑，填土与墙顶平，如图 6 所示。填土为砂土，$\gamma=20\text{kN/m}^3$，内摩擦角 $\varphi=36°$。该挡土墙建在岩石边坡前，岩石边坡坡脚与水平方向夹角为 70°，岩石与砂填土间摩擦角为 18°。计算作用于挡土墙上的主动土压力最接近于下列哪个数值。

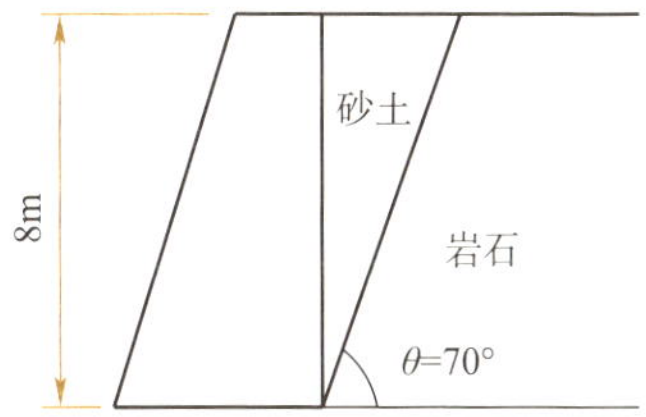

图 6 2011 年上午案例 20 题图

(A) 166kN/m　　(B) 298kN/m

(C) 157kN/m　　(D) 213kN/m

原答案：B

原解答：

见图 7。

自重 $W=\dfrac{20\times8\times8}{2\times\tan70°}=233\text{kN}$

$E_a=W\tan52°=298\text{kN}$

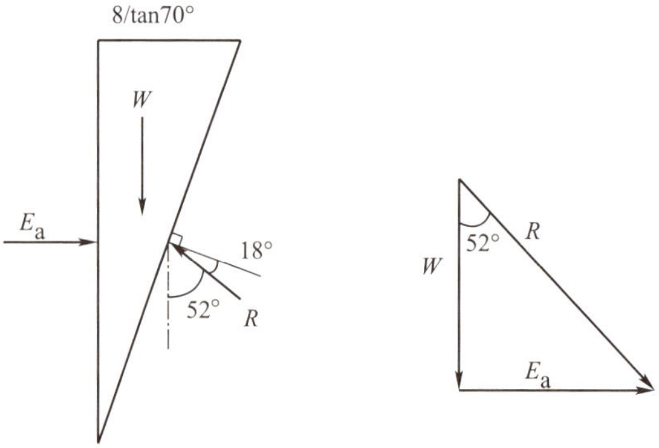

图 7 解答图

这道题的标准答案就是直接求解，没有再乘以增大系数。同样 2010 年上午案例 20 题也是如此。这种今年不知明年什么规定，朝令夕改的做法，使人无所适从，表明了命题人责任心不强。

有一个我指导的很聪明的博士，他是从力的矢量三角形直接求出主动土压力 E_a=200kN/m，可是这与 4 个选项数值相差都太大，超过了计算误差范围，于是他感觉似乎在《建筑地基基础设计规范》（GB 50007—2011）中有"增大系数"的规定，一查果然有 ψ_c=1.1，于是选择了 220kN/m。结果在 2012 年不足 6% 的通过率情况下，他也及格了。可惜因他来自台湾大学，没有中国大陆的身份证，后来未给予注册。但这种迎合命题专家以达到避灾的做法是十分明智的，值得学习的。但对于一些不可捉摸的考题，还是束手无策。

例题 9:2012 年上午案例 24 题

如图 8 所示的顺层岩质边坡，已知每延米滑体作用在桩上的剩余下滑力为 900kN，桩间距为 6m，悬臂段 9m，锚固段 8m，剩余下滑力在桩上按矩形分布，则抗滑桩锚固段顶端截面上的弯矩是下列哪个选项？

（A）28900kN·m　　（B）24300kN·m

（C）32100kN·m　　（D）19800kN·m

原答案：B

原解答：

根据规范，悬臂段可按悬臂桩计算：

（1）矩形分布荷载在桩上所产生的作用力

$$E=F\cdot S=900\times6=5400\text{kN}$$

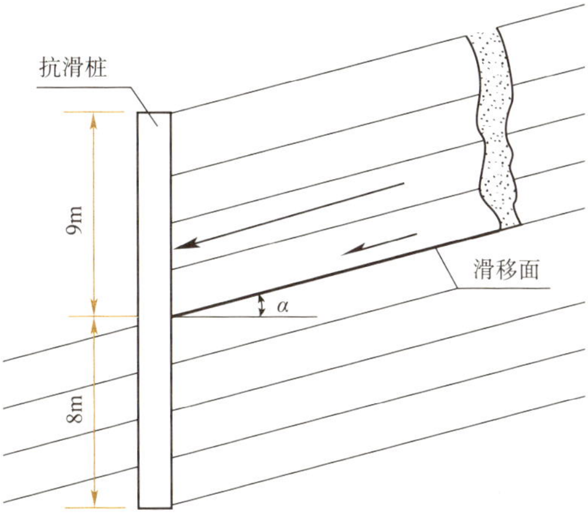

图8　2012年上午案例24题图

（2）作用点距锚固段顶端的距离

$$9/2=4.5\text{m}$$

（3）锚固段顶端的弯矩

$$W=5400\times4.5=24300\text{kN}\cdot\text{m}$$

评析：

题中既然提出了“剩余下滑力”的概念，那么它就是在利用传递系数法解题。传递系数法最基本的假设是“剩余下滑力方向平行于上一个滑块的滑动面”，所以锚固段顶端截面上的弯矩应当是 $M=5400\times\cos\alpha\times4.5<24300\text{kN}\cdot\text{m}$，答案可能为D。所以这道题的题干给的条件不全，解答错误，是一道失败的考题。

一道被投诉的考题

有个考生投诉道，他 2013 年的知识题及格，而案例题 58 分。他认为下午案例 5 题的答案是错误的，而他的选项是正确的，要求予以平反、通过。其投诉材料转到我这里，我认为其意见是正确的。但只给他一人平反，似难以操作，因为冤枉者绝非一人。

例题：2013 年下午案例 5 题

某正常固结的饱和黏性土层，厚度 4m，饱和重度为 $20kN/m^3$，黏土的压缩试验结果见表 1。采用在该黏性土层上直接大面积堆载的方式对该层土进行处理，经堆载处理后土层的厚度为 3.9m，估算的堆载量最接近下列哪个数值？

黏土的压缩试验结果　　表 1

p（kPa）	0	20	40	60	80	100	120	140
e	0.900	0.865	0.840	0.825	0.810	0.800	0.794	0.783

（A）60kPa　（B）80kPa

（C）100kPa　（D）120kPa

原答案：B

原解答：

黏土层层顶有效自重：$q_1=0$

黏土层层底有效自重：$q_1=4\times20=80$kPa

黏土层平均有效自重：$\bar{q}=40$kPa

查表得：$e_1=0.84$

测得土层压缩量 4.0−3.9=0.1m，根据下列公式计算压缩后的孔隙比

$$s=\frac{e_1-e_2}{1+e_1}h\text{，}0.1=\frac{0.84-e_2}{1.84}\times 4.0\text{，}e_2=0.794$$

根据 e_2=0.794，查得黏土层平均总荷载 p=120kPa。

堆载量：$\bar{\sigma}$=120−40=80kPa

评析：

此题的解答犯了一个土力学最基本的概念错误，即违背了有效应力原理。

正确的解答：

黏土层层顶自重：q_1=0

黏土层层底自重：q_1=4×10=40kPa

黏土层平均自重：$\bar{q}$=20kPa

查表得：e_1=0.865。

$$\varepsilon_z=\frac{e_1-e_2}{1+e_1}=\frac{0.1}{4}=2.5\%\text{，}e_2=0.8184$$

表 1 内插，得

p_2=68.8kPa，p=48.8kPa

对于这样的错误答案与解答，我们是无能为力的。如果从避灾的角度，还是可以更灵活一些。例如选项里没有 48.8kPa，而采用选项 A 中的 60kPa，误差太大，我们就可以琢磨一下命题者的思路，并不惮以更大的幅度估计命题专家的水平，即他可能不太清楚有效应力原理，错将自重应力 40kPa 当作了有效应力，于是就有了选项 B, 即 80kPa。

所以，在考试时我们不能总是坚持有没有道理，而是要看有没有分数。

另：

此题应交代："3.9m 是达到最终沉降量时的厚度。"因为规范规定：堆载预压平均固结度不低于 90%。见《建筑地基处理技术规范》（JGJ 79—2012）第 5.2.16 条。

与水有关的岩土稳定问题

在边坡、基坑和挡土墙等的稳定性问题中，如果涉及水，情况就复杂了。有时需要进行渗流计算确定荷载与抗力。无论是命题还是答题，都要注意这个问题。另一方面，在这类问题中的谬误也是最多的。

例题 1：2006 年上午案例 24 题

这是一道重力式挡土墙的抗倾覆稳定问题，其中墙的两侧都有水（图 1），并且没有给出地基土的情况，如何计算两侧水压力以及墙底的扬压力？

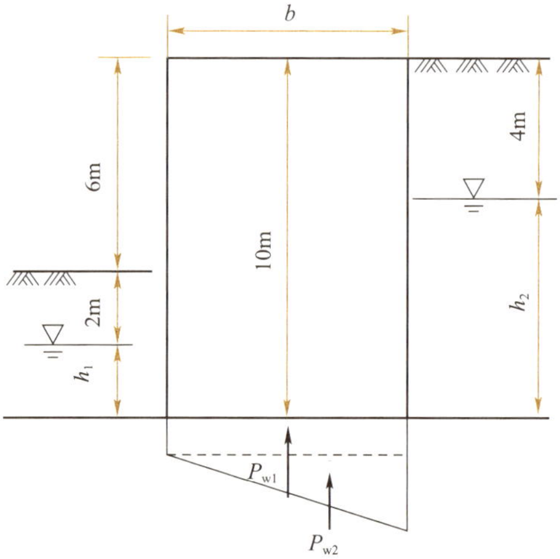

图 1　2006 年上午案例 24 题

评析：

《建筑基坑支护技术规程》（JGJ 120—1999）中式（5.2.1-1）给出的计算水

压力是：

①墙外最大水压力 $p_2=h_2\gamma_w$，直线分布；

②墙内水压力 $p_1=h_1\gamma_w$，直线分布；

③墙底的平均水压力 $p_d=\gamma_w(h_1+h_2)/2$；

这种算法是有条件的，即墙底位于不透水土层，而两侧为含水的砂土层，认为两侧的水不流动。

但原题指明："一个矩形断面的重力挡土墙设置在均匀地基土上"。如果地基土是均匀的，则两侧的水压力与扬压力是需要绘制流网来计算的，其结果也不会是图1所示的三角形分布与梯形分布。一种简化的做法是以水沿着墙的外轮廓流动为渗径，计算出平均水力坡降 $\bar{i}$，再计算扬压力，近似如图2所示。

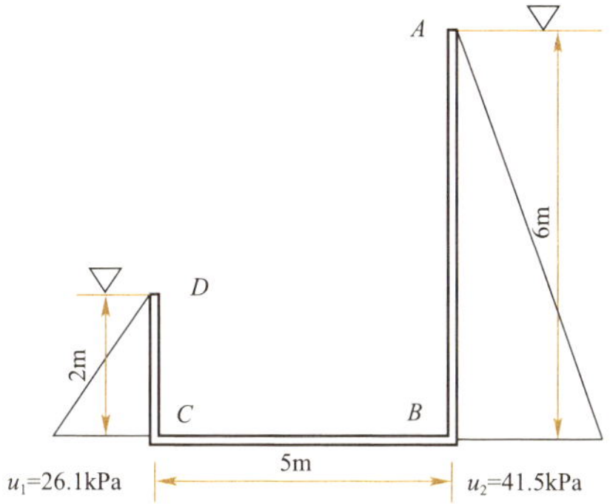

图2　均匀地基土上的水压力近似计算

图2表示的是在均匀U形管中的渗流，两端水头差为 Δh=4m，从点 A 流到点 D 的渗径为13m，水力坡降 i=4/13=0.308。按照渗流计算水头损失，B 点的水压力为 u_2=41.5kPa，C 点的水压力为 u_1=26.1kPa，其水压力分布如图2所示。这可以近似认为是图1墙上的水压力分布。

例题2:2014年上午24题

某岩石边坡代表性剖面如图3所示，边坡倾向270°，一裂隙面刚好从坡脚出露，裂隙面产状为270°∠30°，坡体后缘一垂直张裂缝正好贯通至裂隙面。由于暴雨，垂直张裂缝和裂隙面瞬间充满水，边坡处于极限平衡状态（即滑坡稳定系数 K_s=1.0）。经测算，裂隙面长度 L=30m，后缘张裂缝深度 d=10m，每延米潜在滑体自重 G=6450kN，裂隙面的黏聚力 c=65kPa，试计算裂隙面的内摩擦角最接近下列哪个数值？（坡脚裂隙面有泉水渗出，不考虑动水压力，水的重度取 $10kN/m^3$）

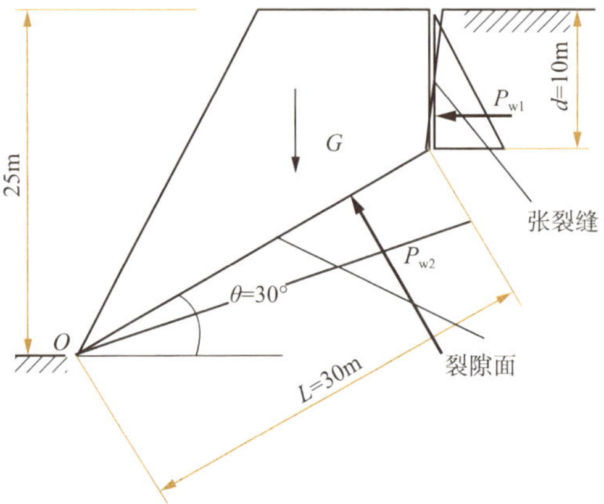

图 3　2014 年上午 24 题图

(A)13°　　(B)17°　　(C)18°　　(D)24°

答案:D

解答:

① $P_{w1}=\dfrac{1}{2}d^2\gamma_w=\dfrac{1}{2}\times10^2\times10=500\text{kN/m}$

② $P_{w2}=\dfrac{1}{2}dL\gamma_w=\dfrac{1}{2}\times10\times30\times10=1500\text{kN/m}$

③ $K_s=\dfrac{(G\cos\theta-P_{w2}-P_{w1}\sin\theta)\tan\varphi+Lc}{G\sin\theta+P_{w1}\cos\theta}=1$

④ $\varphi=\arctan\dfrac{G\sin\theta+P_{w1}\cos\theta-Lc}{G\cos\theta-P_{w2}-P_{w1}\sin\theta}$

$$=\arctan\frac{6450\sin30°+500\cos30°-30\times65}{6450\cos30°-1500-500\sin30°}=\arctan\frac{1708.013}{3835.864}\approx24°$$

评析:

此题的重点在于两个水压力的计算。该岩体有两道缝,垂直的是张拉(裂)缝,它必定是很宽的;倾斜的是裂隙缝(节理、层理等),在自重作用下,它不会很宽。如果二者宽度比为 10 ,水从上面流下,从坡脚裂隙出口处流出,水头损失主要发生在下面的斜向裂隙缝。这样垂直缝中的水压力近似为静水压力(忽略水头损失);裂隙缝出口处与大气连通,该点的压力为 0,裂隙缝进口处与张拉缝底部连通,压力为 $d\gamma_w$。假设此裂隙缝是均匀的,则由于其中流速 v 为常数,根据达西定律 $v=ki$,则水力坡降 i 为常数,水压力按直线分布,如图 3 所示。

这个道理也可从图 4 理解：上管的直径为下管的 10 倍，过水面积为下管的 100 倍，二者通过的流量相同，上管内的流速为下管的 1/100，水头约损失 1/100，可以忽略，故可按静水压力计算。

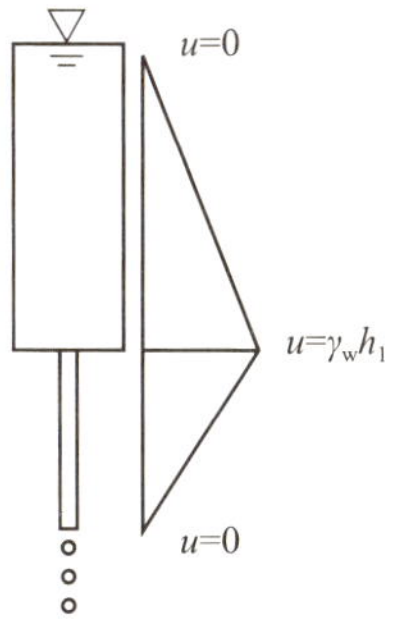

图 4　连通管内的水压力

例题 3：2011 年上午案例 18 题（经修正改编）

某很长的岩质边坡的断面形状如图 5 所示。岩体受一组走向与边坡平行的节理面所控制，节理面的内摩擦角为 φ=35°，黏聚力为 c=70kPa，岩体重度为 γ=23kN/m^3。坡面外一半高度浸水，而缝内完全充满水，并且沿节理缝向外稳定渗流。验算边坡沿节理面的抗滑稳定系数最接近下列哪一选项？

（A）0.8　　（B）1.0　　（C）1.1　　（D）1.3

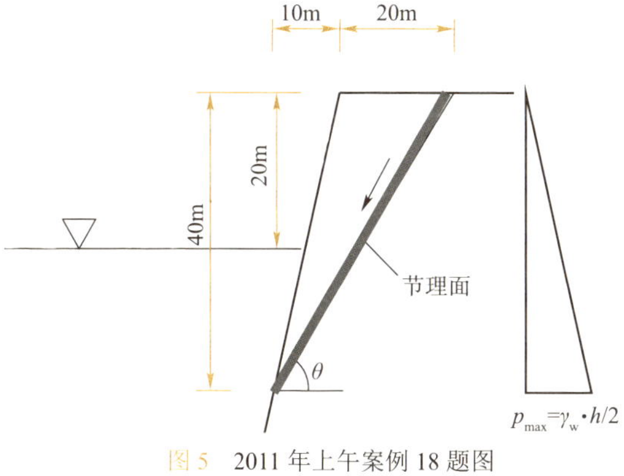

图 5　2011 年上午案例 18 题图

答案：A

解答：

在节理缝中，坡顶处水压力为 0，下部坡脚处与坡外静水连通，水压力为 $p_{max}=\gamma_w \cdot h/2$ =200kPa。由于是稳定渗流，水压力应沿缝直线分布。所以，此题只要将节理面上的法向力减去水压力 U 即可。$U_w=p_{max}\cdot L/2=40\times10\times50/4=5000$kN/m。而坡面上作用的水压力为静水压力，$p_w=2060$kN/m。

$$F_s=\frac{(N+N_w-U_w)\tan\varphi+A\cdot c}{T-T_w}=\frac{(5524+1898-5000)\times\tan35^\circ+50\times70}{7357-802}$$

$$=\frac{1696+3500}{6555}=0.793$$

评析：

此题的难点在于节理面内的水压力计算，由于它是流动的，可先确定上下两个端点的水压力，再根据水的流动连续性原理及达西定律，缝内水压力应按直线分布。

关于2016年注册考试的两道考题的质疑

2015 年命题专家组忙了大半年，最后也没开考，2016 年用的考题多数为 2015 年命的题。所以 2016 年考题在一些方面似乎滞后了一些，但命题的质量有所进步。由于我以前负责第 6、7 章，所以侧重看了这两章，尤其是第 6 章。自从 2012 年以来，昏题错题明显增加，而这两章所占的比例最高。突出表现在概念不清，考题出现了一些难以理解与难以原谅的错误。这里对其中的两道题讨论一下。其中的解答并非原装，是我在估量了命题者的意思后所作的，可能不符合命题者的原意。

例题 1:2016 年上午案例 18 题

某悬臂式挡土墙高 6.0m，墙后填砂土，并填成水平面。其 $\gamma=20\text{kN/m}^3$，$c=0$，$\varphi=30°$，墙踵下缘与墙顶内缘的连线与垂直线的夹角 $\alpha=40°$，墙与土的摩擦角 $\delta=10°$。假定第一滑动面与水平面夹角 $\beta=45°$，第二滑动面与垂直面的夹角 $\alpha_{cr}=30°$（图 1），则滑动土体 *BCD* 作用于第二滑动面的土压力合力最接近以下哪个选项？

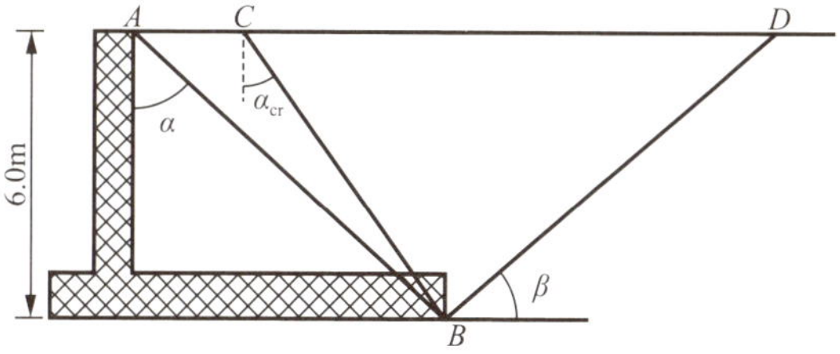

图 1　2016 年上午案例 18 题图

（A）150 kN/m　（B）180kN/m　（C）210 kN/m　（D）260kN/m

答案:C

解答：

按照三角形楔体 BCD 的静力平衡计算，见图 2。

（1）计算三角形土体 BCD 的自重

$$W_{\mathrm{BCD}}=\frac{1}{2}\times 6\times 6\times\left(1+\tan 30°\right)\times 20=567.8\mathrm{kN/m}$$

（2）按照图 2，根据正弦定理计算 E_{a}

$$\frac{W_{\mathrm{BCD}}}{\sin 135°}=\frac{E_{\mathrm{a}}}{\sin 15°},E_{\mathrm{a}}=\frac{567.8\times\sin 15°}{\sin 135°}=207.8\mathrm{kN/m}$$

似乎应当是答案 C。

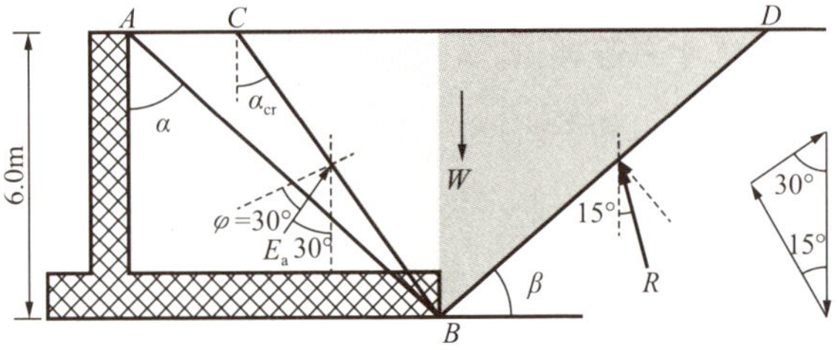

图 2　楔体平衡求解土压力

评析：

关于坦墙：

在图 3a）的挡土墙中，如果 $\alpha>\alpha_{\mathrm{cr}}$，则为坦墙。按照库仑土压力理论，这时墙土接触面 AB 不再是滑动面，除了在墙后土体中发生第一滑裂面 BD（或 BC'）之外，在土体内部也会发生第二滑动面 BC。这时，就可认为 BC 是一个假想的墙背，左侧的墙体混凝土加上土体 ABC 组成一个新的重力式挡土墙，并且 $\delta=\varphi$。按照库仑土压力理论：土面水平，墙背与竖面夹角为 α_{cr}。当 $\delta=\varphi$ 时

$$\alpha_{\mathrm{cr}}=45°-\frac{\varphi}{2}+\frac{\beta}{2}-\frac{1}{2}\arcsin\frac{\sin\beta}{\sin\varphi}\tag{1}$$

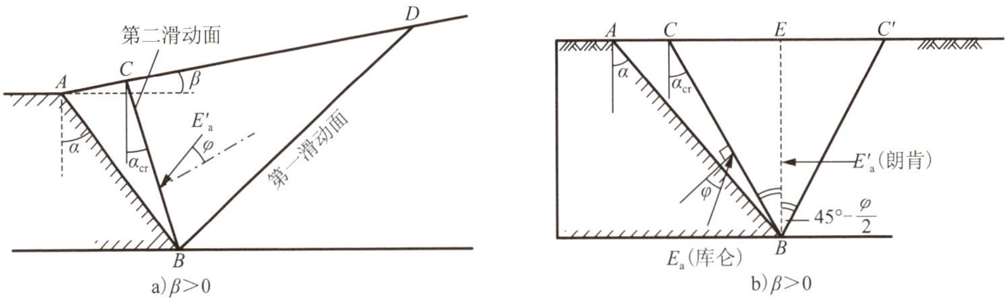

图 3　坦墙

式（1）的符号参见图2。可见如果$\beta=0$，即墙后地面水平，则$\alpha_{cr}=45°-\varphi/2=30°$。在上述的考题中，墙与土的摩擦角$\delta=10°$是没有意义的，因为对于悬臂式挡土墙，假想的墙背$AB$上的摩擦角$\delta=\varphi$。给出的第一滑动面倾角$\beta$=45°是错误的，必须$\beta=\alpha_{cr}$=60°。

第一种解法：

按照库仑主动土压力系数公式，$\delta=\varphi$时，计算第二滑动面BC上的土压力

$$K_a=\frac{\cos^2(30°-30°)}{\cos^2 30°\cos 60°\left[1+\sqrt{\dfrac{\sin 60°\sin 30°}{\cos 60°\cos 30°}}\right]^2}=\frac{1}{0.75\times 0.5\times 2^2}=0.667 \tag{2}$$

$$E_a=\frac{1}{2}K_a\gamma H^2=0.5\times 0.667\times 20\times 36=240\text{kN/m}$$

第二种解法：

见图4，针对墙后填土面水平的情况，第二种解法是由B点作AC的垂线，交于E点。由于在BCC'范围内土体处于朗肯极限平衡状态，竖直线BE是对称线，其上没有剪应力，相当于垂直光滑的墙壁，可用朗肯土压力理论计算：K_a=1/3；E_{a1}=120kN/m。

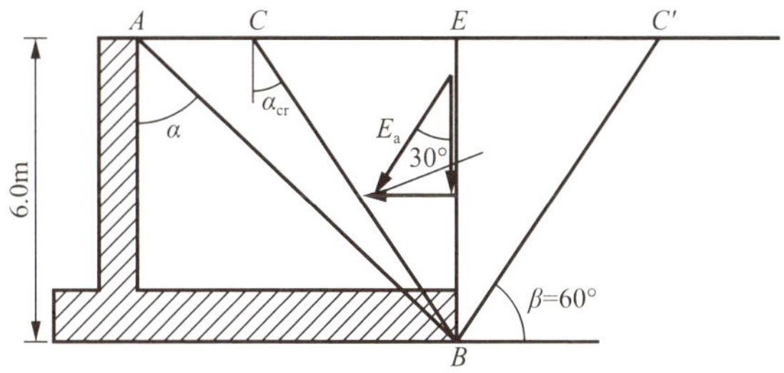

图4　第二种解法

考虑三角形土体BEC土体的静力平衡，BC为第二滑动面，因而其上的合力必须与其法线的夹角为$\varphi=30°$三角形土体BEC上作用有三个力：除了作用有水平土压力E_{a1}=120kN，土体竖向力自重W_{BEC}=207.8kN外，还有一个作用于第二滑动面BC上的土压力E_a，见图3。

则第二滑动面的土压力合力

$$E_a=\sqrt{E_{a1}^2+W_{BEC}^2}=\sqrt{120^2+207.8^2}=240\text{kN/m} \tag{3}$$

这与式（2）的结果相同。在此题的选项中没有此数，勉强算作D，也有些亏心。

题中的“第一滑动面与水平面夹角 $\beta=45°$”，这个第一滑动倾面 β（或者 θ）的角度是不能随便给出的，它必须是根据库仑土压力理论确定的，如果墙后地面水平，则根据库仑土压力理论，应当是 β（θ）$=45°+\varphi/2=60°$。按照60° 的第一滑动面解出 E_a=240kN，按照无根据的 45° 第一滑动面解出 $E=207.8$kN，因为主动土压力为计算最大的土压力。可见，45° 就不可能是真正的第一滑动面。

另外，对于 L 形、扶壁式挡土墙，墙与土的摩擦角 $\delta=10°$ 毫无用途，也毫无意义，题中给出，纯属“添乱”。

如果硬要说这里是“假定第一滑动面与水平面夹角就是 $\beta=45°$”，并且要求必须按照“假定”的滑动面计算，结果就是选项 C。可是这是“岩土工程师”的注册考试，是考工程上实用的知识；不是脑筋急转弯，也不是在考理论力学，不是命题者可以假设与任性的地方。这种命题只能是考查考生的静力平衡计算能力，与岩土工程无关，并且会使岩土工程师的概念陷入混乱。

据说有一名来自江苏的考生叫项羽，是著名的“学霸”。他就是按照第一滑动面 45°，和三角形土体 BCD 的静力平衡，计算第二滑动面上的土压力 E_a=207.8kN/m。

然后，他反反复复地按照本文的解法 1、解法 2 算下去，得到 E_a=240kN/m。又去查李广信教授主编的《土力学》，还是不知该选 C 与 D 哪个选项，共用了 40 分钟，最后精神崩溃了。一上午只完成了 10 道题，还不全对，结果名落孙山了。回来以后哀叹：“力拔山兮气盖世，时不利兮骓不逝；通不过兮可奈何！”最后一气之下，自刎于乌江。

有个叫杜牧的考生，听说此事后感叹道：“胜败兵家事不期，包羞忍耻是男儿。江东子弟多才俊，卷土重来未可知。”所以注册考试不要怕失败，卷土重来终归是有希望的。

例题 2：2016 年下午案例 17 题

图 5 所示某折线形均质滑坡，第一块的剩余下滑力为 1150kN/m，传递系数为 0.8；第二块的滑力为 6000kN/m，抗滑力为 6600kN/m。现拟挖除第三块滑块，在第二块末端采用抗滑桩方案，抗滑桩的间距为 4 m，悬臂段高度为 8 m。如果取边坡稳定安全系数 F_s=1.35，剩余下滑力在桩上的分布按矩形分布，按《建筑边坡工程技术规范》（GB 50330—2013）计算作用在抗滑桩上相对于嵌固段顶部 A 点的力矩最接近于下列哪个选项？

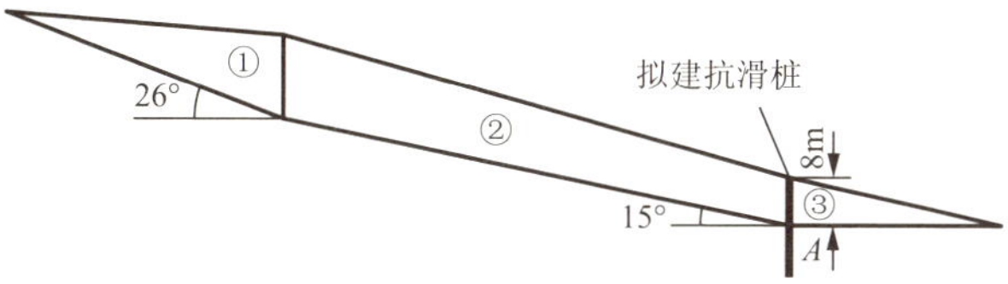

图 5　2016 年下午案例 17 题图

（A）10595kN　　（B）10968kN　　（C）42377kN　　（D）43872kN

答案：C

解答：

根据《建筑边坡工程技术规范》（GB 50330——2013）附录 A.0.3 条。

由于第二条块必须静力平衡，亦即其剩余下滑力 $P_2=0$

$$P_2 = P_1\psi_1 + T_2 - \frac{R_2}{F_s} - \frac{F}{F_s} = 0$$

$$F = 1.35\times\left(1150\times0.8+6000-\frac{6600}{1.35}\right) = 2742\text{kN/m} \tag{4}$$

$$M = \frac{FLd}{2\cos\alpha} = \frac{2742\times4\times8}{2\cos15°} = 42377\text{kN·m}$$

评析：

《建筑边坡工程技术规范》（GB 50330—2013）规定在传递系数法计算中，要使用“隐式法”，一般需要迭代计算安全系数，由于此题只有两个条块，利用给定的安全系数 F_s = 1.35 推导出第二块的剩余下滑力 P_2 即可。但是此题的条件却十分可疑。

质疑一：

对于第二条块，由于给出了滑动力 $T_2=W_2\sin15°=6000$kN，则

$$W_2 = \frac{6000}{\sin15°} = 23182\text{kN}$$

抗滑力（假设 c=0）$R_2=W_2\cos15°\tan\varphi_e=6600$kN，则

$$\tan\varphi_e = \frac{6600}{23182\times\cos15°} = 0.295$$

$$\tan\varphi = \tan\varphi_e\times1.35 = 0.4\text{，}\varphi=21.8°$$

这样，对于“均质”土体，则第一块的传递系数为

$$\psi_1 = \cos(\theta_1-\theta_2) - \sin(\theta_1-\theta_2)\tan\varphi_e = \cos11° - \sin11°\times0.29 = 0.926$$

结果远大于 0.8。

质疑二：

从 ψ_1=0.8 反算内摩擦角

$$\psi_1=\cos(\theta_1-\theta_2)-\sin(\theta_1-\theta_2)\tan\varphi_e=0.8$$

$$\tan\varphi_e=\frac{0.982-0.8}{0.191}=0.953$$

$$\tan\varphi=0.953\times1.35=1.286,\ \varphi=52.1°$$

这么高的内摩擦角，加上黏聚力，R_2=214321kN，远大于 6600kN。

质疑三：

在第二个土条块后面是一个抗滑桩，设其反力为 F，一般情况下 F 的方向是要另行确定，倾角不一定是 15°。如果桩土间是光滑的，则 F 就是水平的。这时要通过第二块土体上的几个力的静力极限平衡计算 F。

质疑四：

隐式的传递系数法是用强度折减法，亦即 $c_e=c/F_s$，$\tan\varphi_e=\tan\varphi/F_s$。并不是所有的阻力都除以安全系数，在此题中，设边坡稳定的安全系数 F_s = 1.35，抗滑桩上的力则不必除以安全系数 F_s = 1.35，因为题干中就指明"剩余下滑力矩形分布"，计算第二块的剩余下滑力

$$P_2=P_1\psi_1+T_2-R_2/F_s=1150\times0.8+6000-6600/1.35=2031\text{kN/m}$$

它等于桩上的荷载，是边坡在满足安全系数 1.35 情况下的剩余下滑力，不是边坡满足安全系数 1.35 情况下的抗力。而边坡稳定的抗力为 2742kN·m，不能用作抗滑桩的荷载。因为这样在另一个课题——抗滑桩的抗倾覆稳定验算中，荷载就计入了两次安全系数。以计算的 A 点的弯矩为例：$M=FLd/2\cos\alpha$=2742×4×8/2cos15°=42377kN·m，如果以 42377kN·m 为荷载的标准值验算 A 点的抗弯，它还要乘以荷载分项系数 γ_G，再用抗力的设计值验算，很明显荷载多乘了 1.35。

这样的命题和解答疑点重重，漏洞百出。应当说，大部分考生认定了"第一块的传递系数为 0.8，第二块的滑力为 6000kN/m，抗滑力为 6600kN/m"这个不合理的条件，也没有时间推敲它们内在的合理性。

可是一个名叫屈原的湖北考生就善于思考，也是一个神一样的学霸。对此题作了本文以上几处质疑，结论是大家都错了。他声称："举世皆浊我独清，众人皆

醉我独醒。”一个叫渔父的考生就疏导他说:“世人皆浊,何不淈其泥而扬其波?众人皆醉,何不哺其糟而啜其醨?”意思是说:专家和考生都浑,你何不把水搅得更浑?大家都醉了,你何不和着清酒把酒糟也咽下去呢?结果他因此题以58分没有通过。由于想不通,得了抑郁症,投进了汨罗江。所以说,英雄通常是理想主义者,总是要追求真理;而庸人大多是现实主义者,往往只是注重于功利。

2017年注册考试三道考题的分析

2017 年岩土注册考试结束后，从其他渠道见到了考题，但没见官方的“标准解答”。总的印象是一些考题的选项缺乏严密性和唯一性，题干语焉不详，描述不清；也表明某些命题者的知识面狭窄，概念模糊，使考生在宝贵的 2 分多钟或 7 分多钟时间里，还要琢磨命题者的原意、思路，甚至还得分析命题者可能错在哪里，以便于按照命题者的错误回答，来换得这 1 分或 2 分。下面以其中的三道题为例说明之。由于没有官方的答案，答案与解答都是我自己琢磨，努力猜测与迎合命题者的意思得到的，按照以往的经验，这种估计往往是对的。

2017 年上午案例 14 题

某高填土路基，填土高度 5.0m，上部等效附加荷载按 30kPa 考虑，无水平附加荷载，采用满铺水平复合土工织物按 1m 厚度等间距分层加固。已知填土重度 $\gamma=18\text{kN/m}^3$，侧压力系数 K_a=0.6，不考虑土工布自重，地下水位在填土以下，综合强度折减系数 3.0。按《土工合成材料应用技术规范》（GB/T 50290—2014）选用的土工织物极限抗拉强度及铺设合理组合方式最接近下列哪个选项？

（A）上面 2m 单层 80kN/m，下面 3m 双层 80kN/m

（B）上面 3m 单层 100kN/m，下面 2m 双层 100kN/m

（C）上面 2m 单层 120kN/m，下面 3m 双层 120kN/m

（D）上面 3m 单层 120kN/m，下面 2m 双层 120kN/m

答案：C

解答：

假设筋材布置如图 1a）所示。

按照土工合成材料应用技术规范》（GB/T 50290-2014）的式（3.1.3-1）、式

(7.3.5-1)和(7.1.5-4),

$$T_a = \frac{T}{RF} \qquad T_a = \frac{T}{3} \qquad T_{ai} \geq T_i$$

$$T_i = [(\sigma_i + \sum \Delta\sigma_{vi})K_i + \sigma_h]s_{vi} / A_r$$

从上面的四个选项看,第一层和第四层两层不是控制的因素。

各层拉力		筋容许拉力	选项A	选项B	选项C	选项D
T_2	34.2	T_{a2}	26.6	33.3	40	40
T_3	45	T_{a3}	53.3	33.3	80	40
T_5	66.6	T_{a5}	53.3	66.6	80	80

可见以上3层都能满足的只有选项C。

评析:

这道考题的设计是好的,计算量不大,有足够的考察宽度与深度。可是命题本身叙述不清,意思不明,设计参数不合理。

(1)这里所说的加筋"高填土路基",可能有加筋挡土墙(倾角>70°)与加筋陡坡(倾角<70°)两种。不一定都是《土工合成材料应用技术规范》(GB/T 50290-2014)中所列的直立挡墙。加筋挡土墙与加筋陡坡有着完全不同的设计计算方法。根据给出的"侧压力系数 K_a=0.6,猜测 K_a 为主动土压力系数,并假设路堤是加筋直立的挡土墙,见图1。

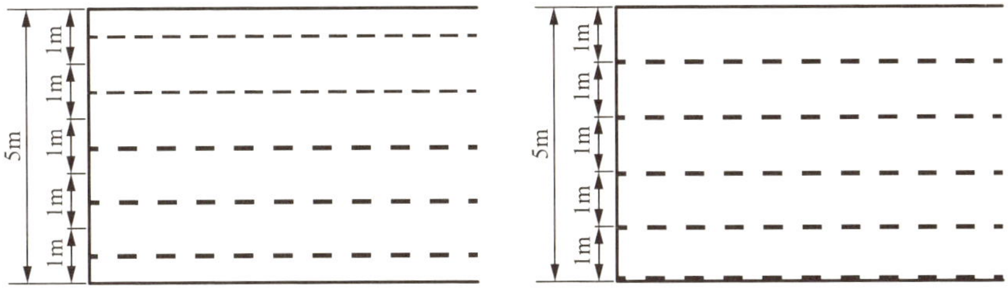

图1 筋材的不同布置

(2)这种加筋挡土结构,有两种筋材布置,一种是混凝土预制砌块式或钢筋混凝土整体墙面式,筋材是被固定于墙面上的,最下一层筋应距地面0.5m布置(见图1a));另一种是包裹式墙面,必须是从地面开始布置(如图1b)),这时由于最下面的底层织物及填土与不动的地基土间具有很大的摩擦力,形成底层筋材拉力实际上很小。两种布置的土压力、各层筋材拉力都是不等的;所以题目应标出是如图 1 中的哪一个。

(3)这种完全柔性的筋材(土工织物),其主动土压力按取朗肯理论计算土压力(见《土工合成材料应用技术规范》(GB/T 50290-2014),即 $K_a=\tan^2(45°-\varphi/2)$,$K_a=0.6$,则 $\varphi=14.5°$,它显然不是粗粒土,即使对于细粒土内摩擦角也是很偏小的,这就有黏聚力 c 的问题,而题中则没有提及。

(4)加筋土筋材的间距一般不宜超过 60cm,80cm 就常常会在地震与超载作用下发生墙面鼓胀,这时需要在两层长筋之间设置一层短筋。此题没有讲清“双层 100kN/m”是什么意思,如果是将两层“水平复合土工织物”按重叠的两层布置,使各层的 1m 间距过大,墙面处土压力增加,墙面鼓胀或破坏,另一方面,对于内摩擦角只有 $\varphi=14.5°$ 填土,因为筋与土间摩阻力更小,真担心它的锚固力是否能满足。

由于命题者对加筋土结构设计不熟悉,揣摩命题者的意思十分费力,以上这些猜测、分析、假设与试算就很费时间。

2017 年下午案例 17 题

如图 2 所示,在黏土的简单圆弧条分法计算边坡稳定中,滑弧的半径为 30m,第 i 土条的宽度为 2.0m,过滑弧底中心的切线,渗流水面和土条顶部与水平方向所成夹角都是 30°,土条水下高度为 7.0m,水上高度为 3.0m,黏土的天然重度和饱和重度 $\gamma=20\text{kN/m}^3$,则计算的第 i 土条滑动力矩最接近下列哪个选项?

(A)4800kN·m/m　　(B)5800kN·m/m

(C)6800kN·m/m　　(D)7800kN·m/m

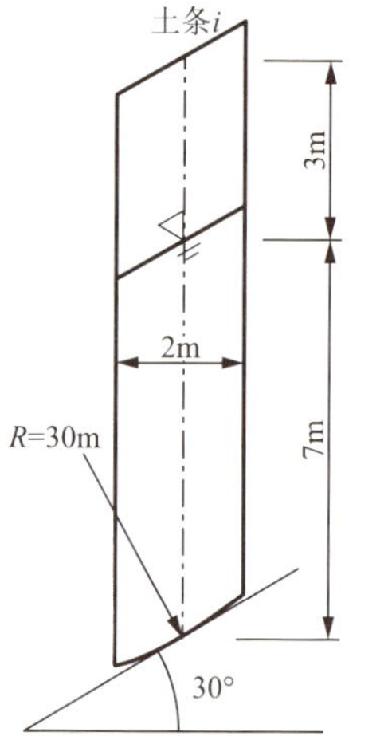

图 2　2017 年下午案例 17 题图

答案 B

解答:

以土骨架为隔离体:自重,水下土骨架按浮重度计,水上按照天然重度计算;加上骨架上的渗透力。

①土骨架自重产生的滑动力矩

$$M_{s1}=(2\times7\times10+2\times3\times20)\sin30°\times30=3900\text{kN·m}$$

②渗透力产生的滑动力矩

$$i=\sin30°=0.5,\ j=i\gamma_w=5\text{kN/m}^3,\ J=jV=5\times2\times7=70\text{kN}$$

$$M_{s2}=J(30-3.5\cos30°)=70\times26.97=1888\text{kN·m}$$

$$M_s = 3900 + 1888 = 5788\text{kN·m}$$

评析：

关于边坡稳定分析是按（饱和）土整体分析，还是按土骨架分析，在 2000 年的《岩土工程学报》上，几个岩土工程界的权威争得面红耳赤，热火朝天，现在仍有余波。主流的意见是应按水土整体分析，在各土条上加上孔隙水压力 u。那么此题若干选项的前提就是要求明确分析的对象。

当以土体为隔离体时（抗滑力部分扣除滑动面上的孔隙水压力 $u_i l_i$），则滑动力矩为：$M_{s1} = (2\times7\times20 + 2\times3\times20)\sin30°\times30 = 6000\text{kN·m}$，它不在选项之中。

另外，当以土体为隔离体，并且下游静水位高于该土条的滑动面时（图 3），超过高度为 h_3，则 h_3 部分土重按浮重度计算，即所谓“替代法”。扣除孔隙水压力法和替代法都是一样的。

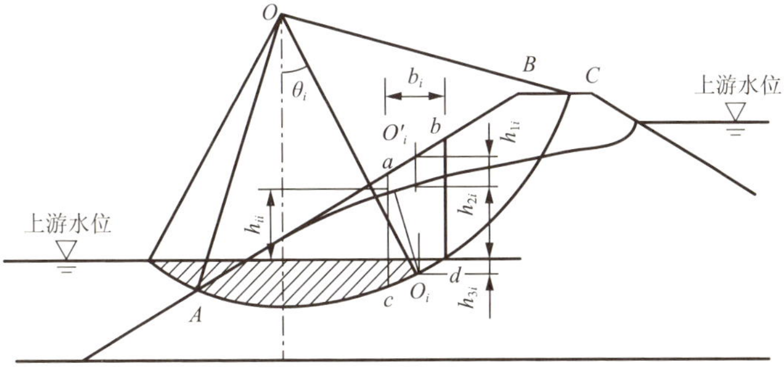

图 3　土坝下游坡抗滑稳定分析

$M_{s3} = \left[2\times(7-h_3)\times20 + 2\times3\times20 + 10\times h_3\right]\sin30°\times30$，可是 h_3 又是未知的。

这样，就有了三个滑动力矩，并且不好确定哪一个是不对的。

这是一个在黏土坡的渗流问题，第 i 土条其实是在一个渗流场中的一个局部，亦即是一个流网的局部。并不是砂土的沿坡渗流问题，土条不同点的水力坡降是不等的，见图 4。因而 $i=\sin30°=0.5$ 是假设与近似的，这也是对采用土骨架分析渗流土坡稳定性的主要批评。

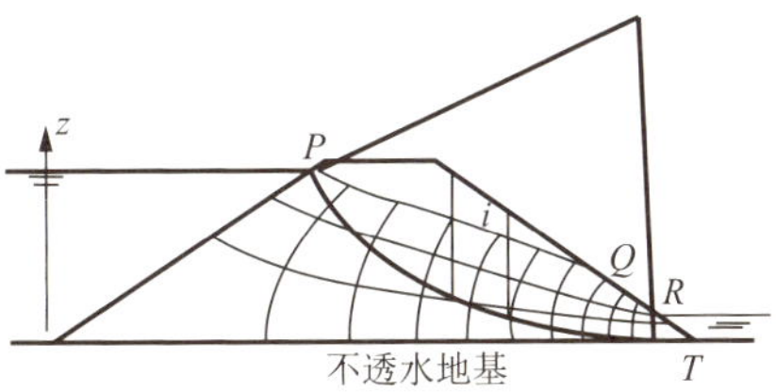

图 4　土坝的流网与抗滑稳定分析

命题者其实是使用了《建筑边坡工程技术规范》（GB 50330—2002）这一旧规范，第 5.2.6 条中规定：$P_{wi}=\gamma_w V_i \frac{1}{2}(\alpha_i+\theta_i)$。其中，$P_{wi}$ 是所谓的动水压力（即渗透力 J），α_i 与 θ_i 是第 i 土条水位倾角与底滑动面倾角。这是一个很荒谬的公式，因为对于水面水平的静水位，即 α_i=0°，α_i > 0°，岂不是静水也会有渗透力吗？该规范饱受我们的批评，在新规范中被取缔了，没想到又在这里还魂了。

考生们不怕考题难，也不怕不会作，通不过心服口服。就怕这种“昏题”——不知所云，漏洞百出。

2017 年上午案例 20 题

图 5 所示临水库岩质边坡内有一控制节理面，其水位与水库的水位齐平，假设节理面水上和水下的内摩擦角 φ=30°，黏聚力 c=130kPa，岩体重度 γ=20kN/m³，坡顶高程为 40.0m，坡脚高程为 0.0m。水库水位从 30.0m 剧降至 10.0m 时，节理面的水位保持原水位，按《建筑边坡工程技术规范》（GB 50330—2013）相关要求，该边坡沿节理面的抗滑移稳定安全系数下降值最接近下列哪个选项？

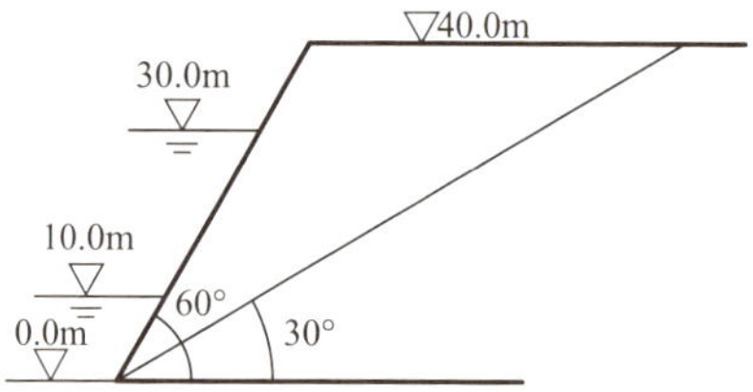

图 5　2017 年上午案例 20 题图

（A）0.45　　（B）0.60　　（C）0.75　　（D）0.90

答案：D

解答：

（1）降水前的安全系数

①滑动岩体自重：$W=\frac{1}{2}\times20\times40\times(40\tan60°-40\tan30°)=18475\text{kN/m}$

②滑面长度：$l=\frac{40}{\cos60°}=80\text{m}$

③计算浮力：$F=W\times\frac{3^2}{4^2}\times\frac{10}{20}=5196\text{kN/m}$

④浮重量：$W'=W-F=13279\text{kN/m}$

⑤滑动力：$T=W'\sin30°=6640\ \text{kN/m}$

抗滑力：$R=cl+W'\cos30°\tan30°=130\times80+13279\times0.866\times0.577=17040\text{kN/m}$

⑥安全系数：$F_{s1}=\dfrac{17040}{6640}=2.566$

（2）降水以后的安全系数

见图6。

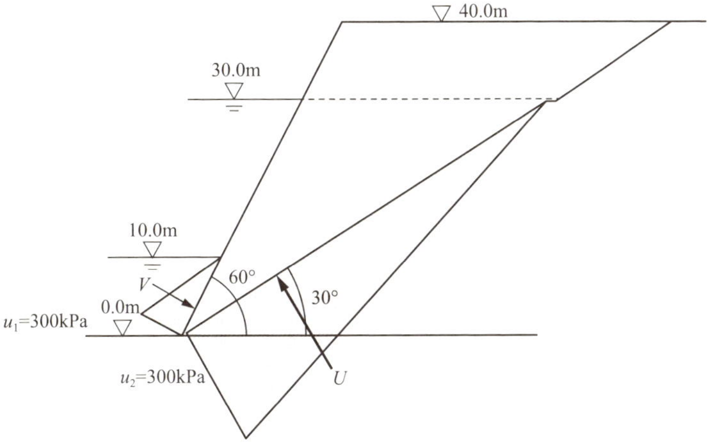

图6　解答图

① $u_1=10\times10=100\text{kPa}$；$u_2=30\times10=300\text{kPa}$

②自重的滑动力与法向力：$T_1=W\sin30°=9237.5\ \text{kN/m}$，$N_1=W\cos30°=16000\ \text{kN/m}$

③滑面上的水压力（法向力）：$U=-N_2=\dfrac{1}{2}\times\left(300\times80\times\dfrac{3}{4}\right)=9000\text{kN/m}$

④坡面上的水压力：$V=\dfrac{1}{2}\times\left(100\times\dfrac{10}{\cos30°}\right)=577\text{kN/m}$

$$N_3=V\cos30°=500\text{kN/m},\quad T_3=-V\sin30°=-289\text{kN/m}$$

⑤安全系数：$F_{s2}=\dfrac{80\times130+(16000-9000+500)\tan30°}{9238-289}=\dfrac{14730}{8949}=1.646$

⑥ $\Delta F_s=F_{s1}-F_{s2}=2.566-1.646=0.92$

评析：

此题与高大钊、李广信合编的《注册岩土工程师执业资格考试专业考试复习教程》（2014年第1版，2016年第2版，2017年第3版）的6.2节典型例题中的案例题3和5类似。但上述例题都明确给出了底部两侧水的条件：是完全隔离还是相通的。而此题“水库水位从30.0m剧降至10.0m时，节理面的水位保持原水位”，就不够明确。

从开始时两侧水位相同看，缝内外水应是连通的，而“水库水位从30.0m剧降至10.0m时，节理面的水位保持原水位”就很难理解。这样，在缝的出口处，一侧水压力为100kPa，另一侧为300kPa（图2），如果两侧水是相通的，此局部的水力坡降 $i\rightarrow\infty$，流速 $v\rightarrow\infty$，这显然不可能。可能是取材于太沙基的饱和土体渗流固结理论：瞬时加载，时间 t=0, u_0=q。其实 t=0 并非现实，只存在于数学中。在这里，一个水库的水位如何在 t=0 瞬时从40m“剧降”到10m？所以如果出口是连通的，两边水压力必须相等，而如果缝内填充物的渗透系数很小，则缝内的水位在 t=0 时可能基本不下降，这时将发生不稳定渗流，随时变化的水压力分布将是极为复杂的。所以改为“当节理缝出口处完全淤堵，水库水位从30.0m较快降至10.0m时，节理面的水位保持原水位”，这样就通情达理了。

另外此题与《建筑边坡工程技术规范》（GB 50330—2013）似乎没有什么关系，与其附录A风马牛不相及。反而更像是抄自《注册岩土工程师执业资格考试专业考试复习教程》一书，若真是那样，抄得也并不高明。

漫话

岩土杂谈

我的土力学生涯

雪后在圆明园晨练，路过遗址旁一片树林，蓦然想起本科学习期间曾在此植树，应当就是这片杨树，那已经是50余年前的事了。2016年是我们水六毕业50周年，当时赋诗并赠同窗（图1）。

春风秋雨五十年，酷暑严冬犹巍然。
扬花未借东风力，皓首岂畏北国寒。
漫撒绿荫遮遗址，更挺铁干撑明园。
同学当年正年少，仰首如今已参天。

图 1

毕业50周年，我从事土力学专业工作也有50年了。从2007年退休以来，仍在笔耕未止，编写教材，撰写文章、专著，讲演报告、评审咨询，也算达到了当年蒋南翔校长“健康工作50年”的要求。

我与土力学的渊源算是很深了。当时在清华水利系教我们土力学课程的是陈梁生先生（图2），他是哈佛大学的博士，师从卡萨格兰德（Casagrande A）教授，而卡萨格兰德是太沙基的弟子。因而从“武功”的门派推溯，我们应属于太沙基的嫡系了。

20世纪60年代我国也实行培养研究生制度，学制大约是3年，没有学位，相当于苏联的“副博士”吧。当年清华在本科曾实行“因材施教”的课外学习与培养形式，学习较轻松，成绩较好的学生可以申请感兴趣的专业参加因材施教，大约相当于该专业的候补研究生。记得我们年级有3个土力学的因材施教生，即李广信、陈祖煜和胡锦涛，在陈樑生先生指导下，做了不少试验。毕业时正值“文化大革命”高潮，我们一起都被迫离校，研究生梦也就破灭了。图3的照片是我们班的毕业照。

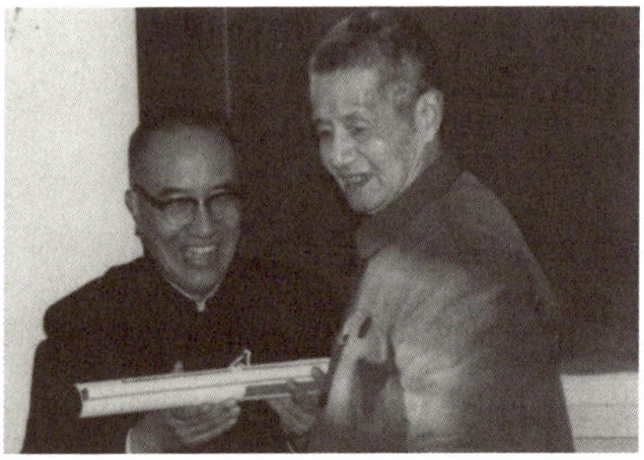

图2 两个哈佛的校友——陈樑生先生与卢肇钧先生

图3 1967年水工64级毕业照

1968年我们终于离校了，我被分配到黑龙江省呼兰县，在水利局暂短工作两个月，就去“五七干校”改造锻炼，领导信任，命我任干校副校长（副连长）。半年不到，珍宝岛危机，为运送战备物资，呼兰河上要抢建战备大桥，于是我被紧急调到建桥指挥部。4月20日，冰河解冻后一周，我们几个在各自喝了一大茶缸白酒以后，下到流冰的河水中定桩位。然后由我负责7孔双曲拱桥的24根桩的施工。当时没有所谓的工程勘察，采用“大锅锥”人工推钻水下钻孔，每一钻上来，都要查看是粗砂、中砂还是砾砂，再根据推钻的力道判断其相对密度，从一本油印的规范中查其摩阻力，逐段叠加，加上端承力后达到2.0的安全系数时，即下令停钻，下导管，水下浇筑混凝土。就这样，我曾在现场连续作战几昼夜。在20世纪60年代“文革”期间，一座长333米多的大桥，在缺人少料、冬季施工的条件下，只用了一年多一点的时间即完工，并且如今也健康工作了46年，岂不令当今那些弱不禁风的大桥们汗颜？（图4）

图4 呼兰河大桥（2014年）

到1978年，我已经在呼兰县工作10年了，筑堤建坝，挖沟排涝，补路修桥。从勘测队长、工程组长，到水利局副局长。正在酝酿我作副县长候选人之际，研究生制度恢复了，我决定报考清华的研究生。当时领导找我谈话，我感谢呼兰县待我不薄，但研究生还是要考的。由于流落江湖十余年，当年手头只剩下一本《水工建筑物》教材下册，所以只好报了水工专业。面试时去了6人，水工只招5个。我听说土力学黄文熙先生（图5）那里没人报考，又听说水工的张光斗先生很凶，而黄先生则非常和气。于是我投书给黄先生，讲我当年是土力学因材施教生，由于“文革”离校时，土力学讲义遗失，无法复习，希望黄先生收留，能转到土力学专业。由于在100多位考生中，我的成绩名列第一，黄先生欣然收下了我这唯一的弟子。这里声明一下，后来张先生的研究生与我同室，其实张先生待研究生也是很好的，只是有时装作很凶的样子——一位很可爱的老先生。

图5　指导我的黄文熙先生和濮家骝教授

于是我在清华大学师从黄文熙先生，先生待人真诚温暖，如沐春风。做他的学生，虽然愉快，但绝不轻松。一进入课题工作，黄先生要求我首先精读100篇关于土的本构关系的英文论文，然后从研制仪器开始，完成p=常数三轴试验、真三轴试验和模拟旁压仪的空心圆柱三套试验，再用包括自己提出的6种土的本构模型编制有限元程序，与试验结果进行比较验证。我从中学到大学都是学俄文，年近40岁才从ABC开始学英文，读100篇可能是土力学中学术难度最大的“本构关系”论文，其困难是可想而知的。只好左手字典，右手钢笔，一篇篇地啃了下来。当时复印还是可望而不可及的奢侈品，文章的附图都是用手精准地描下来的，这样的硬皮笔记本留存下十余本。

除了自学外，教研组还给我这棵独苗上课，除了黄文熙先生对我进行“单槽饲养”外，像陈仲颐先生、濮家骝先生、李景坤先生等，经常是一上午排班轮流给我这个唯一的学生上课。这种“一生多师”的培养方式现今很少有人能享受到了。

我国第一批岩土工程的博士，陆续在 1983 ～ 1985 年期间答辩。我国首批岩土工程博士有龚晓南、张道宽和李广信三人，导师分别是曾国熙、卢肇钧和黄文熙三位先生，后来张道宽先生英年早逝了。三人中我是答辩最晚的，这与我当时主管水利系的研究生工作，属于“在职”有关吧。计算下来，我的学生生活共有 27 年：小学 6 年，中学 6 年，本科 6 年（实际为 8 年，加上“文革”期间留校“闹革命”），硕士 3 年，博士 4 年。所谓“健康工作 50 年”其实是要打折扣的。

我的博士论文题目是《土的三维本构关系的探讨与模型验证》。记得当时我原拟的题目是《土的三维本构关系研究与模型验证》。黄先生将“研究”改为“探讨”，可见在无垠的知识海洋中，老先生在学术上所表现的恭谦与敬畏。记得当时征求意见发出了 100 份论文全文，回复了 80 多份。参加答辩的专家有黄先生、卢肇钧先生、周镜先生、沈珠江先生、王正宏先生和陈愈炯先生，还有濮家骝老师（副导师）。论文答辩决议有“论文达到了国际著名大学优秀博士论文水平”的评语。后来我被评为清华大学优秀博士生，获得国务院学位委员会和国家教委颁发的“做出突出贡献的中国学位获得者”奖励（图 6）。后来在二十世纪八九十年代先后获得国家自然科学三等奖与国家科技进步一等奖中的主要创新点中就有博士论文中的研究成果及其发展。

图 6　做出突出贡献的中国学位获得者证章

在土力学这条小路上踟蹰前行了 50 年，如果肯于经营，可能会有仕途的辉煌；如果肯于放下身段，可能会有名声的显赫。但扬花未借东风力，此生从来不求人。在祝贺黄文熙先生 90 大寿时，我曾赠诗一首，现在只记得有“常仰风骨松柏秀，更慕学识江海深”之句。如果先生是松柏，我只是白杨，但一样的挺拔；如果先生是江海，我只是一汪池塘，但一样的清澈。水木清华，水清木华，水清洌如人之高洁，木华茂如人之向上。在这个领域有幸得到很多名师大家栽培指教，应努力做一些贡献。回顾起来，重新启动了中国土工合成材料工程协会，使这一事业健康发展；创立了土力学教学委员会，2～3 年一次的研讨会也很有成效；编写了三本教材，撰写两本“漫话”，一本“十讲”。虽然清浅，但还透彻，这样的人生应当是精彩的。

圆

2015年北京市高考的微作文题目，其一是“以圆为题写一首诗或抒情文字”，有所感，写下如下小诗，也不知能得到多少分。

把一个圆画在纸上，
把一个方绘于中央。
一位老人嘱咐儿子：
“取象于钱，外圆内方”。
多少风浪与碰撞，
折射出老人经世的沧桑。
圆是那么和谐，完满与无瑕，
成为普世的形状：
从河砂、圆砾和卵石
到地球、月亮与太阳。
但如果磨去了所有的棱角，
是否还会有钻石的光芒？

《岩土工程典型案例述评》读后

作为主审之一，有幸先睹了顾宝和大师的《岩土工程典型案例述评》一书的书稿，读后有感。这本书即将由中国建筑工业出版社出版，推荐大家都能读一读。

太沙基曾经讲过："A well documented case history should be given as much weight as ten ingenious theories."原意是：一个具有详尽文献的案例应当受到与十个具有创新性的理论一样的重视。岩土工程的实践远远早于岩土理论，人们是在不断总结工程经验中创建这门学科的。像太沙基这样的岩土工程大师对于工程案例的重要性是有深刻理解的，他就是在工程实践中，从工程案例中吸取知识和经验来构筑土力学的。

顾宝和大师的《岩土工程典型案例述评》一书向我们提供了32个典型的岩土工程案例，有成功的，也有失败的；不仅有详尽的资料，也有精准的点评。这无疑是给我们打开了一座宝库。

顾大师在此书的自序中有一段关于岩土工程艺术性的精彩论述："岩土工程面对的是千变万化的地质条件和多种多样的岩土特性，需因时制宜，因地制宜，视工程要求不同而酌情处置，处理办法又常常因人而异，各具特点和个性，不同的人可以开出不同的处方，因而富含更多的艺术元素。有些处置得非常巧妙，有创意性，有可欣赏性，给人以美感，呈现出独特的艺术魅力。"这一认识确实是对于太沙基的"Geotechnology is an art rather than a science"的最深刻的理解，体现了大师与大师间心灵的沟通。

注：原文刊于《工程勘察》2015年第6期。

对于像岩土工程这样具有复杂内涵和多变边界的人类与大自然的博弈，达到“美”的境界往往并不单靠科学与技术。被誉为巧夺天工的都江堰水利岩土工程，建成于2000多年前，当时土力学还渺无踪影。陆游在一首诗中写道“文章本天成，妙手偶得之”。这是学者对于其事业的一种境界与感悟，即使是“妙手”，也只能是“偶得”，这就是灵感。作诗如此，做事也是如此。“昔人已乘黄鹤去”这样的诗句成为千古绝唱，这首诗不过是由56个字组合的七律，这些字的美妙组合应是天然存在与可能实现的，但只有“妙手”才能“偶得”。它使得李白这样的诗坛高手也自愧不如，据说李白登上黄鹤楼后，诗兴大发，正待挥笔直书之际，在墙壁上见到了这首诗，发出“眼前有景道不得，崔颢题诗在上头”的感叹。他对此诗的叹服可在他后来的作品中看到踪迹：如“故人西辞黄鹤楼”“凤凰台上凤凰游”等。而岩土工程中那些巧妙的、有创意的手段与“处方”，也只有妙手才能发掘与应用，有灵感才能“偶得”。

顾大师在书中反复强调土力学原理与概念的重要性，指出：“概念是本质，概念是理性，概念有深刻的内涵，放之四海而皆准。”一个从事岩土工程半个多世纪的老人，这种谆谆的叮咛，一定是他终身的感悟。记得另一个年过八十的岩土工程老专家王吉望先生也讲过：几十年做过的工程无数，凡是失败的、出问题的，事后总结，都是违背了土力学的基本概念。荀子曰“天行有常，不为尧存，不为桀亡。应之以治则吉，应之以乱则凶”。这是一个唯物主义的命题：大自然是有其规律的，工程失败了，是由于你“应之以乱”，违背了自然规律而必定要受到惩罚。

顾大师在书中也多次强调，岩土工程中经验的重要性，经验是综合判断的基础。但他也指出必须是“理性的经验”，这也是一个深刻的认识。有些从事岩土工程二三十年的总工、高工，干了不少大工程，取得了丰富的经验和阅历，可是常常把学校中学的基本概念忘记了，或者是背叛了，成了经验主义者。所以经验是很宝贵的，但经验主义是害人的。例如有自由面的10kg的水在直桶中只能产生10kg（0.1kN）的竖向总水压力，这是经验；而否认10kg的水可能产生10t（100kN）的水平总水压力就是经验主义了。在我们的一些规范中竟存在一些违背基本原理的经验主义的条文与术语，这是很值得警惕与深思的。

这本书中的10个失败的工程案例是更加宝贵的。对于工程事故，我国工程界的“有关部门”是讳莫如深的：很难拿到资料，更难亲临现场，也难以发表不利于肇事者的意见。其实人类都是从失败中吸取经验教训，提高认识，才能正确认识世界，才能生存与发展的。如果像阿Q一样忌亮讳光，就会失去很多宝贵的东西。大禹治水的成功就在于吸取了“用鲧治水，九年而水不息，功用不成”的教训，改变了其“欲壅防百川，堕高堙庳”的方略，“开九州，通九道，陂九泽，度九山”，采用堵、导和蓄结合的方略，而功成于天下。鲁迅曾经说过一句著名的话：“第一次吃螃蟹的人是很可佩服的，不是勇士谁敢去吃它呢？”接着他的另一句话，就知者不多了：“蜘蛛一定也有人吃过，不过不好吃，所以后人不吃了”。吃蜘蛛是一个失败的案例，但是难得的是这个吃蜘蛛人，当时尽管觉得不好吃，很恶心，可是他没有因为好面子而强咽下去，并连称好吃，而是坦诚地告诉了大家，以后大家也就都不吃了。科学需要这种坦诚：坦诚地承认错误，坦诚地承认失败，并认真地总结分析，以警示后人。

顾老在书中几次指出，不应“迷信规范，不去深入理解规范总结的科学原理和基本经验，盲目套用。”在我国，岩土工程事故最后的买单者往往都是施工方，板子也主要打在施工者的身上，这是不正常的。根据国际隧道工程保险集团对施工现场发生安全事故的原因的调查结果表明：地下工程发生事故原因是多方面的，其中设计方的责任占很大比例，由施工方完全承担这些风险与责任是不合理的，如图1所示，可见通常设计者比施工者的责任高一倍。在我国，僵硬的规范成了设计者的挡箭牌，只要按规范设计，不管规范对不对，不管用得对不对，设计者都可免责。而施工方在业主“迎会献礼”的催逼下，在低价中标的挤压下，只好冒险蛮干，去赌一把，最后成为祸首。与杭州地铁基坑事故极为相似的新加坡Nicoll大道地铁基坑事故，专家一致认为，其主要责任就在于设计。新加坡没有国家规范，专家认为是设计的问题，设计者就难逃其责。

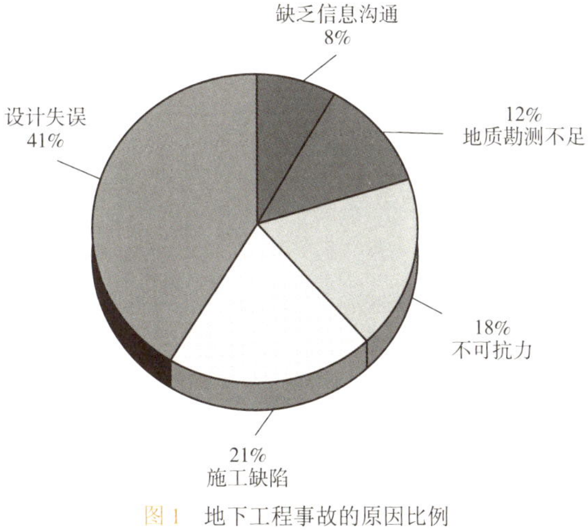

图1　地下工程事故的原因比例

顾大师在这本书中的点评是非常精准的,可见其深厚的功力。尤其是他站在学科的前缘和高处,精彩处大声喝彩,失误处指出弊病,分析入木三分,无所顾忌。他并未囿于挖坑建房的常见的岩土工程领域,也关注到环境岩土工程、地质灾害、生态能源等前缘课题,并且告诉我们,要放眼新的学科领域,面对特殊问题的挑战。他关注岩土工程人才的成长,关注提高我国岩土工程的整体水平,坚持学科发展的正确方向。

这本书是我国岩土工程界的一份宝贵财富;是老一代岩土工作者的重要遗产;体现了我国岩土工作者的优良传统,树立了一代大师的榜样与风范。

试验与思考

1 引言

土工试验是土力学中的一个重要内容，土力学的每一个进步都与土工实验密切相关，实验土力学成为土力学学科的三个分支之一。土工试验是揭示土的特性的主要途径，是认识土特性的必要手段，因而也是土力学学习中不可缺少的环节。土工试验是确定每一种特定土的参数的主要方法；是验证土力学理论与土工计算结果的权威与可靠的依据；原位试验、原型观测与模型试验更是解决实际工程问题的有效工具。

在土力学学习中，只有通过土工试验，才能使学生完成从抽象的土向具体的土的认识；才能更深刻地理解土力学中的理论与概念；才能为今后在岩土工程中的实践打下坚实的基础。

一些学生（包括研究生）在他们的土力学课程学习和科研中，完成了一些试验，得到系列的试验结果和资料，但不善于思考，不善于发现和提出问题。这就大大影响了其学习和研究中的收获和成果的提高，甚至会得出完全错误的解释与结论而不自知。因而对土工试验不能满足于试验本身，不能把它当成一种体力劳动。试验前应制订试验计划，明确目的，预期得到什么样的成果；针对试验中的现象勤于思考，努力探求现象的实质；试验后要对得到的成果进行分析、归纳整理和升华提高。这样，既可深入了解土的性质，也可得出较高水平的研究成果，取得更大的收获。

本文针对自己和接触的一些学生在试验中遇到的问题，尤其是对一些试验现象与结果的误判与误解进行分析，以期对他们有所启发。

2 试验中的应力与应变

对于一个圆柱形的试样，在工程上的应力与应变定义为

$$\sigma_a = \frac{F}{A} = \frac{F}{\pi r^2} \tag{1}$$

$$\varepsilon_a = \frac{\Delta h}{h_0} \tag{2}$$

式中：σ_a、ε_a——分别为轴向应力（kPa）与轴向应变（%）；

F——轴向力（kN）；

A——试样的横截面面积（m^2）；

r——试样半径（m）；

Δh——试样在受到应力后高度的变化值（m）；

h_0——试样的初始高度（m）。

尽管土的试验应变比其他材料的应变要大得多，例如三轴压缩试验破坏时的轴应变可达 ε_f = 12%～15%，但是土力学仍然沿用小应变理论，亦即以初始高度 h_0 计算应变。这样，在三轴试验中，应变是以试样制样后的高度 h_0 计算，不是以固结后的试样高度 h_c 计算，更不是以压缩变形过程中不断变化的高度 h 计算。

可是对于试样的应力计算，在式（1）中的截面面积 A，或者半径 r 则是变化的，是对应于某一应力状态下的面积与半径。在三轴试验中，式（1）可写成

$$\sigma_a = \frac{F}{A_0}\frac{1-\varepsilon_a}{1-\varepsilon_v} \tag{3}$$

式中：A_0——试样的初始截面面积（m^2）；

ε_v——试样的体积应变；

ε_a——试样的轴向应变。

例如对于密砂，如果轴向应变达到 ε_a=10%，而剪胀后的体积应变为 ε_v=−5%，则与用初始截面面积计算的应力值要小得多，差别可达 16.7% 左右。如果用初始面积计算，则计算的应力会偏大，可能不能反映密砂的应变软化现象。

3 砂土的可恢复剪胀

在我进行硕士论文工作期间，完成了大量的不同应力路径的承德中密砂的三轴试验。结果发现对于常规三轴试验和平均主应力 p 为常数的试验，都有轴向偏

应力增加时体胀，应力减少（卸载）时体缩的反常现象，如图 1 所示。

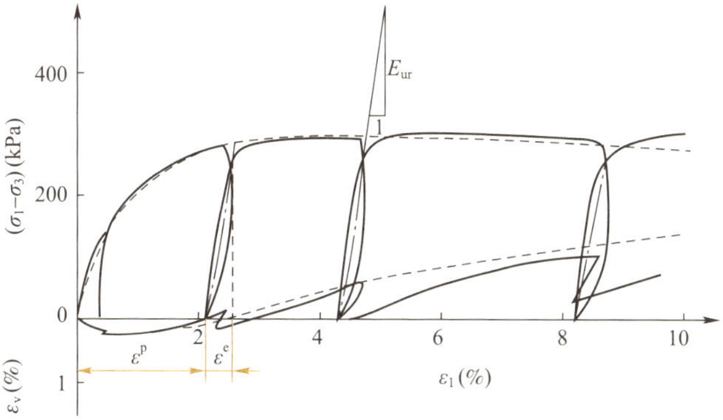

图 1　围压为 100kPa 的三轴试验的应力应变曲线

对于常规三轴试验，卸载时塑性应变应当为 0，$\Delta p<0$，弹性应变应当回弹，即 $\Delta\varepsilon_v<0$，而结果却相反。我在 1980 年的硕士论文中提出了“弹性剪胀”这一概念。后来直到 20 世纪 90 年代在国际上才逐渐有人提出“可恢复剪胀”这样类似的说法。这一问题一直引起我们的思索。直到 2000 年我们才通过 DDA（不连续体变形分析）计算对其机理给予解释，如图 2 所示。

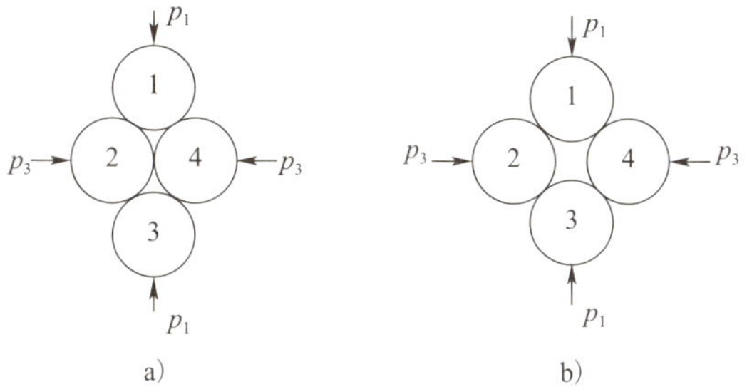

图 2　减载体缩的解释

在图 2a）中，如果颗粒间滑动摩擦角为 15°，通过静力分析加载时 p_1 要推动颗粒 1、3 靠近，产生剪胀，需要 $p_1=3.732p_3$；如果 p_1 减小，到 $p_1=p_3$ 时，p_3 会推动颗粒 2 与 4 前进，发生剪缩。在图 2b）的情况下，加载时，$p_1=1.732p_3$，p_1 要推动颗粒 1、3 靠近，卸载时，$p_1=0.577p_3$，p_3 会推动颗粒 2 与 4 前进而体缩。可见卸载时确实会体缩。

4　用固结不排水三轴试验确定土的有效应力强度指标

用含 5%～8% 黏土的永定河砂进行固结不排水三轴试验，确定其有效应力强度指标，得到的三种围压下的应力—应变曲线，如图 3 所示。

从图 3 的曲线的峰值应力差 $(\sigma_1-\sigma_3)_p$ 可以得到这种砂土的有效应力强度指标 $\varphi'=17°$，$c'=0$，见图 4。

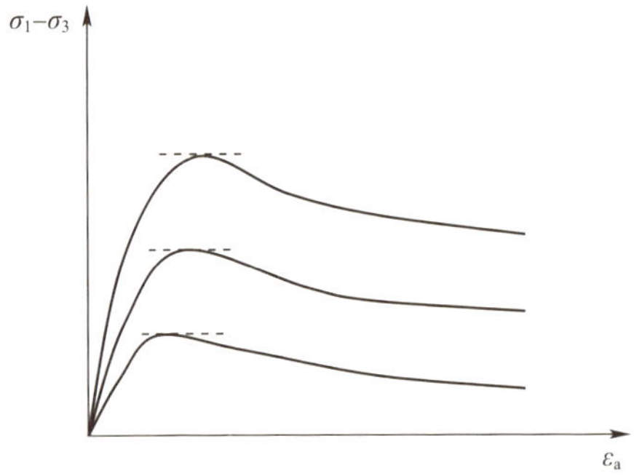

图 3　固结不排水三轴试验的应力—应变曲线

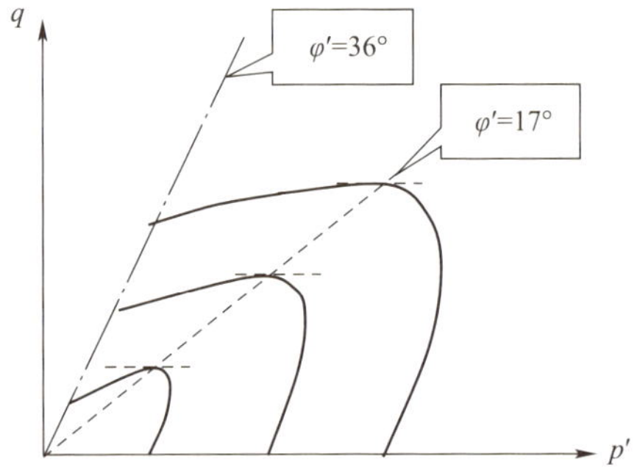

图 4　试验的有效应力路径

对于研究生的这一结论，我认为肯定是不对的，因为砂土的有效内摩擦角小于 30° 已属反常。后来让他绘出试验的有效应力路径，结果如图 4 所示。可见对应于峰值 $(\sigma_1-\sigma_3)_p$ 的破坏主应力线为虚线所示，这时的应力比 q/p' 并不是最大值。土作为一种具有摩擦强度的材料，应当用最大应力比来定义强度，如图 4 中的点划线所示，结果得到的内摩擦角为 $\varphi'=36°$。所以在图 3 上按照常识，很容易判断曲线的应力峰值点为土的强度，实际上是软化以后土才逐渐靠近强度线。似乎是土在“破坏”以后才逐渐达到其强度。

5　减压的三轴压缩试验

在三轴试验中，如果保持轴向应力 σ_a 不变，逐渐减小其围压 σ_r，直至试样破坏，这种试验称为三轴减压（RCT）的压缩试验，其应力路径见图 5。

由于这种试验的应力路径接近于基坑支挡结构物后面土的应力路径，亦即竖向应力 $\sigma_z=\gamma z$ 不变，侧向应力 σ_3 随着基坑的开挖从静止土压力逐渐减小到主动土压力，达到极限平衡状态，所以经常被一些研究者应用。它又常常被称为“卸载三轴试验”，这是不准确的。因为“卸载”是塑性理论中的专用术语，指的是在荷载变化时，只发生弹性应变的情况。其判断准则是

$$\begin{aligned}&f(\sigma_{ij},H)=0\\&\frac{\partial f}{\partial\sigma_{ij}}\mathrm{d}\sigma_{ij}<0\end{aligned}\tag{4}$$

式中：$f(\sigma_{ij}, H)=0$——屈服函数。

从图 5 可见 RTC 试验应力路径可达到破坏主应力线，直接引起破坏，所以它不会是卸载。

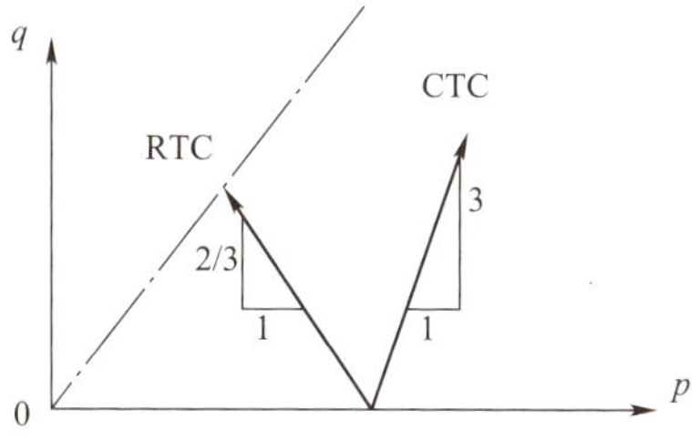

图 5 常规三轴压缩试验（CTC）与减压的三轴压缩试验（RTC）

曾经有个研究生进行了一系列饱和黏性土的固结不排水的 RCT 试验，他告诉我说：开始时饱和试样的孔压系数 $B\approx1.0$，但是随着试验的延续，B 值逐渐较小，最后只有 0.4 左右了，不知这是为什么。后来我了解到他首先将试样固结到 σ_3=400kPa，然后保持 σ_1 不变，减少 σ_3，直至试样破坏。根据 Skempton 的孔压公式

$$\Delta u = B[\Delta\sigma_3 + A(\Delta\sigma_1 - \Delta\sigma_3)] \tag{5}$$

式中，孔压系数 A 是与土的剪胀性有关的，其值可参见表 1 。

各类土的孔压系数 A 的数值范围 表 1

土　　类	孔压系数 A	土　　类	孔压系数 A
高灵敏度土	0.75 ～ 1.5	轻超固结黏土	0 ～ 0.5
正常固结黏土	0.5 ～ 1.0	重超固结黏土	−0.5 ～ 0

在上述的试验中，假设黏性土的 A=0.5，如果 $\Delta\sigma_3$=200kPa，$\Delta\sigma_1-\Delta\sigma_3$=200kPa，则根据式（5），可以得到超静孔隙水压力 Δu=−100kPa，亦即产生的负孔压达到一个大气压力。在地球上大气中这是不可能的，达到此值之前试样中的水将会气化。所以只能测出负孔压为 40kPa 左右。

这一试验的问题是方法不对，需要首先在试验中施加反压。亦即在试样内部孔隙水内施加 400kPa 的压力，在试样外（橡皮膜外）施加 800kPa 的围压，那么固结压力还是 σ_3=400kPa。这种反压会使坐标轴平移，试样内外孔压都大于零，可以不必去直接测量负孔压。也由于在这么大的压力下，试样孔隙中的气泡会被压缩和溶解于水，大大提高试样的饱和度和孔压系数 B。

6 一定固结应力比下的动三轴试验

曾有研究生拟用一种正常固结黏性土进行固结压力比 $\sigma_1/\sigma_3=2$ 的动三轴试验，他告诉我每次固结结束试样的应变就达到了 12%，试样基本破坏了。可这是不可能的，任何土在有效应力为 $\sigma_1/\sigma_3=2$ 的情况下也不应当破坏。后来问他试验的程序，他是先施加 100kPa 的围压，随后再施加 200kPa 的轴向压力，进行固结。这时 $\sigma_3=100\text{kPa}$，$\sigma_1=\sigma_3+(\sigma_1-\sigma_3)=100\text{kPa}+200\text{kPa}=300\text{kPa}$，$\sigma_1/\sigma_3=3$。可见他对三轴试验的应力状态尚不熟悉。

另一个研究生问我，他在固结压力比 $\sigma_1/\sigma_3=1/K_0=2.0$ 条件下进行砂土的动三轴试验，结果试样总是不液化，而是超静孔压达到一定程度试样就剪切破坏了，那么为什么在同样固结压力下饱和砂土场地会液化呢？这确实是一个有趣的问题。

首先应当看到，在上述的动三轴试验中，是一个应力边界问题；而静止土压力条件场地是一个应变边界条件问题。

设动三轴试验中的砂土 $\varphi'=30°$，则 $K_0=1-\sin\varphi'=0.5$，$\sigma_1/\sigma_3=200\text{kPa}/100\text{kPa}=2$，施加动荷载以后超静孔隙水压力增加，当孔压 $u=50\text{kPa}$ 时，$(\sigma_1'-\sigma_3')/(\sigma_1'+\sigma_3')=1/2=\sin\varphi'$，试样一定会破坏。此时 $\sigma_3>u$，试样不会液化，而是剪切破坏。

而对于静止土压力条件场地的饱和砂土，初始应力条件也是 $\sigma_1/\sigma_3=2$，其变形条件是两个水平方向的应变为 0，即 $\varepsilon_2=\varepsilon_3=0$。随着动荷载施加，超静孔压增加，大小主应力也在变化，在循环过程中，这时 σ'_1 减小速度快，σ'_3 减小的速度慢，最后二者几乎相等，随后孔隙水压力再增加，会出现 $\sigma_1=\sigma_3=u$ 这样的应力状态，亦即砂土完全液化。

图 6 为等压力比（$\sigma_z/\sigma_x=k=1.17$）的平面应变试验加载—卸载试验的变形曲线，y 方向是零应变方向，亦即 $\varepsilon_y=0$。可见在卸载时的泊松比 v_u 远小于加载的泊松比 v_i。根据胡克定律

$$\Delta\sigma_y=v_i\left(\Delta\sigma_z+\Delta\sigma_x\right)=2.17v_i\Delta\sigma_x \tag{6}$$

可见在卸载时，由于 v_u 很小，σ_y 减小的速度慢，最后 σ_y 可能超过 σ_z 与 σ_x，见图 6。亦即在加载－卸载过程中 σ_y 从小主应力，变到中主应力，最后 σ_y 成为大主应力。

类似的情况在超固结土中也可以看到，侧向土压力系数 K_0 可以从正常固结的 0.5 左右达到超固结土的 1.0 以上。可见在变形边界条件下，总应力状态是会变化的。

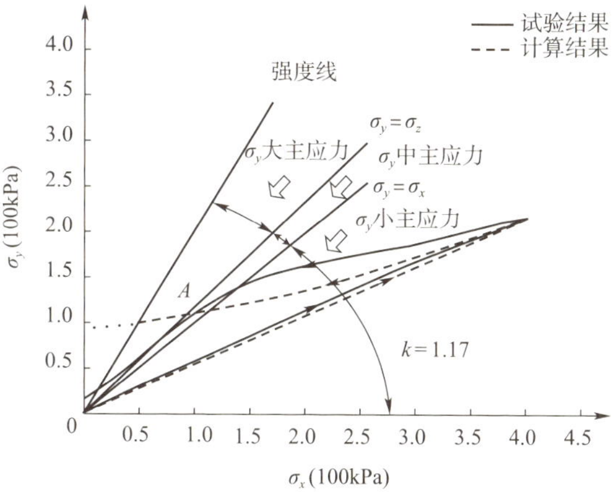

图6 等压力比（k=1.17）平面应变试验加载—卸载—再加载试验

7 含粗粒的细粒土的强度

在一些情况下会有粗细粒相差很大，且级配不连续的土，如高土石坝中掺碎石的黏土防渗料。当粗颗粒质量小于总质量的65%时，可能是粗颗粒悬浮在细粒土的基质中，粗粒土无法形成骨架，土的强度就由细粒土所决定，如图7所示。

有人在黏土中掺入20%的标准砂，进行不固结不排水试验，得到不同的结果，见图8。这组试验为在黏土中掺有均匀的石英砂，含砂量α，砂的粒径d=0.70mm，对于不同的含砂量，黏土基质的密度相同，含水量w_1=36.0%。结果是掺砂量越大，强度越高。按照图8的情况，黏土的密度相同，砂粒处于悬浮状态，其抗剪强度应当是基本相同的。

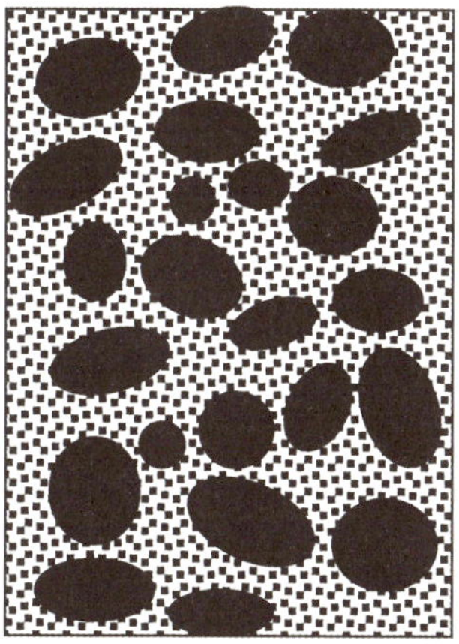

图7 粗颗粒悬浮在细粒土中的情况

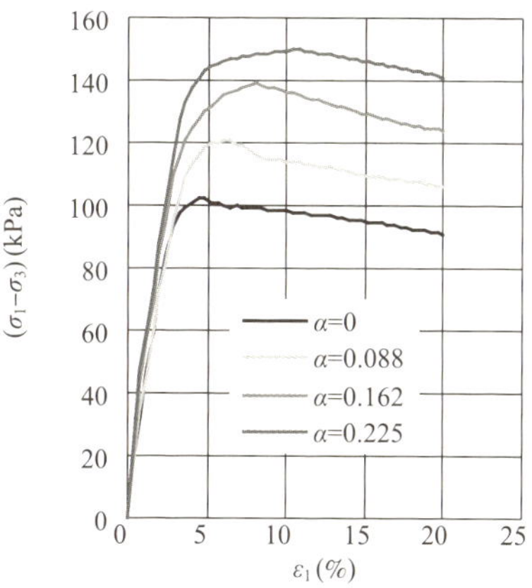

图8 不同含砂量α的饱和黏土试样UU试验

这种掺砂量越大强度越高的现象，是由超静孔隙水压力决定的。对于孔压系数 A，由于软黏土具有强烈的剪缩，如果土骨架中有 20% 的刚体不可压缩，这部分不会剪缩，则 A 可能会减小了 20%，孔压 Δu 也会有相应的减少，则土的不排水强度就有明显的提高，这与试验的结果数量级是一致的。

可是这位研究者却走向了歧途，他据此提出来一种“胞元体”的理论，他臆想每个砂土颗粒周围团结了一层黏土，组成胞元体。这些胞元体组成一个个大的颗粒，胞元体越多强度就越高。其实对于不排水强度，最先考虑的应当是孔隙水压力。

8 结语

对于试验及试验中的现象和结果要进行合理的分析，要勤于思考，善于总结，才能有所发现，有所前进。如果出现了“不合常理”的结果，应分析思考，请教讨论，找到原因。也可能会有所发现，有所创新。

（1）三轴试验中的应力应当用试样变化以后的截面面积计算，不能用其初始的截面面积。

（2）土的卸载体缩是由于土剪胀的可恢复性。

（3）用固结不排水三轴试验确定土的有效应力强度指标时，不应用其最大主应力差定义强度，而应当用最大主应力比定义强度。

（4）在减压的三轴固结不排水压缩试验中，应当施加反压，能够增加土的饱和度和准确地量测试样中的负孔压。

（5）大于 1.0 的固结压力比下饱和砂土的动三轴试验，试样往往不会发生液化，这是由于砂土首先发生了剪切破坏。而原位场地的饱和砂土在振动过程中，侧向主应力逐渐接近于竖向主应力，在地震时会发生液化。

（6）含有质量比小于 65% 粗颗粒的细粒土，由于粗颗粒处于被细粒土包围的悬浮状态，其强度主要由细粒土决定。如果混合试样的平均干密度与纯细粒土试样的干密度相同，则其排水强度会低于纯细粒土；如果混合试样中的细粒土的干密度与纯细粒土试样相同，其不排水强度可能会高于纯细粒土。

教育与培养

自我国颁布学位条例以来，岩土工程的研究生培养已经走过30多年的历程。由龚晓南、张道宽和我3名首批岩土工程博士，到目前已有成千上万的硕士、博士活跃在岩土工程的各个岗位，可谓人才济济，后继有人。回顾研究生教育与培养的历史，总结经验，面向未来，有很多体会和感悟。

1 《高等土力学》教材

1978年我在清华大学师从黄文熙先生，开始进行土的本构关系的研究。1960～1966年我在清华本科学习期间，土力学课程由陈樑生和陈仲颐先生讲授，基础还是较好的。但经历“文革”，流落江湖十余年，只保留包括土石坝的《水工建筑物》教材下册。一进入研究生课题工作，黄先生要求我首先精读100篇关于土的本构关系英文论文；然后从研制仪器开始，完成p= 常数三轴试验、真三轴试验和模拟旁压仪的空心圆柱共三套试验；再用6种本构模型编制有限元程序，与试验进行对比验证。除了自学外，教研组还给我上课，经常是多位教师轮番给我这个唯一的学生上课。这种一生多师的待遇现今很少有人能享受到了。

到了80年代初，黄文熙先生预感到我国大批培养研究生的时代即将到来，这种单槽饲养式的教学方式难以持久。于是他组织了他早期的学生和助手们编写了《土的工程性质》一书。由他亲自动手，每人分一个专题，精读近20多年国际上相关课题学术研究的新进展后，写成6章，由水利电力出版社出版。这本书对于我国改革开放以后的岩土工程界了解国际上岩土工程的进展，缩小我国与国际岩土工程界的差距，对于其后研究生的培养都起到了极大的作用。

到了1983～1985年，“文革”后招收的本科生大批毕业，研究生生源充裕，各院校的研究生一下就多了起来。黄文熙先生倡议在北京开设《高等土力学》课程，北京的各有关单位研究生集中听课，教材就是《土的工程性质》，由北京一些专家分章节授课，地点先后在水科院、华北水院、铁科院和清华大学等变换。记得授课的有王正宏教授、濮家骝教授，还有水科院的卞富宗、杨荫华等专家，内容并不确定，有时也因人设题，考核也不严格。后来我也参加讲授土的本构关系和土的强度等章节。这种授课形式一直坚持到90年代中期。但岁月如梭，逝者如斯，老一代专家年事已高，有的已驾鹤西去，这种形式也就难以为继了。

当时各单位导师与研究生和我商量，由清华大学开设这门课程最为合适。可是当时清华的“文革”前毕业的老教授都基本退休，年青人又留不住，很多工作都落在我的身上：教研室主任、教学负责人、本科生课程主讲教师。而将高等土力学的各章全部接过来，在时间与知识面方面的难度很大。又因研究生课人数少，学校计算的工作量很低，写教材更是没有“业绩”可讲。但面对莘莘学子的殷切期望，也不愿辜负黄先生当年的期望，大约在90年代中期，我接过了这份担子，记得开始时请濮家骝教授、王正宏教授等分讲一些内容，后来就全部由我讲课了，并每年聘请专家讲座，先后有卢肇钧、周镜、黄熙龄、汪闻韶、沈珠江、陈肇元、刘建航、陈祖煜、郑颖人、张在明等院士，还有包承纲、殷宗泽、魏汝龙、陈愈炯等教授，有的是多年连续讲座。

当时是用讲义授课，参考书是《土的工程性质》和河海大学的《土工原理与计算》和国外一些教材与著作。期末考试很严格，题目也较难。听课的研究生迫切要求一本教材，可是当时国内难以找到这个层次的适用教材，从头编写的难度是可想而知的。于是我每年修改与丰富讲义，然后复印免费发给学生，让同学对讲义提意见，包括概念、公式、语言、文字甚至标点符号，提意见多而正确的期末成绩加分，最多加5～10分，好在由于当时考试试题很难，极少有人能超过90分，因而加10分也没超过100分。这种方式连续进行了多年，在这种鼓励下，讲义日趋完善。2004年在清华大学出版社出版了《高等土力学》教材。教材出版后受到师生们的欢迎和好评，被评为清华大学优秀教材一等奖、北京高等教育精品教材，被教育部学位管理与研究生教育司评为研究生教学用书。目前这本教材已经进行十余次印刷，售出了几万册，每次印刷都进行了小的修补。后来，我每年要为高等土力学期末考试、博士生招生考试和综合考试命题，积累下上千道考题；同时在教学中，也听取意见，取得经验，目前正拟增补改版。

2 培养研究生的书院式模式

清华大学的硕士、博士研究生的名额控制很严，资深的博导每年也只限于招收 1 名博士和 1 名硕士，论文博士除外。退休前两年就不能招收研究生。我到退休时任博导 15 年，培养了博士与硕士各 13 名，还有几名博士后。与这些学生都是朝夕相处，手把手指导的。所以我总是讲，我们的研究生都是手工业而不是流水线生产出来的。

其实我国自古的高等教育模式基本上是书院式。《论语》记载的多是孔子的谈话，亦即所谓“子曰”，其实是孔子和他的弟子们在聊天，弟子们记录整理的。如：子贡问曰：“孔文子何以谓之文也？”子曰：“敏而好学，不耻下问，是以谓之文也。”这样的问答在论语中所占的比例很高。

我规定每周四晚，所有我指导的研究生、本科毕业生以及博士后都要集中，汇报论文工作进展困难想法等，大家来讨论、出主意。更多时间就是针对专业的聊天，我讲的较多。在这一过程中产生了很多有意思、有价值的想法和主意。

例如大家聊起了土工离心机和渗水力模型试验，可将小试样的土的自重提高 n 倍，模拟原型。但是离心机是在高速旋转中进行的，观察与测量都困难，我们就议论，现在连列车都能悬浮，为什么不能在土中掺一些磁性物质，用超导等技术，用磁力模拟重力，进行静态的 ng 模型试验呢？于是就落实一个博士生去找高能物理专业的博士和教授请教，后来的调查结果似乎是说成本太高。

在 1998 年长江洪水以后，我负责的国家自然科学基金重大项目关于长江堤防的课题，其中题目之一就是如何模拟堤防地基的管涌及其破坏。除了模型试验外，数值计算是重要的手段。但是当时的计算，都是把管涌区的渗透系数提高 100 倍，结果管涌确实发展了，地基和堤防也必然破坏了。但实际情况是很多管涌会自动停止， 1998 年长江堤防发生了 6000 余处管涌险情，也只发生了江西九江、湖北簰洲湾、湖南安造垸和江西江州圩四处溃决。对此我们讨论了什么是土，什么是泥沙？所谓土是指以颗粒为骨架，骨架孔隙中水可以流动，这种对象归土力学专业研究。而泥沙或泥浆是以水为基质，土颗粒悬浮在水中，成为“两相流”，它是归泥沙专业或者称河流动力学专业研究，所以土一旦发生了管涌，颗粒悬浮流动，就不是“土”了，应当成为另一个学科的对象。于是就让这个博士生到我们的邻居——泥沙研究所去请教，结果收获很大：利用水流的含沙量、颗粒的启动流速等一系列概念和规律，对土中的管涌发展进行计算，结果计算出管涌停止的条件，使其学位论文提高了一个档次，在国内外发表了几篇论文，获得好评。

后来针对200～300m高面板堆石坝的长期变形问题，需要几个研究生进行堆石料的干湿变形问题的试验研究。在固定的某个应力状态下，将试样增加到指定的湿度，这是很难的试验；而在固定的应力状态下，让试样反复干湿循环更是没见过先例。大家一起讨论，出主意，提出了在三轴试样中预加冰屑，在指定应力状态下融化，在试样中通入水蒸汽加湿等，在常规三轴仪上反复试验，结果试验都取得成功，在国际会议上发表了论文和报告，引起了国外同行的兴趣。

图1、图2就是三轴干湿循环试验使用的做饭用的高压锅和理发用的吹风机，采用不锈钢网代替三轴试样的橡皮膜，通过常规三轴试验率定围压σ_3，进行了在不同含水量下的干湿循环试验，得到一系列有价值的成果。这种游戏式的研究使学生们兴趣盎然，主动解决遇到的问题，自愿加班加点，体会到所谓科研并不总是很苦和很枯燥的事情。

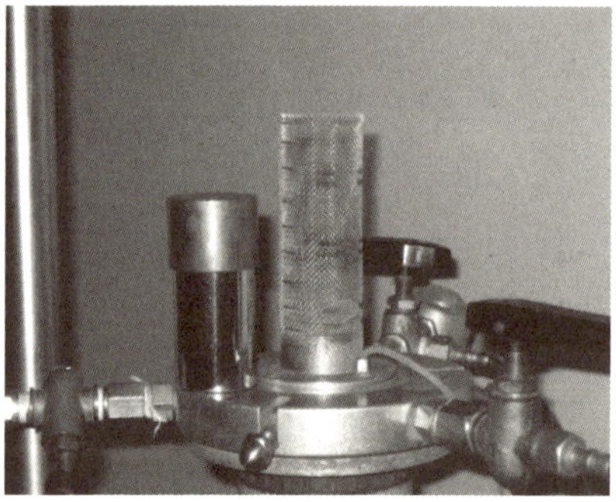

图1　碎石干湿循环试验三轴试验

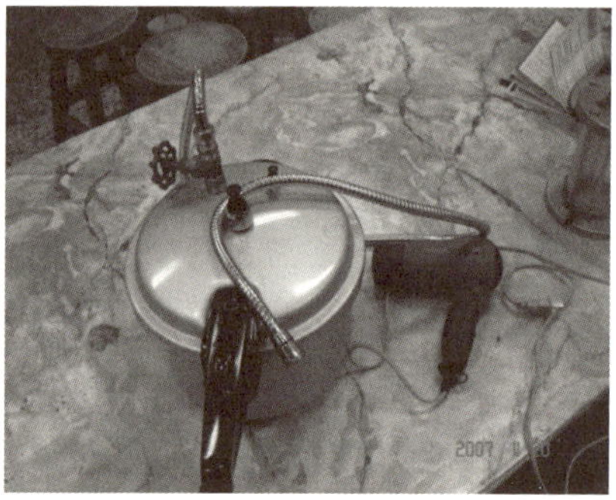

图2　试验所用的增湿的高压锅与干燥用的吹风机

3　体会

编写教材是很严谨的事情，应是兢兢业业，如履薄冰。概念、原理、文字、图表、符号不能有误，不能含混，否则会误人子弟。好的教材应是循序渐进，条理清楚，文字简洁，图表清晰美观。听说有人一两个月就可写一本教材，真令人叹服！

目前我国已经成为培养研究生的大国，每年授出的博士、硕士学位数量可观，扩招以来，有的导师每年同时指导几十名硕、博士。虽然我国有2000多年成熟的育人历史和经验，可是相对于欧美科学先进国家，我们实行学位制度毕竟只有30多年的历史，研究生还是应当按手工业模式生产，贪多必滥。以孔夫子的高才与高寿，终生育人，也就培养了72贤人（相当于研究生）和3000弟子（相当于本科生）。

十年之一剑

《高等土力学(第二版)》出版了,承蒙出版社赠我 10 本,看着这本朴素端庄、印制精美的教材,一股豪气,些许心酸,感慨系之,体会到什么是所谓的“心血”。这近 70 万字,每字都抚摸不下十次。其中的 22 道例题、289 道习题都是一道道构思、解答、修改、校正、增减,每题也都斟酌琢磨同样的次数。

不同于汗牛充栋的《土力学》本科教材,我国于 1978 年实行研究生学位制度,研究生的教材从无到有,不是东抄西拼可以剪切粘贴出来的。

1997 年开始我开设《高等土力学》课程,当时有北京市很多院校的岩土工程研究生来选此课,课程采用我编写的讲义授课,参考书是《土的工程性质》和河海大学的《土工原理与计算》及国外一些教材与著作。讲义逐年完善,于 2004 年在清华大学出版社出版了《高等土力学》教材。由于吸取了学生们的意见,内容适中,错误极少,教材出版后受到师生们的欢迎和好评。

十多年来,土力学的理论、实践以及认识都有了很大的进展。一些老师和学生也提出不少意见,认为第六章偏难偏深,阳春白雪,和者盖寡,一般都舍去不讲;第七章似乎与全书不协调,所以这次再版删去了第七章,重写了第六章,对其余各章内容也都作了一些增改。如果说本科土力学学习的重点是培养工程师,让学生们掌握土力学的基本概念与原理,便于他们今后从事岩土工程的实践,那么高等土力学就是将学生引进科研的门槛,使他们了解土力学科研的历程、成果和方法,是在本科土力学的基础上,介绍学科的发展和基本研究成果,但并不是本学科各课题的前沿。

十年来,每年都进行《高等土力学》课程讲授和期末考试,前些年还要承担博士研究生入学考试与博士生的综合考试命题，作者也参与注册岩土工程师考试的命题工作，在这些命题中积累了大量的考题，也投入了很多的时间与精力。这些都是很宝贵的财富，用以充实新版的教材。每章都加入了若干例题，每章之后列出了大量例题，并附有答案。

本书第一版成书大约用了7年，第二版从2013年动手，用了3年，前后正好是10年，其中辛苦唯窗前繁星明月知之。在高校下功夫写教材的人极少，据院领导讲，“十三五”全院没有报上一本教材计划。这份差事既非“挟泰山以超北海”，也非“为长者折枝”，正所谓是“好汉子不愿做，赖汉子做不了”之事，那些学术大亨们不屑于此等无名无利的雕虫小技。从网上看到，清华大学每年经费达200亿，真是富可敌国了。前几年的“211”“985”经费使某些近资源者肥得流油，但此书没有得到一分钱的经费；评为教授、博导也与它没有一毛钱的关系。它的稿费也不足以在北京买 $1m^2$ 商品房。

退休快10年了，先后写了几本教材。记得小外孙女两三岁时，在一个玩具日历键盘上像模像样地来回按，问她在作什么，答曰“在写教材”。如今她10岁上小学四年级了，已经有其他更重要的任务了，我还在写教材。

正是：

十年磨一剑，
霜刃未曾试，
今日把示君，
多少不平事。

《岩坛》卷首语

中国岩土网将创建一个电子刊物，名曰《岩坛》，这是一个好主意。

坛几乎是伴随着人类文明一起出现的，古代先人们祭天祭地祭鬼神，都是在土筑的平台——坛上进行的。人类最早的知识分子——巫师也是在坛上涌现的。后来“坛”泛指社交场所，如文坛、画坛、艺坛、体坛等。连最不争气的中国足球也忝称为足坛，那么岩土工程界祭起“岩坛”也就顺理成章了。

在20世纪末，曾出现一个刊物——《岩土工程界》，其上交流各种信息，进行很多访谈，推出了“岩土论坛”。内容丰富，形式活泼，很受同仁们的喜欢。我在其中发了不少杂感杂谈，与几位朋友进行了几年的“论战”。后来出版的《岩土工程50讲——岩坛漫话》，多数文章就源于此。当时我每年都要为土木工程学会写“绿皮书”，总结岩土工程界一年、两年、十年的成就与发展，其中很多材料就来源于《岩土工程界》。后来不知何故它就消失了，至今还很怀念它。

放眼国内学界，很有一些声名显赫的岩土工程学术刊物，我也忝列于副主编、副主任、编委之列。但刊登的都是道貌岸然的“论文”，想放开聊天则不宜。记得在一个这样的期刊上，我发了一篇关于“抗震”的论文，一开始就讲了孔子见老子的故事，然后讲了一通《道德经》中“故坚强者死之徒，柔弱者生之徒，是以兵强则灭，木强则折，强大处下，柔弱处上”“峣峣者易折，皦皦者易污”的思想，其目的在于强调人类对于地震应“道法自然”，不应与大自然为敌，一味加强加固地基与土体去“抗震”，而应使其更柔韧去适应。编辑来函告我:“本刊物是严肃的学术刊物”，勒令把这一段删去。我就不解，“严肃的”学术刊物就不让谈哲学吗？这些刊物包含了中英文摘要、关键词等一套清规戒律，这种EI、SCI等论文只适用于评职称、科研项目交账时所用，其中不少文章实际上发表之后就束之高阁，少人问津了。

《岩坛》为我们搭建了一个平台，它不会祭起恢弘大作，堂皇巨著，而侧重于沟通信息，交流心得，争论研讨，密切结合实际。很多情况下，把文章写得让人看不懂不需大本领，而把复杂的问题讲清楚则需要真功夫。岩土工程极其复杂多变，在实践中更需要半经验的综合判断，这有别于其他学科，所以这个平台就得更加宝贵。在《岩坛》上就焦点问题开展讨论、争论、辩论是十分必要的，大家切磋琢磨，勇于发表自己的观点，“就有道而正焉”，是十分有益、有用、有必要的。

愿将《岩坛》建成《花坛》，百花齐放，姹紫嫣红，成为岩土工程界最绚丽的风景。

我国加筋土的历史

我国大约在10000年前即进入了农耕时代，那时的先民们最怕的应是洪水猛兽。抗洪水就要兴修水利工程，防猛兽就要深挖沟、高筑墙与建住房。远古先民们与自然界抗争可用的武器与材料是很有限、很原始的。在抗洪时，那些原始的土、石、竹、木和草等材料都会轻易被洪水冲走。正如屈原在《天问》中所虑“洪泉极深，何以填之？”于是这些史前的人类就想到了多种材料的“复合”。

在河流的上中游，人们把竹木捆扎、编织成笼、成筐、成捆，然后杂以石块、泥土，现场制成巨大的复合体用以堵塞决口，整治河道。在长江大河的下游三角洲、湖沼洼地，他们会把软而黏的淤泥用柴草裹扎，或者混合起来，筑堤建坝，修墙筑屋。考古发现表明，我国的加筋土技术应用历史是非常悠久的。

1　约5000年前，良渚古城水利工程中的“草裹泥”

最近被评为2015年度全国十大考古新发现的有“浙江余杭良渚古城大型水利工程”这一项目。这是一系列规模宏大的水利工程。图1表示的是其工程布局。其中的1、2、3、4、5为堤或低坝，一般高度为5～10m；6、7、8、9、10、11修建在山区沟口处，高度为10m以上，坝长50～200m。这些堤坝的总土方量约为260万m^3。这一项目也正在申报世界文化遗产。

通过修建水利系统的高、低两级土坝，可以将大量的雨水滞留在山谷和低地内，消减洪水对古城的威胁。GIS分析显示，高坝形成的库容约等于短期内960mm的连续降水在流域形成的径流量。这相当于当地的百年一遇的暴雨雨量。

低坝内是一个倒三角形的低洼地，可形成面积达8.5km^2的广阔蓄水域。由于还没有发现这套堤坝系统的溢洪设施，所以还无法判断其功能和运行模式。估计有拦洪、蓄洪、运输、用水、灌溉等功效。对于远在5000多年前的先民，其工程规模与规划、工艺技术、动员组织能力使人惊叹与敬佩。

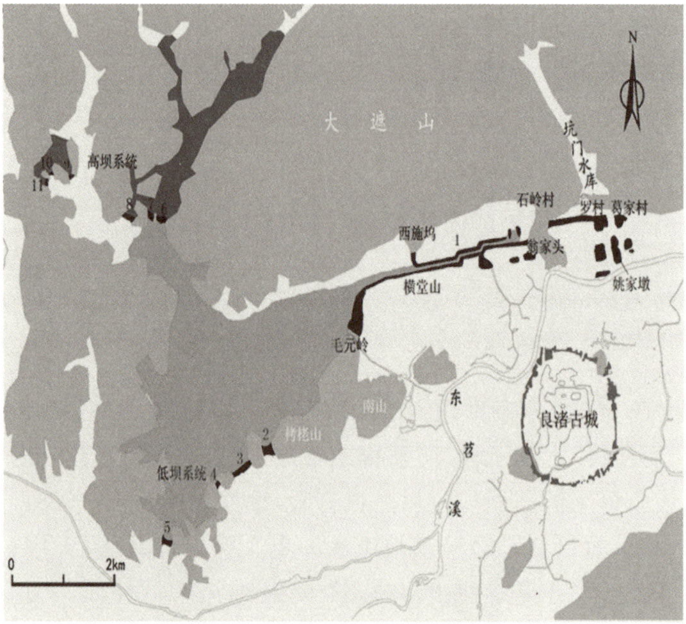

图1　城外的高坝低坝与形成的库区

特别值得注意的是，在山区的高坝与低堤坝的施工中，发现使用了一种“草裹泥”这样的先进的加筋土技术，如图2所示。

“草裹泥”就是将土用草包裹形成长扁圆形的泥包，目前固结后的长约40cm，宽17～18cm，中部厚度5～10cm，将其纵横交错砌筑。其作用大致相当于现代修建堤坝使用草袋装土，并且在其底部布置有竹编的席状物，又类似于分层加筋（图2b）。在土内加入这种植物纤维并压实，可大大地提高与改善淤泥土的工程性质：

（1）使坝体增加抗拉、抗剪强度和整体性，如只用淤泥填筑稳定坡度小于1:4，而草裹泥填筑可达1:2。

（2）抗冲刷，不易崩塌和被冲毁。

（3）由于柴草的排水作用，加快了淤泥的渗流固结速度。

（4）对于这种海相与湖相沉积的高灵敏度淤泥，可防止其扰动泥化。

（5）便于加工、运输和砌筑。

在6号坝底一带所出土的草裹泥还相当“新鲜”，可以清楚地判断：青膏泥为湖相沉积的淤泥，裹草主要是荻、茅草，而绑扎是用芦苇与芦竹。图2d）展示了模拟的当年挖泥用的木臿，在完全符合 5000 年前的情况下，现场进行了草裹泥的制作、运输和填筑施工模拟。

a）草裹泥块的交错堆叠

b）草裹泥底部的竹编

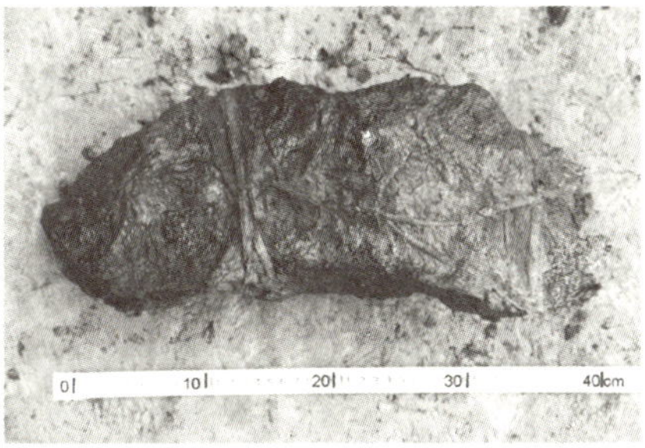

c）出土的草裹泥块的形状

d）现场模拟草裹泥施工及使用的木臿

图 2　良渚古城堤坝施工技术及草裹泥

对堤坝遗址内草裹泥中的柴草经北京大学年代学实验室碳十四测定，结果显示，上述各地点系列样品的树轮校正值全部都落在距今 4700～5100 年之间，见表 1，属于良渚文化早中期。也委托了日本有关机构进行了测定，其结果基本是一致的。

草裹泥中的柴草碳十四测定　　表 1

Lab 编号	样品	出土地点	碳十四年代（BP）	误差	树轮校正后年代	
					1σ（68.2%）	2σ（95.4%）
BA10533	草	岗公岭	4305	35	3010BC（7.8%）2990BC 2930BC（60.4%）2880BC	3020BC（95.4%）2880BC
BA10732	草	岗公岭	4430	35	3310BC（1.9%）3300BC 3290BC（10.3%）3230BC 3110BC（47.4%）3000BC 2980BC（8.6%）2930BC	3330BC（24.3%）3210BC 3180BC（3.0%）3150BC 3130BC（68.1%）2920BC
BA10733	草	岗公岭	4420	40	3270BC（5.2%）3240BC 3100BC（43.6%）3000BC 2990BC（19.3%）2920BC	3330BC（19.6%）3210BC 3180BC（2.3%）3150BC 3130BC（73.5%）2910BC

续上表

Lab 编号	样品	出土地点	碳十四年代（BP）	误差	树轮校正后年代	
					1σ（68.2%）	2σ（95.4%）
BA120581	竹	鲤鱼山	4130	40	2870BC（20.3%）2800BC 2760BC（47.9%）2620BC	2880BC（95.4%）2580BC
BA120586	竹	狮子山（石塘山）	4345	30	3010BC（68.2%）2900BC	3080BC（ 2.0%）3060BC 3030BC（93.4%）2890BC
BA120587	草	老虎岭	4215	35	2900BC（27.6%）2860BC 2810BC（37.6%）2750BC 2720BC（ 3.0%）2710BC	2910BC（35.0%）2830BC 2820BC（60.4%）2670BC
BA120588	植物叶	老虎岭	4060	35	2840BC（ 5.1%）2820BC 2640BC（44.4%）2560BC 2540BC（18.7%）2490BC	2850BC（ 9.6%）2810BC 2750BC（ 1.5%）2720BC 2700BC（84.3%）2470BC
BA120589	草	老虎岭	4290	25	2915BC（68.2%）2890BC	2930BC（95.4%）2875BC
BA120590	植物叶	周家畈	4110	30	2850BC（18.1%）2810BC 2750BC（ 6.2%）2720BC 2700BC（43.9%）2580BC	2870BC（23.9%）2800BC 2780BC（71.5%）2570BC
BA120591	草	周家畈	4200	30	2890BC（19.5%）2860BC 2810BC（40.8%）2750BC 2720BC（ 7.9%）2700BC	2900BC（27.2%）2830BC 2820BC（68.2%）2670BC
BA120592	竹	周家畈	4270	35	2910BC（68.2%）2875BC	3010BC（ 1.9%）2980BC 2940BC（86.0%）2860BC 2810BC（ 7.5%）2750BC
BA120596	植物叶	秋坞	4345	35	3020BC（68.2%）2900BC	3090BC（ 3.9%）3060BC 3030BC（91.5%）2890BC

注：本表据北京大学考古文博学院年代学实验室测定数据编制。
所用碳十四半衰期为 5568 年，BP 为距 1950 年的年代。
树轮校正所用曲线为 IntCal04（1），所用程序为 OxCal v3.10（2）。

在现场可以发现，当地的淤泥很软很黏，如果用竹编席、筐、簸箕等盛装与运输，必然发生扰动，变成了稀泥；也会粘在竹编筐上，很难清除与反复使用。可能开始时是在竹编容器上铺一层柴草盛装与运输淤泥，效果不错。后来其中的佼佼者就干脆用草把泥包裹起来，大大提高了施工质量，加快了进度，于是一种就地取材的加筋土——草裹泥就诞生了。

在距今 5000 多年的良渚时期，在不同地址建造了 11 处土坝，动用土方 260 万 m^3，其中相当比例为这种草裹泥的加筋土，其规模之大与工艺技术水平之高令人叹为观止。

2　4100年前，大禹治水与“息壤”

我国最早的有史书记载的水利工程实践应当是大禹治水，发生在大约4100年以前的新石器时期。《山海经》中讲到：“洪水滔天。鲧窃帝之息壤以堙洪水，不待帝命。帝令祝融杀鲧于羽郊。鲧复生禹。帝乃命禹卒布土以定九州。”这里讲的是鲧盗取窃了天帝的“息壤”，用以治水。在《淮南子》中也提到“禹乃以息土填洪水，以为名山”。可见大禹也是用息土来治水的。那么这个息壤或者息土是什么东西呢？郭璞在《山海经注》中说：“息壤者，言土自长息无限，故可以塞洪水也。”看来息壤或者息土在流水中不被冲毁，并且可以自己不断增长，所以被用来阻截洪水。

我们知道，大禹治水是十分辛苦的，充分发挥了艰苦奋斗的精神，《史记》里讲：“劳身焦思，居外十三年，过家门而不入”；他也很重视规划和勘察：“左准绳，右规矩”，亲自测量、设计与施工。但是成功的关键恐怕还是治水方略的正确，改变了共工与鲧“欲壅防百川，堕高堙庳”的方略，不是单纯依靠息土来拦截洪水，而是湮（塞、填）、导、蓄相结合，正如《史记》所讲的“开九州，通九道，陂九泽，度九山”，终于战胜了洪水。

这里就有一个让岩土工程技术人员十分感兴趣与困惑的问题，那就是“息壤”的实物应当是什么东西？根据以上文献可以看出它具有如下特点：

（1）既称为息壤或息土，其主要成分应当是土。

（2）它窃之于天帝，应当是一种极有创意的东西。中国古代的“天”与“帝”，其实就是指大自然，“道法自然”，它可能是一种仿生。

（3）它可在流动的洪水中不被冲散流失，甚至可以不断增长，所以可用以拦截洪水，整治河道，在大禹成功治水过程中，发挥了极大的作用。

因为我国有文字记载只有3700年左右，亦即殷墟中的甲骨文。所以自古以来，对于“息壤”就有各种猜测。汉代高诱认为：“息土不耗减，掘之益多，故以填洪水也”。他并未指出具体对象为何。汉元帝时记载，“临淮徐县地踊长五六里，高二丈，即息壤之类也”。认为息壤是指地面的自然隆起。其后历代学者又加以种种神化。现代学者顾颉刚曾做《息壤考》，试图从自然科学的角度解释这种地面突然隆起的现象。罗漫认为息壤是一种遇水膨胀的膨润土。徐南洲认为息壤即指经过耕作的熟土，是腐殖质适量的土壤。最近又有人认为它是三星堆文化中的坟土，可使人“安息”的土。百度里又认为它与治理“管涌”有关，在荆州有其遗物。

提起治水，使人首先想起了河狸，它们可以在河中筑坝。河狸在岸边咬断一棵 30cm 直径的树只需几十分钟，它设计好角度让树倒向河里，便于水运。它首先将咬断的粗大的树干斜立于河床为桩，再用带杈的树枝在下游对撑，然后用树木枝条、草之枝叶、块石、碎石、泥土层层填筑建成拦河大坝。坝建成后，上游泥沙草木逐渐淤积（亦即“自长息无限”），形成防渗结构，蓄水成库。这种坝的两侧低于中间，河水流量过大时则从两侧溢流，由于树的枝干消能保护而不会被冲毁。水库建成以后，它可在水库中生活与运输，并让水淹没其洞口，卧室则在高于水位的河岸地下，并设有通风口，其家园安全舒适（图 3f）。

a）伐树

b）运木

c）运石

d）运泥土

e）河狸坝

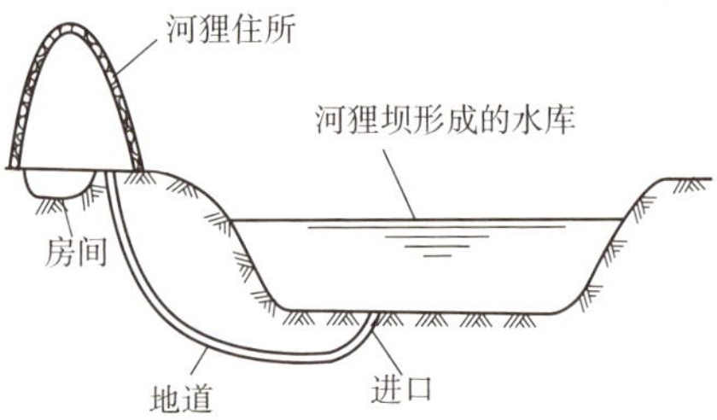

f）河狸巢穴

图 3　天才的水利工程师——河狸

岩土是人类最早接触的建筑材料，也是古代人类最早使用的工具与武器，"水来土掩"，表明古代人类在与洪水斗争中，土是他们最方便和有效的武器。但是由于土石是碎散的，在流水中会被冲散带走，这就需要把它们连接合成整体，最简单方便的方法就是利用天然的草、木、竹等纤维材料将土石结合成整体。作为万物之灵的古人一定是见到河狸筑坝而受到启发，使用了相似的工法治水，这也可以说是窃之于天吧。这就是原始的土的加筋与防护。

图 4b）是在都江堰工程中大量使用的杩槎，可以清楚地看到古人学习模仿河狸的痕迹。在都江堰工程中，普遍使用竹、木、石混合的材料，如杩槎、竹笼、条排等，如图 5 所示。将它们连接成整体，可分可合，组合后体积与重量巨大，抗冲刷，且施工方便，适用于截流、拦洪、护岸，是治水的强大武器。

a）河狸坝

b）都江堰工程中的杩槎

图 4　河狸坝与杩槎

a）竹笼

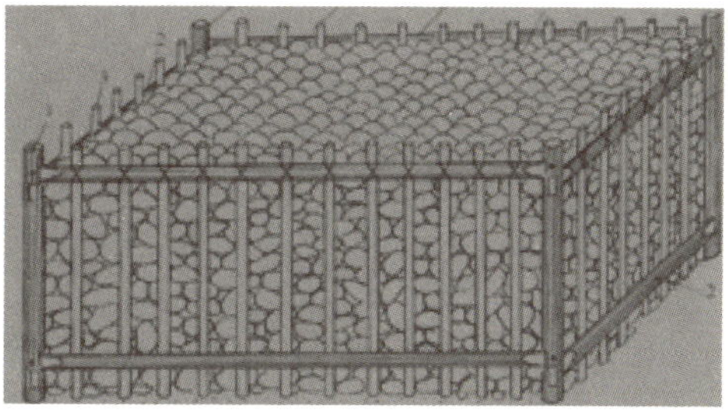

b）羊圈

图 5　竹笼与羊圈

在都江堰工程中，使用的竹、木、土石混合的材料，应当就是大禹治水中所谓的息壤。郭璞讲息壤可"自长息无限"，在治河工程中，有很多结构物可以使河道落淤而增长，如在弯曲的河道中，由于横向的环流的作用，凸的一侧是淤积的，而凹的一侧被冲刷。如果人为干预，改变河道水流的流向，则可按照人的意志冲砂或淤沙，如都江堰的飞沙堰（图 6a）与治河工程中的丁坝（图 6b）。

a）都江堰工程中的飞沙堰

b）治河落淤的丁坝

图 6　河道淤积的工程措施

使用竹木 + 土石的复合结构与复合材料，建成的河道构筑物，可以使河道淤积而形成江心洲、浅滩或使河岸向河中进占，使人觉得这种加筋土可以生长而不被冲失，故成为传说中的息壤。

我国古老的长城，最早建造于两千多年前，很多地段是使用柴草加筋建成的，如图 7 所示。史书记载："非皆以土垣也，或因山岩石，木柴僵落，溪谷水门，稍稍平之。"这种柴草加筋在"溪谷水门"尤其重要，即在山谷沟底处用木柴加上碎石修建，以便排水。

图 7　古老的加筋土长城

3 2000 多年前，西汉时期的“茨防”

在公元前 140～公元前 110 年间的西汉初期，汉武帝为了讨伐匈奴，运送粮草，横穿灞河修建一个超级水利水运工程，即大汉漕渠。汉代漕渠的起点是从昆明池流经西安北郊河止西、沟上村，穿过灞河，经新筑镇、新丰镇、渭南、华县到华阴市北进入渭河，全长 300 里[1]，见图 8。

在古代，这种两河相交的工程其难度是可想而知的，那时没有钢材与混凝土，没有大型机械，只靠人力，既要保证枯水期的水位，以确保通航；又要在汛期不被冲毁，保证岸坡稳定。在汉唐时期，灞河两岸杨柳茂盛，“杨柳含烟灞岸春，年年攀折为行人”。那时从首都长安送友人直到灞桥，折一柳枝送别朋友，以表依依不舍之情。

当时的朝臣徐伯请命承担这一工程。他主要是利用灞河两岸的柳枝，夹青膏泥制成条捆，用以护坡。同时在河岸交叉口用木桩加木制沉井（木箱内加卵石）固岸，见图 9。

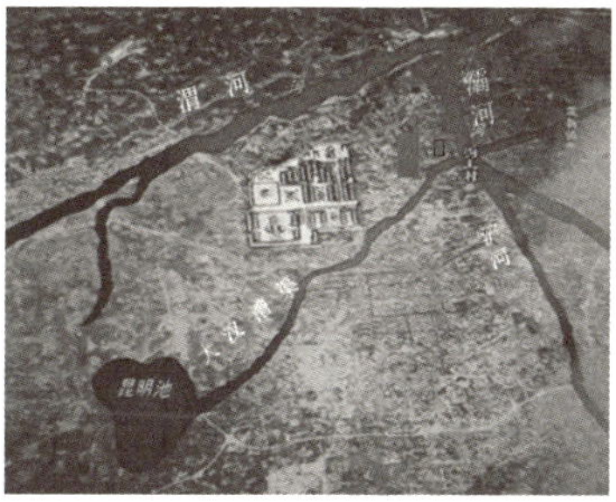

图 8 大汉漕渠平面图图

图 9 由木箱 + 卵石制成的护岸沉井

护坡用的条笼的制作见图 10，即首先在河岸上纵横铺设麻绳，然后铺设柔韧的鲜的柳条；上面铺一层碎石及碎砖瓦，再铺一厚层青泥膏，从一头卷成条笼。最后把它们逐个推下河岸，打桩固定，形成连续的护坡结构，见图 11。

2000 年，灞河水位较低，人们在河滩发现了一片巨大的圆柱状黑色土体，细看发现其中有柴草旋成的同心螺旋线。螺旋线间夹着坚硬的黑泥，黑泥里掺杂着砖瓦残片、砂砾和木质，如图 12 所示。经过碳 14 的年代测定，这些残片是两千多年前西汉的瓦砾。通过对黑色淤泥进行的实验室研究分析，发现了柳条的纤维。这些汉代的遗物揭示出当年的这个超级工程。

[1] 1 里 =500m，下同。

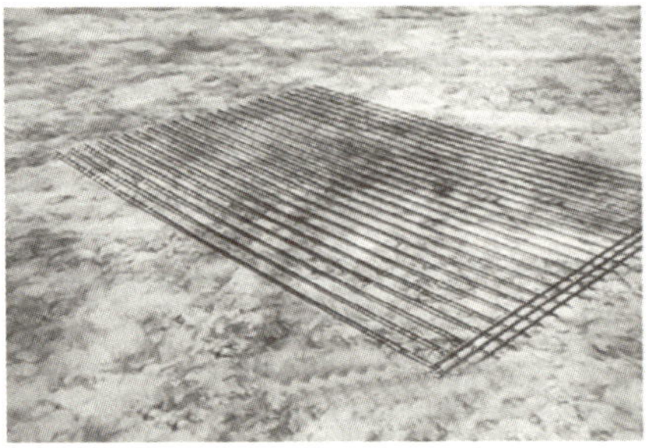

a)麻绳+柳枝

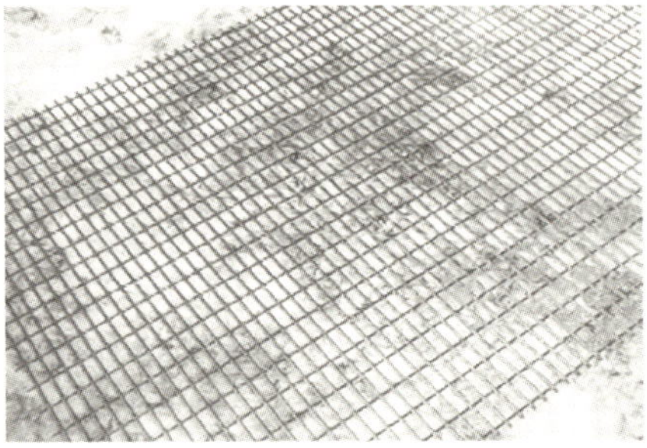

b)砂石+瓦片

c)铺青泥膏

d)巨大的条笼

图 10 条笼的制作过程

图 11 条笼护岸的施工

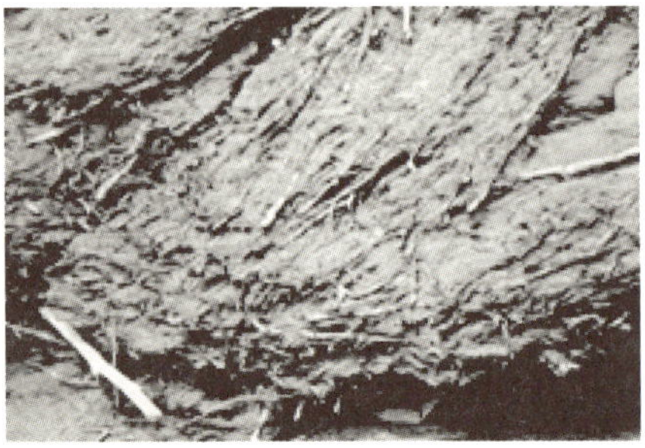

图 12 柳枝、淤泥、瓦砾与石块形成的柱状体

先秦时期《慎子》记载“治水者茨防决塞”;《汉书》也记载:汉武帝“自临决河,令群臣自将军以下,皆负薪填决河……下淇园之竹以为楗”;成帝建始七年“以竹落长四丈,大九围,盛以小石,两船夹载下之,三十六日河堤成”。竹木苇草“以土压之,杂以碎石”。看起来当时是使用竹木、苇草杂以土石堵塞决口的。可见在汉代这种草木土石混合的结构物加上竹桩(楗)广泛用于治河、防汛、堵决口工程中,并要求干部参加劳动,皇帝亲自监工,群臣自将军以下都要去防洪抢险第一线,背柴草,制成条笼,打桩定位。

4　约1000年前，宋代的埽工

在我国的宋代，治河工程中已经形成一个单独的工种——埽工。《宋史·河渠志》载："先择宽平之所为埽场。埽之制，密布芟索，铺梢，梢芟相重，压之以土，杂以碎石，以巨竹索横贯其中，谓之心索。卷而束之，复以大芟索系其两端，别以竹索自内旁出。其高至数丈，其长倍之。凡用丁夫数百或千人，杂唱齐挽，积置于卑薄之处，谓之埽岸。既下，以撅臬阂之，复以长木贯之。其竹索皆埋巨木于岸以维之。"

可见，这种工艺与工序与图10的汉代的条笼相似，它总结与规范了我国古老的加筋土治水的经验。埽捆可用于护岸护、堵口和筑坝等，厢埽主要用于护岸。埽工每一构件叫埽个或埽捆，简称埽，小的叫埽由或由，见图13。

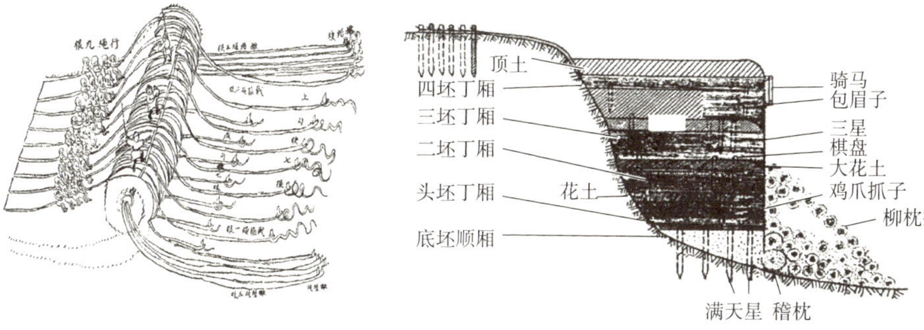

a)卷埽　　b)厢埽

图13　卷埽与厢埽

5　近、现代加筋土工艺

草土围堰是工人们站在草体上，一层草一层土，再一层草一层土在水中向前逐渐堆筑成堰。其下层的草土体靠上层草土体及人的重量，使之逐步下沉并稳定，施工进度极快，如图14所示。

作者在黑龙江省工作时，见到当地农民盖房，首先打好基础，再竖起一排小木桩。然后用谷草编成胳膊粗的草辫，俗称"拉哈辫"，估计这是满族的名称，将其在泥浆中浸泡滚动，再把它们编在木桩上，不断升高，形成四面的墙，最后再用加了麻刀的泥膏涂抹墙面。房顶用当地的小叶章为苫草。这种墙极为冬暖夏凉，每年抹墙面，可超过目前楼房的使用年限。

图 14　巧妙的草土围堰

“息壤”困惑了我们几千年，水利、岩土专家似乎不屑于去考据；而考古专家由于其水利与岩土知识的匮乏，闹出如上所述的笑话。在这方面他们远不如诗人屈原，屈原从治水的方略探讨鲧败禹成的原因，问出：“鲧何所营，禹何所成？”他也从施工的角度求索息壤的原型：“洪泉极深，何以填之？”将碎石与泥土，投入滔滔洪水里，马上就会被冲走。1963 年我在青铜峡水库实习，看到当地农民从黄河岸边向河水中填筑草土围堰，见图 14。从早到晚，围堰蜿蜒向着河水进占生长，似乎看到了大禹治水时“自长息无限，故可以塞洪水也”的景象。

据考据，良渚古城时期，人们可以用竹筏一次运送一千多公斤的草裹泥，在水中修筑围堰，填造堤坝；都江堰工程中的大量杩槎、竹笼也都是用木排或竹筏运输施工；西汉时期将图 5b）所示的羊圈，用“两船夹载下之，三十六日河堤成”。宋代大量的卷埽与厢埽也可快速成堤成坝，堵塞决口。这些都是“自长息无限”的。所以所谓的息壤就应是水利工程中使用的加筋土材料与构件。现代的土工管袋、模袋混凝土与南沙的填海实际都是息壤的直系子孙。

笔者于 20 世纪 60～70 年代在黑龙江呼兰县水利局工作，当地农民为了雍高河水位以灌溉水田，普遍在河道用柳条排拦河筑坝。所谓条排，就是用小捆、顺直的柳条和砂石、块石、泥包等逐层垒砌在一起，柳条的根部向外，也可作为河堤、河岸、河底的围护建筑物，及拦河坝、跌水坎、溢流堰之类的建筑物。笔者曾指导民工用柳条排修建呼兰河的护坡与护堤工程。

20 世纪七八十年代，由于化学工业与合成材料的发展，高强度、高模量的土工合成材料出现了，随后，人们设计和制造出了各种性状、各种功能和各种用途的产品。作为人造产品，它们规格一致、批量巨大，可以按照人们的需求与设计生产，具有天然纤维筋材不可相比的优势。与此同时，各种工程学、力学和计算手段和技术也被用于加筋土工程设计，各种规范标准和商用程序被普遍使用，使加筋土工程定量化和规范化，这是科学技术的进步。

土工合成材料具有防渗、排水、反滤、防护、加筋和隔离等功能，目前在水利工程领域起着不可替代的作用，可以说它是继木材、钢材与水泥之后的第四种建筑材料。

现代的航道整治、水源工程与水利工程规模宏大，所需土工合成材料数量极大，例如长江口航道整治仅一期工程就使用土工合成材料 1000 万 m^2 以上；上海青草沙水源工程中的各种管袋和软体排使用土工织物 6500 万 m^2，但从图 15 仍然可见古老的卷埽的影子。

a）编织袋防洪

b）土工模袋护坡

c）充砂软体排护底

d）土工管带护坡

图 15　土工合成材料在水利工程中的应用

6　结论

古代中华民族，作为一个主要依靠农耕的民族，多聚居于河流中下游两侧，为生存与进行农业生产，首先遇到的问题就是洪水与灌溉的问题。与自然抗争，当时最应手的武器也就是柴草与土石。把二者结合起来，利用植物纤维的连续性和抗拉性，加上黏性土的抗渗性，碎石、块石的透水性和抗冲性，筑坝修堤，拦洪堵决，是很自然的选择。考古已经证明，中华文明并非中原一枝独秀，而是呈现“多元一体”格局。在距今5500年前，中原、海岱、江汉、长江下游和辽西等地都开始了文明化进程。从多处的考古发现可以推断，这类水利工程中的加筋土结构，最早可能是各地因地制宜、就地取材而独立形成的，各地类似的技术也会有相互交流与传承，几千年来，不断发展与完善。

早在5000多年前，良渚文化的早中期，先民们就利用当地的丰富的柴草与淤泥，做成草裹泥的加筋土，用以筑坝挡水。

在大约4100年前，大禹治水为了拦截洪水，整治河道，调节冲淤，主要采用木竹+碎石的加筋结构，这就是传说中的“息壤”。

在2000多年前的秦汉时期，这类加筋土被称为“茨防”。秦代李冰父子修建都江堰，为漕运而开的灵渠，所用的竹笼、杩槎、羊圈等结构物似乎就是息壤的后代；汉代的大汉漕渠，治河堵决，继承结合了“草裹泥”和息壤的技术，并就地取材，有所发展。

到1000多年前的宋代，治河已经形成独立的工法，即“埽工”，一直传承至今。

西方的学者们认为科学技术都源于欧洲。对于加筋土，他们的说法是：1963年，法国的工程师亨利•维达（Henri.Vidal）在观察鸟类利用泥和草筑巢，受到启发，提出来加筋土这一新概念和设计。这是十分可笑与无知的。加筋土这一概念与技术在我国史前文明的早期就已形成和使用。当前大量应用的土工合成材料加筋土只是筋材的变化与技术的进步。

参考文献

[1] 麻守中，殷义祥．楚辞译注[M]. 长春：吉林文史出版社，1998.

[2] 伯益．山海经[M]. 叶舟编，译．呼和浩特：内蒙古人民出版社，2010.

[3] 司马迁．史记[M]. 北京：团结出版社，1996.

[4] 朱渊清．禹画九州论[C]// 大禹文化资料荟萃．蚌埠市涂山大禹文化研究会，蚌埠市博物馆编印，王绍文主编，2012.

[5] 顾颉刚．息壤考[M]//《顾颉刚古史论文集》（第二册）．北京：中华书局，1988.

[6] 罗漫．“息壤”与膨润土：一个文化之谜的科技考察[J]. 中国文化研究，1995（2）：59-64.

[7] 徐南洲．山海经——一部中国上古的科技史书[C]// 山海经新探．成都：四川社会科学院出版社，1986.

[8] 中国大百科全书总委员会《水利》委员会，中国大百科全书出版社部．中国大百科全书（水利卷）[M]. 北京：中国大百科全书出版社，1992.

[9] 李广信 . 息壤考 [J]. 土木工程学报，2011，44（增刊）：1-4.
[10] 李广信 . 从息壤到土工合成材料 [J]. 岩土工程学报，2013，35（1）：1-6.
[11] 周魁一 . 中国科学技术史 • 水利卷 [M]. 北京：科学出版社，2002.
[12] 国家经济贸易委员会 . 土工合成材料推广应用图集 [M]. 北 京：科学普及出版社，2000.

致谢：作者参加了“浙江余杭良渚古城大型水利工程”考古项目的现场考察与咨询，感谢浙江省文物考古研究所提供的丰富的资料，也感谢王宁远教授的合作与指教。

关于良渚古城水利工程的质疑

最近不少媒体都有报道，在太湖流域的良渚古城外围发现大型的水利工程，其防洪标准达到百年一遇，这种报道很容易误导观众，是很不严肃的。

2016 年 3 月 12、13 日我参加了这一项目的考察咨询会，会议由水利系统及考古界的专家组成，会上水利方面的专家都对这一“水利工程”的防洪功能持谨慎的保留态度。

发掘地址位于杭州市区西北，余杭区瓶窑镇。古城的布局见图 1。宫城为在湿地上填高 4m 的土台，面积 30 万 m^2；王城由土堤 + 土墩台包围，总面积约 300 万 m^2；外城廓约 800 万 m^2。与其他史前民居不同，这里的居民皆筑台建屋，而低地则是河网纵横，王城围堤四个方向各有两条水道进出。这主要是由于该地区是沼泽湿地。

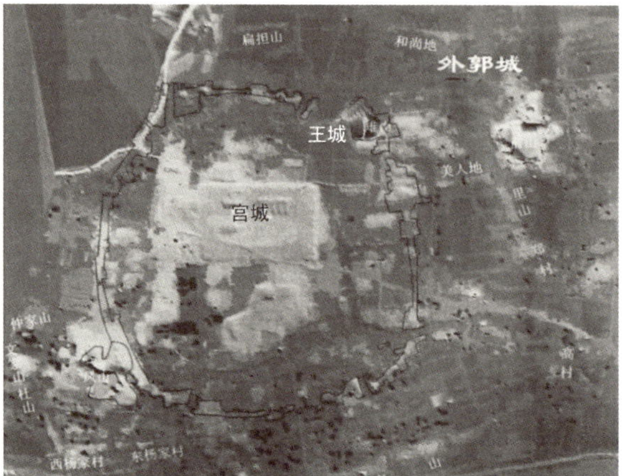

图 1　良渚古城的宫城、王城与外城郭的布置图

特别值得注意的是，在古城西北山区与丘陵区的一系列堤坝工程，其中图 2 中的 1、2、3、4、5 为堤或低坝，一般高度为 5～10m。山区的高坝 6、7、8、9、10、11 修建在沟口处，高度为 10m 以上，坝长 50～200m。高低堤坝的总土方量约为 260 万 m^3，并且发明使用了“草裹泥”这样的先进的工艺技术，远在 5000 年前的先民，这种工程规模与工艺、动员组织能力确实惊人，使人敬佩。

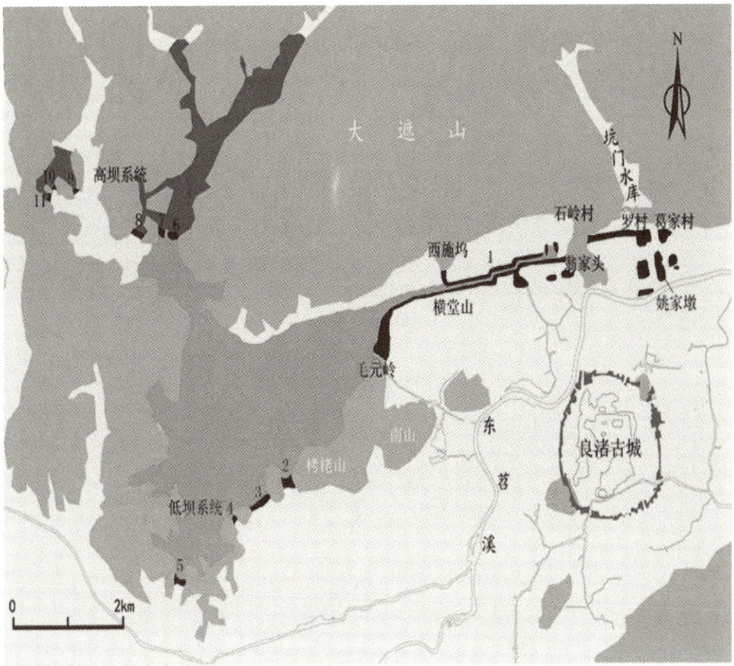

图 2　良渚古城的外围水利工程布置

但考古专家对于这套水利工程的叙述为“这些坝体大致可以阻挡短期内 960mm 的连续降水，即相当于本地区百年一遇的水平”“高坝大致可以阻抗短期内 870mm 的连续降雨，即可抵御本地区百年一遇的洪水”。

这里有一个专业的错误，即百年一遇的防洪标准既不是可以把流域内百年一遇的年径流量全部拦截在水库里，也不是把百年一遇的一次降雨量全装在水库里。例如长江年均每年流入大海的水量有 9000 亿 m^3，丰水年可达 1.36 万亿 m^3，而三峡水库的防洪库容也只有 221.5 亿 m^3，其中防洪库容只占一部分。

下面简单介绍一下，一个年调节的、具有百年一遇防洪标准的水库的基本含义。

在图 3a）中，最大的防洪库容 = 设计洪水位 − 汛前限制水位（不能低于死水位）之间的库容。其中需要有设计超高 Δh= 最大波浪爬高 + 最大风壅水面高 +

安全加高。图 3a）中的设计防洪库容不应小于图 3b）中的防洪库容。而泄水流量应保证下游堤防等安全。因而水库只需拦截汛期来水量与泄水量之差，这里就有个不可回避的问题：水库必须有泄水通道。最重要的就是“溢洪道”，它是排泄洪水的主要通道，一般是建在基岩上的明流漕渠，通常有闸门控制；也可是凿于岩体中的泄水隧洞，甚至可以是建在坝身的溢流段，也都有闸门。另一种引水通道是灌溉渠道、发电隧道、水运航道等，它们都是能够控制的，因而更需闸门控制。

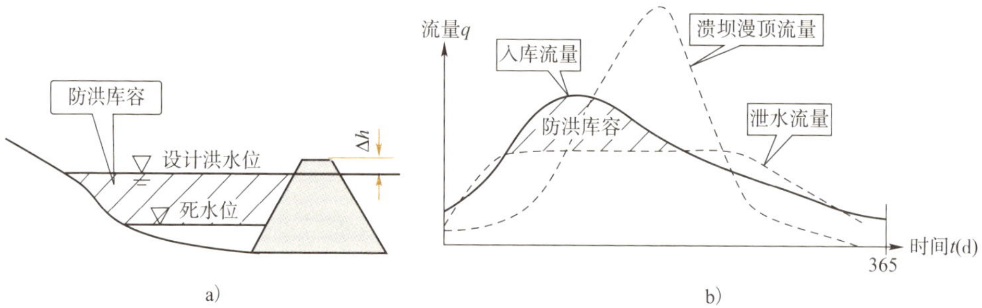

图 3　年调节水库的防洪库容

但到目前为止，在良渚古城的这套水利工程中，尚没有发现任何排水、泄水通道，亦即没有出口。考古专家们认为“当来水量超出这一标准，则漫溢过坝顶的洪水，依地势流向东南部的开阔洼地，而该区的外围由塘山等构成的低坝系统，对其形成再次封堵，将来自西北部山体的洪水积蓄于此”。

这种调度是极可怕的，因为土坝一旦溃坝，坝身瞬时就会被完全冲决，下游地基会被冲刷成巨大冲坑，坝址被完全破坏；远大于天然流量的滚滚洪水倾泻而下，给下游造成巨大的灾难（图 3b）。在农田水利中，小型山谷可用堆石、块石砌筑 1～2m 高的小塘坝，下游用堆石防冲刷，允许漫流。但对于坝高 10～15m，库容上千万方的水库，是绝不允许漫顶溢流的。20 世纪 70 年代河南驻马店地区暴雨，由于“文革”期间，无章可循，或有章不循，水库调度与信息混乱，造成板桥水库、石漫滩水库等连环溃坝，洪水峰值叠加，结果比不建水库形成的灾害更大，死人 20 多万，人畜的尸体腐烂，密集的苍蝇多到把树枝压弯。

所以认为高坝可以“把百年一遇的一次降雨量全装在水库里”，这种说法没有意义：汛前水位是多少？设计超高为多少？汛前库内原有多少水量？这次降雨以后再降雨如何安排？

所谓“蓄洪”，也称滞洪、调洪、分洪，它是利用低洼地区来存蓄洪水，调节洪峰。它不可能将一年的来水都存在洼地、湖泊。如上所述，长江年均流入大海的水量有9000亿m^3，而起巨大蓄洪作用的洞庭湖目前容积也只有174万m^3。1954年长江洪水，启用了荆江分洪区，让无法排泄的洪峰泄入分洪区，也只是为了降低武汉的洪水位，确保荆江大堤，以防洪水下堤防漫顶，避免更大的灾害，但三次开闸分洪，也只是将荆江大堤处的水位降低0.63～0.96m。1957年松花江江北大堤掘开分洪，保护哈尔滨市区，降低了市区洪水位，没有在市区决口；1963年在天津静海地区，10余万人大迁徙，为海河分洪以保天津市区。1998年长江洪水期间，由于荆江分洪区人口太多（据说已有50万人），就只好“严防死守”，最后也没有启动分洪。这种分洪其结果最多降低最高洪水位几十厘米。

对于这里的水利工程的泄水问题有两种可能，一是确实原来就没设溢流与泄水通道；二是目前考古尚没有发现此工程的泄水系统。

我想，在5000年前的古人不会像我们那样蠢，似乎也不会有“愚公移山”的精神；也不会为了政绩而修建这么宏伟的形象工程。当然也可能有一个酋长或巫师，突发奇想，挑战大自然，动员臣民们兴建了这一几百万方的大型工程，留待5000年后让后人敬佩、不解，然后去“申遗”，这是多么宏伟的政绩工程呀？但那时的人都应是彻底的唯物主义者，他们可能没有图3所示那么高深的学问，但可以通过“试错”，接受大自然的教育。那就是土坝拦洪，接着溃坝，然后就停工了，吸取教训，不断试错，不断改进。而这样一套系统工程估计需百年以上的规划与施工、管理，也不是一代人可以完成的。

据考古学家考据，在大禹治水之前，共工与鲧“欲壅防百川，堕高堙庳”。考古专家们认为就是去拦截百川，挖高填低，结果治水失败而被处死，并认为良渚的水利工程就是这种思路与方法。这是不合情理的，因为以当时的生产力水平，不可能贸然去拦截大江大河的洪水，“更立西江石壁，截断巫山云雨”；也不可能去拦截沟壑，不留出路，不留后路。古人不会是那么不自量力。这里讲的是那时的共工与鲧一味地筑堤，并没有给洪水留出通道，壅高了水位，造成决口。而大禹一改这种方略，而是采用湮、导、蓄相结合，“开九州，通九道，陂九泽，度九山”。

参观过一些史前遗址，发现史前的先民们进入农耕时代后，首先要防的就是洪水猛兽，最先想到的就是挖深沟，高筑堤。建成所谓的“圩”“围”或“垸”，保护自己，也保护农田。后来居民区与农田范围加大，就发展为线性的沿河的防线——堤防。这些工程根据以往洪水最大高度的记忆与传承，很容易就可确定其范围与堤顶高度。

良渚由于地理位置的关系，在5000年前太湖地区脱离了泻湖状态，葑淤为湖沼洼地，简单地用筑堤围封很难防御洪水与海潮，另外这里的地面也不适于居住，所以这里的古人们都是填筑大面积的平台为城，填筑小的墩台建民房。既然人们都居住在高处，那么是否还迫切需要筑坝防洪呢？

所以对于该水利工程的解释与宣传要留有余地。在坝址附近与渠道端部，找一下水的可能出口。特别注意有树枝、石块、条带状包裹土石体及木桩等结构体的地方，因为它们可能是当时出口处抗冲刷的结构。考虑一下工程是否主要为其他的功能，例如运输。与水利专家进行实质上的合作，算一算水账，计算进库流量、有效库容，进行水库的调节分析。不要说外行话，否则如果去“申遗”，也会被退回的。

岩坛六误

岩土工程的复杂性使其必须靠理论与实际经验的结合来解决工程问题，并且往往经验判断是决定性的。仅仅靠理论与数值计算解决实际工程问题是不行的，而违背了土力学的基本原理更是万万不行的。一个年过80的老岩土工程师曾对我讲过，他一生经手的工程无数，凡是失败的工程案例，事后总结都是违背了土力学的基本原理。所以说经验是很可贵的，但经验主义则是害人的。

1 虚构的负摩阻

最近参加河北海兴核电站一期工程桩基工程的审查，感觉其核岛区与冷却塔区桩筏基础要求的单桩承载力高得离谱。其计算基底压力为400kPa，桩距s=4m，而载荷试验要求的极限承载力高达50000kN，据说是考虑了地基土的负摩阻。

目前各国的核电站多建于海边，主要是考虑冷却水及安全吧，并且多建于基岩之上，但海兴核电站却建于具有较深覆盖层的土质地基上，30～40m以下才是玄武岩层，只好采用钢筋混凝土嵌岩桩，桩径1500mm，桩长约40m，其地质情况见图1。

勘察报告指出，其中③和⑤层土的超固结比小于1.0，为欠固结土；⑥层土的超固结比接近于1.0，可认为是正常固结土；其余各层土超固结比均稍大于1.0，也可判断为正常固结土。由于这两层欠固结土，设计者认为基桩将有负摩阻力，估计单桩极限负摩阻为10000kN左右。

问题是为什么在土层中存在欠固结土？这里的土层上部属于第四系全新统（Q_{h4}）、第四系更新统（Q_{p3}）沉积层，其沉积年代较为久远，不会是由于新近沉积而成的欠固结土。所以主要原因在于华北平原超负荷采取地下水，造成地下水大面积下降，地下水下降使下层土层的覆盖应力增加，水位变化区的覆盖层土重由 $\gamma' h_i$ 变为 γh_i。对于透水性差、排水条件不好的土层，($\gamma h_i - \gamma' h_i$) 就会在其中形成超静孔压，且很久不会完全消散。从表 1 可见，③、⑤和⑥三层是渗透系数最小的土层，但土层⑥与渗透性好的土层⑦（粉砂）相邻，超静孔压易于消散，其余的③、⑤土层目前的有效固结应力小于上覆土重，成为欠固结土。

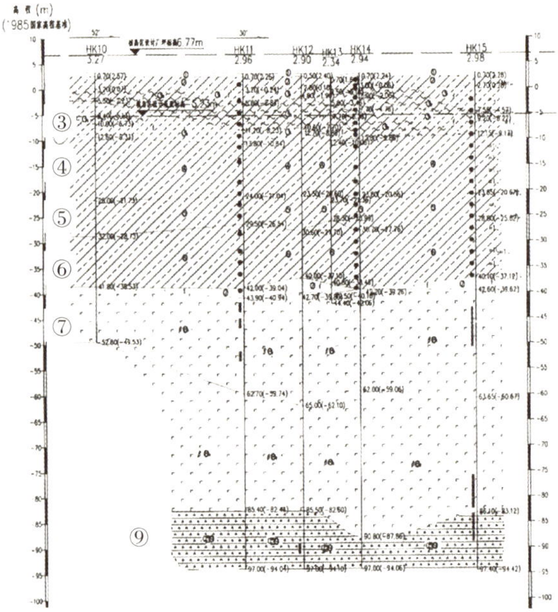

图 1　典型地质剖面

土层分布及其渗透性　　表 1

编号	土 层 名	渗透性分级	渗透系数 k（cm/s）
①	耕植土	中等透水	3.42×10^{-3}
②	粉质黏土	中等透水	2.5×10^{-4}
③	淤泥质粉质黏土	微透水	2.0×10^{-6}
④	粉质黏土	微透水	2.62×10^{-6}
⑤	粉质黏土	微透水	1.65×10^{-6}
⑥	粉质黏土	微透水	6.8×10^{-7}
⑦	粉砂	中等透水	8.95×10^{-4}
⑧	玄武岩	—	—

一般情况下，基桩通过欠固结土可能产生负摩阻。但在此工程中，桩筏基础底面在现地面以下 12～13m，亦即基坑开挖将挖除土重应力约为 200kPa。而核岛、附属厂房、核废料厂房等桩筏基础合计面积近万平方米，筏板厚度达 2m，基桩为直径 1.5m 的嵌岩桩，桩距 4m。这种情况下，承台下地基土上的荷载可以忽略，所以土层③、⑤和⑥按照开挖后的上覆土自重计，已经不是欠固结土，甚至有的已经达到超固结土的水平。因而再考虑对基桩的近千吨的负摩阻力，就是画蛇添足了。

其实，欠固结土、正常固结土以及超固结土都是相对的，也是变化的。例如基坑开挖会使坑底的土变为超固结土。20 世纪 80 年代，在北京前三门［正阳门（前门）、宣武门、崇文门的合称］一线兴建了当时最早的（小）高层住宅楼，它是在拆除前门一带的旧城墙基础上修建的，巍巍实体的数丈高的老城墙，对地基进行了近 500 年的预压固结，是这些住宅楼建在局部超固结土地基上，结果它们的沉降极小，可以说是固若金汤。

2　错误的载荷试验

前述的核电站要求抗震达到万年一遇，并按照弹性进行设计计算。经拟静力法计算，要求单桩在 3000kN 下，水平位移≤ 8mm；尽管对桩间土进行振冲加密，并进行了水平载荷试验，8mm 对应的水平荷载为 1000kN 左右，仍然无法满足水平承载力要求。这样，提出对桩间土满堂水泥土加固的方案，深度约为桩长的一半，置换水泥土强度达 12MPa，提出来对单桩进行水平载荷试验的方案如图 2 所示。

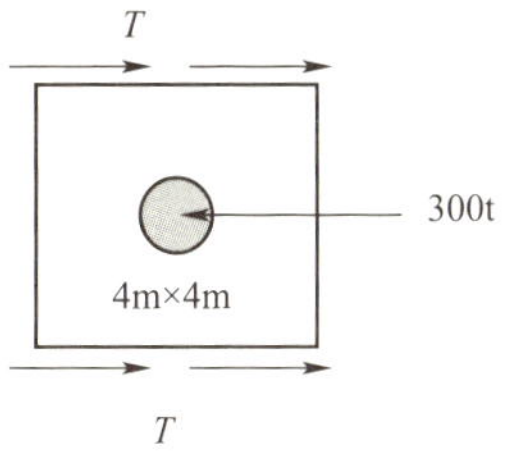

a）平面图

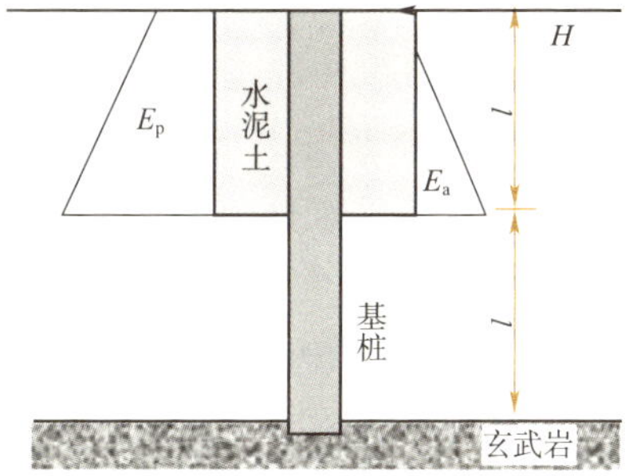

b）立面图

图 2　单桩水平载荷试验示意图

可见在这个单桩水平载荷试验中，极限水平抗力有前后单宽土压力差 $\Delta E=E_p-E_a$，和两侧的单宽摩阻力 T，由于水平抗力主要由桩的第一位移零点（或第一反弯点）以上承受，则总的极限水平抗力约为 $H=4\Delta E+8T$。这样叠加推算，具有 200 根桩的核岛桩基础的极限水平抗力为：$P_H=800l\Delta E+1600lT$。

考虑核岛桩基础的整体计算，但如果假设 200 根桩按 14 排、列，以 4m 间距布置在 60m×60m 的范围，则如图 3 所示。按照这种布置，它的总水平极限抗力只有：$P'_H=60\Delta E+120T$。与叠加的 P_H 比较，其抗力相差 13.33 倍，亦即试验结果要被 13.33 除。

如果按照单桩水平承载力叠加计算，则桩的布置应如图 4 所示，不能满堂进行水泥土加固，应是 4m×4m 单桩加固，然后桩距为 $s=3\times4$m。由于水平承载力的群桩效应，使最前排桩承载力最高，后排受到前排的“屏蔽”作用，比单桩承载力降低，亦即群桩效应系数小于 1.0，该系数与桩距、桩数土性等因素有关。

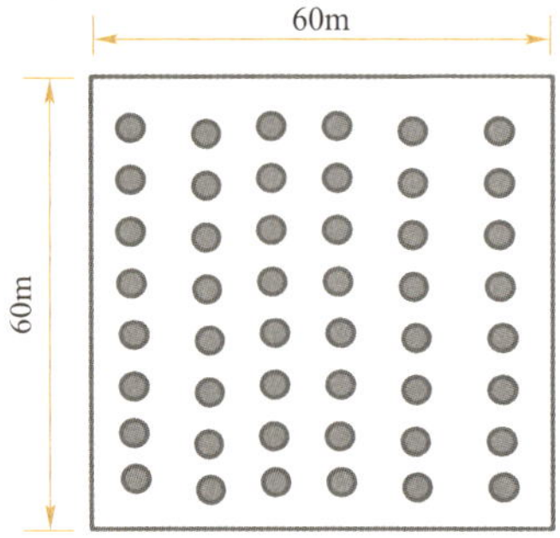

图 3　核岛桩基础的水平示意图

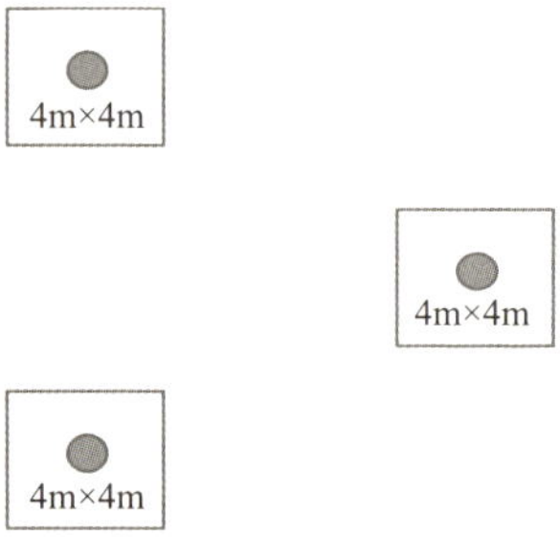

图 4　单桩承载力叠加时的布置

可以认为：

（1）凡是采用胶结法加固桩间土，单桩和少量群桩的水平载荷试验都是无意义的。

（2）满堂法、格栅法水泥土加固桩间土，墙桩法、联系梁法、整体围封法等桩基的水平承载力，只能通过原状桩基础整体模型试验、离心模型试验或者数值分析确定，而不应采用单桩水平载荷试验结果的叠加。

（3）只有桩间为散体的土时，可近似认为各桩独立，即使如此，群桩效应一般会降低整体水平抗力的 30% 左右。

中世纪到 19 世纪战争中采用密集队形进攻，如图 5 所示。由于当时是使用弓箭或者滑膛枪，不利于连射，加上低命中率、高故障率使得单独一支滑膛枪的火力微不足道，只有排列成横队或者纵队，集中火力，才能有较好的杀伤效果。另一方面，良好的队形可以应付骑兵的冲击。可见这种战斗队形大大限制了单兵的作战能力，只有最前排战士在战斗，类似于图 3 所示。由于后装线膛枪得到广泛使用，武器的杀伤力加大，在第一次世界大战中，各国普遍采用散兵线，战斗时，士兵散开成线式队形，散兵间隔 5、6 步，散兵线中的士兵可以稍许靠前或靠后，士兵以跃进方式运动，充分利用障碍物，在运动中以火力消灭对方，其布局类似于图 4。

图 5　19 世纪西方战争中的密集队形

3　用错了的桩基础

在广东南海市丹灶镇荷村北江大堤上拟建一座水闸。由于软土地基承载力很低，设计者对闸室采用了桩基础。建成闸室以后，在闸的两侧填方筑堤，但高的填方引起较大的地基沉降，建于桩上的闸室并不随之沉降，造成闸室底部脱空，见图 6c)。在 1998 年全国大洪水期间，6 月 29 日水闸堤段冲毁崩决，造成经济损失达 23.8 亿元。

a)河堤被冲毁

b)抢险

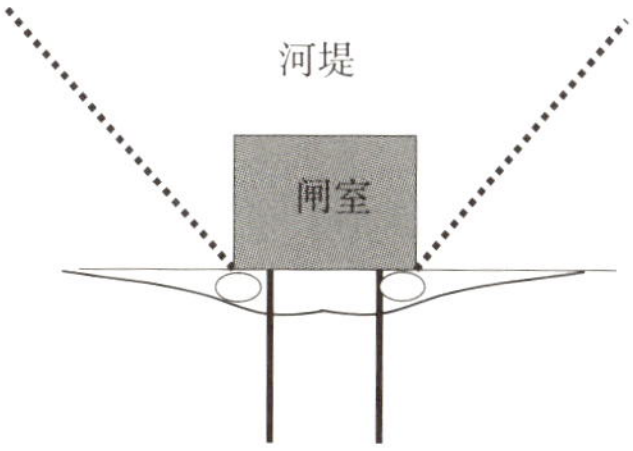

c)闸室下部脱空

图 6　南海市丹灶镇荷村水闸

图 6a）为该闸室在事故后的景象，四周一片汪洋，我自傲然屹立，一副“世人皆醉我独醒”的雄姿。

从这个案例可以看到，各个行业岩土工程的侧重点是不同的。建筑行业的岩土工程师首先注意的是地基承载力和基础的沉降量。天然地基承载力不足，采用桩基础是顺理成章的事情。可是隔行如隔山，让他去设计闸室就犯了这种致命的错误。水利工程师在任何时候首先考虑的是土的渗流问题。像这个地基，承载力不足，可以考虑复合地基，同时考虑防止地基渗漏，可采用地下垂直止水措施。

在这方面，我国古代的工匠们是非常聪明和富有经验的。为了修建拦河闸门，他们往往是在河流的弯段处挖除百年老河堤，在其地基上修建闸门，然后河道裁弯取直，重新填筑河堤，见图 7。这样既解决了施工期的导流问题（施工期河流仍沿照老河道流淌），也解决了闸门的地基基础问题——百年老堤下的人造的超固结地基土，其承载力与沉降量都极佳。

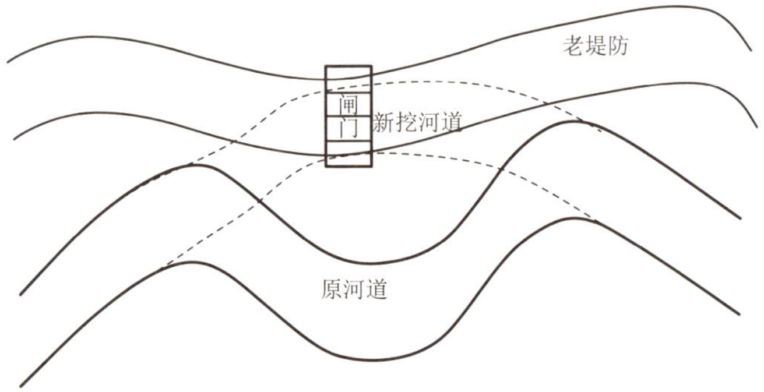

图 7　古人建闸

4　弱者道之用

由于从北京到天津的京津塘公路质量及流量不能满足需要，拟建京津二通道，即京津高速公路。该公路的北京段要通过一个旧的城市轻轨混凝土梁预制场，场内有一系列门式吊车梁，其轨道下有深度 54m 钢筋混凝土灌注桩，而这里公路的填方深约 8m，由于沉降不均，可能会引起填方公路的不均匀波浪形沉降，如图 8a）所示。

为了避免这个问题，北京市有关部门找了若干公司，拟在各吊车梁桩基础间再设置长 14～17m 的 CFG 桩，以消除不均匀沉降，见图 8b）。预计投入经费 2000 余万元。

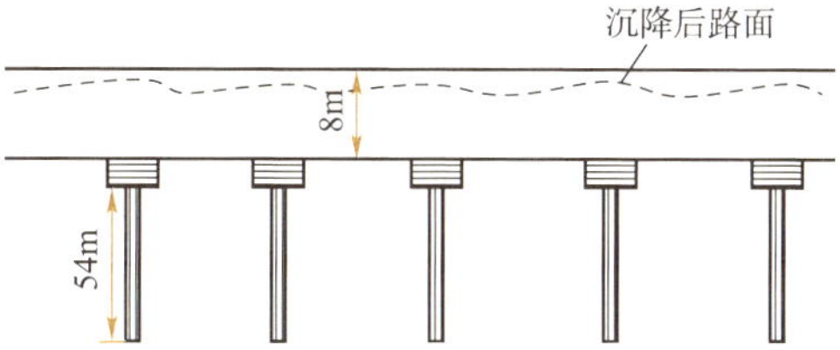

a) 预制场段的京津公路

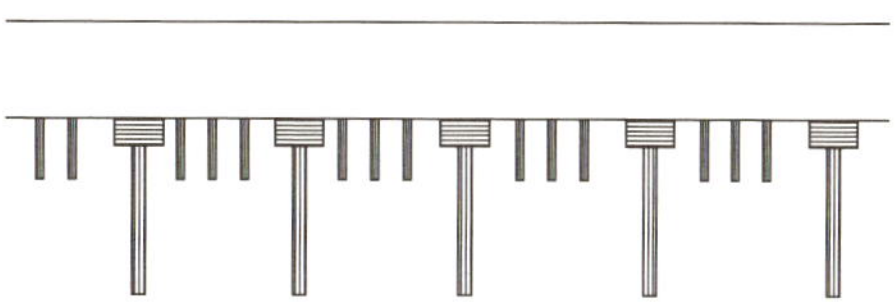

b) CFG 桩加固方案

图 8　填方地苔处理

这种加固其实是难以做到沉降均匀的，首先，由于两种桩的长度相差太多，沉降差仍然很大；其次是 CFG 桩上没有承台，柔性的填土无法将荷载传到桩上；北京六环路一些桥头的填方下的桩体加固就没有发挥明显作用。在会上我提出用 EPS 消除不均匀沉降的方案。

所谓 EPS，就是聚苯乙烯泡沫塑料（geofoam），它具有轻质、高强、易变形、保温等一系列特性，因而作为轻质填方、保温材料、调节沉降，在消除应力集中等方面广泛应用，在日本生产的 EPS 的 5.7% 被用于结构工程。

由于它的高压缩性，它在各种上埋式管道、不平整地面上的填方工程情况，可以起到缓冲压力、防止应力集中、调节变形、防止不均匀沉降等方面具有独特的优势。图 9 为 EPS 的工程应用示例。

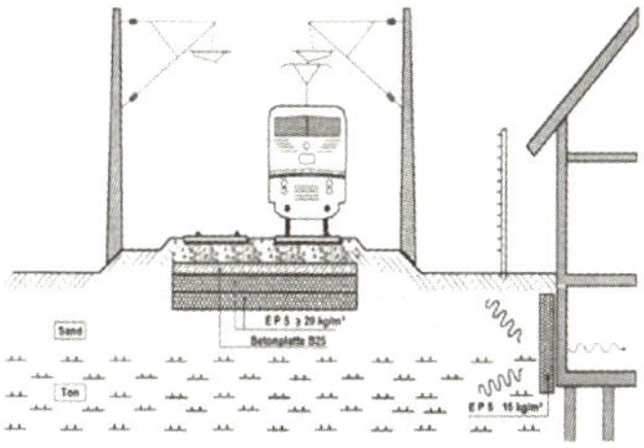

a) 振动的阻尼

b) 桥头填料防止桥头跳车

c) 冬季路面保温

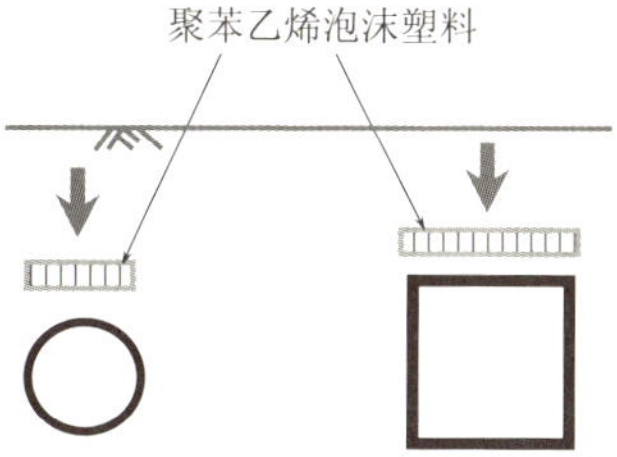

d) 上埋式埋管上的减压

图 9　EPS 的工程应用

在会上我提出用 EPS 消除不均匀沉降的方案，如图 10 所示。

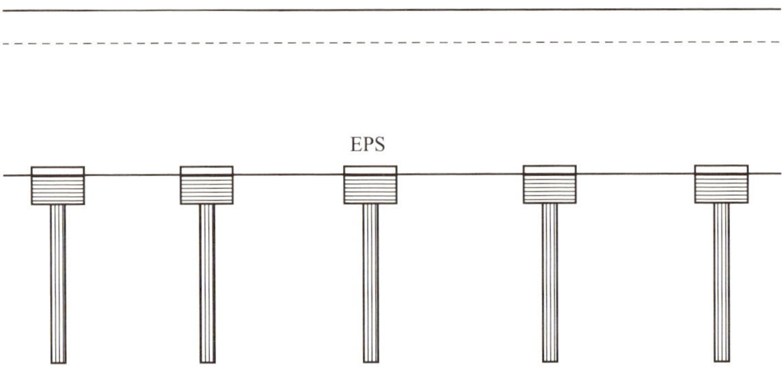

图 10　用 EPS 消除不均匀沉降

首先估算在 8m 填方下地基的可能沉降量 s，然后根据 EPS 的压缩模量计算在这种情况下产生 s 需要的 EPS 厚度 h；在每个吊车梁桩基础上布置厚度 h 的 EPS。当 8m 填方加上之后，地基先产生瞬时变形，由于 EPS 的变形大，其上产生"拱效应"，而分担的压力较小。随着地基固结沉降增加，拱效应逐渐消除，EPS 进一步压缩，最后各处的沉降基本相等，只是填方量有所增加，例如各处都均匀沉降 0.5m，那么总的填方高度就是 8.5m。

在土木工程中我们习惯于对地基基础加固、加强、加密、硬化，实际上有时对其弱化反而会取得意想不到的效果。《道德经》中讲"反者道之动，弱者道之用"，就是这个道理。但此方案多数人不同意，这其中就另有玄机了。

5　疏不干的地下水

某基坑平面尺寸为 40m×50m，开挖深度为 12.0m，潜水位深度为 2.5m，需降低水位至地面下 13m。地层情况：深度 0.0～2.2m 为填土；2.2～15.0m 以细中砂为主，夹多层较薄的黏性土；15.0～19.0m 为黏土；19.0m 以下为砂土。按规范规定公式计算了基坑的降水涌水量，基坑降水采用大口径管井，间距为 6.0m，围绕基坑周边布置，共 32 井，呈封闭状。井深为 17.0m，深入黏土层约 2.0m，为潜水完整井，如式（1）和图 11 所示。

$$Q=\pi k\frac{(2H_0-S_0)S_0}{\ln\left(1+\frac{R}{r_0}\right)} \tag{1}$$

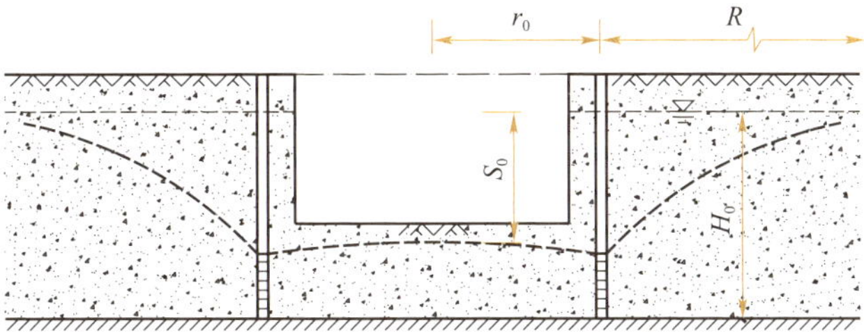

图 11 式（1）的潜水完整井降水曲线

但是该基坑的实际土层分布与公式（1）的情况相差较大，盲目套用，以致计算结果与实际运行情况相差很大。初期出水情况尚可，接着越抽水越少，后来所有井都不能正常出水，一抽就干，一停就有水，而坑壁却不断渗水，出现“疏不干”的现象，无法正常开挖作业，只得采用垒砂袋、明排等措施，勉强完成基坑开挖。实际情况见图 12。

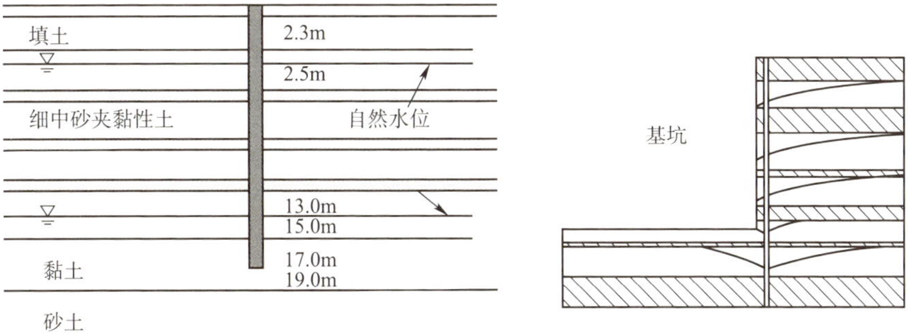

a）土层分布示意图　　b）基坑降水图

图 12 基坑中的实际降水情况

按照图 12 的土层情况，砂层中含有多层黏土夹层，当含水层中夹有多层弱透水层时，降水设计者往往将其视为一大层，取一个综合的水平等效渗透系数进行计算，见式（2），亦即认为仍可按单一含水层形成降落漏斗。

$$k_{\mathrm{h}} = \frac{\Sigma k_i h_i}{\Sigma h_i} \tag{2}$$

但是基坑降水并不是单向的水平渗流问题，而是二维的渗流问题，也与土层的垂直渗透性质有关，则竖直向的等效渗透系数为

$$k_{\mathrm{v}} = \frac{\Sigma h_i}{\Sigma \dfrac{h_i}{k_i}} \tag{3}$$

这样，就变为一个渗透各向异性的土层的渗流问题，其降水曲线不可能如

图 11 所示，其自由水位线（浸润线）将很高，无法降到图中 S_0 的位置。

对于含有弱透水夹层的情况，抽水后由于弱透水层的阻隔，结果是井筒中有多层出水，每一层出水量不多，降水曲线很平，抽不出多少水来。每层水要流入井孔，就需要有一定的浸水高度，则基坑侧壁必然要渗水（图 12b），造成“疏不干”的情况。

1993 年在青海省共和县的沟后水库发生的事故与此原因类似。该水库建成了 3 年，蓄水首次接近满库。1993 年 8 月 27 日晚水库溃坝，大约历时 1.5h，大坝已经被冲走总土石方体积的一半，在坝的中段形成一个顶宽 138m、底宽 61m、高 60m 的倒梯形缺口，造成 288 人死亡，44 人下落不明。图 13 为其设计的坝体断面和事故后实测的浸润线，可见其浸润线比设计的高得多。该坝为一个混凝土面板砾石坝，混凝土面板作为主要防渗结构，设计坝体为分区填筑，从Ⅱ到Ⅲ到Ⅳ三区的坝体土料渗透系数应是从小到大，这样正常的浸润线应当是很低的。但是由于坝面漏水，土料没有分区填筑，以及碾压成分层的，渗透各向异性的土层，造成其溃坝时浸润线很高，坝体的抗滑稳定性降低，是造成溃坝的原因之一。

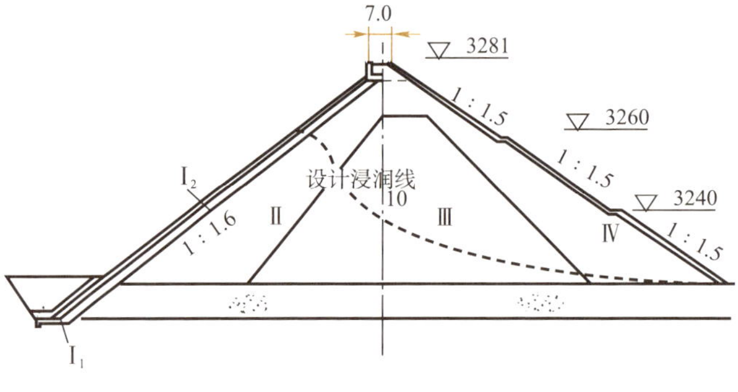

a）设计情况浸润线

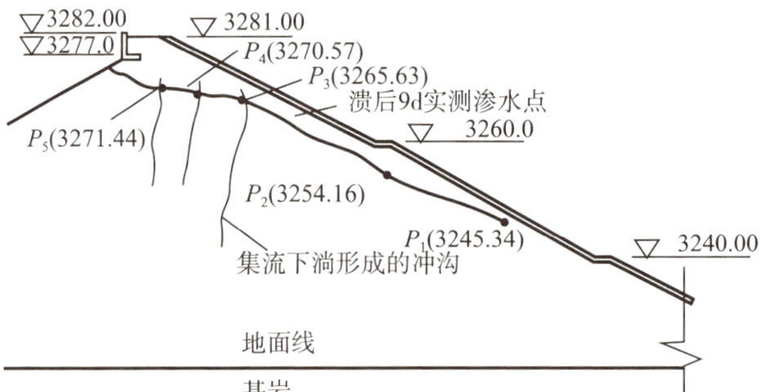

b）失事后实测的浸润线

图 13　沟后水库大坝的浸润线比较（尺寸单位：m）

从图 14 可见，土料没有明显的分区，而是就近取料，分层碾压，使土料形成分层的结构，其渗透系数必然是各向异性的，水平向渗透系数大于竖直向，与图 13 的情况类似，使浸润线过高，造成大坝的渗漏和失稳。

这个基坑可以通过设置一系列渗水井将各层的地下水自流渗透到 19m 以下的均匀砂土层中，然后用深井井点从该砂层降水，可以做到基坑疏干，如图 15 所示。

图 14 沟后水库大坝溃坝后的断面碾压土分层情况

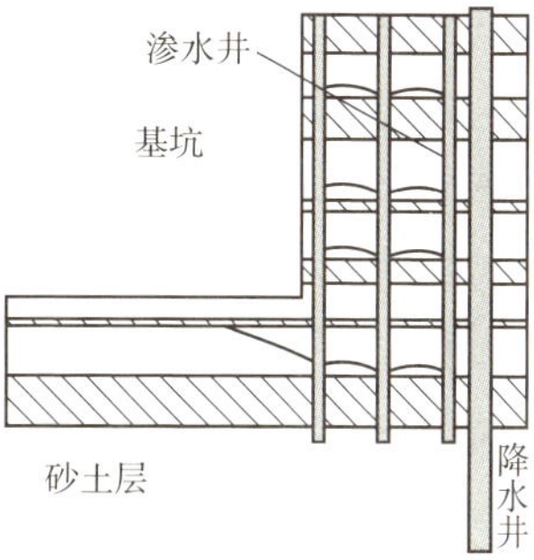

图 15 渗水井 + 降水井的降水方案

6 承压水非完整井

本案例位于北京市西南郊区，地层上部为第四系粉土和黏性土，厚度约 12m；下部为巨厚的新近系长辛店砾石层，按岩土工程分类为卵石，半胶结。（承压）地下水位约为地面下 2m。基坑长 76m、宽 38m、深 9.1m，放坡开挖，中部有电梯井坑中坑。拟采用天然地基，以第四系粉土和粉质黏土为持力层。

地下水控制采用降水与回灌相结合，在基坑周边布置了 36 个降水井，井深约 12m，到达长辛店砾石层顶面。回灌井布置在降水井的外围，深度与降水井相同。降水井和回灌井未进入长辛店砾石层的原因是该地层中钻进困难。地下水控制系统布置见图 16。

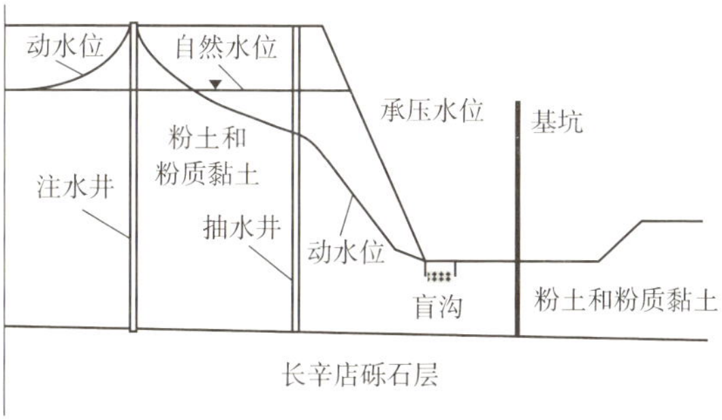

图 16 地下水控制系统的布置

基坑挖至深度 7m 后，再挖一铲时发现地下水，挖到深度为 8.1m 处，水量较大。无法继续采用降水井疏干基坑，就在基坑内侧周边强行挖至深度 9.4m（深于基坑设计标高 300mm），用碎石回填成盲沟，将水引至集水坑内抽出坑外。采取上述措施后继续开挖发现，深度接近设计坑底标高时有明显的冒水现象，形似无数“泉眼”；盲沟顶部覆盖土上有“橡皮土”现象，脚踩时有明显橡皮样感觉。根据设计单位要求，在基坑内进行 4 处载荷试验，实际做了 2 处。承压板面积为 $2m^2$，要求承载力特征值为 250kPa 试验实际结果为：1 号试验点极限承载力为 350kPa，承载力特征值为 175kPa；2 号试验点加载很小即大量沉降，未能完成。由于地基土严重扰动，设计单位最终放弃天然地基，采用桩基础。

勘察表明长辛店砾石层含有承压水，而布置的抽水井为“承压水非完整井”，但是它们也太“非完整”了，井底居然放在了含水层的顶面，原因是半胶结砾石层“钻进困难”。式（4）为承压水非完整井的降水公式

$$Q = 2\pi k \frac{MS_0}{\ln\left(1+\dfrac{R}{r_0}\right)+\dfrac{M-l}{l}\ln\left(1+0.2\dfrac{M}{r_0}\right)} \tag{4}$$

从式（4）和图 17 可见，井管的滤水部分进入含水层长度为 l，式（4）中如果 l=0，则分母无限大，Q=0，亦即出水量为零。抽水井的出水量为零，则承压水位并未降低，在开挖时基坑发生了突涌（或流土）破坏。在施工时，基坑挖至深度 7m 后，再挖一铲时发现地下水；深度为 8.1m 时，水量较大；采取盲沟集水、排水后继续开挖发现，深度接近设计标高（9.1m）时有明显的冒水现象，形似无数“泉眼”，如图 18 所示。经计算可知：

当开挖到深度 7m 时，水力坡降为 i=5/5=1.0；

当开挖到深度 8.1m 时，水力坡降为 i=6.1/3.9=1.56；

当开挖到深度 9.1m 时，水力坡降为 i=7.1/2.9=2.45。

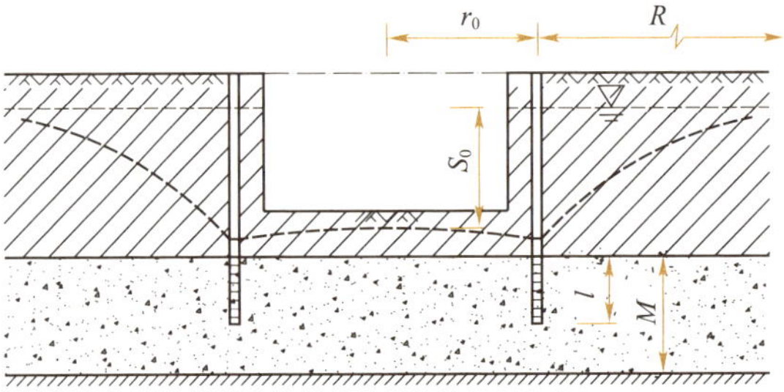

图 17　承压非完整井基坑降水

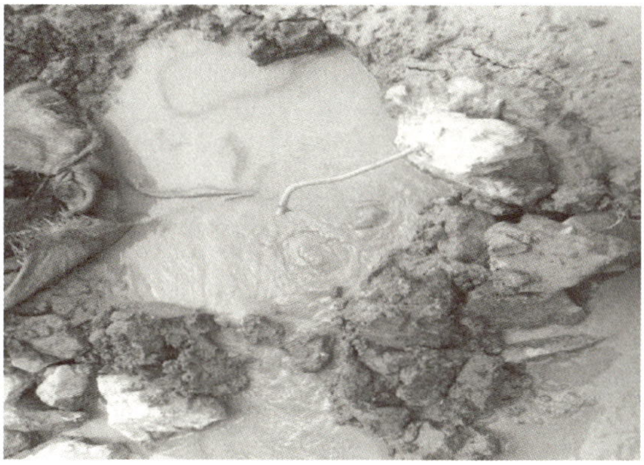

图 18　坑底的冒水现象

可见由于降水失效，坑底突涌，地基土扰动，只好将天然地基改为桩基了。这是由于设计者并未掌握地下水控制的基本原理，照猫画虎，不求甚解，由于砾石层钻进困难，竟然把井底放在承压水的顶面，造成严重的事故。

如果留神观察动物的饮水，就会发现，食草动物，比如牛马，都是将嘴进入水面以下，亦即 $l>0$；而食肉动物（如猫和狗）则是嘴在水面之上，靠舌头卷水入口；而鸟类通常是靠用喙“撮水”，然后高高抬起头部，靠水的重力流进腹内。但抽水井的底部只有滤管，无法像猫、狗、鸡一样饮水，只好望水而兴叹，抱怨主人之无知。

岩土工程的事故与错误，主要是由于土力学的基本概念错误，造成错误的设计、施工和管理的失误；土力学没有特别深奥的理论，但其概念非常重要，尤其是与水有关的概念；现在有些工程技术人员的土力学学“夹生”了，似是而非，似懂非懂；而在长期工程实践中又不善于思考和总结，靠片面和狭窄的经验指导实践，会弄出许多笑话与蠢事。

参考文献

[1] 顾宝和 . 岩土工程典型案例述评 [M] . 北京：中国建筑工业出版社，2015.